量子系の エンタングルメントと 幾何学

ホログラフィー原理に基づく異分野横断の数理

松枝宏明 著

森北出版株式会社

● 本書のサポート情報を当社 Web サイトに掲載する場合があります．
下記の URL にアクセスし，サポートの案内をご覧ください．

    http://www.morikita.co.jp/support/

● 本書の内容に関するご質問は，森北出版 出版部「(書名を明記)」係宛
に書面にて，もしくは下記の e-mail アドレスまでお願いします．なお，
電話でのご質問には応じかねますので，あらかじめご了承ください．

    editor@morikita.co.jp

● 本書により得られた情報の使用から生じるいかなる損害についても，
当社および本書の著者は責任を負わないものとします．

■ 本書に記載している製品名，商標および登録商標は，各権利者に帰属
します．

■ 本書を無断で複写複製（電子化を含む）することは，著作権法上での
例外を除き，禁じられています．複写される場合は，そのつど事前に
(社)出版者著作権管理機構（電話 03-3513-6969，FAX 03-3513-6979，
e-mail：info@jcopy.or.jp）の許諾を得てください．また本書を代行業者
等の第三者に依頼してスキャンやデジタル化することは，たとえ個人や
家庭内での利用であっても一切認められておりません．

はじめに

近年，エンタングルメント・エントロピーをはじめとした情報理論的アプローチの有用性が，物理学のさまざまな分野で認識されている．本書では，物理学の分野を問わず重要と思われる量子エンタングルメントの基礎的概念や，関連した数理物理的手法を習得することを目標としている．それをもとにして，すでに確立した物理の手法に新たな視点を与えるとともに，最先端の話題の入口までを紹介する．そこでは，物性物理・統計力学・数理物理学・超弦理論などの異分野が融合した最先端のテーマに，豊富な物理が隠れていることを見ることができる．

現在の物理学は高度に細分化されているといわれる．しかしその一方で，物理学の武器・言葉である数学は，普遍性（ユニバーサリティ）を記述する抽象的なものである．物理学の分野がたとえ過度に細分化されたとしても，類似の数学的思考が基盤となることはむしろ自然であるともいえる．変分原理や最適化，保存法則，対称性など，共通項の例を挙げれば枚挙にいとまがない．物質の詳細によらない普遍性クラスの研究もまた，物性論・統計物理における相転移の分類などでおなじみのように，非常に基本的な概念である．そこで「普遍性ということを『対象によらない情報量の表現・抽出・変換』と言い変えてみると，見える世界が大きく変わってくる」というのが近年大きく発展しているアイデアである．

「情報」という言葉がつくことからわかるように，このアイデアは主として量子情報理論の発展からもたらされた．これにより，まったく異なる分野から共通の数理構造を抽出し，おたがいの分野にフィードバックすることで，各分野の伝統手法では解決できなかった問題にアプローチすることが可能となる．このとき，「多体相互作用」「くりこみ」「重力」といったものの本質はどこにあるのかといった各分野の大きな懸案事項がいかに深く結びついているかを見ることができる．加えて，これらの関連性は適切な余剰空間を導入した高次元系から現実の系を眺めることによって明らかとなる．したがって，これは，情報理論や量子論が得意とする代数的アプローチと，他方，幾何学的アプローチが通常の武器である重力理論を，どのように融合していくかという数学上の問題でもある．そのため，非常に豊富な数理物理的テーマが交錯しており，これまでの研究成果の蓄積に新たな一石を投じることになっている．

情報理論分野で有名な Shannon の仕事に従うと [1]，情報は量と質の両側面をもち合わせており，数学的に定式化できるのは前者であるということなのであるが，近年の発展は，情報の質の部分にまで踏み込みつつあるといえそうである．

情報理論と理論物理の相互関係はいまに始まったことではないが，どちらかというと，物理の手法を情報の問題に応用するという観点が強かったように思われる．たと

えば，スピングラスの方法論をニューラルネットワークの問題に応用することなどはその典型である．一方，昨今の展開はむしろその逆で，上で述べたように，情報理論の方法が物理に積極的に取り入れられている．これにより，今後，本当の意味での相互理解・異分野融合が図られるということが期待される．定量的情報はすべての自然科学の記述において基盤となるオブジェクトである．物理の立場から，理論を記述する情報というものの本質は何かと素直に問うこともまた，意味のあることのように思われる．一般相対論や超弦理論において時空概念が創発的であるように，普段何気なく用いている物理理論の基盤部分をよくよく考え直してみようというのが本書の目的である．

こうした状況を反映して，ここ数年，いろいろなコミュニティで異分野融合的な研究会が開催されている．その一方で，初学者がこの複合分野の基礎を体系的・複眼的に学ぶことのできる教科書[2-6]は少ない．実際に，各研究者・大学院生が関連する論文やテキストを読みながら，個々に基礎学習を進めているというのが現状である．本書の執筆の動機もそこにある．関連分野が増えてくると，それを全体として眺めたときに，その間の関連性を理解すること，必要な数学を過不足なく学習できること，それらが異分野の読者にも対応できるような汎用性を備えていることなどが求められる．しかし，それを実行することは非常に困難であって，みな苦労しているところである．著者の専門は物性理論であるので，取り上げた項目には偏りがあるかもしれない．この本はある意味，物性理論側からのアプローチだと思っていただければよい．多少なりとも今後の展開に資するところがあれば幸いである．

そこで本書は，この分野を初めて学ぶ大学院生・研究者を念頭に，その基礎事項をなるべく丁寧に解説することを目的とした．そのため，前提知識として仮定しているのは，物性物理・素粒子物理の修士の学生が学ぶ（非相対論的）場の量子論の初歩程度である．量子可解模型の方法や一般相対論的視点も用いるが，ごく導入のレベルに留まる．この際にも，その水準の物理を理解するために必要な数学は十分に説明した．全体としてはかなり式が多いが，これは表面的に結果を追うのではなく，確実に手を動かして理解を深めてほしいと願うためである．

これらの数学的に精密な手法を丁寧に追っていくと，改めてその構造に含まれる意味の豊富さに驚かされる．エンタングルメントの意味，変分関数の因子化の方法，可解性の条件，共形場理論との関連など，形を変えつつも重要事項は何度も現れてくる．この機会に改めて深い理解を得ることが重要であろうと考えられる．場の量子論や素粒子論を先行されている方には，統計力学・数理物理で用いられる格子模型への壁を取り払っていただきたい．特に，物性・統計ではポピュラーな代数的アプローチと，かたや専門の幾何学的アプローチに，非常に関連の深い事項がたくさん隠れていることがわかるだろう．離散系は基本的には発散がなく，かつ非可換系まで含めて，広範な問題に即応しやすい数学体系でもある．また，物性物理・量子情報を専攻の方にとって，微分幾何学や一般相対論はなじみが薄いかもしれない．しかし，一般座標変換は情報のより適切な記述法やデータ圧縮と深く結びついており，いずれ必須の学

問になるだろうと予想される．たとえば，ブラックホールが情報の劣化で，その量子化がデータ復元に関係していると言われたら，専門家でなくとも興味をそそられるのではないだろうか？　古典的な（すなわち一般相対論のレベルでの）ブラックホールは，一度物質を飲み込んだら二度と外には取り出せない時空の特異点である．したがって，それはその理論の情報の欠落と言い換えてよい．情報科学の観点からは，情報幾何の方法がよく知られているが，本書の記述で時空の幾何が関与する部分は，これのより物理的な側面を抽出したものと考えればよい．

　分野を横断して最先端の論文・研究にあたるためには，量子多体系・量子群・共形場理論・複素幾何・重力理論などの分野の中から最低二つぐらいを目安にして，それを自分の知識として昇華していく必要があるかと思われる．その点は残念ながら本書のレベルを超えているが，本書を通読していただければ，この後の勉強の流れは自然とご理解いただけるものと考えている．

　本書は，日本物理学会誌や京都大学基礎物理学研究所から刊行されている物性研究誌などに以前投稿した解説記事[2]，オリジナル論文をもとに，分野全体の状況も考慮に入れながら新しく書き下ろしたものである．個々のお名前をすべて挙げることは残念ながらできないが，多くの研究者の方々にコメントを頂き，高専暮らしで進捗の遅い筆者を見守って頂いたことに感謝する．とりわけ，鈴木増雄（東大名誉教授），南部保貞（名大），柴田尚和（東北大），丸山　勲（福岡工大），家田淳一（原研），および共同研究者の石原雅文（東北大），橋爪洋一郎（東京理科大）の諸氏，学生の久木田真吾君（名大）には原稿のレヴューをしていただき，有益なコメントやミスの修正などをいただいたことに深く御礼申し上げる．また，校正の段階で数か月の講義の機会をいただいた東北大学大学院理学研究科物性理論教室，講師として参加させていただいた Summer School 数理物理 2015（東京大学大学院理学系研究科）に感謝する．さらに，分野融合研究会の企画・運営などで，特に，堀田昌寛（東北大），高柳　匡（京大基研），押川正毅（東大物性研），西野友年（神戸大），奥西功一（新潟大），引原俊哉（群馬大），桂　法称（東大）の諸氏にはお世話になっており，この原稿完成に非常にプラスになった．最後に，この本を書くうえで大変お世話になった森北出版の藤原祐介氏に厚く御礼申し上げる．

2016 年 1 月 3 日

愛子の広瀬キャンパスにて
松枝宏明

このテキストの読み方

　全体は 10 章で構成されている．前半 6 章では，本書の核である量子エンタングルメントとは何か，その性質を適切に含んだ波動関数の物理的性質はどのようなものか詳細に検討する．加えて，行列積・テンソル積型変分波動関数が，Bethe 仮説法や Yang–Baxter 方程式などの可解模型の性質とどのように関係しているか詳述する．後半 4 章では，幾何学的アプローチの基礎からやや発展的な話題まで交えながら，前半で述べた代数アプローチをどのように幾何化していくか議論する．発展的なトピックでは，最先端の研究の香りが感じられるように配慮した．最後にあとがきとして，この後の学習の便宜を図るためのコメントを追加した．

　各章の関連性は図 1 のとおりである．第 1〜3 章を基盤知識として，第 4〜6 章あるいは第 7，8 章にそれぞれ進むのが大きな二つのコースである．第 9，10 章はそれらを統合した視点が必要になる．大学院の授業や輪講のテキストとして使

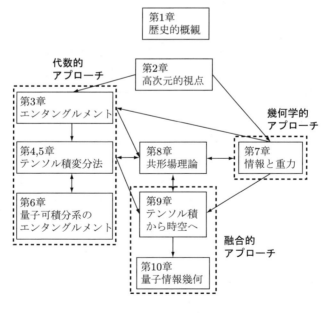

図 1　各章の関連図

用するとすれば，修士課程の学生に対しては第 3～6 章あるいは第 3, 7, 8 章がそれぞれ半期のプログラムにちょうどよいかと思われる．博士課程以上の方には，第 9, 10 章を出発点として独自の方向性を見出していただきたい．

目次

第1章 物理学諸分野と情報理論の接点：歴史的経緯 ──── 1
- 1.1 物性物理の視点から　3
- 1.2 統計力学・数理物理の視点から　4
- 1.3 重力理論の視点から　6

第2章 物理的情報とその要素分解：高次元からの俯瞰的視点 ─ 9
- 2.1 情報としての物理データ　11
  - 2.1.1 情報の量と質の問題　11
  - 2.1.2 複雑な物理系の取扱いに関する標準的な認識　12
  - 2.1.3 物理系の表現の多様性　13
- 2.2 エントロピーとその停留値問題　14
  - 2.2.1 古典系　14
  - 2.2.2 量子系　18
  - 2.2.3 非加法的エントロピー　20
- 2.3 特異値分解　22
  - 2.3.1 特異値分解の原理　22
  - 2.3.2 画像で見る特異値分解の機能性　25
- 2.4 非可換演算子と余剰自由度　29
  - 2.4.1 Hausdorffの公式　29
  - 2.4.2 鈴木−Trotter変換　31
  - 2.4.3 二つの転送行列法　34
  - 2.4.4 量子多体系における複合励起演算子族の階層構造　37

第3章 量子もつれ（エンタングルメント） ──── 43
- 3.1 状態の量子もつれ　45
  - 3.1.1 状態の「量子もつれ」とは　45
  - 3.1.2 テンソル積　46
  - 3.1.3 量子スピン系のテンソル積表現：「もつれ」=「置換」　49
  - 3.1.4 置換操作と特異値分解　55

3.1.5　次元拡大による一体問題化　56
　　　3.1.6　非局所変換による一体問題化　62
　3.2　エンタングルメント・エントロピーと面積則　64
　　　3.2.1　エンタングルメント・エントロピー　64
　　　3.2.2　劣加法性　66
　　　3.2.3　面積則とその対数的破れ　68
　　　3.2.4　フェルミ面 ＝「仮想的」境界　70
　　　3.2.5　ボーズ凝縮　71
　3.3　Bogoliubov 変換におけるエンタングルメント　73
　　　3.3.1　超伝導の BCS 理論　73
　　　3.3.2　二重 Hilbert 空間と熱的真空状態　77
　　　3.3.3　量子揺らぎと熱揺らぎの分離　78
　3.4　トポロジカル量子系におけるエンタングルメント　80
　　　3.4.1　トポロジカル秩序とバルク境界対応　80
　　　3.4.2　エントロピーとスペクトルに現れる境界モードの情報　82
　　　3.4.3　ストリング・ネット模型　83
　　　3.4.4　Kitaev 模型　86

第 4 章　行列積状態 ——————————————————— 89
　4.1　行列積状態　91
　　　4.1.1　スピン・シングレット状態のベクトル内積表現　91
　　　4.1.2　行列積による状態の因子化　93
　　　4.1.3　valence bond 固体状態　101
　　　4.1.4　PEPS 形式　104
　　　4.1.5　行列積演算子　107
　　　4.1.6　連続的 MPS　108
　4.2　変分理論としての指標　110
　　　4.2.1　計算精度と境界条件　110
　　　4.2.2　有限 χ スケーリング　111
　　　4.2.3　変分最適化の例　113
　4.3　密度行列くりこみ群：現代的視点　115
　4.4　数値最適化の方法　119
　　　4.4.1　数値最適化 I：一般化固有値問題　119
　　　4.4.2　数値最適化 II：虚時間発展による方法　123

第5章 テンソル・ネットワークの数理 ———— 125
- 5.1 テンソル積状態　127
  - 5.1.1 テンソル積状態と面積則　127
  - 5.1.2 テンソルとしての変換性の検討　129
  - 5.1.3 テンソルの分解に関する定理　132
  - 5.1.4 高次特異値分解　134
  - 5.1.5 幾何学的フラストレーションとエントロピー　134
- 5.2 階層的テンソル積状態　136
  - 5.2.1 テンソルの階層化　136
  - 5.2.2 エンタングルメントくりこみ群　138
  - 5.2.3 因果円錐　141
  - 5.2.4 スケール不変 MERA の相関関数　142
  - 5.2.5 有限温度 MERA　145

第6章 可積分系における余剰自由度の役割 ———— 149
- 6.1 座標的 Bethe 仮説法とその行列積表現　151
  - 6.1.1 Bethe 波動関数　151
  - 6.1.2 行列積表現とそのエンタングルメント構造　152
  - 6.1.3 エネルギー固有値と Bethe 方程式　157
- 6.2 代数的 Bethe 仮説法（量子逆散乱法）　166
  - 6.2.1 逆散乱法　166
  - 6.2.2 Yang–Baxter 方程式　168
  - 6.2.3 モノドロミー行列と転送行列　173
  - 6.2.4 可積分性　178
  - 6.2.5 Bethe 状態の構成と Bethe 方程式　179
- 6.3 代数的 Bethe 仮説法からの MPA の導出　184
  - 6.3.1 逐次公式　184
  - 6.3.2 基底変換　188
  - 6.3.3 MPA と鈴木–Trotter 変換の構造的類似　192

第7章 情報・エントロピーと重力の関わり ———— 195
- 7.1 時空の計量とエントロピーのスケール則　197
- 7.2 双曲幾何　199
  - 7.2.1 Poincaré 円板モデル　199

        7.2.2　上半平面モデル　204
        7.2.3　Möbius 変換　204
    7.3　曲がった時空の記述法　206
        7.3.1　束縛運動と測地線の方程式　207
        7.3.2　等価原理（局所慣性系の存在）　208
        7.3.3　基本量　209
        7.3.4　共変微分と Einstein テンソル　212
        7.3.5　測地線束に関する方程式　216
    7.4　重力場の方程式　218
        7.4.1　Einstein 方程式　218
        7.4.2　変分原理と座標不変積分　220
    7.5　時空の対称性　225
        7.5.1　Killing ベクトル　225
        7.5.2　反 de Sitter 時空　227
    7.6　ブラックホール　230
        7.6.1　4 次元系：Schwarzschild ブラックホール　230
        7.6.2　3 次元系：BTZ ブラックホール　235
    7.7　ブラックホール熱力学　236
        7.7.1　Bekenstein–Hawking の法則　237
        7.7.2　Rindler 時空　238
        7.7.3　熱力学の第 1 法則と Einstein 方程式　240
        7.7.4　Rindler 時空上の量子場の熱的性質　243
        7.7.5　ホライズン近傍における粒子対の生成機構　249

第 8 章　共形場理論とエントロピー公式 ——————— 253
    8.1　Virasoro 代数の数理　255
        8.1.1　Feigin–Fuchs 表示（自由ボソン表示）　255
        8.1.2　演算子積展開　258
        8.1.3　Virasoro 代数の表現論　263
    8.2　共形場理論　269
        8.2.1　2 次元共形変換　269
        8.2.2　ストレス・テンソルと Ward 恒等式　272
    8.3　トーラス上の共形場理論　277
        8.3.1　アノマリー　277

8.3.2 分配関数と Virasoro 指標　279
8.3.3 モジュラー不変性　281
8.3.4 Cardy の公式　281
8.4 Calabrese–Cardy の公式　283
8.4.1 レプリカ法　283
8.4.2 モジュラー変数による方法　284
8.4.3 分岐点ツイスト場による方法　286
8.5 有限 χ スケーリング　291
8.5.1 縮約密度行列のモーメントの性質　291
8.5.2 エンタングルメント・スペクトル　293
8.5.3 有限 χ スケーリング　295
8.6 Zamolodchikov の c 定理とエンタングルメント・エントロピー　298
8.6.1 Zamolodchikov の c 定理　299
8.6.2 エントロピー的 c 関数　300

第9章　テンソル自由度から時空へ：くりこみ群の現代的な視点 ─── 303

9.1 コンパクト化の手法：VBS/CFT 対応　305
9.1.1 VBS（テンソル積状態）の MPS へのコンパクト化　305
9.1.2 縮約密度行列とエンタングルメント・ハミルトニアン　307
9.2 バルク境界対応：AdS/CFT 対応　309
9.2.1 AdS 時空の境界　309
9.2.2 GKP–Witten 関係式　313
9.2.3 ホログラフィック・エンタングルメント・エントロピー　314
9.2.4 ブラックホール・エントロピーへの変換　319
9.2.5 MERA 再訪　323
9.2.6 Chern–Simons 理論との関わり　327
9.3 いろいろな変形問題　333
9.3.1 物性論における格子変形の役割　333
9.3.2 サイン二乗変形　334
9.3.3 指数変形：Wilson くりこみ群のスケールフリー性　336

第10章　量子情報幾何との融合に向けて ─── 339

10.1 情報空間の幾何構造　341

  10.1.1 相対エントロピーと Fisher 計量 341
  10.1.2 Gauss 分布の幾何 346
  10.1.3 非加法的相対エントロピー 347
  10.1.4 量子距離と Berry 接続 349
  10.1.5 対称対数微分計量 351
 10.2 連続的 MERA からの創発的 AdS 計量 352
  10.2.1 連続的 MERA 352
  10.2.2 相互作用表示 354
  10.2.3 1 次元自由スカラー場 355
  10.2.4 量子距離からの計量テンソルの導出 360
 10.3 エンタングルメントによる熱力学法則の拡張と重力理論の再構成 360
  10.3.1 エンタングルメント熱力学の第 1 法則 360
  10.3.2 情報幾何的解釈に向けて 362

あとがき ———————————————————————— 365
参考文献 ———————————————————————— 366
索　引 ————————————————————————— 377

第 1 章

物理学諸分野と情報理論の接点：
歴史的経緯

　本書で関連のある分野は非常に多岐にわたっている．特に着目しているのは，物性物理・統計物理における最先端の変分法とくりこみ群，可解模型における波動関数の構造的側面，ブラックホール物理学，超弦理論におけるゲージ・重力対応，情報幾何の方法などである．はじめに各分野の発展とそれらの情報科学との関連性を概観し，次章以降の準備としたい．

　各分野の芽生えは，仔細に見ていけば量子論・相対論の黎明期（1920～1930 年代）にすでに見出すことができるが，系統的な発展は，主として 1970 年代以降になされている．これは両学問が統計力学の手法とともに整備されて定着し，多彩な問題が解析できるようになった時代である．もちろん，戦後の世界の安定・成長に負うところも大きいだろう．一方，量子情報の概念的な発展は，その後 20 年を待たなければならない．それは，研究動機としての量子コンピュータ・量子アルゴリズムなどの革新的なアイデアが出現するまでは，研究のトレンド自体が存在しなかったためである．本分野がこの 10 年～20 年で拡大しつつあるのも，それらの基盤構築あってのものである．

1.1 物性物理の視点から

　物性物理の立場からは，黄金の 80 年代とよばれる一連の新物質探索のピークが，その後の理論の発展にも大きく寄与している．相関の強い電子系の理論という観点からは，それ以前の近藤効果や重い電子系の研究がもちろんその基礎にあるが，いわゆる量子ホール系や，銅酸化物高温超伝導体・マンガン酸化物の巨大磁気抵抗効果に代表されるような，遷移金属酸化物の物理の発展が背景となっている．これらに伴い，従来の半導体に対するバンド理論では記述できないクラスの物質群，ドープされた Mott 絶縁体に注目が集まった．これは強い Coulomb 斥力でたがいに排斥しながら運動する多体電子系であり，理論的取扱いはきわめて難しい．この頃は，Coulomb 相互作用に対する摂動計算と非摂動的な取扱いのどちらが高温超伝導の本質に迫れるかということが主眼であった．また，量子スピン系のさまざまな理解が深まってきたのもこの頃である．

　10 年間の研究で基礎データが蓄積された 90 年代は，強相関電子系の理論を地道に発展させようという機運があり，そのなかでも数値的な研究が非常に発展した．これはコンピュータの現代的な発展期と重なっているが，理論的にもさまざまな数値計算向き方法論・アルゴリズムが開発された．そのなかでも，本書の内容の関連でいくと，1992 年に Steven R. White[*1] によって発表された密度行列くりこみ群 (density matrix renormalization group, DMRG) の方法が大きな契機となっている [7–9]．これは Hamiltonian 行列に対するある種の数値対角化法であるが，実現確率の高い基底に情報を圧縮して電子状態を計算するところに特徴がある．

　DMRG は空間 1 次元では非常に強力で，種々の問題に適用された．また，基底状態だけではなく，励起スペクトルや有限温度，時間発展の計算にも適用された．また，量子古典対応の観点から，古典統計模型の解析にも応用された [12]．一方で，空間 2 次元以上に拡張しようとすると問題があり，また空間 1 次元系においても，周期境界条件を適用すると，開放端条件の場合より精度が非常に落ちるということが問題として残されていた．

　2004 年に量子情報理論の専門家が数値くりこみ群の分野に参入し，波動関数が本質的にもっている量子エンタングルメント構造を保持したような近似が重要で

[*1] 余談であるが，White のコーネル大学における Ph.D の指導教員はくりこみ群で有名な Kenneth G. Wilson だそうで，そのようなつながりは非常に興味深いことである [10]．DMRG の初期の発展をまとめたレヴューの巻頭言に，White の個人的な意見が寄せられている [11]．

あることを指摘し，1次元系の DMRG で周期境界条件を用いたときの問題点を解決した[13]．ここで，行列積状態とエンタングルメントのつながりが明確となった．DMRG で最適化される状態が行列積状態というクラスの変分関数であるということは，Stellan Östlund と Stefan Rommer によって，DMRG 発見の直後 1995 年ぐらいにはすでに知られていたが[14, 15]，この構造の物理的意味が文献[13] で明確となったわけである．また，2 次元系への応用が模索された[16–18]．テンソル積状態の変分理論として完成するのは早かったが，これを現実の電子状態模型に応用していくことはその頃からの課題であり，今後も進展が必要な分野である．このような拡張を経てもなお，臨界系の取扱いには困難があった．特に，エンタングルメント・エントロピーの対数発散を正しくとらえることができないので，それに関する明確なスケール性を導くことは課題とされた．

2007 年に Guifré Vidal によってエンタングルメントくりこみ群の概念が提案され，1 次元拡張された仮想的空間から量子揺らぎを伝播させる方法で，スケーリングの問題が解決された[19–25]．この方法が超弦理論におけるゲージ・重力対応と関係しているのではないかという予測が Brian Swingle により出されたのは 2009 年である[26]*2．加えて，Alexei Kitaev らによってトポロジカル量子系における負のエンタングルメント・エントロピー項の存在が認識され，通常の古典的秩序変数が定義できない系での量子相転移の研究が可能になったのもこの少し前である．本文でも述べるように，トポロジカル量子系はゲージ・重力対応のトイ模型としての意義もあり，いろいろな視点から異分野の共通項が生まれてきたといえる．領域融合の流れはこの時期から拡大してきたが，それはある意味自然な流れであるともいえる．

1.2 統計力学・数理物理の視点から

量子エンタングルメントの重要性が強く認識されている現在，量子可解模型の構造を素直に眺めてみると，この分野が一番古くから関連研究を進めていることがわかる．古典系・量子系を問わず，行列積・テンソル積に因子化された物理量が最初に現れるのは，筆者の知る範囲では 1 次元古典スピン系に対する転送行列あるいは一様行列積の方法で，1941 年の Hendrik Kramers と Gregory Wannier[27, 28] および久保亮五（1943 年）の論文で紹介されている．これは学部 3 年生の統計物

---

*2 文献 [26] は，アーカイブに現れてから実際の雑誌への掲載までには数年を要している．

理で学ぶテーマであるので，現代的に行列積という言葉を教えるとよいのかもしれない（以降の章で具体的に議論する）．

統計力学の大家である Rodney J. Baxter の活躍した時代は 1960 年代終盤からであり，有名なテキスト「*Exactly Solved Models in Statistical Mechanics*」が出版されたのは 1982 年である[29]．このテキストには，行列積・テンソル積の本質的な考え方，可解模型の方法など，本当に重要な事項が丁寧に解説されていることがわかる．ここに「エンタングルメント」という言葉を載せれば，そのままいまでも通用しそうである．本質的に重要な統計力学の勘所は時代を超えても普遍であり，情報という新たな見方を得て現代的により発展をみせているのが現状であるといってよいだろう．これは単に過去の仕事のトレースではないところに意義と継続性がある．後に述べるように，エンタングルメントを指向した物理の再構築は，ある意味「見方」の物理ということもできるからである．鈴木 – Trotter 変換の発見も 1970 年代に遡ることができる[30]．鈴木増雄のいろいろな仕事も，現代的に見れば量子エンタングルメントをうまく制御した量子古典変換理論の構築とよぶことができる．

共形場理論（conformal field theory, CFT）の発展はこの後の時代のものである．CFT に関する Belavin – Polyakov – Zamolodchikov のオリジナル論文は 1984 年に，Alexander B. Zamolodchikov, Alexei B. Zamolodchikov のレビュー論文は 1989 年に刊行されている．John Cardy の仕事をはじめとして，特に CFT の方法を援用してさまざまな系でのエンタングルメント・エントロピーを解析できるようになったのはこの 10 年のことであり[31,32]，分野の発展はそれに呼応しているといっても過言ではない．また，波動関数の構造論という観点からいえば，valence bond solid (VBS) 状態と行列積の等価性の発見（1987 年）はきわめて重要な意味をもっている[33,34]．物理的な意味が明確で，なおかつその後のテンソル積変分に直接つながる成果だけに，これも Ising 模型と同様，今後とも基盤となるテーマである．

物性の変分理論やくりこみ群，重力の理論に比べると，数理物理の手法は高度に整備されており，一番保守的な立ち位置であるように思われる．しかし，エンタングルメントくりこみ群やホログラフィックくりこみ群の構造との関係性はいまだに明らかになっておらず，今後研究すべき課題はまだまだ残されているようである．

1.3 重力理論の視点から

70年代の一般相対性理論，とりわけブラックホールの問題で，エントロピーや情報喪失の問題が議論されている[35,36]．これは現在「Bekenstein–Hawkingの法則」あるいは「面積則（area law）」とよばれるもので，ブラックホール内部の情報エントロピーが，ブラックホールの「ホライズンの面積」に比例するという法則である．一方，熱力学エントロピーは示量変数であるため，通常は系の体積に比例するはずである．この奇妙な性質を詳しく理解することが，単に古典的なブラックホール物理学を進展させるだけでなく，量子重力理論の構築に向けての重大な情報として，多くの関連研究が蓄積されてきた．本文でも述べるように，Bekenstein–Hawking の法則は

$$S_{BH} = \frac{k_B c^3}{4G\hbar} A \tag{1.1}$$

と表される（A はブラックホールの表面積）．プランク定数 $\hbar$，ニュートン定数 G，光速 c，ボルツマン定数 k_B のすべての自然定数が含まれており，明らかにさまざまな物理理論を統合した見方が必要になるということが見て取れ，このことが量子重力研究の大きな動機であるともいえる．

ブラックホール・エントロピーと本書の中心テーマであるエンタングルメント・エントロピーの類似性は，80年代からすでに議論が進んでいる[37,38]．エンタングルメント・エントロピーの計算では，部分系をトレースアウトしたときのvon Neumann エントロピーを計算する．このトレースアウトの効果をブラックホールに見立てるわけである．後の研究で，エンタングルメント・エントロピーはブラックホール・エントロピーの量子補正であると解釈されたが，1990 年代前半の段階では，明確な形で Bekenstein–Hawking の法則との関係を見出すことは残された課題とされた．特に，エンタングルメントは無限自由度の場の理論においては発散する量であるにもかかわらず，ブラックホール・エントロピーは有限な量である．また，エンタングルメント・エントロピーの係数にはセントラル・チャージなどの励起モードの情報が含まれるが，一方のブラックホール・エントロピーにおいては，自然定数が現れている．これよりも少し前の段階で，BTZ ブラックホールなどの特殊な場合にはセントラル・チャージと時空の曲率との対応が見出されてはいたが，エンタングルメントの視点から統一的に論じる仕事はまだ現れていない．

Gerard 't Hooft や Leonard Susskind によるホログラフィー原理が提案され

たのはその頃である[39,40]．これは，ブラックホールの面積則を念頭に置いて，「ある時空 M における重力理論は，その境界 ∂M における重力を含まない場の理論と等価である」ということを逆に指導原理として理論を構築しようという考え方である．この後，Joseph Polchinski による D brane の発見が 1995 年，Juan M. Maldacena による AdS/CFT 対応の発見が 1997 年と続いていき，ホログラフィー原理に従う具体的な系が見出されていく[41,42]．先に述べたように，この時期は物性サイドでは DMRG の発見という出来事があり，両分野で画期的な発見が見出されていることは非常に偶然なことである．

笠 真生と高柳 匡によって，もとの量子系のエンタングルメント・エントロピーを 1 次元高い古典重力の言葉で書き下すことができるようになったのは 2006 年である[43-45]．笠‒高柳の公式は超弦理論に深く立ち入らなくても物理的な意味が理解できることが非常に興味深い．

本来の Maldacena の主張は，超弦理論に基づいた複雑なものである．10 次元の超弦理論において（ふつうの弦理論は 26 次元でしか整合的に定義できないが，超対称性を導入すると 10 次元に落ちることがわかる），いわゆる 't Hooft 結合定数が大きく，かつ AdS 空間の曲率半径が弦の広がりに比べて十分大きい場合には，古典サイドは $AdS_5 \times S^5$ となり，Einstein の古典重力（つまり，一般相対性理論）で記述が可能となる．対応するゲージ理論は 4 次元の $\mathcal{N} = 4$ 超対称ゲージ理論（$\mathcal{N}$ は超対称電荷の数）であり，これは共形場理論で，上述の条件においてはゲージ群の構造数が大きな極限となる．

以上のことが意味することは非常に大きく，古典時空に量子情報をため込む非常に一般的なフレームワークを提示しているととらえることができる．本書では，超弦理論に踏み込まない範囲でも重要であると思われるトピックについて集中的に調べていくが，それでも本質的な部分は十分とらえられると考えられる．

第 2 章

物理的情報とその要素分解：
高次元からの俯瞰的視点

「情報」という視点から物理系を取り扱うことにどのような特徴があるだろうか．とりわけ，データの分解や高次元から俯瞰的な視点で系を眺めることにどのような特徴があるだろうか．基本的な立場といくつかの方法を例示することが本章の目的である．特に，この後の議論で何度も現れる特異値分解と鈴木 − Trotter 変換の物理的意味を理解することが目的である．

2.1 情報としての物理データ

情報理論を応用した物理を展開するためには，まずはじめに，情報理論と物理学の根本的な違いとおたがいに許される接点はどこか明確にする必要がある[*1]．以下ではそれらの観点について議論する．

この分野の初学者は 2.2 節から読み進めてかまわない．

2.1.1 情報の量と質の問題

すべての数理科学は，議論の対象となるシステム（物理では「系」とよぶ）を定量的に記述することから始まる．系のもつあらゆる情報の中から，着目している系の振舞い（たとえば力学的性質，電磁気的性質などの別）に対して本質的な情報を抽出して，基礎方程式が設定される．情報には一般に量的側面と質的側面（あるいは物理的意味）があるが，理論物理の諸分野で現れる基礎方程式系は，もちろんその両側面をその理論の枠内では完備な形で記述する情報である．逆に，理論の目的・分野分けの制約を緩めると，質的側面の保障という部分がとたんに怪しくなる．というのも，情報の質は受け取る側によってとらえ方・感じ方が異なるためである．したがって，分野を超えて共通の数理構造を見出そうという場合に，情報理論の立場からは，まずは情報の量的側面に着目し，質的側面には目をつぶらなければならない．この重要な事実は，Shannon の原論文で繰り返し言及されていることである[1]．

しかし，まず情報の量的側面に着目するということは，必ずしも単に質的部分を切り捨てるということではないことを注意しよう．その意味において，物理系の詳細によらない普遍的な性質を調べる場合には，密度行列に着目することが有効である．なぜなら，密度行列の固有値はその固有状態が実現する確率を与えるので，具体的な系の状態そのものよりも一歩抽象的に操作可能な量であるからである．抽象的ということは普遍的と言い換えてもよい．このとき，各固有状態の実現の仕方の違いが状態の性質を特徴づけるので，状態の確率分布というのは，量的側面が強いとはいっても，質的な面もある程度含んでいると考えられる．たとえ直接表に現れる量が確率分布というやや抽象的な量であっても，それの温度

[*1] しかし，これはいまだ発展中の分野であるために，研究者ごとの思想の違いが出やすい部分である．明らかに，2.1 節は筆者の思想がやや強く出過ぎているきらいがある．理論の中庸を保つべきテキストの使命としては多少問題があるかもしれない．それでも，このような議論はぜひとも必要である．そのため，テキスト全体を通読した後に，改めて批判的に読んでいただければ幸いである．

依存性やシステムサイズ依存性を詳細に調べることによって，系の振舞いの違いが理解できよう．それらの依存性は一般には臨界点で顕著に現れるので，このことは暗にくりこみ群的視点が主題となるということを示唆しているように思われる[*2]．

ある物理的状態を（その質的側面を多少犠牲にして）抽象的な情報量で表現する場合，その絶対値には特別の意味はなくなるから，理論には必然的に状態の変化を表すパラメータが必要となる．絶対値の意味が薄いとなれば，ほかとの比較によってしかその特徴を認識できないためである．これは厳密に言えば，先に述べた「臨界点付近での物理量の急激な変化が情報の量でとらえられる」ということとは別種の要請である．このことは，複数の視点から見て，くりこみ群のフローを与えるパラメータの存在が示唆されることの傍証であると思われる．

2.1.2 複雑な物理系の取扱いに関する標準的な認識

われわれが取り扱いたい物理模型は，たとえば物性論の場合には，スピン系や電子系などの相互作用する多体量子系である．一般には複雑で，特定の場合にしか精密な解析ができない模型群である．複雑な系のデータを定量的に表現する場合，複雑系をそのままに理解することは一般には難しい．したがって，そのデータをより簡単な要素の集まりに分解する方法が考えられる．分解することはその表現空間の局所的な情報を重要視することであるから，その表現がたとえば実空間的なものか量子的かどうかに関わらず，局所・非局所ということに関して十分な注意を払わなくてはならないだろう．単純に平均場近似などの良し悪しを議論するよりも，もう少し丁寧な考察が必要である．

---

*2 くりこみ群理論は非常に広大で奥深い体系である．本書でそれを系統的に取り扱うことは，残念ながら，紙数の限界からも本書の性格からも非常に困難である．くりこみ群的視点が重要になると言いながら，正統的な諸方法の説明に不足があることが否めないことは，あらかじめご了承いただきたい．しかし，情報物理のユニークなところは，くりこみ群理論の系統的な知識を前提条件としなくても，学習が進めば自然にその深遠に導いてくれるところであると考えられる．これは，情報物理学の方法が，くりこみ群の基礎的な哲学を内蔵しているからにほかならない．さしあたっては，「臨界」「非臨界」「相関長」「相関関数の冪的振舞い」「臨界指数」などの用語が頻出するということだけ把握していただければ結構である．「臨界現象」は，相転移点での物理量が特異性を示す現象を意味する．「非臨界」とは，臨界点から離れていることを意味する．スピンなどの2点相関関数が減衰する典型距離が「相関長」であり，臨界点では相関長が発散する．「相関関数の冪的振舞い」とは，臨界点における2点相関関数を2スピンの距離の関数としてみたときに，代数関数的に緩やかに減衰することを意味している．非臨界系では指数的な減衰である．「臨界指数」とは，物理量の臨界挙動における冪乗則の指数を指し，模型の詳細によらない重要な情報を表す．

この立場において，エネルギーや長さスケールの異なる有効模型の集合に分解することが都合よい場合がある．たとえば，相互作用のない電子系のタイト・バインディング模型はFourier変換で解けるが，それを当たり前と思わずに，波数（すなわち，長さスケール）の異なる物理的状態の集合にもとのデータが変換されたと見れば，その意味合いがはっきりするだろう．スケールの異なる物理は状態としては違いが明確であり，そのことが各有効模型の間の近似的な独立性を保つのに役に立っている．これはウェーブレット変換の概念とも符合することである．ウェーブレットがデータ解析や主成分分析などの応用上重要であるのも，先に述べた自然の階層性に起因するものであると考えられる．また，ウェーブレットと深く関連して，広範な問題に応用できる代表的な方法が特異値分解である．詳細は後ほど議論するが，この場合に分解するということは自由度を高めるということであり，1次元高い空間から問題を俯瞰的に眺めることになる．これにより問題の本質が浮き彫りとなる．

　自由度を高める，情報を増やすということをもう少し精密に言うと，現象をどのように記述しようと物理系のもつ内的な情報の総量は不変であるけれども，系を観察するプローブを増やしてより明確に系の振舞いを理解する手段を得るということである．決してシステムの内的情報の総量自体が増加しているわけではない．この際に，系の情報の絶対量を測る基準が必要になる．そこで情報エントロピーがどのような意味をもっているか検討すると，模型の詳細によらない情報の特質が見えてくる．

　特異値分解に加えて，次元拡大の方法は統計力学や経路積分では非常に頻繁に表れるが，それは量子論における演算子の非可換性という非常に基本的な部分と関係している．エネルギースケールの異なる物理が近似的に独立とみなしてよいという先ほど述べた背景は，量子系に関してはこのような事実からくることを後に見る．

2.1.3　物理系の表現の多様性

　本書で重要な概念となるのが，「量子古典変換」あるいは「ホログラフィー原理」とよばれるものである．詳しいことはおいおい説明していくが，これらはまったく異なる物理系を等価に結びつける法則である．もっともよく知られているのは，ある量子系を一つ次元の高い古典系に変換する形式である．これはたとえば，ある量子系の分配関数を経路積分表示に基づいて数学的に変形し，最終的にまったく異なる古典系の分配関数が得られるというタイプの変換である．また，問題に

よっては次元の次数のずれ方が 1 ではない場合があるかもしれない．すなわち，物理系の表現というものは必ずしもユニークではない．これは量子場の理論が本質的に無限自由度で，真空が非自明であるということとはまた別種の不確実性である．

まったく違う物理系の間の等価性を論じるのだから，具体的な物理量を比較するということ自体がまず難しく，それほど意味があるものではなくなる．ここで先ほども述べたように，エントロピーの曖昧さが逆に力を発揮する．エントロピーとは基本的に情報の量を測るものである．後に詳しく説明するように，われわれが着目する情報量は「エンタングルメント・エントロピー」とよばれる量子系特有のエントロピー（とその双対的古典表現）である．系のエントロピーは密度行列から定義される代表的な物理量である．エントロピーの振舞いが両者で一致すれば，少なくともそれらの系がもっている情報の本質的な部分は一致すると考えるわけである．本質的な部分というのは，端的には臨界性ということである．これは，大雑把にいってエントロピーは相関関数の対数に比例する量であるため，したがって，くりこみ群的にいうと，スケール次元を直接ピックアップする量がエントロピーということになるためである．スケール次元は系の詳細によらない普遍的な定数であり，このこともまた，情報的アプローチの特徴を明確に示していると思われる．

2.2　エントロピーとその停留値問題

高次元的視点やエンタングルメントのエントロピーに進む前に，一般的な情報エントロピーについて整理しておこう．定評のあるテキストとしては文献 [46–51] などが挙げられるので，そちらもあわせて参考にしていただきたい．

2.2.1　古典系

■ 古典離散系

ラベル i $(i = 1, 2, \ldots, m)$ で指定される状態の集合を考え，その状態が実現する確率分布 $\{p_i\}$ を用いて情報量を定義する．確率の保存則は

$$\sum_{i=1}^{m} p_i = 1 \tag{2.1}$$

と表される．われわれが情報を得るということは，未知の事実に遭遇したときに新

たな知識を獲得するということである．したがって，稀にしか起こらないイベントをとらえたときに得た情報量が多いと考えてよいであろう．一方，すでに知っている事実，すなわち頻繁に起こるために実現しても新たな発見がそこから得にくい状態は，観測者にとって情報量が少ないであろう．それらの事実が自然な形で数学的に表現されるように情報量（正確には自己情報量という）を定義したい．そこで通常は

$$\gamma(p_i) = -\log p_i \tag{2.2}$$

と定義する．これが妥当な定義であることをまずは議論しよう．もっとも重要なことは，情報が確率 p_i に対して加法的かつ連続単調関数であると仮定することである．少なくとも複数の情報が独立であれば，トータルの情報量は各情報量の和で与えられることは明らかである．現実的には「1 を知って 10 を知る」という場合もあるかもしれないし，また，二つの情報からさらなるヒントが導き出される場合もある．しかしここでは，得られた情報から確定的な結論を出すために，余計な推論過程は行わないという仮定を設けることにする．そうすれば，情報の加法性は一応保障されると見てよいであろう．

二つの独立な事象がそれぞれ確率 p, q で生じる場合，二つが同時に起こる確率は pq だから，情報量の総和 $\gamma(pq)$ は

$$\gamma(pq) = \gamma(p) + \gamma(q) \tag{2.3}$$

となる．対数関数である式 (2.2) は明らかにこの関係を満たしているが，このような加法性を満たす関数は対数関数に一意的に定まることが，初等的な計算からわかる．$q = 1 - \epsilon \leq 1$ とおくと

$$\gamma\left(p(1-\epsilon)\right) = \gamma(p) + \gamma(1-\epsilon) \tag{2.4}$$

より

$$\frac{d}{dp}\gamma(p) = \lim_{\epsilon \to +0} \frac{\gamma(p) - \gamma(p - \epsilon p)}{\epsilon p} = -\frac{1}{p}\lim_{\epsilon \to +0}\frac{\gamma(1-\epsilon)}{\epsilon} = -\frac{A}{p} \tag{2.5}$$

が得られる．ここで

$$A = \lim_{\epsilon \to +0} \frac{\gamma(1-\epsilon)}{\epsilon} > 0 \tag{2.6}$$

とおいた．A は情報の尺度を与える正の定数で，ここでは $A = 1$ とする．微分方程式を解くと

$$\gamma(p) = -\log p + B \tag{2.7}$$

となる．積分定数 B は，$\gamma(1) = 0$ より $B = 0$ と定まる．これで式 (2.2) が導かれた．

情報エントロピー S とは，上で定義した情報量の期待値，平均情報量である．すなわち

$$S(p_1,\ldots,p_m) = \langle \gamma \rangle = \sum_{i=1}^{m} p_i \gamma(p_i) = -\sum_i p_i \log p_i \tag{2.8}$$

である．これを Shannon エントロピーとよぶ．物理学の諸分野では，対数の底は通常 e を取る．一方，情報理論で 2 は底をにとって情報量をビットとよぶほうが通常かもしれない．情報エントロピー S の定義を見ると，実際に S に寄与するのは実現確率が高い状態である．稀にしか起こらないイベントの情報量自体は大きいと最初に述べたが，その S への寄与は非常に小さい．なぜかというと

$$\lim_{\epsilon \to +0} \epsilon \log \epsilon = 0 \tag{2.9}$$

となるためである．したがって，各状態のもつ情報量と平均情報量は，正確には区別して考えなければならない．

Lagrange の未定乗数法で，エントロピーが最大になる条件を探してみる．式 (2.1) に加えて M 個の拘束条件

$$\sum_{i=1}^{m} p_i f_i^{(k)} = g^{(k)} \tag{2.10}$$

$(k = 1, 2, \ldots, M)$ を導入し，関数

$$L = S - (\lambda - 1)\sum_i p_i - \sum_k \lambda_k \sum_i p_i f_i^{(k)} \tag{2.11}$$

の停留条件を調べる．$\lambda, \lambda_1, \lambda_2, \ldots$ は Lagrange の未定乗数である．はじめに

$$\frac{\partial L}{\partial p_j} = -\log p_j - 1 - (\lambda - 1) - \sum_k \lambda_k f_j^{(k)} = 0 \tag{2.12}$$

より，

$$p_j = \exp\left(-\lambda - \sum_k \lambda_k f_j^{(k)}\right) \tag{2.13}$$

を得る．これを確率保存の式 (2.1) に代入すると

$$\sum_{i=1}^{m} \exp\left(-\sum_k \lambda_k f_i^{(k)}\right) = e^\lambda = Z(\lambda_1, \lambda_2, \ldots, \lambda_M) \tag{2.14}$$

となる．Z は系の分配関数に対応する．たとえば，カノニカル分布は $M = 1$, $\lambda_1 = \beta$, $f_j^{(1)} = E_j$ とおくことで得られ，$g^{(1)}$ がエネルギー期待値となる．ここで

$$g^{(k)} = \sum_{i=1}^{m} p_i f_i^{(k)} = \frac{1}{Z} \sum_{i=1}^{m} f_i^{(k)} \exp\left(-\sum_k \lambda_k f_i^{(k)}\right) = -\frac{\partial}{\partial \lambda_k} \log Z \quad (2.15)$$

となる.また,拘束条件がないもっとも簡単な場合には p_j は定数になるので,$\sum_{i=1}^{m} p_i = 1$ より

$$p_i = \frac{1}{m} \quad (2.16)$$

となる.すなわち,等確率分布の状態がエントロピー最大で,

$$S = -\sum_{i=1}^{m} \frac{1}{m} \log \frac{1}{m} = \log m \quad (2.17)$$

となる.これらの意味でも,情報量が実現確率の対数で与えられるということは自然なことが理解できるであろう.また,物理的な拘束条件が入ることにより,情報エントロピーは通常の統計熱力学と自然に接続する.

■ **古典連続系**

一方,連続変数 x に対する確率密度関数 $p(x)$ が与えられている場合に,情報エントロピーは

$$S = -\int_X dx\, p(x) \log p(x) \quad (2.18)$$

と表すことができる.記号 X は変数 x の定義域を表す.ここで,確率変数 x が平均 μ,分散 σ をもつときに,エントロピー S を最大にする確率分布 $p(x)$ は正規分布

$$p(x) = \frac{1}{\sqrt{2\pi}\sigma} \exp\left\{-\frac{(x-\mu)^2}{2\sigma^2}\right\} \quad (2.19)$$

になることが証明できる.すなわち,x の平均値 μ は存在するものの,いろいろなスケールが混在すると,情報量としては非常に大きくなるという自然な結果が得られる.拘束条件として

$$\int_X dx\, p(x) = 1 \quad (2.20)$$

および

$$\int_X dx\, p(x)(x-\mu)^2 = \sigma^2 \quad (2.21)$$

を導入する.変数の定義域を $X = (-\infty, \infty)$ とすると,最適化すべき $p(x)$ の汎関数は

$$L = \int_{-\infty}^{\infty} dx \left\{ -p(x) \log p(x) - \kappa p(x)(x-\mu)^2 - (\lambda-1)p(x) \right\} \quad (2.22)$$

であり，停留条件は

$$-\log p(x) - \kappa(x-\mu)^2 - \lambda = 0 \quad (2.23)$$

すなわち

$$p(x) = e^{-\lambda} \exp\left\{-\kappa(x-\mu)^2\right\} \quad (2.24)$$

となる．正規分布の形から

$$\kappa = \frac{1}{2\sigma^2}, \quad e^{-\lambda} = \frac{1}{\sqrt{2\pi}\sigma} \quad (2.25)$$

となることは明らかである．

2.2.2 量子系

量子系の情報エントロピーは，系の密度行列を ρ として

$$S(\rho) = -\mathrm{Tr}\,(\rho \log \rho) \quad (2.26)$$

と表される．これを von Neumann エントロピーとよぶ．はじめに，このエントロピーの基礎的性質をみておこう．

まず，密度行列の固有値はその固有状態の実現確率を与えるので

$$\mathrm{Tr}\,\rho = 1 \quad (2.27)$$

が成り立つ．密度行列が対角的な表示 $\rho = \sum_i \lambda_i |i\rangle \langle i|$ を用いれば，

$$S(\rho) \geq 0 \quad (2.28)$$

であることは明らかである．等号は純粋状態の場合，すなわち $\rho^2 = \rho$ の場合に成立する．また，トレース演算を行うことから，演算子の巡回不変性より，エントロピーの値は表示によらないことも明らかである．

次に，任意の ρ_1, ρ_2 に対して

$$\rho = t\rho_1 + (1-t)\rho_2 \quad (2.29)$$

とおくと $(0 < t < 1)$，

$$S(\rho) \geq tS(\rho_1) + (1-t)S(\rho_2) \quad (2.30)$$

が成り立つことがわかる．これは，量子エントロピーの凹性 (concavity) とよばれる（たとえば，$x \geq 0$ に対して x^4 を凸 (convex)，$\sqrt{x}$ を凹 (concave) とよぶ）．これを示すために関数

$$\eta(x) = -x \log x \quad (0 \leq x \leq 1) \quad (2.31)$$

を導入しておく．また，密度行列を

$$\rho = \sum_i \lambda_i \ket{i}\bra{i} = \sum_i \bra{i}\rho\ket{i}\ket{i}\bra{i} \tag{2.32}$$

と表す．このとき

$$\begin{aligned}
S(\rho) &= -\sum_i \lambda_i \log \lambda_i \\
&= \sum_i \eta\left(t\bra{i}\rho_1\ket{i} + (1-t)\bra{i}\rho_2\ket{i}\right) \\
&\geq t \sum_i \eta\left(\bra{i}\rho_1\ket{i}\right) + (1-t)\sum_i \eta\left(\bra{i}\rho_2\ket{i}\right) \\
&= tS(\rho_1) + (1-t)S(\rho_2)
\end{aligned} \tag{2.33}$$

となることがわかる．不等号の部分の変形には Peierls の不等式を用いた．

続いて，エントロピー最大化の問題に移ろう．ここではより一般的に

$$\mathrm{Tr}\left(f^{(k)}\rho\right) = g^{(k)} \tag{2.34}$$

という拘束条件を課すことにする．拘束条件は複数あってもよく，添え字 k で区別することにする．$f^{(k)}$ はすべて演算子である．この意味は，たとえば $f^{(1)} = \beta H$ および $g^{(1)} = \beta E$ と取れば，系のエネルギー期待値が E であるカノニカル分布を与える．最適化すべき $p(x)$ の汎関数は

$$L = S - (\lambda - 1)\mathrm{Tr}\,\rho - \sum_k \lambda_k \mathrm{Tr}\left(f^{(k)}\rho\right) \tag{2.35}$$

となる．量子系の場合には，この変分を取る場合に，演算子の非可換性 $[\rho, \delta\rho] \neq 0$ に注意する必要がある．具体的な計算は以下のとおりである．

$$\begin{aligned}
\delta L &= -\mathrm{Tr}\left\{(\rho+\delta\rho)\log(\rho+\delta\rho)\right\} - (\lambda-1)\mathrm{Tr}(\rho+\delta\rho) \\
&\quad - \sum_k \lambda_k \mathrm{Tr}\left\{f^{(k)}(\rho+\delta\rho)\right\} \\
&\quad + \mathrm{Tr}(\rho\log\rho) + (\lambda-1)\mathrm{Tr}\,\rho + \sum_k \lambda_k \mathrm{Tr}\left(f^{(k)}\rho\right) \\
&= \mathrm{Tr}(\rho\ln\rho) - \mathrm{Tr}\left\{(\rho+\delta\rho)\log(\rho+\delta\rho)\right\} - (\lambda-1)\mathrm{Tr}\,\delta\rho \\
&\quad - \sum_k \lambda_k \mathrm{Tr}\left(f^{(k)}\delta\rho\right) \\
&= \mathrm{Tr}(\rho\log\rho) - \mathrm{Tr}\left\{(\rho+\delta\rho)\log\rho\right\} - \mathrm{Tr}\left\{(\rho+\delta\rho)\log(1+\rho^{-1}\delta\rho)\right\} \\
&\quad - (\lambda-1)\mathrm{Tr}\,\delta\rho - \sum_k \lambda_k \mathrm{Tr}\left(f^{(k)}\delta\rho\right) \\
&= -\mathrm{Tr}(\delta\rho\log\rho) - \mathrm{Tr}\left\{(\rho+\delta\rho)\log(1+\rho^{-1}\delta\rho)\right\}
\end{aligned}$$

$$-(\lambda - 1)\mathrm{Tr}\,\delta\rho - \sum_k \lambda_k \mathrm{Tr}\left(f^{(k)}\delta\rho\right) \tag{2.36}$$

ここで，右辺第 2 項を Taylor 展開して，1 次の項のみ残すと

$$\begin{aligned}
\delta L &= -\mathrm{Tr}\left(\delta\rho\log\rho\right) - \mathrm{Tr}\left\{(\rho+\delta\rho)\left(\rho^{-1}\delta\rho\right)\right\} - (\lambda-1)\mathrm{Tr}\,\delta\rho \\
&\quad - \sum_k \lambda_k \mathrm{Tr}\left(f^{(k)}\delta\rho\right) \\
&= -\mathrm{Tr}\left(\delta\rho\log\rho\right) - \lambda\mathrm{Tr}\,\delta\rho - \sum_k \lambda_k \mathrm{Tr}\left(f^{(k)}\delta\rho\right) \\
&= \mathrm{Tr}\left\{\left(-\log\rho - \lambda - \sum_k \lambda_k f^{(k)}\right)\delta\rho\right\}
\end{aligned} \tag{2.37}$$

となる．したがって，量子系の場合にも同様な構造が得られ，

$$Z = \mathrm{Tr}\exp\left(-\sum_k \lambda_k f^{(k)}\right) \tag{2.38}$$

および

$$\rho = \frac{1}{Z}\exp\left(-\sum_k \lambda_k f^{(k)}\right) \tag{2.39}$$

となる．

　よく議論されることであるが，量子統計における状態のミクロな数え上げと，古典的情報理論で取り扱われるマクロな情報集団には大きな隔たりがある．情報エントロピーは統計力学のエントロピーと形式的な類似性はあるが，それ以上の物理的な対応関係まで議論しようとすると，やはり物理的な条件が意味をもってくる．この点は十分注意する必要があろう．本書では，情報・確率分布といった場合には，必ず何らかの物理的・統計力学的模型から得られるものであると仮定する．

2.2.3　非加法的エントロピー

　一般に，情報の劣化やその再生・推定過程まで含めて情報をとらえようとする場合，情報の加法性の条件は緩めることができる．それにはいくつかの方法が知られており，総称して非加法エントロピーの方法とよばれている．

　非加法的エントロピーの取扱いには，たとえば q-解析（量子解析）という数学を用いる[52,53]．具体的には，通常の加法的エントロピーの定義を

2.2 エントロピーとその停留値問題

$$S_q = -\sum_{i=1}^{m} p_i^q \ln_q p_i = \frac{1 - \sum_{i=1}^{m} p_i^q}{q-1} \tag{2.40}$$

と1パラメータ拡張して，これを Tsallis エントロピーとよぶ．量子系の場合には

$$S_q = \frac{1 - \text{Tr}(\rho^q)}{q-1} \tag{2.41}$$

と定義する．$\ln_q x$ は q-対数関数で

$$\ln_q x = \frac{x^{1-q} - 1}{1-q} \tag{2.42}$$

と定義される．これは $q \to 1$ の極限で通常の対数関数に収束する．すなわち，S_1 が通常の情報エントロピーである．実際に l'Hôpital の定理を用いると

$$\lim_{q \to 1} \ln_q x = \lim_{q \to 1} \frac{(-1) x^{1-q} \ln x}{-1} = \ln x \tag{2.43}$$

が得られる．q-解析は，通常の微分の代わりに q-微分 D_q

$$d_q f(x) = f(qx) - f(x) \tag{2.44}$$

$$D_q f(x) = \frac{d_q f(x)}{d_q x} = \frac{f(qx) - f(x)}{(q-1)x} \tag{2.45}$$

をもとにした解析学であり，その流れで q-対数関数も導入されている．微分がスケール変換と関係していることを後で用いるので，覚えておいていただきたい．q-微分と S_q との関連を簡単に述べておくと，まず

$$\chi(x) = \sum_{i=1}^{m} p_i^x \tag{2.46}$$

とおき，これを q-微分してから $x \to 1$ の極限を取ると

$$-\lim_{x \to 1} D_q \chi(x) = -\lim_{x \to 1} \sum_{i=1}^{m} \frac{(p_i^q)^x - p_i^x}{(q-1)x} = \frac{1 - \sum_{i=1}^{m} p_i^q}{q-1} = S_q \tag{2.47}$$

が得られる．

Tsallis エントロピーは，いま考えている部分系が熱容量 $1/(q-1)$ の環境と結合しているときの熱平衡状態を特徴づけるものである．実際に，$q > 1$ および $m \to \infty$ の極限で S_q は $1/(q-1)$ に漸近することから推測できるであろう．したがって，パラメータ q は，環境がどれぐらい効率的に熱浴としてはたらくかということを決めている．システムがすぐには熱平衡に至らないので，相空間のすべての状態にアクセスすることは難しい．これが複雑系の準安定状態や非エルゴード性の原因となっている．言い換えると，q はシステムと環境の間の熱揺らぎの

量を変化させるパラメータであり，それによりいろいろなレベルの粗視化されたシステムを観測することができる．

1パラメータ拡張の条件 $S_1 = \lim_{q \to 1} S_q$ に加えて，Tsallis エントロピーの主な性質をまとめておこう．

- 非負性：Tsallis エントロピーは非負の値である．すなわち
$$S_q \geq 0 \tag{2.48}$$
これは，$p_i < 1$ のとき $p_i^q < p_i$ の条件から明らかであろう．

- 擬加法性：Tsallis エントロピーは加法的ではないが，それに準じる擬加法性という性質をもつ．擬加法性は，独立な二つの確率変数 X, Y に対して
$$S_q(X,Y) = S_q(X) + S_q(Y) + (1-q)S_q(X)S_q(Y) \tag{2.49}$$
と表される．

- 凹性：$p = tp^{(1)} + (1-t)p^{(2)}$ のとき
$$S_q(p) \geq tS_q(p^{(1)}) + (1-t)S_q(p^{(2)}) \tag{2.50}$$
が成り立つ．

一般化（q-変形）エントロピーとしてよく知られているものとして，Tsallis エントロピーのほかに，次式の Renyi エントロピーがある．
$$S_q = \frac{\log \mathrm{Tr}\,(\rho^q)}{1-q} \tag{2.51}$$

2.3 特異値分解

2.3.1 特異値分解の原理

本節では，本書を通してもっとも基本的な手法である特異値分解について解説する．応用的なテキストには非常に頻繁に現れる方法であるが，本格的な数学のテキストでは意外に解説されていない．たとえば数学のテキストとしては文献 [54] などが参考になる．A を $M \times N$ 行列とし，行列 $A^\dagger A$ および $AA^\dagger$ を導入する．記号 $\dagger$ はエルミート共役を意味する．これらはそれぞれ N 次および M 次エルミート行列であり，
$$(A^\dagger A)^\dagger = A^\dagger (A^\dagger)^\dagger = A^\dagger A \tag{2.52}$$
を満たす．いま，行列 $A^\dagger A$ の固有値を λ（エルミート行列の固有値はすべて実数），固有ベクトルを $|v\rangle$ とすると，
$$(A^\dagger A)|v\rangle = \lambda |v\rangle \tag{2.53}$$
であるが，左から $\langle v|$ を作用させて，ベクトル $A|v\rangle$ のノルムを $|A|v\rangle|$ と表すと，

$$\lambda = \langle v| A^\dagger A |v\rangle = |A|v\rangle|^2 \geq 0 \tag{2.54}$$

なので，固有値は常に非負である．このような行列は準正定値行列（positive semi-definite matrix）とよばれる．

A の階数を $r = \text{rank}\, A$ とする．このとき上記の表現から，$A^\dagger A$ のゼロでない固有値は，重複度も含めて r 個存在することは明らかである．それらは $AA^\dagger$ のゼロでない固有値と重複度も含めて一致する．実際に，式 (2.53) の左から A を作用させると

$$A(A^\dagger A)|v\rangle = (AA^\dagger)A|v\rangle = \lambda A|v\rangle \tag{2.55}$$

であり，λ は $AA^\dagger$ の固有値でもあり，対応する固有ベクトルは $A|v\rangle$ であることがわかる．エルミート行列の異なる固有値に属する固有ベクトルは直交するから，$|v_1\rangle, \ldots, |v_r\rangle$ と同様，$A|v_1\rangle, \ldots, A|v_r\rangle$ もたがいに直交する．

$A^\dagger A$ は準正定値エルミート行列であるから，ある N 次ユニタリー行列 V が存在し，以下のように対角化できる．

$$V^\dagger (A^\dagger A) V = \begin{pmatrix} \begin{array}{ccc|c} \lambda_1 & & 0 & \\ & \ddots & & O \\ 0 & & \lambda_r & \\ \hline & O & & O \end{array} \end{pmatrix} \tag{2.56}$$

ここで，ゼロでない固有値は

$$\lambda_1 \geq \lambda_2 \geq \cdots \geq \lambda_r > 0 \tag{2.57}$$

と並べているものとする．

次に

$$V = (|v_1\rangle, \ldots, |v_r\rangle, |v_{r+1}\rangle, \ldots, |v_N\rangle) \tag{2.58}$$

および

$$|u_j\rangle = \frac{1}{\sqrt{\lambda_j}} A |v_j\rangle \quad (j = 1, 2, \ldots, r) \tag{2.59}$$

とおく．$|v_{r+1}\rangle, \ldots, |v_N\rangle$ は Gram–Schmidt の直交化法で構成する．$|u_{r+1}\rangle, \ldots, |u_M\rangle$ も同様である．V と同様に

$$U = (|u_1\rangle, \ldots, |u_r\rangle, |u_{r+1}\rangle, \ldots, |u_M\rangle) \tag{2.60}$$

と表す．ここで $|u_i\rangle$ と $|u_j\rangle$ の内積を計算すると

$$\langle u_i | u_j \rangle = \frac{1}{\sqrt{\lambda_i \lambda_j}} \langle v_i| A^\dagger A |v_j\rangle = \frac{\lambda_j}{\sqrt{\lambda_i \lambda_j}} \langle v_i | v_j \rangle = \delta_{ij} \tag{2.61}$$

となる．これを用いて $U^\dagger A V$ を計算すると，以下の結果が得られる．

$$U^\dagger AV = \begin{pmatrix} \langle u_1| \\ \vdots \\ \langle u_M| \end{pmatrix} (A|v_1\rangle, \ldots, A|v_N\rangle)$$

$$= \left(\begin{array}{ccc|c} \langle u_1|A|v_1\rangle & \ldots & \langle u_1|A|v_r\rangle & \\ \vdots & \ddots & \vdots & O \\ \langle u_r|A|v_1\rangle & \ldots & \langle u_r|A|v_r\rangle & \\ \hline & O & & O \end{array}\right)$$

$$= \left(\begin{array}{ccc|c} \sqrt{\lambda_1} & & 0 & \\ & \ddots & & O \\ 0 & & \sqrt{\lambda_r} & \\ \hline & O & & O \end{array}\right) \tag{2.62}$$

以上の変形を，特異値標準形とよぶ．また，正の固有値の平方根 $\sqrt{\lambda_1}, \sqrt{\lambda_2}, \ldots,$ $\sqrt{\lambda_r}$ を特異値とよぶ．特異値は A により一意的に定まるが，特異値分解を与えるユニタリー行列 U, V の表現は必ずしも一意的ではないことには注意を要する．この後に系の普遍的な性質を調べるうえで，特異値の普遍性が重要な性質となる．

以降では，右辺の行列を Σ と表して

$$A = U\Sigma V^\dagger \tag{2.63}$$

あるいは，成分表示で

$$A_{ij} = \sum_{l=1}^{r} U_{il} \sqrt{\lambda_l} \bar{V}_{jl} \tag{2.64}$$

と表す．これらを行列 A の特異値分解とよぶ．

特異値は非負の量なので，規格化 $P_l = \lambda_l / \sum_{i=1}^{r} \lambda_i$ を行うと，確率としての意味をもち込むことができる．加えて，特異値の不変性から，これが系のユニバーサリティーを記述することとなる．

ここでデータのスケール性に関わる性質を抽出するためには，次に定義される「粗視化された」情報エントロピーを定義するとよいことがわかっている．

$$S(\chi) = -\sum_{l=1}^{\chi} p_l \log p_l \tag{2.65}$$

ただし，確率分布は

$$p_1 \geq p_2 \geq \cdots \geq p_\chi \geq \cdots \geq p_N \tag{2.66}$$

と並べてあるものとし，その中で大きなものから順に χ 個を採用して $S(\chi)$ を定義することにする．ここで「粗視化」と強調したのは，後に述べるように，この量が系の粗視化に関わる普遍的なスケーリング関係式に従うためである．一般的にいって，実現確率の低い，すなわち p_l の小さい状態 l は，対象としている系の非常に詳細な情報である．次項で述べる画像処理の場合，それは画像中の非常に小さな構造であり，また，密度行列くりこみ群に含まれる特異値分解の場合には，長距離まで相関した秩序直前の状態である．

2.3.2 画像で見る特異値分解の機能性

特異値分解は，ウェーブレット変換などとともに主成分分析の分野ではよく用いられる方法である．また，密度行列くりこみ群の重要な原理でもある．たとえば特異値分解を画像処理などの古典系に適用してみると，その物理的意味合いが非常にはっきりする．またそれは，粗視化エントロピーによって明確に特徴づけられる．そこで，以下に具体例を挙げて説明する．

■ **スケール分解の基本的な考え方**

画像の問題を考えるには，画像データを $M \times N$ 行列 A と考え，$A(x,y)$ がピクセル (x,y) における色の値を表すものとする．画像が白黒の場合，行列要素は $(0,1)$ あるいは $(+1,-1)$ とすればよい．グレースケールの場合には $0 \sim 255$ の間の整数値をとる．縦横のサイズ M, N は一般には異なっていてもかまわない．

はじめに，画像データを特異値分解を用いて異なる要素に分解する．すなわち

$$r = \mathrm{rank}\, A \tag{2.67}$$

とおき，

$$A(x,y) = \sum_{l=1}^{r} U_l(x) \sqrt{\lambda_l} V_l(y) = \sum_{l=1}^{r} A^{(l)}(x,y) \tag{2.68}$$

と表す（画像は実数値で表現されるので，ここで U_l, V_l は実直交行列である）．ここで

$$A^{(l)}(x,y) = U_l(x) \sqrt{\lambda_l} V_l(y) \tag{2.69}$$

である．データの分解で現れた添え字 l は，分解の「階層構造」を特徴づけるパラメータとよぶことにする．その意味はあとでゆっくり考える．この中で重要な成分は，$\sqrt{\lambda_l}$ が大きい l である．そのため $\lambda_1 > \lambda_2 > \cdots > \lambda_\chi \; (\chi \leq r)$ に対して

$$A_\chi(x,y) = \sum_{l=1}^{\chi} A^{(l)}(x,y) \tag{2.70}$$

を導入すると，これが $A(x,y)$ に対する最適の χ 次近似となる．$A_\chi(x,y)$ がもつ情報量が $S(\chi)$ で表されることになる．

特異値分解に隠れたスケール分解の機構を調べよう[55]．図 2.1 に示された 2×4 ピクセルのサンプル画像を例にとる．色のついたピクセルによって構成されている部分を便宜上「構造」とよぶ．図では左半分に大きな構造（2×2 の正方形）があり，右上にはそれよりも小さな構造がある．色のついたピクセルを $A(x,y) = +1$，それ以外のピクセルを $A(x,y) = -1$ で代表させると，サンプル画像は

$$A = \begin{pmatrix} 1 & 1 & -1 & 1 \\ 1 & 1 & -1 & -1 \end{pmatrix} \tag{2.71}$$

と表される．ここで，画像の部分密度行列 ρ_X および ρ_Y を次のように計算する．

$$\rho_X = AA^t = \begin{pmatrix} 4 & 2 \\ 2 & 4 \end{pmatrix}, \quad \rho_Y = A^t A = \begin{pmatrix} 2 & 2 & -2 & 0 \\ 2 & 2 & -2 & 0 \\ -2 & -2 & 2 & 0 \\ 0 & 0 & 0 & 2 \end{pmatrix} \tag{2.72}$$

これらのゼロでない固有値は一致しており，それぞれ

$$\lambda_1 = 6, \quad \lambda_2 = 2 \tag{2.73}$$

となる．ここで考えている模型では，ρ_Y がブロック対角化されていることがわかる．その意味合いを考えてみると，ゼロとなっている非対角項は，小さい構造を含んだ 4 列目のベクトルと大きな構造に含まれる列ベクトルの内積から来ており，おたがいの内積を計算した場合に，符号の変化によって値が打ち消されてしまうことになっている．物性論の方法でいうと，乱雑位相近似の精神に似ている

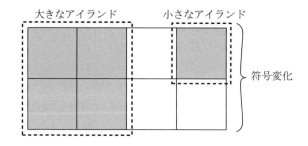

図 **2.1** 大きな構造と小さな構造が共存する 2×4 ピクセル画像

といえるかもしれない．3×3 のブロックは，符号が一定したベクトルどうしの内積から生じるので，ブロック内の非対角要素も，対角要素と絶対値は等しい．したがって，これで対角化を行うと，バンド理論におけるエネルギー準位の混成と同様に，固有値が大きなものとゼロとに分裂する．

具体的に画像の再構成を行おう．部分密度行列 ρ_X の固有ベクトルは

$$|u_1\rangle = \frac{1}{\sqrt{2}} \begin{pmatrix} 1 \\ 1 \end{pmatrix}, \quad |u_2\rangle = \frac{1}{\sqrt{2}} \begin{pmatrix} 1 \\ -1 \end{pmatrix} \tag{2.74}$$

であり，部分密度行列 ρ_Y の固有ベクトルは

$$|v_1\rangle = \frac{1}{\sqrt{3}} \begin{pmatrix} 1 \\ 1 \\ -1 \\ 0 \end{pmatrix}, \quad |v_2\rangle = \begin{pmatrix} 0 \\ 0 \\ 0 \\ 1 \end{pmatrix} \tag{2.75}$$

である．元画像を再構成するための各階層の情報は，次の行列で表される．

$$A^{(1)} = \sqrt{6}|u_1\rangle\langle v_1| = \begin{pmatrix} 1 & 1 & -1 & 0 \\ 1 & 1 & -1 & 0 \end{pmatrix} \tag{2.76}$$

$$A^{(2)} = \sqrt{2}|u_2\rangle\langle v_2| = \begin{pmatrix} 0 & 0 & 0 & 1 \\ 0 & 0 & 0 & -1 \end{pmatrix} \tag{2.77}$$

以上より

$$\sum_{n=1}^{2} A^{(n)} = \begin{pmatrix} 1 & 1 & -1 & 1 \\ 1 & 1 & -1 & -1 \end{pmatrix} = A \tag{2.78}$$

が得られる．すなわち，特異値分解にはスケールの異なるデータを分解するはたらきがある．

■ フラクタル画像に対する厳密な解析

フラクタル画像は厳密なスケール変換により定義されるので，特異値分解の性質を理解するのに特に都合がよい．ここではフラクタル画像のエントロピーがもつ意味について考えよう[56]．後のエンタングルメントの議論との相補性を考慮して，以下のようにテンソル積を用いてフラクタルを定義する．

はじめに，フラクタルの単位格子を $h \times h$ 行列 H とする．たとえば，Sierpinski のカーペット（図 2.2）に対しては，白いピクセルを 0，黒いピクセルを 1，$h = 3$ として

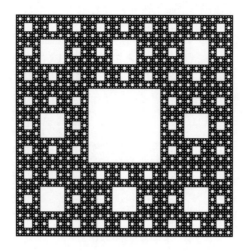

図 2.2 Sierpinski のカーペット

$$H = \begin{pmatrix} 1 & 1 & 1 \\ 1 & 0 & 1 \\ 1 & 1 & 1 \end{pmatrix} \tag{2.79}$$

である．これを単位格子として，N 回スケール変換を施すと，それによって生成されるフラクタル画像（行列 M）は

$$M = \underbrace{H \otimes H \otimes \cdots \otimes H}_{N \text{ 個}} \tag{2.80}$$

とテンソル積で表すことができる（テンソル積の計算は後の章で重要になるので，章を改めて丁寧に議論する）．たとえば，$N = 2$ の場合には

$$H \otimes H = \begin{pmatrix} 1 & 1 & 1 & 1 & 1 & 1 & 1 & 1 & 1 \\ 1 & 0 & 1 & 1 & 0 & 1 & 1 & 0 & 1 \\ 1 & 1 & 1 & 1 & 1 & 1 & 1 & 1 & 1 \\ 1 & 1 & 1 & 0 & 0 & 0 & 1 & 1 & 1 \\ 1 & 0 & 1 & 0 & 0 & 0 & 1 & 0 & 1 \\ 1 & 1 & 1 & 0 & 0 & 0 & 1 & 1 & 1 \\ 1 & 1 & 1 & 1 & 1 & 1 & 1 & 1 & 1 \\ 1 & 0 & 1 & 1 & 0 & 1 & 1 & 0 & 1 \\ 1 & 1 & 1 & 1 & 1 & 1 & 1 & 1 & 1 \end{pmatrix} \tag{2.81}$$

となっており，このテンソル演算を繰り返していけば，フラクタルのより細かい構造が生成されることがわかるだろう．行列 M を $L \times L$ 行列とすると，$L = h^N$ となる．いま，単位格子行列 H のゼロでない固有値は二つあり，それらは $1 \pm \sqrt{3}$ となっていることがわかる．

テンソル積で因子化された行列 M の二乗は

$$M^2 = \underbrace{H^2 \otimes H^2 \otimes \cdots \otimes H^2}_{N \text{ 個}} \tag{2.82}$$

と表すことができる．この固有値は，行列 H^2 の固有値のあらゆる組合せで与えられる．H^2 のゼロでない固有値はやはり二つあり，後々のために規格化すると

$$\gamma_\pm = \frac{1}{2} \pm \frac{\sqrt{3}}{4} \tag{2.83}$$

となる．すなわち

$$\gamma_- = 1 - \gamma_+ \tag{2.84}$$

が成り立つ．このとき，M^2 の固有値は

$$\lambda_j = \gamma_+^j \gamma_-^{N-j} = \gamma_+^j (1 - \gamma_+)^{N-j} \tag{2.85}$$

となる．ただし，各 j の縮重度は二項係数で与えられる．このときのエントロピーは

$$S = -\sum_{j=1}^{N} {}_N\mathrm{C}_j \lambda_j \log \lambda_j = \left(-\sum_{i=\pm} \gamma_i \log \gamma_i \right) N \propto \log L \tag{2.86}$$

となることが確かめられる．すなわち，画像のエントロピーの大きさは，その画像中に異なるスケールの情報が何通り含まれているかを表している．2.3.2 項の最初で述べたスケール制御の機構も考慮に入れると，各スケールに分解されたデータが，1 次元高い空間では適切な（Euclid ではない）計量で表現されることを示唆している．システムサイズ L に対して対数の依存性を示すということがきわめて重要で，その物理的な意味はおいおい議論を進めていくことになるので覚えておいていただきたい．

2.4 非可換演算子と余剰自由度

2.4.1 Hausdorff の公式

拡張された次元で現象を古典的にとらえることと演算子の非可換性とは，密接な関わりをもっている．演算子の非可換性は量子論のもっとも基本的な特徴であ

るから，量子・古典の間の対応は，必然的に異なる次元の模型の間に起こる．以降では，演算子の特性に着目しよう．

量子論において分配関数や時間発展演算子を取り扱う場合，非可換演算子が指数の肩に乗っているが，そのような形の演算子を取り扱うにはうまい工夫がある．二つの演算子 X, Y に対して交換関係 $[X, Y] \equiv XY - YX \neq 0$ の場合，

$$e^{X+Y} \neq e^X e^Y \tag{2.87}$$

であり，単純に X のみの演算子と Y のみの演算子に分解することはできない．これは両者がエンタングルしているためである．これをうまく分解するには

$$e^{X+Y} = \lim_{M \to \infty} \left(e^{X/M} e^{Y/M} \right)^M \tag{2.88}$$

という関係式を用いることができる．これを物理の分野では Trotter 公式とよぶ．分解で現れたパラメータ M を Trotter 数とよぶ．

これを理解するために，Hausdorff の公式（Baker–Campbell–Hausdorff の公式）

$$e^X e^Y = \exp\left(X + Y + \frac{1}{2}[X, Y] + \frac{1}{12}[X - Y, [X, Y]] + \cdots \right) \tag{2.89}$$

を証明することから始めよう．右辺が交換関係のみで表されることがポイントであり，交換子の積のようなより複雑な演算子は現れない（これは Lie 群の多様体的な構造に由来しているが，興味のある方は数学のテキストを参考にされたい）．はじめに

$$\begin{aligned}
e^{tX} e^{tY} &= \left\{ 1 + tX + \frac{1}{2}(tX)^2 + \frac{1}{6}(tX)^3 + \cdots \right\} \\
&\quad \times \left\{ 1 + tY + \frac{1}{2}(tY)^2 + \frac{1}{6}(tY)^3 + \cdots \right\} \\
&= 1 + t(X + Y) + \frac{1}{2}t^2 \left(X^2 + 2XY + Y^2 \right) + \cdots
\end{aligned} \tag{2.90}$$

および

$$e^{tX} e^{tY} = e^{h(tX, tY)} \tag{2.91}$$

という関係式を導入する．ここで

$$h(tX, tY) = \sum_{\nu=1}^{\infty} t^\nu h_\nu(X, Y) \tag{2.92}$$

と展開する．このとき

$$\exp\left(\sum_{\nu=1}^{\infty} t^\nu h_\nu(X,Y)\right) = 1 + \sum_{\nu=1}^{\infty} t^\nu h_\nu(X,Y) + \frac{1}{2}\left(\sum_{\nu=1}^{\infty} t^\nu h_\nu(X,Y)\right)^2 + \cdots$$
$$= 1 + th_1(X,Y)$$
$$+ \frac{1}{2}t^2\left\{2h_2(X,Y) + h_1^2(X,Y)\right\} + \cdots \quad (2.93)$$

となるが，式 (2.90) と式 (2.93) を比較すると，
$$h_1(X,Y) = X + Y \quad (2.94)$$
および
$$2h_2 = X^2 + 2XY + Y^2 - h_1^2$$
$$= X^2 + 2XY + Y^2 - (X+Y)^2$$
$$= [X,Y] \quad (2.95)$$
より
$$h_2(X,Y) = \frac{1}{2}[X,Y] \quad (2.96)$$

であることがわかる．高次の $h_\nu(X,Y)$ も上記の方法で逐次的に求めることができ，その結果として Hausdorff の公式が証明される．

Hausdorff の公式を
$$e^{\frac{X}{M}}e^{\frac{Y}{M}} = \exp\left\{\frac{1}{M}(X+Y) + \frac{1}{M^2}\frac{1}{2}[X,Y] + \frac{1}{M^3}\frac{1}{12}[X-Y,[X,Y]] + \cdots\right\} \quad (2.97)$$

と書き換えれば，M が大きい極限で Trotter 公式が導出できる．

2.4.2 鈴木 – Trotter 変換

Trotter 公式を用いると，短距離相互作用をしている空間 d 次元量子系の問題を，空間 $(d+1)$ 次元の古典系へ変換することができる．このとき，新しい空間方向は Trotter 数で特徴づけられ，それを Trotter 軸とよぶ．この対応原理は，鈴木 – Trotter 変換（あるいは鈴木 – Trotter 分解）とよばれており，量子モンテカルロ法など広い応用範囲をもっている[30]．本書でもこの後何度も登場する．鈴木 – Trotter 変換は経路積分法における時間分割法の一種であり，一般論の展開に際しては経路積分表示を用いることもある．状況に応じて使い分けることが肝要である．

ここでは具体的に，1 次元横磁場 Ising 模型

の変換を考えよう．σ_i^z および σ_i^x は Pauli 行列である．以下では，分配関数

$$H = -J\sum_{i=1}^{L}\sigma_i^z\sigma_{i+1}^z - \lambda\sum_{i=1}^{L}\sigma_i^x \tag{2.98}$$

$$Z = \text{Tr}\, e^{-\beta H} = \sum_{\{\sigma^1\}} \langle\{\sigma^1\}|\, e^{-\beta H}\, |\{\sigma^1\}\rangle \tag{2.99}$$

を，鈴木-Trotter 分解を用いて変形する．変形にあたって，特定のスピン配置の状態 $|\{\sigma^k\}\rangle$ に σ_i^z が演算するとき

$$\sigma_i^z\,|\{\sigma^k\}\rangle = \sigma_i^k\,|\{\sigma^k\}\rangle \tag{2.100}$$

と表すことにする．はじめに分配関数 Z を Trotter 公式により分解すると，

$$Z = \sum_{\{\sigma^1\}} \langle\{\sigma^1\}|\left[\exp\left\{a\sum_{i=1}^{L}\sigma_i^z\sigma_{i+1}^z\right\}\exp\left\{b\sum_{i=1}^{L}\sigma_i^x\right\}\right]^M |\{\sigma^1\}\rangle \tag{2.101}$$

となる．ただし，$a = \beta J/M, b = \beta\lambda/M$ とした．分解の各項の間に完全系

$$\sum_{\{\sigma^k\}} |\{\sigma^k\}\rangle\langle\{\sigma^k\}| = \mathbf{1} \tag{2.102}$$

を挿入すると

$$\begin{aligned}Z &= \sum_{\{\sigma^1\}}\cdots\sum_{\{\sigma^M\}}\prod_{k=1}^{M} \langle\{\sigma^k\}|\exp\left\{a\sum_{i=1}^{L}\sigma_i^z\sigma_{i+1}^z\right\}\exp\left\{b\sum_{i=1}^{L}\sigma_i^x\right\}|\{\sigma^{k+1}\}\rangle \\ &= \sum_{\{\sigma^1\}}\cdots\sum_{\{\sigma^M\}}\prod_{k=1}^{M}\exp\left\{a\sum_{i=1}^{L}\sigma_i^k\sigma_{i+1}^k\right\}\langle\{\sigma^k\}|\exp\left\{b\sum_{i=1}^{L}\sigma_i^x\right\}|\{\sigma^{k+1}\}\rangle\end{aligned} \tag{2.103}$$

となることがわかる．ただし，周期境界条件を仮定して $|\{\sigma^1\}\rangle = |\{\sigma^{M+1}\}\rangle$ とした．ここで

$$e^{b\sigma^x} = 1 + b\sigma^x + \frac{1}{2!}(b\sigma^x)^2 + \frac{1}{3!}(b\sigma^x)^3 + \cdots \tag{2.104}$$

より

$$\begin{aligned}\langle\uparrow|\,e^{b\sigma^x}\,|\uparrow\rangle &= \cosh b \\ &= \sqrt{\frac{1}{4}(e^b + e^{-b})^2} \\ &= \sqrt{\frac{1}{4}(e^b - e^{-b})(e^b + e^{-b})(e^b + e^{-b})\frac{1}{e^b - e^{-b}}}\end{aligned}$$

$$= A\sqrt{\coth b}$$
$$= A\exp\left\{\frac{1}{2}\log\left(\coth b\right)\right\} \tag{2.105}$$
$$\langle\uparrow|e^{b\sigma^x}|\downarrow\rangle = \sinh b$$
$$= \sqrt{\frac{1}{4}(e^b - e^{-b})^2}$$
$$= \sqrt{\frac{1}{4}(e^b + e^{-b})(e^b - e^{-b})(e^b - e^{-b})\frac{1}{e^b + e^{-b}}}$$
$$= A\sqrt{\tanh b}$$
$$= A\exp\left\{\frac{1}{2}\log\left(\tanh b\right)\right\} \tag{2.106}$$

が成り立つ. ただし

$$A = \sqrt{\frac{1}{2}\sinh 2b} \tag{2.107}$$

とおいた. これより, 以下の恒等式が成り立つ ($\sigma, \sigma' = \pm 1$).

$$\langle\sigma|e^{\frac{\beta}{M}\lambda\sigma^x}|\sigma'\rangle = A\exp\left\{\frac{1}{2}\sigma\sigma'\log\left(\coth\frac{\beta}{M}\lambda\right)\right\} \tag{2.108}$$

したがって, 分配関数は

$$Z = \sum_{\{\sigma^1\}}\cdots\sum_{\{\sigma^M\}} A^M \prod_{k=1}^{M} \exp\left(\frac{\beta}{M}J\sum_{i=1}^{L}\sigma_i^k\sigma_{i+1}^k\right)$$
$$\times \exp\left\{\frac{1}{2}\sum_{i=1}^{L}\sigma_i^k\sigma_i^{k+1}\log\left(\coth\frac{\beta}{M}\lambda\right)\right\} \tag{2.109}$$

となり, 有効ハミルトニアンは

$$H_{\text{eff}} = -\sum_{i=1}^{L}\sum_{k=1}^{M}\left(J_1\sigma_i^k\sigma_{i+1}^k + J_2\sigma_i^k\sigma_i^{k+1}\right) \tag{2.110}$$

で与えられる. 有効相互作用 J_1, J_2 は,

$$\begin{cases} J_1 = \dfrac{J}{M} \\ J_2 = \dfrac{1}{2\beta}\log\left\{\coth\left(\dfrac{\beta}{M}\lambda\right)\right\} \end{cases} \tag{2.111}$$

となる. これは 2 次元異方的古典 Ising 模型である. これで 1 次元量子系が Trotter 軸を新たな座標とする 2 次元古典系に変換された.

横磁場 Ising 模型は，$\lambda = J$ の場合，絶対零度で量子相転移を起こす．この臨界的性質が，実は 2 次元等方的（$M = L$）古典スピン系の有限温度相転移に変換される．このことを見ておこう．これにより，量子古典変換において対称性が保存されることがわかる．注意することは，式 (2.109) において古典スピン系の温度の意味がまだ不明確であるということである．本来はその温度を β' として，$J_1 = \beta J / \beta' M$ などと表しておかなくてはならない．

1 次元量子系が絶対零度 $\beta \to \infty$ で，かつ Trotter 数 $M \to \infty$ の極限をとった場合を考えよう．式 (2.109) が，等方的な系の $T = T_c$ における分配関数に等しくなるためには，比 $x = \beta J / M = \beta J / L$ が一定値に収束するとして，少なくとも $J_1 = J_2$ が成り立つ必要がある．このとき，

$$x = \frac{1}{2} \log\left(\coth x\right) \tag{2.112}$$

であり，この解は 2 次元古典 Ising 模型の β_c に一致して

$$x = \frac{1}{2} \log\left(1 + \sqrt{2}\right) = \beta_c J \tag{2.113}$$

となることがわかる．つまり，分配関数が

$$Z = \sum_{\{\sigma^1\}} \cdots \sum_{\{\sigma^M\}} A^M \exp\left\{\beta_c J \sum_{i=1}^{L} \sum_{k=1}^{L} \left(\sigma_i^k \sigma_{i+1}^k + \sigma_i^k \sigma_i^{k+1}\right)\right\} \tag{2.114}$$

と表され，確かに臨界点での状況を示している．

2.4.3 二つの転送行列法

Ising 模型のように変換後の有効ハミルトニアンの形が明示的に求められるのは稀である．一般には変換後は複雑な 4 体相互作用が現れて，適切な数値計算を行う必要がある．その場合であっても，「転送行列」という見方は非常に有用で，数値計算の実行可能性以上の数理的特性を備えている．

量子系にいく前に，簡単に古典系の転送行列を導入しておこう．1 次元古典 Ising 模型を考える．ハミルトニアンは

$$H = -J \sum_{i=1}^{N} \sigma_i \sigma_{i+1} \tag{2.115}$$

と表され，$\sigma_i = \pm 1$ である．ここでは周期境界条件を仮定し，

$$\sigma_{N+1} = \sigma_1 \tag{2.116}$$

とおく．このとき，状態和は

$$Z(N) = \mathrm{Tr}\, e^{-\beta H} = \sum_{\sigma_1}\cdots\sum_{\sigma_N} e^{-\beta H} = \sum_{\sigma_1}\cdots\sum_{\sigma_N} \prod_i e^{\beta J \sigma_i \sigma_{i+1}} \quad (2.117)$$

となる．この式は行列を用いて簡単に表すことができる．行列要素 $A_{\sigma\sigma'} = e^{\beta J \sigma \sigma'}$ (ただし $\sigma, \sigma' = \pm 1$) によって定義される行列

$$A = \begin{pmatrix} e^{\beta J} & e^{-\beta J} \\ e^{-\beta J} & e^{\beta J} \end{pmatrix} \quad (2.118)$$

に対して

$$Z(N) = \sum_{\sigma_1}\cdots\sum_{\sigma_N} A_{\sigma_1\sigma_2} A_{\sigma_2\sigma_3} \cdots A_{\sigma_{N-1}\sigma_N} = \mathrm{Tr}\left(A^N\right) \quad (2.119)$$

となる．分配関数が等価な行列の積で表されているので，これを一様行列積とよぶ．したがって，問題は局所的に定義された行列 A の固有値問題と等価である．行列 A の固有値は

$$\lambda_\pm = e^{\beta J} \pm e^{-\beta J} \quad (2.120)$$

となるため，

$$Z(N) = \lambda_+^N + \lambda_-^N \quad (2.121)$$

が導かれる．したがって，$\lambda_+ > \lambda_-$ より

$$Z = \lim_{N\to\infty} Z(N) = \lim_{N\to\infty} \lambda_+^N = (2\cosh\beta J)^N \quad (2.122)$$

が得られる．前項の横磁場（量子）Ising 系との違いは，量子揺らぎがないので，行列の成分が 2 に圧縮されていることである．次元コントロールの方法は，行列表示では次元に押し込まれることがわかる．

以上をもとに，量子系での転送行列の特徴を調べよう．分割

$$\tau = \frac{\beta}{M} \quad (2.123)$$

に対して，分配関数 $Z(M)$ は

$$Z(M) = \mathrm{Tr}\left(\prod_{i=1}^M e^{-\tau H}\right) \quad (2.124)$$

と表される．量子 Ising 系の計算で行ったように，鈴木–Trotter 変換で現れた M 個の演算子の間に完全系 $\sum_\alpha |\alpha\rangle\langle\alpha| = \mathbf{1}$ を挿入していくと（$\mathbf{1}$ は単位行列あるいは恒等演算を表す），

$$Z(M) = \sum_{\alpha^1}\cdots\sum_{\alpha^M} \prod_{i=1}^M \langle\alpha^{i+1}|e^{-\tau H}|\alpha^i\rangle \quad (2.125)$$

となる.Trotter 軸に沿って,あるスピン配置の状態 $|\alpha^i\rangle$ を別のスピン配置の状態 $|\alpha^{i+1}\rangle$ に転送する実空間転送行列 T_{real} を

$$T_{real} = e^{-\tau H} \tag{2.126}$$

と定義すると,適当な完全系 $\sum_\alpha |\alpha\rangle\langle\alpha| = \mathbf{1}$ に対して

$$Z(M) = \sum_\alpha \langle\alpha|(T_{real})^M|\alpha\rangle = \mathrm{Tr}\,(T_{real})^M \tag{2.127}$$

が成り立つ.

実際の計算を進めるために,ハミルトニアンを偶数ボンドの集合 A と奇数ボンドの集合 B に分割する.

$$H = H_1 + H_2\,, \quad H_1 = \sum_{i\in A} V_i\,, \quad H_2 = \sum_{i\in B} V_i \tag{2.128}$$

この分割は,チェス盤分割(checkerboard decomposition, CBD)とよばれている(図 2.3 参照).量子モンテカルロ計算ではこの方法が用いられる.Hausdorff の公式から

$$\exp\{-\tau(H_1+H_2)\} = e^{-\frac{1}{2}\tau H_1} e^{-\tau H_2} e^{-\frac{1}{2}\tau H_1} + O(\tau^3) \tag{2.129}$$

という対称的な分割を導入し,これに合わせて転送行列のほうも

$$T_{real} = T_1^{1/2} T_2 T_1^{1/2}\,, \quad T_1 = \prod_{i\in A} t_i\,, \quad T_2 = \prod_{i\in B} t_i\,, \quad t_i = e^{-\tau V_i} \tag{2.130}$$

と分割する.t_i は量子 Ising 模型では 4×4 の局所的転送行列である.以上より

$$Z_{CBD}(M) = \sum_{\alpha^1}\cdots\sum_{\alpha^M}\prod_{i=1}^M \langle\alpha^{2i+1}|T_2|\alpha^{2i}\rangle\langle\alpha^{2i}|T_1|\alpha^{2i-1}\rangle \tag{2.131}$$

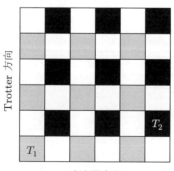

図 **2.3** チェス盤の構造

が得られる．ここまでくればモンテカルロ法が実行できる．

チェス盤の構造をよく見ると，転送行列の転送方向は Trotter 方向でなくて，仮想スピンを実空間方向に転送してもよい．これを仮想空間転送行列あるいは量子転送法とよぶ．仮想方向の転送行列を $T_{virtual} = U_2 U_1$ と表すと，今度はシステムサイズ N の関数である分配関数 $Z(N)$ が実空間転送の場合と同様に

$$Z(N) = \text{Tr}\,(T_{virtual})^{N/2} \tag{2.132}$$

と表される．古典系サイドは，扱い方に自由度が残されているようである．たとえば，CBD のほかには実空間分解（real space decomposition, RSD）などの方法がある．

2.4.4 量子多体系における複合励起演算子族の階層構造

異なるエネルギースケール，長さスケールの物理へのデータ分解は，非可換代数をベースとした場の量子論では非常に基本的なレベルで現れる性質である．これは相互作用のある系においては，Heisenberg 表示の演算子に対する運動方程式の階層を丁寧に追っていくことで明らかとなる[57]．以下では，この方法を用いてプロパゲーターを計算する概略を述べる．プロパゲーターの虚部は光電子分光スペクトルであるから測定可能な量であり，特に近年，その実験的発展には目を見張るものがある．

はじめに，複数個の成分をもつ場の演算子 Ψ_i を用意する．この場はサイト i の局所的な添え字をもっているが，完全な局所場だけでなく，そのサイトを中心に広がった場を含んでいてもよい．その構成法は後で議論する．可能であれば完全系であることが望ましいが，量子多体系でそれを揃えるのは難しいので，近似的なセットであってもかまわないものとする．

ターゲットとなる物理量は，Ψ_i の「1粒子」グリーン関数行列である．

$$S_{ij}(t-t') = \left\langle R\Psi_i(t)\Psi_j^\dagger(t') \right\rangle \tag{2.133}$$

$\langle \cdots \rangle$ は，絶対零度における真空期待値あるいは有限温度における統計平均を表す．添え字 i,j は場 Ψ が定義されているサイトを表し，S 自体は場の成分数を次元としてもつ行列である．場の運動方程式を

$$i\frac{\partial}{\partial t}\Psi_i(t) = J_i(t) \tag{2.134}$$

と表す．このとき，グリーン関数行列の満たす運動方程式は

$$i\frac{\partial}{\partial t}\left\langle R\Psi_i(t)\Psi_j^\dagger(t') \right\rangle = \delta(t-t')I_{ij} + \left\langle RJ_i(t)\Psi_j^\dagger(t') \right\rangle \tag{2.135}$$

となる．I_{ij} はスペクトル重み行列であり

$$I_{ij} = \left\langle \left\{ \Psi_i, \Psi_j^\dagger \right\} \right\rangle \tag{2.136}$$

と定義される．$\{A,B\}$ は反交換関係 $\{A,B\} \equiv AB + BA$ である．ここで形式的に

$$\left\langle RJ_i(t)\Psi_j^\dagger(t') \right\rangle = \Sigma\left(i\frac{\partial}{\partial t}, -i\boldsymbol{\nabla}\right)\left\langle R\Psi_i(t)\Psi_j^\dagger(t') \right\rangle \tag{2.137}$$

と表す．また，グリーン関数行列は Fourier 変換すると

$$S(\omega, \boldsymbol{k}) = \{\omega - \Sigma(\omega, \boldsymbol{k})\}^{-1} I(\boldsymbol{k}) \tag{2.138}$$

と表される．さらに，式 (2.137) を t' で微分すると，

$$\delta(t-t')M_{ij} + \left\langle RJ_i(t)J_j^\dagger(t') \right\rangle$$
$$= \Sigma\left(i\frac{\partial}{\partial t}, -i\boldsymbol{\nabla}\right)\left\{\delta(t-t')I_{ij} + \left\langle R\Psi_i(t)J_j^\dagger(t') \right\rangle\right\} \tag{2.139}$$

となる．行列 M_{ij} は

$$M_{ij} = \left\langle \left\{ J_i, \Psi_j^\dagger \right\} \right\rangle \tag{2.140}$$

と定義される．ここで，自己エネルギー行列の動的補正項としては

$$\delta M_{ij}(t-t') = \left\langle RJ_i(t)J_j^\dagger(t') \right\rangle_I$$
$$= \left\langle RJ_i(t)J_j^\dagger(t') \right\rangle - \Sigma\left(i\frac{\partial}{\partial t}, -i\boldsymbol{\nabla}\right)\left\langle R\Psi_i(t)J_j^\dagger(t') \right\rangle \tag{2.141}$$

という形で，既約でない部分が残る．結果として

$$S(\omega, \boldsymbol{k}) = \frac{1}{\omega - \Sigma(\omega, \boldsymbol{k})} I(\boldsymbol{k})$$
$$= I(\boldsymbol{k}) \frac{1}{\omega I(\boldsymbol{k}) - M(\boldsymbol{k}) - \delta M(\omega, \boldsymbol{k})} I(\boldsymbol{k}) \tag{2.142}$$

が得られる．そこで問題は，与えられたハミルトニアンに対して適切な場 Ψ を選び，I, M および Σ を評価することである．

たとえば，強相関電子系の基本である Hubbard 模型を見てみよう．

$$H = -t\sum_{i,j,\sigma} \left(c_{i,\sigma}^\dagger c_{j,\sigma} + \text{h.c.}\right) + U\sum_i n_{i,\uparrow} n_{i,\downarrow} \tag{2.143}$$

第1項が電子の運動エネルギー（最隣接サイト間の電子のホッピング），第2項が電子間にはたらく Coulomb ポテンシャルである．強相関物性の格子模型を考

えているので，電子のホッピングは強束縛的である．また，この模型で遷移金属酸化物の d 軌道の電子状態を考えることが多く，この場合，オンサイトの電子間に特に強い相互作用がはたらくため，相互作用はデルタ関数的としている．サイト i にあるスピン $\sigma=\uparrow,\downarrow$ をもつ電子の生成消滅演算子 $c_{i,\sigma}^{\dagger},c_{i,\sigma}$ は反交換関係

$$\left\{c_{i,\sigma},c_{j,\sigma'}^{\dagger}\right\}=\delta_{ij}\delta_{\sigma\sigma'} \tag{2.144}$$

を満たす．また，$n_{i,\sigma}=c_{i,\sigma}^{\dagger}c_{i,\sigma}$ は粒子数演算子である．この問題を解くことが難しいのは，運動エネルギーの項と Coulomb 斥力の項がたがいに非可換なことに起因する．前者は波数空間で対角的であるのに対して，後者は実空間で対角的であるため，どちらの基底を採用しても都合がよくない．

有名な銅酸化物高温超伝導の問題では，$U>t$ のパラメータ領域に興味があり，摂動論が必ずしも適切ではない．この困難をなるべく避けるような基底変換は

$$c_{i,\sigma}=(1-n_{i,-\sigma})c_{i,\sigma}+n_{i,-\sigma}c_{i,\sigma}=\xi_{i,\sigma}+\eta_{i,\sigma} \tag{2.145}$$

となる．このとき，ハミルトニアンは $\xi_{i,\sigma},\eta_{i,\sigma}$ の 2 次形式となる．しかし，これらの演算子は通常のフェルミオンではなく，

$$\xi_i=\begin{pmatrix}\xi_{i,\uparrow}\\\xi_{i,\downarrow}\end{pmatrix},\quad \vec{S}_i=\frac{1}{2}c_i^{\dagger}\vec{\sigma}c_i,\quad \left\{\xi_i,\xi_j^{\dagger}\right\}=\delta_{ij}\left(1-\frac{1}{2}n+\vec{S}_i\cdot\vec{\sigma}\right) \tag{2.146}$$

という代数に従う．$\vec{\sigma}$ は Pauli 行列である．行列型演算子 $\left\{\xi_i,\xi_j^{\dagger}\right\}$ の (σ,σ') 成分は $\left\{\xi_{i,\sigma},\xi_{j,\sigma'}^{\dagger}\right\}$ という意味である．明らかに，このままでは Heisenberg 表示の運動方程式が閉じない．たとえば，$U\to\infty$ の強結合極限を考えて，ハミルトニアンを

$$H=-t\sum_{i,j,\sigma}\left(\xi_{i,\sigma}^{\dagger}\xi_{j,\sigma}+\text{h.c.}\right) \tag{2.147}$$

と単純化しても，ξ_i の Heisenberg 表示 $\xi_i(t)=e^{-iHt}\xi_i e^{iHt}$ ($\hbar=1$ とする) に対する運動方程式は

$$i\frac{\partial}{\partial t}\xi_i(t)=-t\left(1-\frac{1}{2}n_i(t)+\vec{S}_i(t)\cdot\vec{\sigma}\right)\xi_i^{\alpha}(t) \tag{2.148}$$

であり，より複合的な励起演算子が現れる．ここで，$\xi_i^{\alpha}=\sum_j\alpha_{ij}\xi_j$ とおいた．α_{ij} は最隣接サイト間のつながりを意味し，1 次元のときは $\alpha_{ij}=\delta_{i+1,j}+\delta_{i-1,j}$ である．運動方程式の異なる次数に属する演算子群は性質がそれぞれ異なるので，これを異なるエネルギー階層に属するという．完全系を得るためには，無限次の

展開

$$\Psi_i = \begin{pmatrix} \xi_i \\ \delta n_i \xi_i^\alpha \\ \vec{S}_i \cdot \vec{\sigma} \xi_i^\alpha \\ \vdots \end{pmatrix} \tag{2.149}$$

が必要である．ただし，$\delta n = n - \langle n \rangle$ である．これで，2点相関関数が無限次元行列に格上げされる．これで状況が単に複雑になったかというと，必ずしもそうではない．おたがいの演算子の相関の指標として，反交換関係の期待値 $I = \langle \{\Psi, \Psi^\dagger\} \rangle$ を計算してみると，常磁性の場合には

$$I_{11} = \delta_{ij} \left\langle 1 - \frac{n}{2} \right\rangle \tag{2.150}$$

$$I_{12} = \delta_{ij} \langle \xi^\alpha \xi^\dagger \rangle - \frac{1}{8} \alpha_{ij} \langle \delta n^\alpha \delta n \rangle \tag{2.151}$$

$$I_{13} = 3\delta_{ij} \langle \xi \xi^{\alpha\dagger} \rangle + \frac{1}{2} \alpha_{ij} \langle \vec{S}^\alpha \cdot \vec{S} \rangle \tag{2.152}$$

$$I_{22} = \left\langle 1 - \frac{n}{2} \right\rangle 4\langle n \rangle \langle 1 - n \rangle \delta_{ij} + \left\langle 1 - \frac{n}{2} \right\rangle \langle \delta n_i \delta n_j \rangle (2\alpha'_{ij} + \alpha''_{ij})$$
$$- \frac{1}{2} \sum_l \alpha_{il} \alpha_{lj} \langle \delta n_j \delta n_l \delta n_i \rangle + \alpha_{ij} \langle \xi_i^\alpha \delta n_j \xi_i^\dagger \rangle + \alpha_{ij} \langle \xi_j \xi_j^{\alpha\dagger} \delta n_i \rangle \tag{2.153}$$

$$I_{23} = 3\alpha_{ij} \langle \xi_i^\alpha \delta n_j \xi_i^\dagger \rangle + 2\alpha_{ij} \langle \xi_j \xi_j^{\alpha\dagger} \vec{\sigma} \cdot \vec{S}_i \rangle + 2 \sum_l \alpha_{il} \alpha_{lj} \langle \delta n_j \vec{S}_l \cdot \vec{S}_i \rangle \tag{2.154}$$

$$I_{33} = \left\langle 1 - \frac{n}{2} \right\rangle \left(12\langle n \rangle \delta_{ij} + 2\langle \vec{S}^{\alpha'} \cdot \vec{S} \rangle \alpha'_{ij} + \langle \vec{S}^{\alpha''} \cdot \vec{S} \rangle \alpha''_{ij} \right)$$
$$- 4 \langle \vec{S} \cdot \vec{S}^\alpha \rangle \delta_{ij} + 8 \langle \vec{S} \cdot \vec{\sigma} \xi^\alpha \xi^{\alpha\dagger} \rangle \delta_{ij} - \frac{3}{4} \langle \xi^\alpha \xi^\dagger \rangle \alpha_{ij} - \langle \vec{S}^\alpha \cdot \vec{\sigma} \xi^\alpha \xi^\dagger \rangle \alpha_{ij}$$
$$- 2 \sum_l \alpha_{il} \alpha_{jl} \langle \vec{S}_j \cdot \vec{S}_i \delta n_l \rangle \tag{2.155}$$

などとなる．α', α'' はそれぞれ次近接および第3近接サイト間のつながりを表す．対角成分はいわゆるスペクトル重みである．

実際の数値計算から，異なるエネルギー階層に属する演算子間の相関は，対角の値に比べれば小さいことがわかる．これが示唆していることは，まず異なるエネルギースケールで起こる物理，すなわち各非局所基底の混成前の「1粒子的バンド」を観察するという見方が妥当であるということである．

以上のセットアップで系統的に高次の効果まで取り入れた光電子分光スペクトルの計算は大変であるが，スケール分解の視点からどのようなことが起こるか類

推することは可能である[58]. 展開の各次数でスペクトルに大きな影響を及ぼす励起は，スピン揺らぎの衣をまとったモードである．具体的には，もとのフェルミオン的励起

$$\Phi_1 = \xi \tag{2.156}$$

から出発し，

$$\Phi_2 = \vec{S} \cdot \vec{\sigma} \xi^{\alpha} \tag{2.157}$$

を経由して，次のオーダーには

$$\Phi_3 = \begin{pmatrix} \Phi_3^- \\ \Phi_3^+ \end{pmatrix} = \begin{pmatrix} \vec{S} \cdot \vec{\sigma} \xi^{\bar{\alpha}\bar{\alpha}} \\ \vec{S} \cdot \vec{\sigma} (\vec{S} \cdot \vec{\sigma} \xi^{\bar{\alpha}})^{\bar{\alpha}} \end{pmatrix} \tag{2.158}$$

という複合的な励起が現れる（$\bar{\alpha}$ は α においてもとのサイトに戻る項を除くという意味）．さらに次のオーダーでは

$$\Phi_4 = \begin{pmatrix} \Phi_4^{--} \\ \Phi_4^{-+} \\ \Phi_4^{+-} \\ \Phi_4^{++} \end{pmatrix} = \begin{pmatrix} \vec{S} \cdot \vec{\sigma} \xi^{\bar{\alpha}\bar{\alpha}\bar{\alpha}} \\ \vec{S} \cdot \vec{\sigma} (\vec{S} \cdot \vec{\sigma} \xi^{\bar{\alpha}})^{\bar{\alpha}\bar{\alpha}} \\ \vec{S} \cdot \vec{\sigma} (\vec{S} \cdot \vec{\sigma} \xi^{\bar{\alpha}\bar{\alpha}})^{\bar{\alpha}} \\ \vec{S} \cdot \vec{\sigma} (\vec{S} \cdot \vec{\sigma} (\vec{S} \cdot \vec{\sigma} \xi^{\bar{\alpha}})^{\bar{\alpha}})^{\bar{\alpha}} \end{pmatrix} \tag{2.159}$$

が重要な励起モードとなる．構造をよく見てみると，特異値分解のときと状況は似ていて（正確にいうと，量子系と古典系では IR と UV の関係が逆転していることに注意），高次の運動方程式を立てるほど，より非局所的な広がった複合励起モードが指数関数的にたくさん現れてくることがわかる．運動方程式を立てるたびに一番くりこまれた励起モードはスピン演算子を一つ余計に獲得するため，一つ低い次数の複合演算子との交換関係では奇数個のスピン演算子をもつことになり，その期待値は一般には小さくなる．したがって，異なる長さスケールの物理は大雑把には分離していると見なしてよい．低エネルギーではこれらのくりこまれた非局所励起が，擬ギャップ形成や超伝導機構に重要な役割を果たしていると考えられる．

第3章

量子もつれ（エンタングルメント）

　本章では，本書を通してもっとも重要なキーワードである量子もつれ（エンタングルメント）の意味を説明し，エンタングルメントを測る基準であるエンタングルメント・エントロピーを導入する．エンタングルメント・エントロピーがもつ普遍的なスケーリング関係式は非常に重要で，多くの関連分野に応用をもつ．本章では，まずその定義と基本的な性質について述べる．加えて，超伝導のBCS波動関数やトポロジカル量子系など，物性物理に現れる量子状態のエンタングルメント構造にも触れる．

3.1 状態の量子もつれ

3.1.1 状態の「量子もつれ」とは ───────

複合系の量子状態が，それを構成する部分系の量子状態の直積で記述できるとき，部分系はセパラブルであるという．一方，複合系の量子状態が，それを構成する部分系の量子状態の直積で記述できないとき，部分系は量子的にもつれている（エンタングルしている）という．このとき，複合系の状態をエンタングル状態とよぶ．まず，セパラブル状態とエンタングル状態の違いを見ていこう．

はじめに二つの部分系 X, Y から構成される全系の純粋状態を

$$|\psi\rangle = \sum_{x \in X} \sum_{y \in Y} \psi(x,y) |x\rangle \otimes |y\rangle \tag{3.1}$$

と表す．ここで，状態ベクトルの表記にはブラケットを用いる．$|x\rangle \otimes |y\rangle$ は部分系 X の状態ベクトル $|x\rangle$ と部分系 Y の状態ベクトル $|y\rangle$ のテンソル積で，二つの状態ベクトルをそれぞれ

$$|x\rangle = \begin{pmatrix} x_1 \\ x_2 \\ \vdots \\ x_M \end{pmatrix}, \quad |y\rangle = \begin{pmatrix} y_1 \\ y_2 \\ \vdots \\ y_N \end{pmatrix} \tag{3.2}$$

とするとき

$$|x\rangle \otimes |y\rangle = \begin{pmatrix} x_1 |y\rangle \\ x_2 |y\rangle \\ \vdots \\ x_M |y\rangle \end{pmatrix} \tag{3.3}$$

と定義される．すなわち，$|x\rangle \otimes |y\rangle$ は MN 次元の成分をもつベクトルであり，テンソル積 $\otimes$ はある系の状態からよりグローバルな系の状態を逐次的に構成するための演算である．以降，全系の基底は $|x\rangle \otimes |y\rangle = |x\rangle |y\rangle = |xy\rangle$ と略記することもある．全系は「スーパーブロック」あるいは「ユニバース」とよばれる．この後の計算の都合上，部分系は有限の状態数で記述できると仮定し，テンソル積の順序は明確に定義できるものとする．詳細な議論が必要な場合には，その都度考えることにする．

状態がセパラブルであるとは，波動関数 $\psi(x,y)$ が

$$\psi(x,y) = u(x)v(y) \tag{3.4}$$

と各部分系の情報に分離していることである．$u(x), v(y)$ は適当なスカラー関数である．すなわち，

$$|\psi\rangle = \left(\sum_{x \in X} u(x) |x\rangle\right) \otimes \left(\sum_{y \in Y} v(y) |y\rangle\right) \tag{3.5}$$

と表されるときである．このとき，部分系の密度行列（他方の部分系の情報を縮約した密度行列）は，それぞれ

$$\rho_X(x, x') = \sum_{y \in Y} \psi(x,y)\psi^*(x',y) = u(x)u^*(x') \sum_{y \in Y} v(y)v^*(y) \tag{3.6}$$

$$\rho_Y(y, y') = \sum_{x \in X} \psi(x,y)\psi^*(x,y') = v(y)v^*(y') \sum_{x \in X} u(x)u^*(x') \tag{3.7}$$

となり，実効的にその部分系の情報のみをもつ．したがって，部分系間のエンタングルメントは発生しない．

逆に，状態がエンタングルしている場合の特徴は，式 (3.4) の意味で，波動関数が部分系に分離不可能であるということである．これを数学的に表す方法は必ずしも一意的ではないと思われるが，すでに述べた特異値分解と非常に関係があることがすぐにわかる．波動関数 $\psi(x,y)$ を行列とみなして特異値分解し，

$$\psi(x,y) = \sum_{l=1}^{m} u_l(x) \sqrt{\lambda_l} v_l(y) \tag{3.8}$$

と表すとき，独立な特異値の数が $m > 1$ であれば，この状態はエンタングルしているということになる．特異値分解は

$$\psi = U\Sigma V^\dagger = \left(U\Sigma^{1/2}\right)\left(V\Sigma^{1/2}\right)^\dagger = \tilde{U}\tilde{V}^\dagger \tag{3.9}$$

とも表されるので，形式的には式 (3.4) と変わらない．このことは，特異値に対応する内的自由度を導入すれば，見かけ上はセパラブルな記述が可能であることを示している．セパラブルということは，おおよそ古典的と言い換えてもよいので，つまり古典表現と量子表現を自由に行き来するためには，特異値と同様の性質をもった自由度が必要であるということになる．

3.1.2 テンソル積 ───────

量子もつれの内部構造を適切に表現するために，局所状態の合成だけではなくて，状態に作用する演算子（行列）のテンソル積も導入しておくと便利である．

$A = (a_{ij})$ を $m \times n$ 行列, $B = (b_{kl})$ を $p \times q$ 行列とするとき,行列のテンソル積（Kronecker 積ともよばれる）$A \otimes B$ は,以下で与えられる $mp \times nq$ 区分行列である.

$$A \otimes B = \begin{pmatrix} a_{11}B & \cdots & a_{1n}B \\ \vdots & \ddots & \vdots \\ a_{m1}B & \cdots & a_{mn}B \end{pmatrix} \tag{3.10}$$

具体的に 2×2 で書くと

$$\begin{pmatrix} a_{11} & a_{12} \\ a_{21} & a_{22} \end{pmatrix} \otimes \begin{pmatrix} b_{11} & b_{12} \\ b_{21} & b_{22} \end{pmatrix} = \left(\begin{array}{cc|cc} a_{11}b_{11} & a_{11}b_{12} & a_{12}b_{11} & a_{12}b_{12} \\ a_{11}b_{21} & a_{11}b_{22} & a_{12}b_{21} & a_{12}b_{22} \\ \hline a_{21}b_{11} & a_{21}b_{12} & a_{22}b_{11} & a_{22}b_{12} \\ a_{21}b_{21} & a_{21}b_{22} & a_{22}b_{21} & a_{22}b_{22} \end{array} \right) \tag{3.11}$$

となる（以降では,区分を明確に表したいときには区切り線を入れる）.

以降で成分表示が必要な場合には,行列 A の j 行 k 列成分を $A^j_k = a_{jk}$ として
$$(A \otimes B)^{j_1 j_2}_{k_1 k_2} = A^{j_1}_{k_1} B^{j_2}_{k_2} \tag{3.12}$$
と表す.これは後に幾何学的アプローチを導入する際に,反変ベクトル・共変ベクトルの添え字のつけ方に対応させるためであることを注意しておく.また,本来であれば $A^j{}_k$ と表すほうがよいが,混乱のおそれがない場合には A^j_k のようにラベル k を左につめて表すことにする.上記の 2×2 の場合を具体的に表すと

$$A \otimes B = \begin{pmatrix} (A \otimes B)^{11}_{11} & (A \otimes B)^{11}_{12} & (A \otimes B)^{11}_{21} & (A \otimes B)^{11}_{22} \\ (A \otimes B)^{12}_{11} & (A \otimes B)^{12}_{12} & (A \otimes B)^{12}_{21} & (A \otimes B)^{12}_{22} \\ (A \otimes B)^{21}_{11} & (A \otimes B)^{21}_{12} & (A \otimes B)^{21}_{21} & (A \otimes B)^{21}_{22} \\ (A \otimes B)^{22}_{11} & (A \otimes B)^{22}_{12} & (A \otimes B)^{22}_{21} & (A \otimes B)^{22}_{22} \end{pmatrix}$$

$$= \begin{pmatrix} A^1_1 B^1_1 & A^1_1 B^1_2 & A^1_2 B^1_1 & A^1_2 B^1_2 \\ A^1_1 B^2_1 & A^1_1 B^2_2 & A^1_2 B^2_1 & A^1_2 B^2_2 \\ A^2_1 B^1_1 & A^2_1 B^1_2 & A^2_2 B^1_1 & A^2_2 B^1_2 \\ A^2_1 B^2_1 & A^2_1 B^2_2 & A^2_2 B^2_1 & A^2_2 B^2_2 \end{pmatrix} \tag{3.13}$$

となる.

テンソル積に関して成り立つ公式のうちで重要なものを以下にまとめる.

■ 積の非可換性

テンソル積は一般に非可換である．すなわち

$$A \otimes B - B \otimes A \neq 0 \tag{3.14}$$

である．ただし，置換同値であるので，$A \otimes B = P(B \otimes A)Q$ となる置換行列 P, Q が存在する．A, B が正方行列の場合には，$P = Q^t$ が成り立つ．

■ 混合積

二つのテンソル積の積は

$$(A \otimes B)(C \otimes D) = AC \otimes BD \tag{3.15}$$

となる．成分表示を具体的に書いてみると，

$$\begin{aligned}
((A \otimes B)(C \otimes D))_{kl}^{ij} &= (A \otimes B)_{mn}^{ij}(C \otimes D)_{kl}^{mn} \\
&= A_m^i B_n^j C_k^m D_l^n \\
&= (AC)_k^i (BD)_l^j \\
&= (AC \otimes BD)_{kl}^{ij}
\end{aligned} \tag{3.16}$$

となるので，式 (3.15) が成り立つことがわかる．上記では，同じ添え字が 2 回出てきたら縮約を取るとしている．

■ 指数関数の分解

たがいに等しい次元をもつ正方行列 A, B は一般には非可換である．したがって，$A + B$ の指数関数はそれぞれの指数関数の積には分解できないが，以下のような関係式は成り立つ．

$$\exp(A \otimes \mathbf{1} + \mathbf{1} \otimes B) = e^A \otimes e^B \tag{3.17}$$

これに q-変形を施して二重線形空間の性質を調べることは興味深い問題であるが，ここでは深入りしない．

■ スペクトルと特異値

テンソル積のトレースに対して

$$\mathrm{Tr}(A \otimes B) = \mathrm{Tr}\, A\, \mathrm{Tr}\, B \tag{3.18}$$

が成り立つ．この証明も成分表示をすれば直接的で，

$$\mathrm{Tr}(A \otimes B) = (A \otimes B)_{ij}^{ij} = A_i^i B_j^j = \mathrm{Tr}\, A\, \mathrm{Tr}\, B \tag{3.19}$$

となることがわかる．これと混合積の定義より

$$\mathrm{Tr}(AB)\,\mathrm{Tr}(CD) = \mathrm{Tr}\{(A \otimes C)(B \otimes D)\} \tag{3.20}$$

であることもわかる．この結果は，行列積波動関数の性質を調べる際に多用する．

三つの場合も同様に
$$\mathrm{Tr}(ABC)\,\mathrm{Tr}(DEF) = \mathrm{Tr}\{(A \otimes D)(B \otimes E)(C \otimes F)\} \tag{3.21}$$
となることがわかる．実際に，次のように確かめられる．
$$\begin{aligned}
\mathrm{Tr}(ABC)\,\mathrm{Tr}(DEF) &= (ABC)^i_i (DEF)^j_j \\
&= A^i_\alpha B^\alpha_\beta C^\beta_i D^j_\gamma E^\gamma_\delta F^\delta_j \\
&= (A^i_\alpha D^j_\gamma)(B^\alpha_\beta E^\gamma_\delta)(C^\beta_i F^\delta_j) \\
&= (A \otimes D)^{ij}_{\alpha\gamma} (B \otimes E)^{\alpha\gamma}_{\beta\delta} (C \otimes F)^{\beta\delta}_{ij} \\
&= \mathrm{Tr}\{(A \otimes D)(B \otimes E)(C \otimes F)\} \tag{3.22}
\end{aligned}$$

行列 $A(B)$ の特異値を $\sigma_{A,i}$, $i=1,2,\ldots,\chi_A$ ($\sigma_{B,i}$, $i=1,2,\ldots,\chi_B$) とする．このとき，テンソル積の特異値は $\sigma_{A,i}\sigma_{B,j}$ ($i=1,2,\ldots,\chi_A$; $j=1,2,\ldots,\chi_B$) となり，もとの特異値の性質がそのまま反映される．したがって，行列のランクは
$$\mathrm{rank}(A \otimes B) = \mathrm{rank}\,A\,\mathrm{rank}\,B \tag{3.23}$$
である．

■ 双線形写像

行列のテンソル積は，線形写像のテンソル積に対応する．二つのベクトル空間 V, W からの線形写像の表現行列を A, B とし，$|v\rangle \in V, |w\rangle \in W$ と表すと，
$$(A \otimes B)\,|v\rangle \otimes |w\rangle = (A|v\rangle) \otimes (B|w\rangle) \tag{3.24}$$
という性質が満たされる．テンソル積による因子化が可能な場合，それはセパラブルであることを示している．特異値分解の式をテンソル積風に表すと
$$\psi(x,y) = \sum_l \sqrt{\lambda_l}\,(u \otimes v)^{xy}_{ll} \tag{3.25}$$
となる．これは添え字 l の和があることで分離不可能であることを示している．

3.1.3 量子スピン系のテンソル積表現：「もつれ」=「置換」

先に量子状態のエンタングルメントと特異値分解のかかわりに触れたが，今度はエンタングル状態を生み出すハミルトニアン側の性質を見ていきたい．われわれが考えている状態は，対象とするモデルのハミルトニアンの固有関数であるから，状態のエンタングルメントはハミルトニアンに内在する性質でもある．それは一言でいうと置換演算である．スピン間の量子揺らぎや電子のホッピングがそれに相当する．後の項で，紐の結び目理論や量子群の視点から論じるが，古典的

なアナロジーとしては，複数の「紐」を入れ替え（置換）してもつれさせることに対応している．ここでは具体的な例を見るために，2スピン系のテンソル積表現を導入しよう．まずスピン演算子は

$$\vec{S} = \frac{1}{2}\vec{\sigma} = \frac{1}{2}\left(\sigma^x, \sigma^y, \sigma^z\right), \quad [\sigma^\mu, \sigma^\nu] = 2i\epsilon^{\mu\nu\lambda}\sigma^\lambda \tag{3.26}$$

で定義されるが（$\mu, \nu, \lambda = x, y, z$），$\epsilon^{\mu\nu\lambda}$ は完全反対称テンソル，単位行列および Pauli 行列の行列表現は

$$\mathbf{1} = \begin{pmatrix} 1 & 0 \\ 0 & 1 \end{pmatrix}$$

$$\sigma^x = \begin{pmatrix} 0 & 1 \\ 1 & 0 \end{pmatrix}, \quad \sigma^y = \begin{pmatrix} 0 & -i \\ i & 0 \end{pmatrix}, \quad \sigma^z = \begin{pmatrix} 1 & 0 \\ 0 & -1 \end{pmatrix} \tag{3.27}$$

である．これらの演算子は，2次元複素ベクトル空間 V 上に作用する．V の基底は

$$|\uparrow\rangle = \begin{pmatrix} 1 \\ 0 \end{pmatrix}, \quad |\downarrow\rangle = \begin{pmatrix} 0 \\ 1 \end{pmatrix} \tag{3.28}$$

であり，一般的な状態は $\alpha, \beta \in \mathbb{C}$ を用いて

$$\alpha |\uparrow\rangle + \beta |\downarrow\rangle \in V \tag{3.29}$$

と表される．すなわち，局所的なスピン状態を表すのが V である．量子計算の分野では，V を計算基底とよぶ．そのときはスピンの $\uparrow, \downarrow$ を $0, 1$ のビットに対応させる．

2スピン系の基底は，テンソル積空間 $V \otimes V$ の要素である．すなわち，2スピン系の基底を以下のように表すことができる．

$$|\uparrow\uparrow\rangle = |\uparrow\rangle \otimes |\uparrow\rangle = \begin{pmatrix} 1 \\ 0 \end{pmatrix} \otimes \begin{pmatrix} 1 \\ 0 \end{pmatrix} = \begin{pmatrix} 1 \\ 0 \\ 0 \\ 0 \end{pmatrix} \tag{3.30}$$

$$|\uparrow\downarrow\rangle = |\uparrow\rangle \otimes |\downarrow\rangle = \begin{pmatrix} 1 \\ 0 \end{pmatrix} \otimes \begin{pmatrix} 0 \\ 1 \end{pmatrix} = \begin{pmatrix} 0 \\ 1 \\ 0 \\ 0 \end{pmatrix} \tag{3.31}$$

$$|\downarrow\uparrow\rangle = |\downarrow\rangle \otimes |\uparrow\rangle = \begin{pmatrix} 0 \\ 1 \end{pmatrix} \otimes \begin{pmatrix} 1 \\ 0 \end{pmatrix} = \begin{pmatrix} 0 \\ 0 \\ 1 \\ 0 \end{pmatrix} \tag{3.32}$$

$$|\downarrow\downarrow\rangle = |\downarrow\rangle \otimes |\downarrow\rangle = \begin{pmatrix} 0 \\ 1 \end{pmatrix} \otimes \begin{pmatrix} 0 \\ 1 \end{pmatrix} = \begin{pmatrix} 0 \\ 0 \\ 0 \\ 1 \end{pmatrix} \tag{3.33}$$

ここで,スピン演算子は
$$\vec{\sigma}_1 = \vec{\sigma} \otimes \mathbf{1}, \quad \vec{\sigma}_2 = \mathbf{1} \otimes \vec{\sigma} \tag{3.34}$$
と表されるので,$V \otimes V$ 上の演算子という視点では,以下のように書くことができる.

$$\sigma_1^x = \begin{pmatrix} 0 & 1 \\ 1 & 0 \end{pmatrix} \otimes \begin{pmatrix} 1 & 0 \\ 0 & 1 \end{pmatrix} = \left(\begin{array}{cc|cc} 0 & 0 & 1 & 0 \\ 0 & 0 & 0 & 1 \\ \hline 1 & 0 & 0 & 0 \\ 0 & 1 & 0 & 0 \end{array} \right) \tag{3.35}$$

$$\sigma_1^y = \begin{pmatrix} 0 & -i \\ i & 0 \end{pmatrix} \otimes \begin{pmatrix} 1 & 0 \\ 0 & 1 \end{pmatrix} = \left(\begin{array}{cc|cc} 0 & 0 & -i & 0 \\ 0 & 0 & 0 & -i \\ \hline i & 0 & 0 & 0 \\ 0 & i & 0 & 0 \end{array} \right) \tag{3.36}$$

$$\sigma_1^z = \begin{pmatrix} 1 & 0 \\ 0 & -1 \end{pmatrix} \otimes \begin{pmatrix} 1 & 0 \\ 0 & 1 \end{pmatrix} = \left(\begin{array}{cc|cc} 1 & 0 & 0 & 0 \\ 0 & 1 & 0 & 0 \\ \hline 0 & 0 & -1 & 0 \\ 0 & 0 & 0 & -1 \end{array} \right) \tag{3.37}$$

$\vec{\sigma}_2$ についても同様に

$$\sigma_2^x = \begin{pmatrix} 1 & 0 \\ 0 & 1 \end{pmatrix} \otimes \begin{pmatrix} 0 & 1 \\ 1 & 0 \end{pmatrix} = \left(\begin{array}{cc|cc} 0 & 1 & 0 & 0 \\ 1 & 0 & 0 & 0 \\ \hline 0 & 0 & 0 & 1 \\ 0 & 0 & 1 & 0 \end{array} \right) \tag{3.38}$$

$$\sigma_2^y = \begin{pmatrix} 1 & 0 \\ 0 & 1 \end{pmatrix} \otimes \begin{pmatrix} 0 & -i \\ i & 0 \end{pmatrix} = \begin{pmatrix} 0 & -i & 0 & 0 \\ i & 0 & 0 & 0 \\ \hline 0 & 0 & 0 & -i \\ 0 & 0 & i & 0 \end{pmatrix} \quad (3.39)$$

$$\sigma_2^z = \begin{pmatrix} 1 & 0 \\ 0 & 1 \end{pmatrix} \otimes \begin{pmatrix} 1 & 0 \\ 0 & -1 \end{pmatrix} = \begin{pmatrix} 1 & 0 & 0 & 0 \\ 0 & -1 & 0 & 0 \\ \hline 0 & 0 & 1 & 0 \\ 0 & 0 & 0 & -1 \end{pmatrix} \quad (3.40)$$

となる．異なるスピン演算子は可換である．

$$[\sigma_1^\mu, \sigma_2^\nu] = 0 , \quad \mu, \nu \in \{x, y, z\} \quad (3.41)$$

以上の表示で，たとえば σ_1^z を状態 $|\downarrow\downarrow\rangle$ に作用する場合には，4成分行列を取り扱わなくとも

$$\sigma_1^z |\downarrow\downarrow\rangle = (\sigma^z \otimes \mathbf{1})(|\downarrow\rangle \otimes |\downarrow\rangle) = (\sigma^z |\downarrow\rangle) \otimes (\mathbf{1} |\downarrow\rangle) = -|\downarrow\rangle \otimes |\downarrow\rangle = -|\downarrow\downarrow\rangle \quad (3.42)$$

と計算することができる．

以上の準備のもとに，2スピン系の Heisenberg ハミルトニアンは，以下のように表される．

$$\begin{aligned}
H &= J\vec{S}_1 \cdot \vec{S}_2 - \frac{J}{4}\mathbf{1} \otimes \mathbf{1} \\
&= \frac{J}{4}(\vec{\sigma}_1 \cdot \vec{\sigma}_2 - \mathbf{1} \otimes \mathbf{1}) \\
&= \frac{J}{4}(\sigma_1^x \sigma_2^x + \sigma_1^y \sigma_2^y + \sigma_1^z \sigma_2^z - \mathbf{1} \otimes \mathbf{1}) \\
&= \frac{J}{4}(\sigma^x \otimes \sigma^x + \sigma^y \otimes \sigma^y + \sigma^z \otimes \sigma^z - \mathbf{1} \otimes \mathbf{1}) \\
&= \frac{J}{2}\begin{pmatrix} 0 & 0 & 0 & 0 \\ 0 & -1 & 1 & 0 \\ \hline 0 & 1 & -1 & 0 \\ 0 & 0 & 0 & 0 \end{pmatrix}
\end{aligned} \quad (3.43)$$

演算子の添え字にスピンの番号がついている表現は通常のものである．テンソル積表現ではテンソル積の順序が場所の順序に対応しているので，演算子にはスピンの添え字はもうつけない．このハミルトニアンの固有状態はシングレットとトリプレットで，粒子の置換に対してパリティの違いで分類される．したがって，次

の置換行列が重要なはたらきをする．

$$P = \begin{pmatrix} 1 & 0 & 0 & 0 \\ 0 & 0 & 1 & 0 \\ \hline 0 & 1 & 0 & 0 \\ 0 & 0 & 0 & 1 \end{pmatrix} \tag{3.44}$$

これは下記のように，二つのベクトルのテンソル積の順序を入れ替える．まず

$$|x\rangle \otimes |y\rangle = \begin{pmatrix} x_1 \\ x_2 \end{pmatrix} \otimes \begin{pmatrix} y_1 \\ y_2 \end{pmatrix} = \begin{pmatrix} x_1 y_1 \\ x_1 y_2 \\ x_2 y_1 \\ x_2 y_2 \end{pmatrix} \tag{3.45}$$

と計算し，ここに左から P を作用すると

$$P(|x\rangle \otimes |y\rangle) = \begin{pmatrix} x_1 y_1 \\ x_2 y_1 \\ x_1 y_2 \\ x_2 y_2 \end{pmatrix} = \begin{pmatrix} y_1 x_1 \\ y_1 x_2 \\ y_2 x_1 \\ y_2 x_2 \end{pmatrix} = |y\rangle \otimes |x\rangle \tag{3.46}$$

となる．逆にこの性質から，置換演算子 P の固有状態は明らかに

$$|\uparrow\uparrow\rangle, \quad \frac{1}{\sqrt{2}}(|\uparrow\downarrow\rangle \pm |\downarrow\uparrow\rangle), \quad |\downarrow\downarrow\rangle \tag{3.47}$$

であるから，特に $(|\uparrow\downarrow\rangle \pm |\downarrow\uparrow\rangle)/\sqrt{2}$ は 2 スピンがもつれており，P にエンタングルメントをつくり出すはたらきがあることがわかる．演算子 P を用いると，ハミルトニアンは

$$H = \frac{J}{2}(P - \mathbf{1} \otimes \mathbf{1}) \tag{3.48}$$

と表される．それで実際に，ハミルトニアンの固有状態は P の固有状態でもあることがわかる．

　置換演算子の重要な特徴として，組紐関係式が挙げられる．3 次元空間中に二つの水平面を考え，その間を何本かの紐で結ぶ．このとき，紐がねじれたりしてもよく，いずれにしても上下の面でつながっているものとする．このような紐の組を組紐という．組紐の構造に関して，紐を切らずにトポロジカルに等価な変形は，本質的に等価な系であるとみなす．連続変形に際して，紐はいくらでも自由に伸び縮みできるものとする．各紐の状態をスピン系のベクトル空間に対応させれば，系の状態はテンソル積で表される．

54 第3章 量子もつれ（エンタングルメント）

はじめに，サイト i とサイト $(i+1)$ の状態を入れ替える演算子を $P_{i,i+1}$ と表し，

$$P_{i,i+1}\left(x_1 \otimes \cdots \otimes x_{i-1} \otimes \underline{x_i \otimes x_{i+1}} \otimes x_{i+2} \otimes \cdots x_n\right)$$
$$= x_1 \otimes \cdots \otimes x_{i-1} \otimes \underline{x_{i+1} \otimes x_i} \otimes x_{i+2} \otimes \cdots x_n \tag{3.49}$$

とする．ここで

$$P_{i,i+1}P_{i+1,i+2}P_{i,i+1}\left(x_1 \otimes \cdots \otimes x_{i-1} \otimes x_i \otimes x_{i+1} \otimes x_{i+2} \otimes \cdots x_n\right)$$
$$= P_{i,i+1}P_{i+1,i+2}\left(x_1 \otimes \cdots \otimes x_{i-1} \otimes x_{i+1} \otimes x_i \otimes x_{i+2} \otimes \cdots x_n\right)$$
$$= P_{i,i+1}\left(x_1 \otimes \cdots \otimes x_{i-1} \otimes x_{i+1} \otimes x_{i+2} \otimes x_i \otimes \cdots x_n\right)$$
$$= x_1 \otimes \cdots \otimes x_{i-1} \otimes \underline{x_{i+2} \otimes x_{i+1} \otimes x_i} \otimes \cdots x_n \tag{3.50}$$

および

$$P_{i+1,i+2}P_{i,i+1}P_{i+1,i+2}\left(x_1 \otimes \cdots \otimes x_{i-1} \otimes x_i \otimes x_{i+1} \otimes x_{i+2} \otimes \cdots x_n\right)$$
$$= P_{i+1,i+2}P_{i,i+1}\left(x_1 \otimes \cdots \otimes x_{i-1} \otimes x_i \otimes x_{i+2} \otimes x_{i+1} \otimes \cdots x_n\right)$$
$$= P_{i+1,i+2}\left(x_1 \otimes \cdots \otimes x_{i-1} \otimes x_{i+2} \otimes x_i \otimes x_{i+1} \otimes \cdots x_n\right)$$
$$= x_1 \otimes \cdots \otimes x_{i-1} \otimes \underline{x_{i+2} \otimes x_{i+1} \otimes x_i} \otimes \cdots x_n \tag{3.51}$$

が成り立つので

$$P_{i,i+1}P_{i+1,i+2}P_{i,i+1} = P_{i+1,i+2}P_{i,i+1}P_{i+1,i+2} \tag{3.52}$$

であることがわかる．これは組紐関係式とよばれる．隣接した三つの演算子には，上記の非自明な関係式が成立する．これを拡張した関係式がいわゆる Yang–Baxter 方程式で，後の章でエンタングルメントとの関係を議論する．

最後に補足するが，対称性という観点からは，系のエネルギーは具体的に対角化をしなくても，SU(2) 対称性から理解できる．まず，全スピン演算子

$$\vec{S} = \frac{1}{2}\left(\vec{\sigma} \otimes \mathbf{1} + \mathbf{1} \otimes \vec{\sigma}\right) = \frac{1}{2}\vec{\sigma} \oplus \vec{\sigma} \tag{3.53}$$

を導入する（⊕ は直和を表す）．この 2 乗を計算すると，

$$\vec{S}^2 = \frac{1}{4}\left(\vec{\sigma} \otimes \mathbf{1} + \mathbf{1} \otimes \vec{\sigma}\right)^2$$
$$= \frac{1}{4}\left(\vec{\sigma}^2 \otimes \mathbf{1} + 2\vec{\sigma} \otimes \vec{\sigma} + \mathbf{1} \otimes \vec{\sigma}^2\right)$$
$$= \frac{1}{2}\vec{\sigma} \otimes \vec{\sigma} + \frac{3}{2}\mathbf{1} \otimes \mathbf{1} \tag{3.54}$$

これより

$$H = \frac{J}{2}\left(\vec{S}^2 - 2\mathbf{1} \otimes \mathbf{1}\right) \tag{3.55}$$

となるが,
$$\vec{S}^2 |S, S^z\rangle = S(S+1) |S, S^z\rangle \tag{3.56}$$
なので, $S=0$ のとき $E=-J$, $S=1$ のとき $E=0$ となることがわかる.

3.1.4 置換操作と特異値分解

置換操作と特異値分解の関係を見ておこう. 以下の二つの行列を用意する.

$$A = \begin{pmatrix} 1 & 1 & 1 & 1 \\ 0 & 0 & 0 & 0 \end{pmatrix}, \quad B = \begin{pmatrix} 1 & 1 & 0 & 0 \\ 0 & 0 & 1 & 1 \end{pmatrix} \tag{3.57}$$

行列 A は $(1,1,1,1)$ と $(0,0,0,0)$ で特徴づけられる二つの紐を表していると考えていただきたい. それに対して, 行列 B はそれらの紐を一回交差させた状態を表している. これらの部分密度行列は以下で定義される.

$$AA^t = \begin{pmatrix} 4 & 0 \\ 0 & 0 \end{pmatrix}, \quad BB^t = \begin{pmatrix} 2 & 0 \\ 0 & 2 \end{pmatrix} \tag{3.58}$$

したがって, AA^t は固有値を一つしかもたないので, セパラブルな状態に対応する. 一方, BB^t は固有値を二つもつので, エンタングルしている状態に対応する. ここでの例はあくまで状況をわかりやすくするためのものであって, ここで用いているエンタングルメントという用語は, 古典的な (通常用いられる意味の) もつれを表している. そのため, 現実の量子系における波動関数でこのような綺麗な状況が実現しているかどうかは明確ではない. しかし, 少なくとも,「特異値分解」「エンタングルメント」「置換操作」の三つには深い関わりがありそうだということを感じていただければ幸いである. 細かいことを言えば, 一点注意すべきポイントがある. たとえば, 二つの紐を $(1,1,1,1)$ と $(-1,-1,-1,-1)$ で特徴づけると

$$A = \begin{pmatrix} 1 & 1 & 1 & 1 \\ -1 & -1 & -1 & -1 \end{pmatrix}, \quad B = \begin{pmatrix} 1 & 1 & -1 & -1 \\ -1 & -1 & 1 & 1 \end{pmatrix} \tag{3.59}$$

より

$$AA^t = \begin{pmatrix} 4 & -4 \\ -4 & 4 \end{pmatrix}, \quad BB^t = \begin{pmatrix} 4 & -4 \\ -4 & 4 \end{pmatrix} \tag{3.60}$$

となって, 両者に違いは生じない. そこで, 一般には任意の α, β ($\alpha \neq \beta$) に対して

$$A = \begin{pmatrix} \alpha & \alpha & \alpha & \alpha \\ \beta & \beta & \beta & \beta \end{pmatrix}, \quad B = \begin{pmatrix} \alpha & \alpha & \beta & \beta \\ \beta & \beta & \alpha & \alpha \end{pmatrix} \tag{3.61}$$

を導入し，一様シフト

$$A' = \begin{pmatrix} \alpha-\lambda & \alpha-\lambda & \alpha-\lambda & \alpha-\lambda \\ \beta-\lambda & \beta-\lambda & \beta-\lambda & \beta-\lambda \end{pmatrix} \tag{3.62}$$

$$B' = \begin{pmatrix} \alpha-\lambda & \alpha-\lambda & \beta-\lambda & \beta-\lambda \\ \beta-\lambda & \beta-\lambda & \alpha-\lambda & \alpha-\lambda \end{pmatrix} \tag{3.63}$$

してから密度行列を以下のように計算する．

$$A'A'^t = \begin{pmatrix} 4(\alpha-\lambda)^2 & 4(\alpha-\lambda)(\beta-\lambda) \\ 4(\alpha-\lambda)(\beta-\lambda) & 4(\beta-\lambda)^2 \end{pmatrix} \tag{3.64}$$

$$B'B'^t = \begin{pmatrix} 2(\alpha-\lambda)^2+2(\beta-\lambda)^2 & 4(\alpha-\lambda)(\beta-\lambda) \\ 4(\alpha-\lambda)(\beta-\lambda) & 2(\alpha-\lambda)^2+2(\beta-\lambda)^2 \end{pmatrix} \tag{3.65}$$

行列 A' がからみのない紐を表しているとすると，それはエンタングルしていない状態を表すから，ゼロでない特異値は一つに定まる．したがって，$\lambda=\beta$ あるいは $\lambda=\alpha$ でなければならない．このとき，行列 B' はゼロでない二つの（縮退した）特異値 $2(\alpha-\beta)^2$ をもつ．特異値分解でエンタングルメントを表現する際には，以上のように，部分密度行列のランクが最小になるような一様シフトに相当する操作が必要である．

3.1.5 次元拡大による一体問題化
■ 特異値分解との関わり

　量子系においても，もつれた状態は 1 次元高い空間から見るとその意味が明らかとなる．実際に，特異値分解は新たな自由度を入れて，その方向にデータを分解し，スケールの異なる情報に分類することを目的としている．これは，古典論・量子論双方において現れる特異値分解の特徴である．詳しい議論は後の章で展開するが，ウォーミングアップも兼ねてここで多少議論を進めておく．
　次の 2 変数関数について考える．

$$f(x_1,x_2) = (x_1+x_2)^2 = x_1^2 + 2x_1x_2 + x_2^2 \tag{3.66}$$

ただし，$x_1,x_2 \in \mathbb{C}$ とする．素直にこれを何らかの波動方程式の解と考えてもよい．これがもつれた量子状態に対応するという意味は，これをインデックスの異なる変数による関数の直積 $g(x_1)g(x_2)$ で表せないということである．以降，インデックスはサイトとみなすことにする．そうすると，$f(x_1,x_2)$ は非局所状態を表している．実は，これを局所的に表すことは簡単で，

$$f(x_1, x_2) = \begin{pmatrix} 1 & x_1 & x_1^2 \end{pmatrix} \begin{pmatrix} 0 & 0 & 1 \\ 0 & 2 & 0 \\ 1 & 0 & 0 \end{pmatrix} \begin{pmatrix} 1 \\ x_2 \\ x_2^2 \end{pmatrix} = \boldsymbol{x}^\dagger(x_1) A \boldsymbol{x}(x_2)$$
(3.67)

とすればよい．すなわち，行列，ベクトルという「隠れた次元」あるいは「余剰次元」を導入すればよい．行列のランクはいまの場合3であるが，これは二つの局所ベクトルのもつれの強さを表すものと考えればよい．ベクトルの成分を見ると，これは明らかに冪級数による展開になっている．冪が上がれば，より細かい関数の構造が表現できるようになる．その点で，特異値分解との関連がある．本来的には

$$f(x_1, x_2) = \begin{pmatrix} 1 & x_1 & x_1^2 & x_1^3 & \cdots \end{pmatrix} \begin{pmatrix} 0 & 0 & 1 & 0 & \cdots \\ 0 & 2 & 0 & 0 & \cdots \\ 1 & 0 & 0 & 0 & \cdots \\ 0 & 0 & 0 & 0 & \cdots \\ \vdots & \vdots & \vdots & \vdots & \ddots \end{pmatrix} \begin{pmatrix} 1 \\ x_2 \\ x_2^2 \\ x_2^3 \\ \vdots \end{pmatrix}$$
(3.68)

と書くべきであろう．行列のランクが，エンタングルメントの大きさの目安となる．

行列 A を対角化してみよう．固有値は $\lambda = 2, \pm 1$ で，それぞれに対応する規格化された固有ベクトルは

$$\vec{u}_2 = \begin{pmatrix} 0 \\ 1 \\ 0 \end{pmatrix}, \quad \vec{u}_{\pm 1} = \begin{pmatrix} 1/\sqrt{2} \\ 0 \\ \pm 1/\sqrt{2} \end{pmatrix}$$
(3.69)

となる．変換行列 U を

$$U = (\vec{u}_{-1}, \vec{u}_2, \vec{u}_1)$$
(3.70)

とすると，関数は以下のように変換される．

$$f(x_1, x_2) = \vec{x}^\dagger(x_1) U U^{-1} A U U^{-1} \vec{x}(x_2) = \vec{X}^\dagger(x_1) \begin{pmatrix} -1 & 0 & 0 \\ 0 & 2 & 0 \\ 0 & 0 & 1 \end{pmatrix} \vec{X}(x_2)$$
(3.71)

ただし

58　第3章　量子もつれ（エンタングルメント）

$$\vec{X}(x_j) = \begin{pmatrix} X_1 \\ X_2 \\ X_3 \end{pmatrix} = U^{-1}\boldsymbol{x}(x_j) = U^\dagger \boldsymbol{x}(x_j) = \begin{pmatrix} (1-x_j^2)/\sqrt{2} \\ x_j \\ (1+x_j^2)/\sqrt{2} \end{pmatrix} \quad (3.72)$$

とした．ここで，関数の内積を

$$\int_{-a}^{a} dx\, \bar{X}_\alpha(x) X_\beta(x) = C_\alpha(a)\delta_{\alpha\beta} \quad (3.73)$$

で定義する．$C_\alpha(a)$ は規格化の定数である．X_1 と X_2 および X_2 と X_3 が直交するのは明らかなので，あとは X_1 と X_3 の直交性を調べればよい．具体的には

$$\int_{-a}^{a} dx \frac{1-x^2}{\sqrt{2}} \frac{1+x^2}{\sqrt{2}} = a\left(1 - \frac{1}{5}a^4\right) \quad (3.74)$$

となるので，$a^4 = 5$ と取れば，$\vec{X}(x_j)$ の要素は明らかに直交関数系の部分空間に対応していることがわかる（直交化してはじめてこのような結果になることに注意）．したがって，ランク3の意味は，余剰次元の空間でもとの問題を直交基底で展開できた場合のランクであるということがわかった．

特異値分解との対応も示しておこう．この場合の密度行列に対応する量は

$$\rho(x,x') = \int dy f(x,y) f(y,x') = \vec{X}^\dagger(x) \begin{pmatrix} 1 & 0 & 0 \\ 0 & 4 & 0 \\ 0 & 0 & 1 \end{pmatrix} \vec{X}(x') \quad (3.75)$$

で，正定値行列で特徴づけられる．対角の値の平方根が特異値である．

■ Schur 対称多項式

　一方，多粒子系に対する通常の量子論の方法では，多体系そのものを対角化するような直交関数を探すことを目的とする．すなわち，多数粒子の座標で定義される多変数関数の直交性を調べることが問題となる．先ほどは，1粒子状態の完全系を先に構成しておいて，それから粒子間の各スケールにおけるエンタングルメントを行列積で表現するという方法をとったので，両者のコンセプトは質的に異なっている．

　二つの考え方の違いを見るために，周期境界条件（周長を L とする）における N 個の1次元自由電子系を考える[59,60]．ハミルトニアンは以下で与えられる．

$$H = -\frac{1}{2}\sum_{i=1}^{N} \frac{\partial^2}{\partial q_i^2} = \sum_{i=1}^{N} H_i \quad (3.76)$$

このとき，1体の演算子 H_i に対する波動関数の境界条件を
$$\psi(q+L) = (-1)^{N-1}\psi(q) \tag{3.77}$$
とすると，許される波数は
$$k \in \begin{cases} \mathbb{Z} & N \text{ は奇数} \\ \mathbb{Z}+1/2 & N \text{ は偶数} \end{cases} \tag{3.78}$$
となる．これより，固有関数と固有エネルギーは
$$\psi_k(q_i) = e^{2\pi i k q_i/L} = x_i^k, \quad x_i = e^{2\pi i q_i/L}, \quad E(k) = \frac{1}{2}\left(\frac{2\pi}{L}\right)^2 k^2 \tag{3.79}$$
となる．固有関数の直交性は
$$\int_0^L \frac{dq_i}{L} \bar{x}_i^k x_i^{k'} = \delta_{kk'} \tag{3.80}$$
と表される．

N 電子系の波動関数は，電子の反対称性を考慮して，Slater 行列式
$$\psi_k(q_1,\ldots,q_N) = \frac{1}{\sqrt{N!}} \begin{vmatrix} x_1^{k_1} & x_1^{k_2} & \cdots & x_1^{k_N} \\ x_2^{k_1} & x_2^{k_2} & \cdots & x_2^{k_N} \\ \vdots & \vdots & \ddots & \vdots \\ x_N^{k_1} & x_N^{k_2} & \cdots & x_N^{k_N} \end{vmatrix} \tag{3.81}$$
で表される．ここで，電子の波数は $k = k_1,\ldots,k_N$ で，$k_1 > k_2 > \cdots > k_N$ と順序づけすることにする．基底状態に関しては，バンドの下端の状態から電子を詰めていくので
$$k_1 = \frac{N-1}{2}, \; k_1 = \frac{N-3}{2}, \ldots, k_N = -\frac{N-1}{2} \tag{3.82}$$
となる．すなわち
$$k_i = \frac{N+1}{2} - i \tag{3.83}$$
となる．一般の状態を記述する場合には，分割数 $\lambda = (\lambda_1, \lambda_2, \ldots, \lambda_N)$ を用いて
$$k_i = \lambda_i + \left(\frac{N+1}{2} - i\right) \tag{3.84}$$
となる．分割数とは，与えられた正の整数をゼロ以上の整数の和に分割することである（通常は，正整数の和に分割）．ここで $\lambda_1 \geq \lambda_2 \geq \cdots \geq \lambda_{N-1} \geq \lambda_N \geq 0$ で，高エネルギー側へ占有状態をシフトすることを意味する．ここで，波数の差が常に整数であることから，分割数も整数となる．

以上の準備から，基底状態は Vandermonde 行列式を用いて，

$$\psi_k(q_1,\ldots,q_N) = \frac{1}{\sqrt{N!}} \left(\prod_j x_j\right)^{-(N-1)/2} \begin{vmatrix} x_1^{N-1} & x_1^{N-2} & \cdots & x_1^0 \\ x_2^{N-1} & x_2^{N-2} & \cdots & x_2^0 \\ \vdots & \vdots & \ddots & \vdots \\ x_N^{N-1} & x_N^{N-2} & \cdots & x_N^0 \end{vmatrix}$$

$$= \frac{1}{\sqrt{N!}} \left(\prod_i x_i\right)^{-(N-1)/2} \prod_{i<j}(x_i - x_j) \tag{3.85}$$

と表せ,同様に,励起状態は分割数を用いて

$$\psi_k(q_1,\ldots,q_N)$$
$$= \frac{1}{\sqrt{N!}} \left(\prod_j x_j\right)^{-(N-1)/2} \begin{vmatrix} x_1^{\lambda_1+N-1} & x_1^{\lambda_2+N-2} & \cdots & x_1^{\lambda_N} \\ x_2^{\lambda_1+N-1} & x_2^{\lambda_2+N-2} & \cdots & x_2^{\lambda_N} \\ \vdots & \vdots & \ddots & \vdots \\ x_N^{\lambda_1+N-1} & x_N^{\lambda_2+N-2} & \cdots & x_N^{\lambda_N} \end{vmatrix} \tag{3.86}$$

となる.ここで,行列式

$$a_\lambda(x) = \begin{vmatrix} x_1^{\lambda_1+N-1} & x_1^{\lambda_2+N-2} & \cdots & x_1^{\lambda_N} \\ x_2^{\lambda_1+N-1} & x_2^{\lambda_2+N-2} & \cdots & x_2^{\lambda_N} \\ \vdots & \vdots & \ddots & \vdots \\ x_N^{\lambda_1+N-1} & x_N^{\lambda_2+N-2} & \cdots & x_N^{\lambda_N} \end{vmatrix} \tag{3.87}$$

を導入する.このとき

$$s_\lambda(x) = \frac{a_\lambda(x)}{a_0(x)} = \frac{1}{\prod_{i<j}(x_i-x_j)} \begin{vmatrix} x_1^{\lambda_1+N-1} & x_1^{\lambda_2+N-2} & \cdots & x_1^{\lambda_N} \\ x_2^{\lambda_1+N-1} & x_2^{\lambda_2+N-2} & \cdots & x_2^{\lambda_N} \\ \vdots & \vdots & \ddots & \vdots \\ x_N^{\lambda_1+N-1} & x_N^{\lambda_2+N-2} & \cdots & x_N^{\lambda_N} \end{vmatrix}$$
$$\tag{3.88}$$

を Schur 対称多項式とよぶ.

以上の準備のもとに,出発点の式 (3.66) を Schur 対称多項式で表してみる.$N=2$ で分割数は $\lambda=(2,0)$ および $\lambda=(1,1)$ に相当するので,

$$a_{(2,0)}(x) = \begin{vmatrix} x_1^3 & 1 \\ x_2^3 & 1 \end{vmatrix} = (x_1-x_2)(x_1^2+x_1x_2+x_2^2) \tag{3.89}$$

$$a_{(1,1)}(x) = \begin{vmatrix} x_1^2 & x_1 \\ x_2^2 & x_2 \end{vmatrix} = (x_1 - x_2)x_1 x_2 \tag{3.90}$$

および

$$a_0(x) = x_1 - x_2 \tag{3.91}$$

であり,

$$s_{(2,0)}(x) = x_1^2 + x_1 x_2 + x_2^2 \tag{3.92}$$

$$s_{(1,1)}(x) = x_1 x_2 \tag{3.93}$$

となる. したがって

$$f(x_1, x_2) = s_{(2,0)}(x) + s_{(1,1)}(x) \tag{3.94}$$

であることがわかる.

$s_{(2,0)}(x)$ と $s_{(1,1)}(x)$ は, 重みつき直交完全系をなしている. 関数の内積を

$$\left\langle s_{(1,1)}(x) s_{(2,0)}(x) \right\rangle_2$$
$$= \frac{1}{2} \int_0^L \frac{dq_1}{L} \int_0^L \frac{dq_2}{L} \left(1 - \frac{x_2}{x_1}\right)\left(1 - \frac{x_1}{x_2}\right) s_{(1,1)}^*(x) s_{(2,0)}(x) \tag{3.95}$$

で定義する. $x_i = e^{2\pi i q_i / L}$ を微分すると

$$dx_i = \frac{2\pi i}{L} x_i dq_i \tag{3.96}$$

となるので, 複素積分に移行して

$$\left\langle s_{(1,1)}(x) s_{(2,0)}(x) \right\rangle_2$$
$$= \frac{1}{2} \oint \frac{dx_1}{2\pi i x_1} \oint \frac{dx_2}{2\pi i x_2} \left(2 - \frac{x_2}{x_1} - \frac{x_1}{x_2}\right) \frac{1}{x_1 x_2} \left(x_1^2 + x_1 x_2 + x_2^2\right)$$
$$= \frac{1}{2} \oint \frac{dx_1}{2\pi i x_1} \oint \frac{dx_2}{2\pi i x_2} \left(\frac{1}{x_1^2} + \frac{1}{x_2^2} - \frac{x_2}{x_1^3} - \frac{x_1}{x_2^3}\right) \tag{3.97}$$

が得られる. 最後の式は, 留数定理からゼロとなる.

したがって, 式 (3.94) は, 2 変数直交多項式による直交展開になっていることがわかった. これは量子的にもつれた状態をそのままに解こうとする見方である. この場合は自由場であるから問題としては比較的簡単な部類であるが, 相互作用が入った場合に, これと同様の考え方が可能かどうかは自明ではない. 一方, テンソルの方法は, 次元を拡大するかわりに問題を局所的にとらえようとする. したがって, 相互作用が入っても依然として自由場描像から出発できる. ここがテンソル積表現の大きなポイントであると思われる.

3.1.6 非局所変換による一体問題化 ─────

エンタングルした状態の 1 体問題化法として，非局所変換の方法はエンタングルメントの概念と密接に関わっており，非常に重要である．以下では Jordan–Wigner 変換を例としてみていく．

最初に導入した 1 次元 Heisenberg 模型

$$H = \sum_i \left\{ \frac{J}{2} \left(S_i^+ S_{i+1}^- + S_{i+1}^- S_i^+ \right) + J_z S_i^z S_{i+1}^z \right\} \tag{3.98}$$

について考えよう（$J \neq J_z$ でもよく，その場合は XXZ 模型ともよばれる）．これは先ほど説明したように，典型的な量子もつれ状態を生成する．2 スピン系は容易に対角化できたが，多スピン系になると初等的な解法は難しく，Bethe 仮説法などの厳密解の高度な手法が必要である．厳密解のエンタングルメント構造を深く理解することは後々の課題として，ここではまず，スピンが非局所的に相関して，ストリング的な励起をつくるであろうことを念頭に置いて，その相関を取り込んだ演算子を導入すれば自由フェルミオン模型が構成できることを見ておきたい．この変換は Jordan–Wigner 変換とよばれている．

すべてのサイトのスピンが ↓ である状態を真空状態と定義すると，↑ スピンはそのサイトにフェルミオン的粒子を付け加えたことに相当する．したがって，そのフェルミオンのサイト i における生成消滅演算子と粒子数演算子をそれぞれ $c_i^\dagger$, c_i, n_i と表すと，

$$S_i^z = n_i - \frac{1}{2} \tag{3.99}$$

と置き換えることができる．一方，スピンの昇降演算子 $S_i^\pm$ はスピンの向きを反転させるので，それぞれ $S_i^+ \sim c_i^\dagger$, $S_i^- \sim c_i$ と対応するように思われるが，正確には

$$S_i^+ = \exp\left(-i\pi \sum_{j=1}^{i-1} n_j\right) c_i^\dagger \tag{3.100}$$

$$S_i^- = c_i \exp\left(i\pi \sum_{j=1}^{i-1} n_j\right) \tag{3.101}$$

ととるべきであり，非局所的な因子 $K_i = \exp(i\pi \sum_{j=1}^{i-1} n_j)$ が必要となる．この因子はストリング演算子とよばれる．ストリング演算子の存在により，S_i^+ と S_j^- の交換関係は，$i < j$ に対して

$$[S_i^+, S_j^-] = \exp\left(-i\pi \sum_{k=1}^{i-1} n_k\right) c_i^\dagger c_j \exp\left(i\pi \sum_{l=1}^{j-1} n_l\right)$$

$$-c_j \exp\left(i\pi \sum_{l=1}^{j-1} n_l\right) \exp\left(-i\pi \sum_{k=1}^{i-1} n_k\right) c_i^\dagger$$

$$= c_i^\dagger \exp\left(i\pi \sum_{i \le l < j} n_l\right) c_j - c_j \exp\left(i\pi \sum_{i \le l < j} n_l\right) c_i^\dagger \quad (3.102)$$

となるが,第2項においてストリング演算子 $\exp(i\pi \sum_{i \le l < j} n_l)$ と $c_i^\dagger$ の交換でフェルミオンの符号が現れることに注意する.この結果

$$[S_i^+, S_j^-] = \left\{c_i^\dagger, c_j\right\} \exp\left(i\pi \sum_{i \le l < j} n_l\right) = 0 \quad (3.103)$$

となり,正しくスピンの代数を満たすことがわかる.このとき,スピンの揺らぎの項は

$$S_i^+ S_{i+1}^- = \exp\left(-i\pi \sum_{j=1}^{i-1} n_j\right) c_i^\dagger c_{i+1} \exp\left(i\pi \sum_{l=1}^{i} n_l\right)$$

$$= c_i^\dagger e^{i\pi n_i} c_{i+1}$$

$$= c_i^\dagger c_{i+1} \quad (3.104)$$

となって,フェルミオンのホッピング項に変換される.以上の変換の結果,ハミルトニアンは

$$H = J \sum_i \left(c_i^\dagger c_{i+1} + c_{i+1}^\dagger c_i\right) + J_z \sum_i \left(n_i - \frac{1}{2}\right)\left(n_{i+1} - \frac{1}{2}\right) \quad (3.105)$$

と表される.特に,XY模型の極限($J_z = 0$)では自由フェルミオン場に変換されている.相互作用系に自由場的な表現をもち込むためには,先に述べたように,内部自由度にエンタングルメント効果を押し付けるということが必須となる.それをいまの場合には,ストリング演算子という形であらわに扱っていると見ることもできる.

3.2 エンタングルメント・エントロピーと面積則

3.2.1 エンタングルメント・エントロピー

エンタングルメント・エントロピーとは，図 3.1 のように，ある部分系 A にいる観測者がその部分系以外の環境 B と情報のやり取りをしているときに，どの程度の情報量をやりとりしているかを，部分系 A の中から推測しようとする尺度である．ここで部分系 A にいる観測者は，外界 B の情報に直接的にはアクセスできないと仮定する．そうすると，モデルによらない一般的な議論から，エンタングルメント・エントロピーを計算することができれば，直接アクセスできない情報を手に入れることができる．はじめにスーパーブロックの状態を導入し，波動関数を特異値分解する．すなわち

$$|\psi\rangle = \sum_{x,y} \psi(x,y) |x\rangle \otimes |y\rangle \tag{3.106}$$

$$\psi(x,y) = \sum_l U_l(x) \sqrt{\lambda_l} V_l(y) \tag{3.107}$$

とする．ここで，カラムユニタリー行列 $U_l(x)$ と $V_l(y)$ から新しい基底を

$$|U_l\rangle = \sum_x U_l(x) |x\rangle \tag{3.108}$$

$$|V_l\rangle = \sum_y V_l(y) |y\rangle \tag{3.109}$$

と定義すると，

$$|\psi\rangle = \sum_{x,y} \sum_l U_l(x) \sqrt{\lambda_l} V_l(y) |x\rangle \otimes |y\rangle = \sum_l \sqrt{\lambda_l} |U_l\rangle \otimes |V_l\rangle \tag{3.110}$$

が得られる．式 (3.110) は Schmidt 分解とよばれる．この式から明らかなように，特異値 $\sqrt{\lambda_l}$ が部分系 A と環境 B の量子的もつれの大きさに対応する．

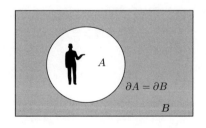

図 3.1 スーパーブロック $A + B$ と部分系 A

この特異値の 2 乗が部分系および環境を縮約した密度行列の固有値であることは，すぐに確かめることができる．すなわち，密度行列を

$$\rho_A(x,x') = \sum_y \psi(x,y)\bar{\psi}(x',y) = \sum_l U_l(x)\lambda_l \bar{U}_l(x') \tag{3.111}$$

$$\rho_B(y,y') = \sum_x \psi(x,y)\bar{\psi}(x,y') = \sum_l V_l(y)\lambda_l \bar{V}_l(y') \tag{3.112}$$

と定義すると，明らかに λ_l が ρ_A と ρ_B の固有値になっていることがわかる．また，ρ_A と ρ_B の固有値は，要素数が違ってもゼロでない部分はたがいに一致することもわかる．全系の波動関数に対する密度行列については $\rho^2 = \rho$ が成立するが，部分系の密度行列に対しては一般には $\rho_A^2 \neq \rho_A$ となる．これは，出発点の波動関数が純粋状態であっても，部分系の密度行列は混合状態のように見えるためである．したがって，できる限りシステムを拡大して，純粋状態を取り扱うことが好ましい．部分系の操作だけで実現できない状態や操作も実際には存在するためである．

これらの縮約密度行列を用いて，システム A にいる観測者にとってのエンタングルメント・エントロピー（「部分系の密度行列」に対する von Neumann エントロピー）S_A を

$$S_A = -\text{Tr}_A(\rho_A \log \rho_A) = -\sum_l \lambda_l \log \lambda_l \tag{3.113}$$

と定義する．すなわち，S_A とはスーパーブロックにおいて状態 $|U_l\rangle$ および $|V_l\rangle$ を見出す確率 λ_l に対する情報のエントロピーである．以降では，部分系 A, B への分割が空間的ではない場合も考えるので，混乱がある場合には「幾何学的 (geometric)」エントロピーとよぶことにする．定義より明らかに

$$S_A = S_B \tag{3.114}$$

が成り立つ．この一見単純な関係式は非常に重要である．空間 d 次元系を大きさの異なる二つの部分系に区切った場合，各部分系のエンタングルメント・エントロピーは一般には示量変数にならないことを示唆している．なぜかというと，大きさの異なる部分系で共通している量として考えられるのは「$d-1$ 次元的境界」のためである．ただし，これが唯一かどうかはこの段階では不明なので，きちんと証明する必要がある．それがこの後の大きな課題である．後に議論するように，ブラックホール・エントロピーが面積則に従うことも，この結果のアナロジーととらえることができる．一見するとこれ以上ないぐらい簡単であるが，二つの部分系の境界を通してしか情報を伝達できないという情報伝播の本質をついている．

3.2.2 劣加法性

古典系における Shannon エントロピーは情報量の加法性から定義されたが，エンタングルメント・エントロピーは加法的ではない（劣加法的という）ことが重要な違いである．とりわけ，以下の二つの性質が重要である．

■ 劣加法性（subaditivity）

劣加法性とは，二つの部分系 A, B の合成系 $H = H_A \otimes H_B$ に対して次のような関係式が成り立つことである．

$$S_A + S_B \geq S \tag{3.115}$$

すなわち，合成系の von Neumann エントロピーの総和は，部分系のエンタングルメント・エントロピーの和を超えない．逆にいうと，エンタングルメント・エントロピーを通して得られる量子情報には，単純に部分系のエントロピーを見る以上の情報があるということになる．すなわち，S_A, S_B の双方が，両システム間の量子相関の情報を担っているということである．これも $S_A = S_B$ という関係式と並んで，量子エンタングルメントの重要な特性である．実際に，式 (3.115) の両辺の差を計算すると，

$$\begin{aligned} S_A + S_B - S &= \mathrm{Tr}\,(\rho \log \rho) - \mathrm{Tr}\,(\rho_A \log \rho_A) - \mathrm{Tr}\,(\rho_B \log \rho_B) \\ &= \mathrm{Tr}\,(\rho \log \rho) - \mathrm{Tr}\,\{\rho \log(\rho_A \otimes \mathbf{1}_B)\} - \mathrm{Tr}\,\{\rho \log(\mathbf{1}_A \otimes \rho_B)\} \\ &= \mathrm{Tr}\,[\rho \{\log \rho - \log(\rho_A \otimes \rho_B)\}] \\ &= S(\rho|\rho_A \otimes \rho_B) \end{aligned} \tag{3.116}$$

となる．ここで，$S(\rho|\rho_A \otimes \rho_B)$ は量子相対エントロピー（梅垣エントロピー，Kullback–Leibler 情報量の非可換系への拡張）とよばれる量で，最後の章で応用する際に詳しく説明する．

量子相対エントロピーの正値性は，以下のようにエントロピーの凹性を用いて証明できる．以降では，簡単のために $\sigma = \rho_A \otimes \rho_B$ と表す．まず，ρ と σ を以下のように直交分解する．

$$\rho = \sum_i \rho_i |i\rangle\langle i|, \quad \sigma = \sum_j \sigma_j |j\rangle\langle j| \tag{3.117}$$

ρ と σ が一般には異なる基底で展開されていることに注意すること．このとき

$$S(\rho|\sigma) = \sum_i \langle i|\,\rho \log \rho - \rho \log \sigma\,|i\rangle$$

$$= \sum_i \rho_i \log \rho_i - \sum_{i,j} \rho_i \langle i| \log \sigma |j\rangle \langle j|i\rangle$$
$$= \sum_i \rho_i \log \rho_i - \sum_{i,j} \rho_i \log \sigma_j \langle i|j\rangle \langle j|i\rangle \tag{3.118}$$

となる.ここで,$P_{i,j} = \langle i|j\rangle \langle j|i\rangle$ とおくと

$$\sum_i P_{i,j} = \sum_j P_{i,j} = 1 \tag{3.119}$$

であることがわかる.対数関数が凹関数であることから

$$\log\{tx + (1-t)y\} \geq t\log x + (1-t)\log y \quad (0 \leq t \leq 1) \tag{3.120}$$

あるいはその一般化として

$$\log\left(\sum_{i=1}^m t_i x_i\right) \geq \sum_{i=1}^m t_i \log x_i, \quad \sum_{i=1}^m t_i = 1 \quad (0 \leq t_i \leq 1) \tag{3.121}$$

であることを考慮すると

$$-\sum_j P_{i,j}\rho_i \log \sigma_j \geq -\rho_i \log\left(\sum_j P_{i,j}\sigma_j\right) \tag{3.122}$$

が成り立つ.したがって,以下の変形が可能であり,劣加法性が証明される.

$$\begin{aligned}
S(\rho|\sigma) &\geq \sum_i \rho_i \log \rho_i - \sum_i \rho_i \log\left(\sum_j P_{i,j}\sigma_j\right) \\
&= -\sum_i \rho_i \log\left(\frac{\sum_j P_{i,j}\sigma_j}{\rho_i}\right) \\
&\geq -\sum_i \rho_i \left(1 - \frac{\sum_j P_{i,j}\sigma_j}{\rho_i}\right) \\
&= \sum_{i,j} P_{i,j}\sigma_j - 1 \\
&= 0
\end{aligned} \tag{3.123}$$

■ **強劣加法性(strong subaditivity)**

強劣加法性とは,三つの部分系 A, B, C の合成系 $H = H_A \otimes H_B \otimes H_C$ に対して次のような関係式が成り立つことである.

$$S_{A+B} + S_{B+C} \geq S_{A+B+C} + S_B \tag{3.124}$$

$$S_{A+B} + S_{A+C} \geq S_B + S_C \tag{3.125}$$

各項の意味は，たとえば
$$S_{A+B} = -\text{Tr}_{A+B}\left(\rho_{A+B}\log\rho_{A+B}\right), \quad \rho_{A+B} = \text{Tr}_C \rho \tag{3.126}$$

$$S_C = -\text{Tr}_C\left(\rho_C\log\rho_C\right), \quad \rho_C = \text{Tr}_{A+B}\rho \tag{3.127}$$

である．ここで，S が領域面積の関数であるように式 (3.124) を
$$S(A+B) + S(B+C) \geq S(A+B+C) + S(B) \tag{3.128}$$

と表すと，この式もエントロピーの凹性
$$\frac{d^2}{dx^2}S(x) \leq 0 \tag{3.129}$$

に由来することがわかる．実際に，微小量 ϵ, δ に対してエントロピーの 2 階微分は

$$\begin{aligned}\left.\frac{d^2}{dx^2}S(x)\right|_{x=x_0} &= \frac{1}{\epsilon}\left(\left.\frac{d}{dx}S(x)\right|_{x_0+\epsilon} - \left.\frac{d}{dx}S(x)\right|_{x_0}\right) \\ &= \frac{1}{\epsilon}\left\{\frac{S(x_0+\epsilon+\delta)-S(x_0+\epsilon)}{\delta} - \frac{S(x_0+\delta)-S(x_0)}{\delta}\right\}\end{aligned} \tag{3.130}$$

と表されるため，これが負であることは
$$S(x_0+\epsilon) + S(x_0+\delta) \geq S(x_0+\epsilon+\delta) + S(x_0) \tag{3.131}$$

ということに等価である．$x_0 = B, \epsilon = A, \delta = C$ と対応させれば，いまの場合には ϵ, δ が微小量という制限がつくが，これはそのまま式 (3.128) である．正確な証明は，量子相対エントロピーを導入してその単調性から導くのが簡単であるので，ここでは深入りしない．また，ホログラフィーによって，双対な幾何学（重力理論）から求める方法もあるが，それはここで述べたアイデアの直接的な拡張になっている．

3.2.3 面積則とその対数的破れ

エンタングルメント・エントロピーは，一般にはシステムサイズ L と空間次元 d の増加関数である．系の性質に応じてスケーリング関係式が変わってくるため，その関数形を決めることが重要である．非臨界系では，L が「相関長 ξ」を超えるあたりで頭打ちになる．また，システムサイズ L が相関長 ξ 以下であれば，
$$S \sim L^{d-1} \tag{3.132}$$

となる[38,61]．先ほど述べたように，われわれの空間 3 次元において，通常エン

トロピーは示量変数であるために部分系の体積に比例するところが，次元が一つ減った「面積」の次元，すなわち部分系間の境界の面積がやり取りする情報量を決めるということから，この振舞いは，「面積則（area law）」とよばれている．また，臨界状態であっても空間 2 次元以上の系では，エントロピーの主要項はやはり面積則に従うということが示されている．一方，1 次元臨界系やフェルミ面をもつ系（任意の空間次元）では対数補正がついて

$$S \sim L^{d-1} \log L \tag{3.133}$$

となることが知られている[61-68]．特に 1 次元臨界系に関しては，共形場理論から比例係数まで含めて正確な表現が得られており（導出の詳細は後の章で述べる），セントラル・チャージ c（境界を往来するボソン的な励起モードの数と考えてよい）を用いて

$$S = \frac{1}{6} c \mathcal{A} \log L \tag{3.134}$$

あるいは臨界点から離れると

$$S = \frac{1}{6} c \mathcal{A} \log \xi \tag{3.135}$$

という変形を受けることがわかっている．$\mathcal{A}$ は境界の数である．式 (3.134) は Holzhey, Larsen, Wilczek の論文で最初に証明されたが[31]，Calabrese と Cardy がより汎用性のある方法で詳細に解析したので，これらは Calabrese–Cardy の公式とよばれることもある[32]．より正確には，有限の長さ N の 1 次元系において，サイズ L の部分系がそれ以外の領域とやり取りする量子情報は，

$$S(L) = \frac{c}{6} \log \left\{ \frac{N}{\pi a} \sin \left(\frac{\pi L}{N} \right) \right\} \tag{3.136}$$

で与えられる（ただし a は格子定数，$\mathcal{A} = 1$）．ここで $N \to \infty$ とすれば，式 (3.134) が得られる．このとき

$$S(N - L) = S(L) \tag{3.137}$$

ということが示せる．つまり，特異値分解によって得られた面積則の条件式 (3.114) は，対数補正がある場合にも成立していることがわかる．したがって，特異値分解から得られる $S_A = S_B$ という公式は非常に象徴的なものである．いずれにしても，情報のやり取りは部分系間の境界で起こることが本質的である．エンタングルメント・エントロピーの面積則およびその対数破れは，さまざまな数値計算的方法によっても調べられている．後の章で述べるように，式 (3.132) と式 (3.134) は「ホログラフィック次元」も含めた仮想空間で面積の次元になっていることが

わかるので,本書では両者をまとめて「面積則」とよぶ場合がある(状況に応じて適宜補足する).詳細な検討は後の章にゆずるが,共形場理論の観点からは,エンタングルメント・エントロピーは,大雑把に言って相関関数の対数である.したがって,エントロピーは臨界指数を直接ピックアップする.そのため,エントロピーは臨界現象を調べるのに非常に適した量ということになる.

3.2.4 フェルミ面 =「仮想的」境界

d 次元自由フェルミオン系のエンタングルメント・エントロピーは,以下のように振る舞うことが解析的・数値的に確かめられている [66-68].

$$S = \frac{1}{3} C L^{d-1} \log L + B L^{d-1} + A L^{d-2} + \cdots \quad (3.138)$$

$$C = \frac{1}{4(2\pi)^{d-1}} \int_{\partial\Omega} \int_{\partial\Gamma} |n_x \cdot n_p| \, dA_x dA_p \quad (3.139)$$

ここで,$\partial\Gamma$ はフェルミ面,$\partial\Omega$ は考えている実空間領域の境界,n_p と n_x はそれらの境界に垂直な単位ベクトルである.面積則とその対数補正に関して先に述べたように,まずは情報をやり取りする「境界」を定義し,そこからの「低エネルギー励起」を特徴づけることが上記の式を理解するうえで重要である.ポイントは,その境界は一般には実空間上に定義されなくてもかまわないということである.いまの場合「フェルミ面」が境界に対応する.d 次元系のフェルミ面は $d-1$ 次元的曲面なので,L^{d-1} という因子はフェルミ面の存在に起因している.一方,フェルミ面からの低エネルギー励起は,フェルミ速度 $\vec{v}_k = \vec{\nabla}_k \epsilon_k$ で特徴づけられる.このベクトルはフェルミ面に垂直 $\vec{v}_k \parallel \vec{n}_k$ なので,低エネルギー励起は radial 励起とよばれており,それらは独立な 1 次元的線形分散モードと考えることができる.これらのモードは伝播方向が向き付けされているカイラル励起である.逆向きに伝播するモードは,典型的にはフェルミ面の反対側の励起になる.このため,前述の 1 次元量子臨界系の場合と同様に,エントロピーは励起モード数 $\times \log L$ で特徴づけられる.

図 3.2 にしたがって,励起モードの数を数えてみよう.実空間で特徴的な長さ L の部分系を考え,それ以外の領域をトレースアウトする.このとき,フェルミ面は,サイズ $(2\pi/L)^{d-1}$ のパッチに離散化・粗視化される.単位面積当たりの離散点数は $(L/2\pi)^{d-1}$ となる.フェルミ面上の各点はフェルミオンが占有しているので,それらがすべて $\log L$ の補正に寄与することになる.

3.2 エンタングルメント・エントロピーと面積則

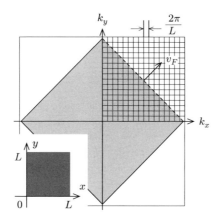

図 3.2 フェルミ面を介した励起と状態の数え上げ法

3.2.5 ボーズ凝縮

エンタングルメント・エントロピーへの対数補正と長距離相関の関係について，ボゾン系を用いてもう少し考えよう[69]．特に低温でボーズ凝縮相に入ると，系はマクロなコヒーレンスを獲得するため，その効果がエントロピーに反映されると期待される．以下では，相互作用のないボソン系を考える．ハミルトニアンは

$$H = -\sum_{ij} t_{ij} a_i^\dagger a_j \tag{3.140}$$

で，Fourier 変換

$$b_k = \frac{1}{\sqrt{L}} \sum_j e^{-ikl} a_j \tag{3.141}$$

で対角化すると

$$H = \sum_k \epsilon(k) b_k^\dagger b_k \tag{3.142}$$

となる．ボーズ粒子は絶対零度で Bose–Einstein 凝縮して $k=0$ の状態に落ち込む．そのため，N 粒子系の基底状態波動関数 $|\Psi_0\rangle$ は

$$|\Psi_0\rangle = \frac{1}{\sqrt{N!}} (b_0^\dagger)^N |0\rangle = \frac{1}{\sqrt{N!}} \left(\frac{1}{\sqrt{L}} \sum_j a_j^\dagger \right)^N |0\rangle \tag{3.143}$$

と表される．

ここで，部分系を構成するために，長さ L のシステムを二つの部分 ($\Gamma = A, B$)

に分解する. すなわち, $L = L_A + L_B$, $|0\rangle = |0\rangle_A \otimes |0\rangle_B$ とする. 次の演算子

$$a_\Gamma^\dagger = \frac{1}{\sqrt{L_\Gamma}} \sum_{j \in \Gamma} a_j^\dagger \tag{3.144}$$

を定義し,これを用いると,$|\Psi_0\rangle$ は

$$|\Psi_0\rangle = \frac{L^{-N/2}}{\sqrt{N!}} \left(\sqrt{L_A} a_A^\dagger + \sqrt{L_B} a_B^\dagger \right)^N |0\rangle$$

$$= \frac{L^{-N/2}}{\sqrt{N!}} \sum_{l=0}^{N} {}_N C_l \left(\sqrt{L_A} a_A^\dagger \right)^l \left(\sqrt{L_B} a_B^\dagger \right)^{N-l} |0\rangle_A \otimes |0\rangle_B \tag{3.145}$$

となるので,

$$\lambda_l = L^{-N} {}_N C_l L_A^l L_B^{N-l} \tag{3.146}$$

$$|l\rangle_\Gamma = \frac{1}{\sqrt{l!}} (a_\Gamma^\dagger)^l |0\rangle_\Gamma \tag{3.147}$$

とおけば,$|\Psi_0\rangle$ が以下のように Schmidt 分解の形に表される.

$$|\Psi_0\rangle = \sum_l \sqrt{\lambda_l} |l\rangle_A \otimes |N-l\rangle_B \tag{3.148}$$

これでエンタングルメント・エントロピーを計算する準備が整った.

以降では,$L_A = L_B = L/2$ の場合を考察する. このとき,λ_l は $x = N/2 - l$ (ただし,$-N/2 \leq x \leq N/2$)を用いて

$$\lambda_l = {}_N C_l \frac{L_A^l L_B^{N-l}}{L^N} = {}_N C_l \left(\frac{1}{2} \right)^N = P_{1/2}\left(\frac{N}{2} - x, N \right) \tag{3.149}$$

のように二項分布

$$P_p(k, N) = {}_N C_k p^k (1-p)^{N-k} \tag{3.150}$$

で表されるが,N が十分大きいときには正規分布に近似できて

$$N! \sim N^N e^{-N} \sqrt{2\pi N} \tag{3.151}$$

を使うと,規格化まで含めて

$$\lim_{N \to \infty} \lambda_l = \lambda(x) = \sqrt{\frac{2}{N\pi}} e^{-2x^2/N} \tag{3.152}$$

が得られる. したがって,エンタングルメント・エントロピーは

$$E \sim -\int_{-\infty}^{\infty} dx \lambda(x) \log \lambda(x) = \frac{1}{2} \log\left(\frac{\pi N}{2} \right) + \frac{1}{2} \tag{3.153}$$

となる.

以上から,自由フェルミオンでなくても,凝縮相に関わる巨視的な数のボーズ粒

子が存在する場合には，ある種の対数補正が出てくることがわかる．ただし，いまの場合の対数補正はシステムサイズではなくて粒子数による対数補正となっている．いま考えているシステムは空間的に一様であるため，N が大きいということは，境界から測って遠くのほうまで粒子が稠密に分布していることを意味している．以前にも述べたように，このことは境界から測ってどの程度の領域まで相関（いまの場合はマクロなコヒーレンス）が発達しているかということが面積則の破れに繋がるという直観的な見方とコンシステントである．

3.3 Bogoliubov 変換におけるエンタングルメント

3.3.1 超伝導の BCS 理論

Bogoliubov 変換の方法は，エンタングルメントにまつわるさまざまな分野に現れている．本書でも，BCS 理論，熱場ダイナミクス，そして Hawking 放射と，分野を横断して登場する．そこで，超伝導の BCS 理論を例にとって議論する．

超伝導は，低温で電子間に有効的な引力相互作用が生じ，Cooper pair とよばれる電子対がボーズ凝縮することによって起こる [70]．有効ハミルトニアンは

$$H = \sum_{\vec{k},\sigma} \epsilon_{\vec{k}} c^{\dagger}_{\vec{k}\sigma} c_{\vec{k}\sigma} + \sum_{\vec{k}} \sum_{\vec{k}' \neq \vec{k}} V_{\vec{k}'\vec{k}} c^{\dagger}_{\vec{k}'\uparrow} c^{\dagger}_{-\vec{k}'\downarrow} c_{-\vec{k}\downarrow} c_{\vec{k}\uparrow} \quad (3.154)$$

で与えられる．演算子 $c^{\dagger}_{\vec{k}\sigma}, c_{\vec{k}\sigma}$ は，波数 $\vec{k}$，スピン σ をもつ電子の生成消滅演算子である．$\epsilon_{\vec{k}}$ は常伝導状態でのバンド分散である．また，電子間に対相関 $(\vec{k}\uparrow, -\vec{k}\downarrow)$ をもたらす引力相互作用 $V_{\vec{k}'\vec{k}} < 0$ を含んでいる．引力相互作用の起源とその波数依存性（s 波，d 波など）は，対象としている物質に応じて決まる．たとえば，従来型の金属超伝導であれば，超伝導の起源は格子振動であり，超伝導ギャップの対称性は s 波である．

まず，真空状態を $|\Phi_v\rangle$ と表す．BCS 状態は

$$|\Phi\rangle = \prod_{\vec{k}} \left(u_{\vec{k}} + v_{\vec{k}} e^{i\theta} c^{\dagger}_{\vec{k}\uparrow} c^{\dagger}_{-\vec{k}\downarrow} \right) |\Phi_v\rangle \quad (3.155)$$

と表される変分波動関数である．$c^{\dagger}_{\vec{k}\uparrow} c^{\dagger}_{-\vec{k}\downarrow}$ が Cooper pair を表す．$u_{\vec{k}}$ および $v_{\vec{k}}$ は一般には温度に依存する実数の変分パラメータで，状態の規格化条件 $\langle\Phi|\Phi\rangle = 1$ より

$$u_{\vec{k}}^2 + v_{\vec{k}}^2 = 1 \quad (3.156)$$

を満たす必要がある．比較のために，相互作用のない自由電子系の基底状態，す

なわちフェルミ球 $|\Phi_F\rangle$ も示しておくと，

$$|\Phi_F\rangle = \prod_{\vec{k}<\vec{k}_F} c^\dagger_{\vec{k}\uparrow} c^\dagger_{\vec{k}\downarrow} |\Phi_v\rangle \tag{3.157}$$

となる．$\vec{k}_F$ はフェルミ波数である．波数を適当に並べ替えると，$|\Phi_F\rangle$ は $|\Phi\rangle$ で $u_{\vec{k}}=0, v_{\vec{k}}=1$ とした場合に相当する．BCS 状態 $|\Phi\rangle$ は，粒子数の異なる状態の線形結合であるところに特徴がある．この状態は大域的なゲージ変換で不変ではないため，超伝導転移が起こるということは，ゲージ対称性の自発的破れが起こることを意味している．

BCS 波動関数は典型的なエンタングルメント状態を表している．実際に，$|\Phi\rangle$ は以下の形には決して表せないことは容易にわかる．

$$|\Phi\rangle \neq \prod_{\vec{k}} \left(\alpha_{\vec{k}} + \beta_{\vec{k}} c^\dagger_{\vec{k}\uparrow}\right)\left(\gamma_{\vec{k}} + \delta_{\vec{k}} c^\dagger_{-\vec{k}\downarrow}\right)|\Phi_v\rangle \tag{3.158}$$

なぜなら

$$\alpha\gamma \neq 0, \quad \alpha\delta = 0, \quad \beta\gamma = 0, \quad \beta\delta \neq 0 \tag{3.159}$$

という条件を満たす $\alpha, \beta, \gamma, \delta$ の組が存在しないためである．つまり，$|\Phi\rangle$ を 1 電子状態の直積に書き下すことはできないため，二つの電子がエンタングルしていることがわかる．平均場近似である BCS 理論が成功している背景には，このような量子情報的観点も一役買っていると考えることができる．

それでは，具体的にエンタングルメント・エントロピーを計算してみよう．BCS 状態の場合には，残念ながらシステムと環境という区分けが明確にできないので，波数 $\vec{k}$，スピン↑ をもつ電子にとっての対凝縮に関わるエントロピーとして

$$S_{\vec{k}}(T) = -|u_{\vec{k}}|^2 \log |u_{\vec{k}}|^2 - |v_{\vec{k}}|^2 \log |v_{\vec{k}}|^2 \tag{3.160}$$

という量を導入するのがまずは妥当であると考えられる．これは particle partitioning エントロピーとよばれる．

波動関数が第一量子化で表現されている場合なども，部分系を導入する際のグルーピングは空間よりも粒子で行うほうが自然である．すなわち，ある粒子のグループとそれ以外の粒子のグループという分割を導入する．上式では，エントロピーが温度 T に依存していることを明記した．すなわち，$T > T_c$ で超伝導ギャップが消滅すると $|u_{\vec{k}}|^2 = 1$ および $|v_{\vec{k}}|^2 = 0$ となるため，$S_{\vec{k}}(T > T_c) = 0$ が得られる．一方，超伝導ギャップが大きい絶対零度の極限では，$|u_{\vec{k}}|^2 = |v_{\vec{k}}|^2 = 1/2$ となるため，$S_{\vec{k}}(T=0) = \log 2$ となる．つまり，温度を下げて対凝縮が支配的になると，対相関の情報量を表すエントロピーが大きくなる．

3.3 Bogoliubov 変換におけるエンタングルメント

BCS 状態は Cooper pair の凝縮状態なので，以前議論したボーズ凝縮の場合と同様，系全体のコヒーレンスがエントロピーに現れると期待される．それを見るには，波動関数を以下のように変形するとよい．

$$
\begin{aligned}
|\Phi\rangle &= \prod_{\vec{k}} u_{\vec{k}} \left(1 + \frac{v_{\vec{k}}}{u_{\vec{k}}} e^{i\theta} c^{\dagger}_{\vec{k}\uparrow} c^{\dagger}_{-\vec{k}\downarrow} \right) |\Phi_v\rangle \\
&= \prod_{\vec{k}} u_{\vec{k}} \exp\left(\frac{v_{\vec{k}}}{u_{\vec{k}}} e^{i\theta} c^{\dagger}_{\vec{k}\uparrow} c^{\dagger}_{-\vec{k}\downarrow} \right) |\Phi_v\rangle \\
&= \left(\prod_{\vec{k}} u_{\vec{k}} \right) \exp\left(\sum_{\vec{k}} \frac{v_{\vec{k}}}{u_{\vec{k}}} e^{i\theta} c^{\dagger}_{\vec{k}\uparrow} c^{\dagger}_{-\vec{k}\downarrow} \right) |\Phi_v\rangle \quad (3.161)
\end{aligned}
$$

ここで，指数関数への変形には Pauli の排他律を用いた．

このコヒーレント表示は次項の熱場ダイナミクスに対しても非常に示唆的であることを述べておこう．真空は何もない状態ではあるが，波数とスピンで指定される状態の存在は許している．そこである状態の組を A，それと対になる状態の組を $\bar{A}$ と表せば，それらが重複することはないので，真空が直積状態 $|\Phi_v\rangle = |\Phi_A\rangle \otimes |\Phi_{\bar{A}}\rangle$ で表される．この直積状態は，指数演算子（$e^{i\theta} v_{\vec{k}}/u_{\vec{k}}$ が実の場合には虚時間発展演算子と見なせる）によって混合し，エンタングルした状態となる．

さて，超伝導のギャップ関数は

$$\Delta_{\vec{k}} = -\sum_{\vec{k}'} V_{\vec{k}'\vec{k}} \langle\Phi| c^{\dagger}_{\vec{k}'\uparrow} c^{\dagger}_{-\vec{k}'\downarrow} |\Phi\rangle \quad (3.162)$$

で定義される．そして，平均場ハミルトニアンを次のように導入する．

$$H_{\mathrm{MF}} = \sum_{\vec{k},\sigma} \epsilon_{\vec{k}} c^{\dagger}_{\vec{k}\sigma} c_{\vec{k}\sigma} - \sum_{\vec{k}} \left(\Delta_{\vec{k}} c_{-\vec{k}\downarrow} c_{\vec{k}\uparrow} + \Delta^{*}_{\vec{k}} c^{\dagger}_{\vec{k}\uparrow} c^{\dagger}_{-\vec{k}\downarrow} \right) \quad (3.163)$$

変分エネルギーが極小になる条件を探すために，

$$
\begin{aligned}
W &= \langle\Phi| (H_{\mathrm{MF}} - \mu N) |\Phi\rangle \\
&= 2\sum_{\vec{k}} (\epsilon_{\vec{k}} - \mu) v_{\vec{k}}^2 - 2\sum_{\vec{k}} \Delta_{\vec{k}} u_{\vec{k}} v_{\vec{k}} \quad (3.164)
\end{aligned}
$$

としておいて $v_{\vec{k}}$ で微分すると，$\partial u_{\vec{k}}/\partial v_{\vec{k}} = -v_{\vec{k}}/u_{\vec{k}}$ より

$$\frac{\partial W}{\partial v_{\vec{k}}} = 4(\epsilon_{\vec{k}} - \mu) v_{\vec{k}} + 2\sum_{\vec{l}} V_{\vec{l}\vec{k}} u_{\vec{l}} v_{\vec{l}} \left(u_{\vec{k}} - \frac{v_{\vec{k}}^2}{u_{\vec{k}}} \right) = 0 \quad (3.165)$$

であるので，したがって

$$2(\epsilon_{\vec{k}} - \mu)u_{\vec{k}}v_{\vec{k}} - \left(u_{\vec{k}}^2 - v_{\vec{k}}^2\right)\Delta_{\vec{k}} = 0 \tag{3.166}$$

また，

$$|v_{\vec{k}}|^2 = 1 - |u_{\vec{k}}|^2 = \frac{1}{2}\left(1 - \frac{\epsilon_{\vec{k}} - \mu}{\sqrt{(\epsilon_{\vec{k}} - \mu)^2 + \Delta_{\vec{k}}^2}}\right) \tag{3.167}$$

が得られる．以降，$E_{\vec{k}} = \sqrt{(\epsilon_{\vec{k}} - \mu)^2 + \Delta_{\vec{k}}^2}$ と表す．

ハミルトニアンを対角化するために，Bogoliubov 変換を導入する．

$$\alpha_{\vec{k}\uparrow} = u_{\vec{k}}c_{\vec{k}\uparrow} - v_{\vec{k}}e^{i\theta}c_{-\vec{k}\downarrow}^{\dagger} \tag{3.168}$$

$$\alpha_{-\vec{k}\downarrow} = u_{\vec{k}}c_{-\vec{k}\downarrow} + v_{\vec{k}}e^{i\theta}c_{\vec{k}\uparrow}^{\dagger} \tag{3.169}$$

新しく導入した準粒子（Bogoliubov 粒子）もフェルミオンの反交換関係

$$\left\{\alpha_{\vec{k}\sigma}, \alpha_{\vec{k}'\sigma'}^{\dagger}\right\} = \delta_{\vec{k}\vec{k}'}\delta_{\sigma\sigma'}, \quad \left\{\alpha_{\vec{k}\sigma}, \alpha_{\vec{k}'\sigma'}\right\} = 0 \tag{3.170}$$

を満たす．これの逆変換は

$$c_{\vec{k}\uparrow} = u_{\vec{k}}\alpha_{\vec{k}\uparrow} + v_{\vec{k}}e^{i\theta}\alpha_{-\vec{k}\downarrow}^{\dagger} \tag{3.171}$$

$$c_{-\vec{k}\downarrow} = u_{\vec{k}}\alpha_{-\vec{k}\downarrow} - v_{\vec{k}}e^{i\theta}\alpha_{\vec{k}\uparrow}^{\dagger} \tag{3.172}$$

である．以上より，

$$H_{MF} = \sum_{\vec{k}} E_{\vec{k}}\left(\alpha_{\vec{k}\uparrow}^{\dagger}\alpha_{\vec{k}\uparrow} + \alpha_{-\vec{k}\downarrow}^{\dagger}\alpha_{-\vec{k}\downarrow}\right) + \text{const.} \tag{3.173}$$

となる．このことは，準粒子のバンドが $E_{\vec{k}}$ であることを示す．ここで

$$\alpha_{\vec{k}\uparrow}|\Phi\rangle = \alpha_{-\vec{k}\downarrow}|\Phi\rangle = 0 \tag{3.174}$$

が成り立つので，$|\Phi\rangle$ は準粒子の真空に対応する．

　状態のエンタングルメントという視点に立てば，生の電子による表示と準粒子による表示ではその性質がまったく異なることがわかるだろう．生の電子の表現である BCS 関数はいろいろな意味で強いエンタングルメントを表しているのに対し，準粒子表示は純粋状態で表現されているために，エンタングルメントは存在しているようには見えない．そのような意味で，エンタングルメントは表示に依存した性質であり，通常の意味の物理量ではないということにも注意を払う必要がある．逆に言うと，解けるモデル・解けないモデルの指標を与えるということもできるかもしれない．

3.3.2 二重 Hilbert 空間と熱的真空状態

続いて，熱場ダイナミクス（thermofield dynamics, TFD）の話題に移ろう．TFD は，有限温度場の量子論の一形式である[71]．有限温度では通常，物理量を Boltzmann 分布による期待値で表現する．したがって，混合状態を扱う．これを等価な真空表現（熱的真空とよぶ）に変換する．これにより，絶対零度の場の理論の手法が有限温度の場合に容易に拡張されるだけでなく，その状態のもつエンタングルメント構造を調べることが可能となる．真空表現は，状態空間を倍加することで実行される．ここでも「理論の内部自由度を増やして問題を簡潔に表現する」という思想が現れている．もう一度 BCS 理論を思い出そう．Bogoliubov 粒子の真空状態は Cooper pair の凝縮状態であったから，いま考えている状態空間と対になる状態空間を導入し，Bogoliubov 変換に対応する状態の混成を行えば，真空状態が生成できると期待される．

はじめに Hilbert 空間の一つの完全系を $\{|n\rangle\}$ とする．これと完全に同形な空間を導入し，チルダ空間とよぶ．チルダ空間の完全系を $\{|\tilde{n}\rangle\}$ と表す．チルダ空間は線形性を保つが，以下のような演算関係が定義されているものとする．

$$(u|m\rangle + v|n\rangle)\tilde{} = \bar{u}|\tilde{m}\rangle + \bar{v}|\tilde{n}\rangle \tag{3.175}$$

$$(AB)\tilde{} = \tilde{A}\tilde{B} \tag{3.176}$$

$$(c_1 A + c_2 B)\tilde{} = \bar{c}_1 \tilde{A} + \bar{c}_2 \tilde{B} \tag{3.177}$$

identity 状態 $|I\rangle$ を次のように定義する．

$$|I\rangle = \sum_n |n\rangle \otimes |\tilde{n}\rangle = \sum_n |n\tilde{n}\rangle \tag{3.178}$$

これは最大限エンタングルした状態である．前述のように演算子のほうを混成させるのではなくて，状態そのものの混成を積極的に用いている．

状態 $|I\rangle$ を用いると，もとの Hilbert 空間の状態に作用する演算子 A のトレースが

$$\operatorname{Tr} A = \langle I|A \otimes \tilde{\mathbf{1}}|I\rangle \tag{3.179}$$

と表されることになる．通常の教科書などでは，演算子 $A \otimes \tilde{\mathbf{1}}$ はもとの Hilbert 空間に作用する演算子であるとして，単に A と書くことが多いが，テンソル代数の定義にならって正確に書くと，上記のようになる．実際に，以下のように証明できる．

$$\langle I|A \otimes \tilde{\mathbf{1}}|I\rangle = \sum_{m,n} \langle m|A|n\rangle \langle \tilde{m}|\tilde{n}\rangle = \sum_m \langle m|A|m\rangle = \operatorname{Tr} A \tag{3.180}$$

途中の変形では $\langle \tilde{m} | \tilde{n} \rangle = \delta_{\tilde{m}\tilde{n}}$ という関係を用いた．

Identity 状態 $|I\rangle$ が表示によらないことを示す．まず

$$|I\rangle = \sum_n |n\tilde{n}\rangle = \sum_{n,i,j} U_{ni} \bar{U}_{nj} |i\tilde{j}\rangle = \sum_{i,j} \left(\sum_n U_{ni} \bar{U}_{nj} \right) |i\tilde{j}\rangle \tag{3.181}$$

であるが ($U^\dagger = \bar{U}^t$ はエルミート共役),

$$\sum_n U_{ni} \bar{U}_{nj} = \sum_n (U^\dagger)_{jn} U_{ni} = \delta_{ji} \tag{3.182}$$

より

$$|I\rangle = \sum_{i,j} \delta_{ji} |i\tilde{j}\rangle = \sum_i |i\tilde{i}\rangle \tag{3.183}$$

となる．これを一般化表現定理とよぶ．行列のトレースが表示によらないことは明らかであるが，TFD の場合には，表示そのものも不変であることが一つの特徴である．

密度行列 $\rho = \exp(-\beta H)$ の正値性を利用して，$\rho^{1/2}$ を $(\rho^{1/2})^2 = \rho$ となるように定義する．これを用いて，熱的真空状態を

$$|O(\beta)\rangle = \rho^{1/2} |I\rangle \tag{3.184}$$

と定義する．この状態を用いると，

$$\langle O(\beta) | A | O(\beta) \rangle = \text{Tr}\,(\rho^{1/2} A \rho^{1/2}) = \text{Tr}\,(\rho A) \tag{3.185}$$

となり，演算子 A の統計平均が熱的真空による真空期待値で表現された．

3.3.3 量子揺らぎと熱揺らぎの分離

有限温度の量子系においては，系の性質が熱揺らぎと量子揺らぎのいずれに大きく影響を受けているか識別することが重要である[72]．このような目的のためには，チルダ空間ともとの空間のエンタングルメントを調べるとよいことが次のようにしてわかる．

簡単のために 2 スピン系を考えよう．ハミルトニアンは

$$H = J \vec{S}_1 \cdot \vec{S}_2 = \begin{pmatrix} J/4 & 0 & 0 & 0 \\ 0 & -J/4 & J/2 & 0 \\ 0 & J/2 & -J/4 & 0 \\ 0 & 0 & 0 & J/4 \end{pmatrix} \tag{3.186}$$

である．ここで基底は $|\uparrow\uparrow\rangle, |\uparrow\downarrow\rangle, |\downarrow\uparrow\rangle, |\downarrow\downarrow\rangle$ と取った．通常の密度行列は

3.3 Bogoliubov 変換におけるエンタングルメント

$$\rho = \frac{1}{Z} e^{-\beta H}$$

$$= \frac{1}{Z} e^{\beta J/4} \begin{pmatrix} e^{-\beta J/2} & 0 & 0 & 0 \\ 0 & \cosh(\beta J/2) & -\sinh(\beta J/2) & 0 \\ 0 & -\sinh(\beta J/2) & \cosh(\beta J/2) & 0 \\ 0 & 0 & 0 & e^{-\beta J/2} \end{pmatrix} \quad (3.187)$$

であり，このときの分配関数は

$$Z = \mathrm{Tr}\, e^{-\beta H} = 2 e^{\beta J/4} \left\{ e^{-\beta J/2} + \cosh\left(\frac{\beta J}{2}\right) \right\} \quad (3.188)$$

となる．ρ の定義より，$\rho^{1/2}$ は以下のように表される．

$$\rho^{1/2} = \begin{pmatrix} a & 0 & 0 & 0 \\ 0 & (a+b)/2 & (a-b)/2 & 0 \\ 0 & (a-b)/2 & (a+b)/2 & 0 \\ 0 & 0 & 0 & b \end{pmatrix} \quad (3.189)$$

$$a = \frac{1}{\sqrt{3 + e^{\beta J}}}, \quad b = \frac{1}{\sqrt{3 - e^{\beta J}}} \quad (3.190)$$

サイト 1 とサイト 2 の間のエンタングルメントを調べるために，統計的状態を以下のように表す．

$$|O(\beta)\rangle = \sum_{s} \rho^{1/2} |s\tilde{s}\rangle = \sum_{s_1, s_2} \rho^{1/2} |s_1 \tilde{s}_1\rangle |s_2 \tilde{s}_2\rangle \quad (3.191)$$

これを用いると，密度行列は次のように表される．

$$|O(\beta)\rangle \langle O(\beta)| = \sum_{s_1, s_2} \sum_{t_1, t_2} \rho^{1/2} |s_2 \tilde{s}_2\rangle |s_1 \tilde{s}_1\rangle \langle t_1 \tilde{t}_1| \langle t_2 \tilde{t}_2| \left(\rho^{1/2}\right)^\dagger \quad (3.192)$$

ここからサイト 2 の情報をトレースアウトして部分密度行列をつくると

$$\rho_1 = \mathrm{Tr}_2 |O(\beta)\rangle \langle O(\beta)|$$

$$= \sum_{\gamma_2, \tilde{\gamma}_2'} \sum_{s_1, s_2} \sum_{t_1, t_2} \langle \gamma_2 \tilde{\gamma}_2'| \rho^{1/2} |s_2 \tilde{s}_2\rangle |s_1 \tilde{s}_1\rangle \langle t_1 \tilde{t}_1| \langle t_2 \tilde{t}_2| \left(\rho^{1/2}\right)^\dagger |\gamma_2 \tilde{\gamma}_2'\rangle$$

$$= \sum_{\gamma_2, \gamma_2'} \sum_{s_1, s_2} \sum_{t_1, t_2} \delta_{\gamma_2' s_2} \langle \gamma_2| \rho^{1/2} |s_2\rangle |s_1 \tilde{s}_1\rangle \langle t_1 \tilde{t}_1| \langle t_2| \left(\rho^{1/2}\right)^\dagger |\gamma_2\rangle \delta_{t_2 \gamma_2'}$$

$$= \sum_{\gamma_2, \gamma_2'} \sum_{s_1, t_1} \langle \gamma_2| \rho^{1/2} |\gamma_2'\rangle |s_1 \tilde{s}_1\rangle \langle t_1 \tilde{t}_1| \langle \gamma_2'| \left(\rho^{1/2}\right)^\dagger |\gamma_2\rangle$$

$$= \sum_{s_1, t_1} (\mathrm{Tr}_2 \rho) |s_1 \tilde{s}_1\rangle \langle t_1 \tilde{t}_1| \tag{3.193}$$

となる．

部分密度行列 ρ_1 は，以下のように因子化できる．

$$\begin{aligned}\rho_1 = &\, b_d \left(|\uparrow\rangle\langle\uparrow||\tilde{\uparrow}\rangle\langle\tilde{\uparrow}| + |\downarrow\rangle\langle\downarrow||\tilde{\downarrow}\rangle\langle\tilde{\downarrow}| \right) \\ &+ b_{cf} \left(|\uparrow\rangle\langle\downarrow||\tilde{\uparrow}\rangle\langle\tilde{\downarrow}| + |\downarrow\rangle\langle\uparrow||\tilde{\downarrow}\rangle\langle\tilde{\uparrow}| \right) \\ &+ b_{qe} \left(|\uparrow\rangle\langle\uparrow||\tilde{\downarrow}\rangle\langle\tilde{\downarrow}| + |\downarrow\rangle\langle\downarrow||\tilde{\uparrow}\rangle\langle\tilde{\uparrow}| \right) \end{aligned} \tag{3.194}$$

ここで，各係数は以下のようになることがわかる．

$$b_d = \frac{1}{3 + e^{\beta J}} + \frac{1}{4} \left(\frac{1}{\sqrt{3 + e^{\beta J}}} + \frac{1}{\sqrt{1 + 3e^{-\beta J}}} \right)^2 \tag{3.195}$$

$$b_{cf} = \frac{1}{3 + e^{\beta J}} + \frac{1}{\sqrt{(3 + e^{\beta J})(1 + 3e^{-\beta J})}} \tag{3.196}$$

$$b_{qe} = \frac{1}{4} \left(\frac{1}{\sqrt{3 + e^{\beta J}}} - \frac{1}{\sqrt{1 + 3e^{-\beta J}}} \right)^2 \tag{3.197}$$

絶対零度で有限の値が残るのは b_d と b_{qe} であり，b_{qe} が量子的なもつれを表している．

3.4 トポロジカル量子系におけるエンタングルメント

3.4.1 トポロジカル秩序とバルク境界対応

系が内包するトポロジカルな性質は，近年の量子物性において非常に重要なテーマである[73–75]．系の位相構造は，分数統計粒子の存在などを通じて基底状態の縮退度を決める重要な因子である．トポロジカル絶縁体は量子スピンホール系ともよばれ，通常の非磁性絶縁体のうちである特殊なギャップレス表面状態（Diracフェルミオン）をもつ物質である．この表面状態が特殊であるのは，一般の表面状態の出現機構と異なって，バルク部分のトポロジカルな性質に起因しているということである．したがって，バルクの幾何が境界の励起モードの性質を決めるという性質がある．このため一般には，いま考えている系が，ちょうどその境界上で定義されているような一つ次元の高い時空を導入して，そのトポロジーや曲率が境界上で定義された系のエントロピーにどのような形で反映されるか調べることは興味深い問題となる．

3.4 トポロジカル量子系におけるエンタングルメント

はじめに，トポロジカル不変なバルク作用に対応する境界項を調べよう．そのために Chern–Simons 作用から出発する $(\mu, \nu, \lambda = t, x, y$ または $0, 1, 2)$．

$$S = \frac{q}{4\pi} \int d^3 x \, \epsilon^{\mu\nu\lambda} a_\mu \partial_\nu a_\lambda \tag{3.198}$$

ただし，q は Chern 数とよばれるトポロジカル量である．また，$\epsilon^{\mu\nu\lambda}$ は完全反対称テンソルである．ここで

$$J^i = -\frac{\delta S}{\delta a_i} = \frac{q}{2\pi} (\partial_0 a_j - \partial_j a_0) \, \epsilon^{ij} = \frac{q}{2\pi} E_j \epsilon^{ij} \tag{3.199}$$

より，Hall コンダクタンス $\sigma_{xy} = q/2\pi$ が Chern 数を与える．われわれの考える系は 2 次元の下半分，境界が $y = 0$ で定義されているものとする．Chern–Simons 作用は系がコンパクトで境界がない場合に限ってゲージ不変なので，いまの場合には境界に $(1+1)$-次元的作用を付加するか，あるいはゲージ固定条件にその効果を取り込んで，系全体としてのゲージ不変性を回復する必要がある．実際にゲージ変換 $a_\mu \to a_\mu + \partial_\mu \theta$ を行うと

$$S \to S + \frac{q}{4\pi} \int_{y=0} dx dt \, \theta (\partial_0 a_1 - \partial_1 a_0) \tag{3.200}$$

となって境界の影響が残る．そこで，$\theta(x, y=0, t) = 0$ となるゲージ変換に制限する．この制限によって，境界で a_μ の自由度のいくつかはダイナミカルになる．

ゲージ理論のダイナミクスを調べるために，$a_0 = 0$ という条件を課す．このとき

$$\int dx^3 \, \epsilon^{\mu\nu\lambda} a_\mu \partial_\nu a_\lambda = -\int dx^3 \, a_i \partial_0 a_j \epsilon^{ij} \tag{3.201}$$

となるので，適当なスカラー場 ϕ に対して $a_i = \partial_i \phi$ と決めれば，θ に対する拘束条件はゲージ固定条件に吸収される．以上の条件を式 (3.198) に代入すると，境界での有効作用

$$S = \frac{q}{4\pi} \int dx dt \, \partial_0 \phi \partial_1 \phi \tag{3.202}$$

が得られる（$\epsilon^{12} = -1$）．この場合には境界モードの速度がゼロになってしまうが，$a_0 = 0$ というのは唯一の選び方ではなくて，一般には

$$\tilde{a}_{\tilde{0}} = a_0 + v a_1 = 0 \tag{3.203}$$

という選び方も許される．v がちょうど境界モードの速度に対応する．なぜかというと，新しい座標系

$$\tilde{x} = x - vt, \quad \tilde{t} = t, \quad \tilde{y} = y \tag{3.204}$$

を導入して，ゲージ場を式 (3.203) に対応させて

$$\tilde{a}_{\tilde{t}} = a_t + v a_x , \quad \tilde{a}_{\tilde{x}} = a_x , \quad \tilde{a}_{\tilde{y}} = a_y \qquad (3.205)$$

と表せば，この変換で S が不変になるからである．

$$S = \frac{q}{4\pi} \int d^3 x \, \epsilon^{\mu\nu\lambda} a_\mu \partial_\nu a_\lambda = \frac{q}{4\pi} \int d^3 x \, \epsilon^{\tilde{\mu}\tilde{\nu}\tilde{\lambda}} a_{\tilde{\mu}} \partial_{\tilde{\nu}} a_{\tilde{\lambda}} \qquad (3.206)$$

このとき，境界作用は

$$S = \frac{q}{4\pi} \int d\tilde{t} d\tilde{x} \, \partial_{\tilde{t}} \phi \partial_{\tilde{x}} \phi = \frac{q}{4\pi} \int dt dx \, (\partial_0 + v \partial_1) \phi \partial_1 \phi \qquad (3.207)$$

となる．ここで，運動方程式は

$$(\partial_0 + v \partial_1)\phi = 0 \qquad (3.208)$$

となるので，境界モードは 1 方向に運動することがわかる．ここから，境界モードはカイラルな Luttinger 流体で表される．したがって，バルクのトポロジカルな性質と境界モードの数（あるいはモードを記述する共形場理論のセントラル・チャージ）には対応関係が出てくることになる．

3.4.2 エントロピーとスペクトルに現れる境界モードの情報 ─────
■ トポロジカル・エンタングルメント・エントロピー

励起ギャップのあるトポロジカル秩序化した 2 次元基底状態では，面積則の補正項として，そのトポロジーに対応した負のエントロピーが現れることが知られている．すなわち，エンタングルメント・エントロピーは

$$S = \alpha L - \gamma \qquad (3.209)$$

と表される．$S_{topo} = -\gamma < 0$ はトポロジカル・エンタングルメント・エントロピーとよばれる．トポロジカル秩序のように対称性の破れのない量子相転移を特徴づけるためには，基底状態の縮退度を調べることもできる場合があるが，通常は分数統計粒子の存在やエッジ・モードなど，系のダイナミクスを調べることが必要になる．それに対して，このトポロジカル・エンタングルメント・エントロピーは，それらの情報を基底状態の波動関数から直接得られるという利点をもっている．S_{topo} はシステムサイズ L に依存しないことから，位相的場の理論による解析がなされており，γ は全量子次元 D を用いて $\gamma = \log D$ と特徴づけられる．ここでは詳細は述べないが，本項で考えるような離散ゲージ理論においては，D はゲージ群の要素数に対応する．したがって，基底状態波動関数から励起モードの情報を間接的に予測することも可能である．また，トポロジカル・エンタングルメント・エントロピーは 2 次元系がトーラスと同相ではない場合にも調べられており，式 (3.209) と同様の関係が成り立つことがわかっている．一方，基底

状態の縮退度そのものはジーナスに依存することが知られているので，これはトポロジカル・エンタングルメント・エントロピーが大域的な示量変数ではなくて，エッジ・モードの情報を強く引きずっている結果であると見ることができる．

■ **エンタングルメント・スペクトル**

部分系 A に対する部分密度行列 ρ_A に対して，統計力学の通常の密度行列とのアナロジーから，

$$\rho_A = e^{-H_E} \tag{3.210}$$

によって H_E を定義する．ここで，$H_E = -\log \rho_A$ はエンタングルメント・ハミルトニアンとよばれる（共形場理論ではモジュラー・ハミルトニアンとよばれている）．エンタングルメント・ハミルトニアンの固有値分布はエンタングルメント・スペクトルとよばれる．密度行列の固有値を λ_n と書くと，エンタングルメント・スペクトル E_n は，

$$E_n = -\log \lambda_n \tag{3.211}$$

で与えられる．通常のバンドギャップと同様に，エンタングルメント・ハミルトニアンのスペクトル分布にもギャップが開く場合がある．しかしいまの場合，エンタングルメント・スペクトルに対するギャップなので，物理的な意味は変わってくる．トポロジカル絶縁体においてトポロジカル・カレントが境界に生じるとき，そのエッジモードはバンド構造としてはエンタングルメント・ギャップの下に生成される．このため，境界モードは外場に対して非常に安定であることがわかる．このことを「バンドギャップによってトポロジカルに守られた励起である」という場合がある．

3.4.3 ストリング・ネット模型 ───────

以降では，特に詳しく解析されている $\mathbb{Z}_2$ ゲージ模型について議論する．まずは S_{topo} の定義を蜂の巣格子（honeycomb lattice）上で具体的に見ていこう．図 3.3 に示したように，全系からグレーの色で表された部分系を切り出し，それを破線で A, B, C に分割する．各分割 $a = A, B, C, AB, BC, CA, ABC$ のエンタングルメント・エントロピー S_a を計算し，それらを次のように結合すると，それをトポロジカル・エンタングルメント・エントロピーと見なすことができる．

$$S_{topo} = S_A + S_B + S_C - S_{AB} - S_{BC} - S_{CA} + S_{ABC} \tag{3.212}$$

この定義において，各分割の $S_a = \alpha L - \gamma$ の主要項，すなわち面積則を与える項 αL（いまの場合は，各領域の周長）を見てみよう．図 3.3 では，たとえば領域 A

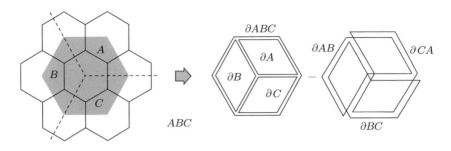

図 **3.3** 領域分割の仕方と面積則の項の相殺

の境界を $\partial A = \alpha L_A$ と表しているが,各辺はすべて 2 回カウントしており,それらがすべてキャンセルすることがわかる.したがって,残るのは $S_{topo} = -\gamma$ だけである.すなわち,各分割の形ではなくて,それらがどのように組み合わされているかということにエントロピーが依存するということである.

トポロジカル秩序を基底状態にもつ模型としてよく知られているものには,ストリング・ネット模型や toric code がある.ストリング・ネット模型では,蜂の巣格子の各リンク上にエンタングルした二つの q-bit(スピン 1/2)が乗っており($|\phi\rangle = (|00\rangle + |11\rangle)/\sqrt{2}$),ハミルトニアンは

$$H_{Z_2} = \sum_p \prod_{i \in p} \sigma_i^x - \sum_v \prod_{j \in v} \sigma_j^z - \sum_{l_1,l_2} \sigma_{l_1}^z \sigma_{l_2}^z \qquad (3.213)$$

で与えられる.ここで,p は六角形のプラケット,v は各サイト,l は各リンクを表す.$\prod_{i \in p} \sigma_i^x$ はプラケット演算子,$\prod_{j \in v} \sigma_j^z$ は星印演算子とよばれる.通常はリンクに一つの q-bit が乗った模型を考えて,$\sum_{l_1,l_2} \sigma_{l_1}^z \sigma_{l_2}^z$ の項は含まないが,q-bit 二つの模型では完全にエンタングルしているのでいつでも $|\alpha\alpha\rangle \to |\alpha\rangle$ とできて,基本的には同じ模型である.

この模型の基底状態は,リンクに乗ったストリング(q-bit pair)に対してすべての閉ループ構造(ストリング・ネット状態,$|\phi_{cl}\rangle$)を同じ重みで足し上げた状態

$$|\Psi_{Z_2}\rangle = \sum_{cl} |\phi_{cl}\rangle \qquad (3.214)$$

になる.二つの閉ループ構造(●で囲まれた領域)の例を図 3.4 に示した.これが基底状態となることは,たとえばプラケット演算子をある配置 $|\psi_{cl}\rangle$ に作用すると,図 3.5 に示したようにループの形が変形して $|\psi'_{cl}\rangle$ を生成するが,逆に $|\psi'_{cl}\rangle$ に同じプラケット演算子を作用すると $|\psi_{cl}\rangle$ が生成されることから理解できるであろう.

3.4 トポロジカル量子系におけるエンタングルメント 85

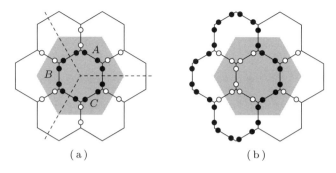

図 **3.4** 蜂の巣格子と閉ループ構造の例：○（ストリングがいない）および●（ストリングがいる）が q-bit を表しており，同じリンク上に乗った q-bit 対はエンタングルしている（同じ色を取る）．図 (a) および図 (b) はそれぞれ異なる閉ループ構造を表す．

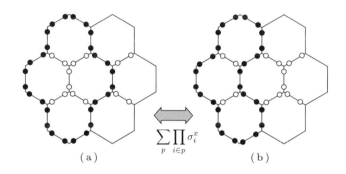

図 **3.5** プラケット演算子の作用に伴うループ構造の変形

閉ループ構造をとるということは，各サイトに着目したとき，●すなわちストリングが偶数本出ているということを意味する．ここで部分系を切り出したときに境界から n 本のリンクが出ているクラスターを考える．基底状態が閉ループ構造の重ね合わせで表されるため，エントロピーに寄与するのは閉じたループの境界での配置の数になる．ただし，独立な境界配置は，連続変形して一致するものの重複を除けば 2^{n-1} だけある．したがって，エンタングルメント・エントロピーは

$$S_\alpha = (n-1)\log 2 = S_{area} - S_{topo} \tag{3.215}$$

となり，$S_{area} = n\log 2$ および $S_{topo} = \log 2$ が得られる．主要項は確かに境界の長さ n に比例しており，面積則を与える．繰返しになるが，連続変形でたがいに移り変わることのできる状態，すなわちトポロジカル不変なグラフのダブルカ

ウントを除く際に因子 -1 が現れていることに注意しよう.この結果は,$\mathbb{Z}_2$ ゲージ理論において $D=2$ であることと対応している.

3.4.4 Kitaev 模型

2 次元蜂の巣格子上に定義されたスピン 1/2 の Kitaev 模型

$$H = -\sum_{x \text{ links}} J_x \sigma_i^x \sigma_j^x - \sum_{y \text{ links}} J_y \sigma_i^y \sigma_j^y - \sum_{z \text{ links}} J_z \sigma_i^z \sigma_j^z \quad (3.216)$$

も,$\mathbb{Z}_2$ トポロジカル秩序を示す典型例である.ここで,x, y, z 方向は図 3.6(a) のようにとる.この模型は相互作用が方向に依存していることが特徴であり,軌道擬スピン模型として強相関物性論の立場からも重要な模型である.ハミルトニアンは次のプラケット演算子

$$W_p = \sigma_1^x \sigma_2^y \sigma_3^z \sigma_4^x \sigma_5^y \sigma_6^z \quad (3.217)$$

と可換である($[H, W_p] = 0$,図 (a) における中心の六角形①〜⑥上で定義されている).したがって,波動関数は H と W_p の同時固有状態となる.この状況はストリング・ネット模型と類似のものである.

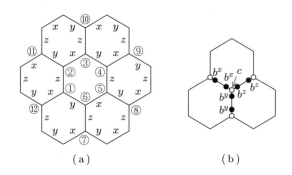

図 3.6 蜂の巣格子状での座標系の定義とスピンの Majorana 表現

蜂の巣格子の各サイトにおいて,4 次元 Fock 空間に作用する Majorana フェルミオン b^α, c ($c_j^2 = 1, \{c_i, c_j\} = 0$) を用いて,図 3.6(b) に示されるように以下の演算子を定義する($\alpha = x, y, z$)

$$\tilde{\sigma}^\alpha = ib^\alpha c \quad (3.218)$$

これらは本当のスピン演算子より作用する空間が大きいことを覚えておくために,チルダをつけておく.物理的な空間 $|\Psi\rangle$ は,射影演算子 $D = b^x b^y b^z c$ に対して $D|\Psi\rangle = |\Psi\rangle$ となるように選ばれる.なぜかというと,

3.4 トポロジカル量子系におけるエンタングルメント

$$\tilde{\sigma}^x \tilde{\sigma}^y \tilde{\sigma}^z = (ib^x c)(ib^y c)(ib^z c) = -ib^x c b^y c b^z c = ib^x b^y b^z c = iD \quad (3.219)$$

と $\sigma^x \sigma^y \sigma^z = i$ が成り立つので，物理的空間において D が恒等演算子となるためである．

Majorana 表示の相互作用項は

$$\tilde{\sigma}_i^\alpha \tilde{\sigma}_j^\alpha = (ib_i^\alpha c_i)(ib_j^\alpha c_j) = b_i^\alpha b_j^\alpha c_i c_j = -i u_{ij} c_i c_j \quad (3.220)$$

と表される．ここで，リンク演算子 $u_{ij} = i b_i^\alpha b_j^\alpha$ はたがいに交換する．また

$$u_{ij}^2 = (ib_i^\alpha b_j^\alpha)(ib_i^\alpha b_j^\alpha) = (b_i^\alpha)^2 (b_j^\alpha)^2 = 1 \quad (3.221)$$

が成り立つので $u_{ij} = \pm 1$ となる．したがって，Kitaev 模型は静的な $\mathbb{Z}_2$ ゲージ場 u と結合した Majorana フェルミオン c の自由場模型に変換できる．ゲージ場に関してはストリング・ネット模型と等価であることは明らかである．したがって，ここから $S_{topo} = -\log D$ が導かれる．一方，フェルミオンの場に関しては，J_x, J_y, J_z の大きさに応じて，ギャップのある相とギャップレス相（Dirac フェルミオン）が現れ，エンタングルメント・エントロピーの主要項を与える．

第4章

行列積状態

　本章以降では，エンタングルメント・エントロピーのスケール性を正しく反映した波動関数の構成法を調べていく．はじめに，空間1次元系について調べる．これは，行列積状態（matrix product states, MPS）とよばれる．空間1次元系に関しては厳密解の方法が知られているが，そこでも行列積状態は本質的な役割を果たしていることが知られている．本章ではMPSの基礎的理解を深めることを目的とする．

　精密な波動関数の構造が理解できることはきわめて重要であるが，他方，それを具体的な問題に適用していくことも重要な課題である．後半部分では，数値的方法の基礎理論も解説する．実際にプログラムを組んで数値実験することをお勧めしたい．

4.1 行列積状態

4.1.1 スピン・シングレット状態のベクトル内積表現 ─────

量子エンタングルメントおよびそのエントロピーのスケール性を明確に表す波動関数の表現を模索する．2 サイト，スピン $S=1/2$ の反強磁性 Heisenberg 模型を例にとって議論を進めよう．

$$H = J\vec{S}_1 \cdot \vec{S}_2 = \frac{J}{2}\left(S_1^+ S_2^- + S_1^- S_2^+\right) + J S_1^z S_2^z \tag{4.1}$$

基底状態はシングレット

$$|\psi\rangle = \frac{1}{\sqrt{2}}\left(|\uparrow\downarrow\rangle - |\downarrow\uparrow\rangle\right) \tag{4.2}$$

である．はじめに，この状態は二つの電子がエンタングルしているために，平均場あるいは局所近似に分解することはできないことを確認しておこう．たとえば，ある直積状態（実効的には局所近似とよんでもよい）を

$$\begin{aligned}|\phi\rangle &= \sum_{s_1} c_{s_1}|s_1\rangle \otimes \sum_{s_2} d_{s_2}|s_2\rangle \\ &= \sum_{s_1,s_2} c_{s_1} d_{s_2}|s_1 s_2\rangle \\ &= c_\uparrow d_\uparrow|\uparrow\uparrow\rangle + c_\uparrow d_\downarrow|\uparrow\downarrow\rangle + c_\downarrow d_\uparrow|\downarrow\uparrow\rangle + c_\downarrow d_\downarrow|\downarrow\downarrow\rangle \end{aligned} \tag{4.3}$$

と書くと，これがシングレット状態となる条件

$$c_\uparrow d_\uparrow = c_\downarrow d_\downarrow = 0, \quad c_\uparrow d_\downarrow = \frac{1}{\sqrt{2}}, \quad c_\downarrow d_\uparrow = -\frac{1}{\sqrt{2}} \tag{4.4}$$

を満たす係数の組が存在しないことは容易に確かめられる．したがって，式 (4.3) では厳密な波動関数である式 (4.2) を表現しきれない．そこで，特異値分解の機能を念頭に置いて，波動関数を以下のように表現してみる．

$$\begin{aligned}|\psi\rangle &= \frac{1}{\sqrt{2}} \sum_{s_1,s_2=\uparrow,\downarrow} A^{s_1} B^{s_2}|s_1 s_2\rangle \\ &= \frac{1}{\sqrt{2}} \sum_{s_1,s_2} \begin{pmatrix} a^{s_1} & b^{s_1} \end{pmatrix} \begin{pmatrix} c^{s_2} \\ d^{s_2} \end{pmatrix} |s_1 s_2\rangle \end{aligned} \tag{4.5}$$

ここで，A^{s_1} はサイト 1 上に定義された行ベクトル（スピン状態 s_1 に依存する），B^{s_2} はサイト 2 上に定義された列ベクトル（スピン状態 s_2 に依存する）で，たとえばベクトルの次元を 2 として

$$A^\uparrow = \begin{pmatrix} 1 & 0 \end{pmatrix}, \quad A^\downarrow = \begin{pmatrix} 0 & -1 \end{pmatrix}, \quad B^\uparrow = \begin{pmatrix} 0 \\ 1 \end{pmatrix}, \quad B^\downarrow = \begin{pmatrix} 1 \\ 0 \end{pmatrix} \tag{4.6}$$

と取ると，これらは正しくシングレットの状態を記述することがわかる．ベクトルの成分が仮想的な内部自由度を表している．ここで，自由なパラメータは8個あるのに対し，拘束条件は

$$a^\uparrow c^\uparrow + b^\uparrow d^\uparrow = 0 \tag{4.7}$$

$$a^\downarrow c^\downarrow + b^\downarrow d^\downarrow = 0 \tag{4.8}$$

$$a^\uparrow c^\downarrow + b^\uparrow d^\downarrow = \frac{1}{\sqrt{2}} \tag{4.9}$$

$$a^\downarrow c^\uparrow + b^\downarrow d^\uparrow = -\frac{1}{\sqrt{2}} \tag{4.10}$$

の四つである．残りの自由度は，基底変換に対応する．実際に，逆行列をもつ任意の 2×2 行列 Q を導入して，

$$\begin{aligned} |\psi\rangle &= \sum_{s_1,s_2} \begin{pmatrix} a^{s_1} & b^{s_1} \end{pmatrix} Q Q^{-1} \begin{pmatrix} c^{s_2} \\ d^{s_2} \end{pmatrix} |s_1 s_2\rangle \\ &= \sum_{s_1,s_2} \begin{pmatrix} a'^{s_1} & b'^{s_1} \end{pmatrix} \begin{pmatrix} c'^{s_2} \\ d'^{s_2} \end{pmatrix} |s_1 s_2\rangle \end{aligned} \tag{4.11}$$

と変換すれば，理論形式は不変である．

さて，式 (4.5) と式 (4.3) を比べてみよう．両式とも各サイト上に定義された局所的因子の積で表現されており，形はそっくりである．このため，式 (4.5) は一見すると局所近似に見える．しかし，式 (4.5) の場合，A^{s_1}, B^{s_2} はベクトルであるためにベクトルの成分という内部自由度（余剰自由度，仮想自由度，補助場などともよぶ）をもっており，「掛けて足す」という内積操作が自然に二つのサイト間の状態をもつれさせる効果をもっている．もう少し繰り返すと，式 (4.2) の波動関数はサイト1とサイト2の状態の単純な直積では表現できず，たがいにエンタングルしている．このような非局所相関を式 (4.5) のように内部自由度をもった局所量の積に変換できるということが，ここで述べている理論の大きなポイントである．余剰自由度を導入して古典表現を求める考え方は，鈴木 – Trotter 変換においても現れていた．行列積の理論における余剰次元の大きさは，実は系の相関長に相当することが後の議論で明らかとなる．そのことを念頭に置いて議論を進めていこう．

4.1.2 行列積による状態の因子化

前項で述べたシングレットのエンタングルメント構造を参考にして，一般的な量子状態

$$|\psi\rangle = \sum_{\{s_j\}} T^{s_1 s_2 \cdots s_n} |s_1 s_2 \cdots s_n\rangle \tag{4.12}$$

の係数 $T^{s_1 s_2 \cdots s_n}$ がもつべき性質を調べよう．まず，系のエンタングルメント構造を反映した形とは，つまり面積則（あるいは対数補正も含む）が満たされる形である．以降では数値的変分法を考える場合があるので，数値計算がしやすい形に分解できるのであれば望ましい．新たな自由度を導入してそこに量子揺らぎの効果を押し込める，というのがわれわれの基本的なスタンスなので，この係数をまずは局所的場に分解し，その代わりに量子揺らぎを表す新たな内部自由度を導入するということが目標となる．

空間1次元の場合，相互作用が隣接サイト間で支配的な場合には

$$T^{s_1 s_2 \cdots s_n} = \sum_{\alpha,\beta,\ldots,\omega} (B_1^{s_1})_\alpha (A_2^{s_2})_{\alpha\beta} (A_3^{s_3})_{\beta\gamma} \cdots (A_{n-1}^{s_{n-1}})_{\psi\omega} (B_n^{s_n})_\omega \tag{4.13}$$

という分解が適切であると考えられる（図 4.1(a) 参照）．ここで，量子相関を表す仮想的なインデックス（補助場）$\alpha, \beta, \gamma, \ldots$ を行列の足と見ると，分解後の係

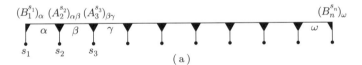

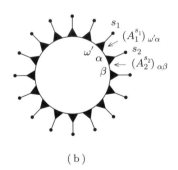

図 4.1 MPS 状態：(a) 開放端条件，(b) 周期境界条件

数 $(A_2^{s_2})_{\alpha\beta}, (A_3^{s_3})_{\beta\gamma}, \ldots$ は行列の積で表されている．したがって，このような状態は行列積状態（matrix product state, MPS）とよばれる．行列 $(A_j^{s_j})_{\alpha_j \alpha_{j+1}}$ は，物理的状態 s_j（たとえば，スピン $1/2$ の系であれば $\uparrow, \downarrow$）と補助場 (α_j, α_{j+1}) の双方に依存しているため，「補助場とリアルな空間の情報を結ぶ関係」であり，隣接サイトが補助場を介してつながっていることで，実空間の情報としては局所的に見えるところに大きなポイントがある．開放端の場合には，端の $B_1^{s_1}, B_n^{s_n}$ のみベクトルで表される．前項で説明したように，2 サイト系のみベクトル積となる．バルクと端の整合性を取るには，適当な左境界状態 $\langle \alpha_0 |$ および右境界状態 $| \alpha_{n+1} \rangle$ が存在し，ベクトルの代わりに行列 A_1, A_n を用いて

$$B_1^{s_1} = \langle \alpha_0 | A_1^{s_1}, \quad B_n^{s_n} = A_n^{s_n} | \alpha_{n+1} \rangle \tag{4.14}$$

としておけばよい．以降では，行列は $\chi \times \chi$ 次元であるとする．この値は，先のシングレットの例では $\chi = 2$ と決まったが，量子多体系の具体的な模型に対して MPS を変分関数として用いる場合には，望みの数値精度を与える χ が適切な値ということになる．したがって，χ は行列のランクであるが，それが第一原理的に決められるかどうかはモデルの臨界性に依存しており，この後の節で議論する．式 (4.13) は局所的な分解であるが，単純な局所近似やスカラー積への分解とは明らかに異なる．行列の次元を高くすると，さまざまな相関を取り込む自由度が増えると期待できる．

次近接相互作用が無視できない場合には，

$$T^{s_1 s_2 \cdots s_n} = \sum_{\alpha, \beta, \ldots} (T_1^{s_1})_{\alpha\beta} (T_2^{s_2})_{\alpha\gamma\delta} (T_3^{s_3})_{\beta\gamma\epsilon\zeta} (T_4^{s_4})_{\delta\epsilon\eta\theta} \cdots \tag{4.15}$$

という形が適切である（図 4.2 参照）．この場合には，添え字の数が増える．したがって，一般にはテンソル積状態（tensor product state, TPS）あるいはテンソル・ネットワーク状態（tensor network state, TNS）が現れる．1 次元系でも無限レンジまで相互作用が広がれば，短距離相互作用のある 2 次元と同じようになるので面積則が変わってくる可能性があるが，詳細は MPS の高次元化の節

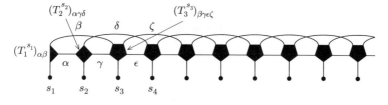

図 **4.2** TPS 状態（次近接相互作用の効果を含む）

で議論する.

空間1次元系で境界が周期的である場合には，すべて行列を使って

$$T^{s_1 s_2 \cdots s_n} = \sum_{\alpha,\ldots,\omega,\omega'} (A_1^{s_1})_{\omega'\alpha} (A_2^{s_2})_{\alpha\beta} \cdots (A_{n-1}^{s_{n-1}})_{\psi\omega} (A_n^{s_n})_{\omega\omega'}$$
$$= \text{Tr}\,(A_1^{s_1} A_2^{s_2} \cdots A_n^{s_n}) \tag{4.16}$$

と書くことができる（図 4.1(b) 参照）．行列のトレースが含まれているので，この波動関数は行列の巡回に対して不変で，これは系の並進対称性に対応している．なお，周期境界条件を課していても，有限系の場合には行列自身は並進対称にはならないことには注意を要する．そのため，$A_j^{s_j}$ がサイト j に依存していることを明示した．行列積のトレースがあくまで各基底の重みとなってそれが物理的に意味のある量となるが，これは波動関数の特異値分解において特異値がユニークに決まってもカラム・ユニタリー行列が一般には不定であることと対応する．状態ベクトルの規格化は，

$$\langle \psi | \psi \rangle = \sum_{s_1,\ldots,s_n} \text{Tr}\left\{ (A_1^{s_1})^\dagger \cdots (A_n^{s_n})^\dagger \right\} \text{Tr}(A_1^{s_1} \cdots A_n^{s_n})$$
$$= \sum_{s_1,\ldots,s_n} \text{Tr}\left\{ (A_1^{s_1} \otimes A_1^{s_1\dagger}) \cdots (A_n^{s_n} \otimes A_n^{s_n\dagger}) \right\} \tag{4.17}$$

より，各 j に対して

$$\sum_{s_j=\uparrow,\downarrow} A_j^{s_j} \otimes A_j^{s_j\dagger} = \chi^{-2/n} \mathbf{1} \tag{4.18}$$

と表される．ここで，$\mathbf{1}$ は $\chi^2 \times \chi^2$ 単位行列である．

システムの境界は系の周期性や許される波数のモードに強い制限を与えるので重要な意味をもつ．そこで一般には，式 (4.16) を

$$|\psi_Q\rangle = \sum_{\{s_j\}} \text{Tr}\,(A_1^{s_1} A_2^{s_2} \cdots A_n^{s_n} Q) |s_1 s_2 \cdots s_n\rangle \tag{4.19}$$

として，Q を境界演算子とよぶ．Q も $\chi \times \chi$ 行列であり，χ 次元の境界状態の基底で展開して

$$Q = \sum_{a,b} Q_{ab} |a\rangle \langle b| \tag{4.20}$$

とするとき，

$$|\psi_Q\rangle = \sum_{s_1,\ldots,s_n} \sum_{a,b} Q_{ab} \langle b| A_1^{s_1} A_2^{s_2} \cdots A_n^{s_n} |a\rangle |s_1 s_2 \cdots s_n\rangle \tag{4.21}$$

となる．したがって，仮想的な境界状態 $|a\rangle$ も含めた $(n+1)$ 重ベクトル $|a\rangle \otimes |s_1 s_2 \cdots s_n\rangle$ が，系のエンタングルメント構造を記述する基本的な空間の要素ということになる．この場合の見方としては，行列 $A_j^{s_j}$ は仮想空間 V_0 に作用する行列で，その成分が $V^{\otimes n}$ の j 番目の局所ベクトル空間に作用するということになる．状態空間のテンソル積を $V_0 \otimes V^{\otimes n}$ と表して V_0 を左においておけば，テンソル積の定義から，その構造は理論に自然に入ることがわかる．この構造は，後に述べるように，代数的 Bethe 仮説法の基礎となっている．

以下の 2 段落では，空間一様な行列積を考える．

周期境界条件に対する状態は，パリティ演算子 $\mathcal{P}$ の固有状態となるから，

$$\mathcal{P}|\psi_{Q=1}\rangle = \sum_{s_1,\ldots,s_n} \text{Tr}\left(A^{s_1}\cdots A^{s_n}\right)\mathcal{P}|s_1\cdots s_n\rangle$$
$$= \sum_{s_1,\ldots,s_n} \text{Tr}\left(A^{s_1}\cdots A^{s_n}\right)|s_n\cdots s_1\rangle \quad (4.22)$$

であるが，これが再び MPS となるためには，ある $\chi \times \chi$ 正則行列 $Q_\mathcal{P}$ が存在して，

$$Q_\mathcal{P} A^s Q_\mathcal{P}^{-1} = (\text{sgn}\mathcal{P})(A^s)^t \quad (4.23)$$

という条件が満たされればよい．なぜかというと

$$\mathcal{P}|\psi_{Q=1}\rangle = \sum_{s_1,\ldots,s_n} \text{Tr}\left(A^{s_1}\cdots A^{s_n}\right)|s_n\cdots s_1\rangle$$
$$= \sum_{s_1,\ldots,s_n} \text{Tr}\left(Q_\mathcal{P} A^{s_1} Q_\mathcal{P}^{-1} Q_\mathcal{P} \cdots Q_\mathcal{P}^{-1} Q_\mathcal{P} A^{s_n} Q_\mathcal{P}^{-1}\right)|s_n\cdots s_1\rangle$$
$$= (\text{sgn}\mathcal{P})^n \sum_{s_1,\ldots,s_n} \text{Tr}\left\{(A^{s_1})^t \cdots (A^{s_n})^t\right\}|s_n\cdots s_1\rangle$$
$$= (\text{sgn}\mathcal{P})^n \sum_{s_1,\ldots,s_n} \text{Tr}\left(A^{s_n}\cdots A^{s_1}\right)|s_n\cdots s_1\rangle$$
$$= (\text{sgn}\mathcal{P})^n |\psi_{Q=1}\rangle \quad (4.24)$$

となるためである．

Bloch 状態 $|\psi_Q, k\rangle$ の記法は以下のように考える．まず，並進演算子 T を導入する．これは $T^n = 1$ を満たす．あるリファレンス状態 $|\psi_Q\rangle$ から並進操作を施してつくられる固有状態は，波数を k として，

$$|\psi_Q, k\rangle = \frac{1}{\sqrt{n}} \sum_{m=1}^{n-1} e^{-imk} T^m |\psi_Q\rangle \quad (4.25)$$

で与えられる．リファレンス状態に並進操作を一つ演算すると，

$$\begin{aligned} T\,|\psi_Q\rangle &= \sum_{s_1,\ldots,s_n} \mathrm{Tr}\,(QA^{s_1}\cdots A^{s_n})\,|s_n s_1 \cdots s_{n-1}\rangle \\ &= \sum_{s_1,\ldots,s_n} \mathrm{Tr}\,(A^{s_1}QA^{s_2}\cdots A^{s_n})\,|s_1 s_2 \cdots s_n\rangle \end{aligned} \quad (4.26)$$

となるので，T^n を演算すると，境界演算子 Q が端までシフトしてもとの状態に戻る．したがって，T^n の固有値が 1 であることがわかる．これより，

$$|\psi_Q, k\rangle = \frac{1}{\sqrt{n}} \sum_{s_1,\ldots,s_n} \sum_{m=0}^{n-1} e^{imk} \mathrm{Tr}\,(A^{s_1}\cdots A^{s_m} Q A^{s_{m+1}}\cdots A^{s_n})\,|s_1 \cdots s_n\rangle \quad (4.27)$$

が得られる．式 (4.25) が Bloch の定理を満たしていることを示すためには

$$\begin{aligned} T^l\,|\psi_Q, k\rangle &= \frac{1}{\sqrt{n}} \sum_{m=1}^{n-1} e^{-imk} T^{l+m}\,|\psi_Q\rangle \\ &= \frac{1}{\sqrt{n}} \sum_{m=1}^{n-1} e^{ikl} e^{-i(l+m)k} T^{l+m}\,|\psi_Q\rangle \\ &= e^{ikl}\,|\psi_Q, k\rangle \end{aligned} \quad (4.28)$$

と変形すればよい．

後の議論のために，式 (4.13) に戻ってそのエンタングルメント構造をもう少し調べておく．その前に，新しい記号を定義しておく．開放端条件の状態ベクトルを

$$\begin{aligned} |\psi\rangle &= \sum_{s_1,\ldots,s_n} \langle \alpha_0|\, A_1^{s_1} \cdots A_n^{s_n}\, |\alpha_{n+1}\rangle\, |s_1 \cdots s_n\rangle \\ &= \langle \alpha_0|\left(\sum_{s_1} A_1^{s_1}\,|s_1\rangle\right) \dot{\otimes} \left(\sum_{s_2} A_2^{s_2}\,|s_2\rangle\right) \dot{\otimes} \\ &\quad \cdots \dot{\otimes} \left(\sum_{s_{n-1}} A_{n-1}^{s_{n-1}}\,|s_{n-1}\rangle\right) \dot{\otimes} \left(\sum_{s_n} A_n^{s_n}\,|s_n\rangle\right) |\alpha_{n+1}\rangle \end{aligned} \quad (4.29)$$

と変形する．ここで記号 $\dot{\otimes}$ の定義は，状態ベクトルを成分としてもつ行列の掛け算であり，全体の行列演算としては通常の行列積・で，その成分を状態のテンソル積 $\otimes$ とするような演算である．演算の状況が明確な場合には省略するが，以降ではなるべく明示することを心がける．重要な因子は，各サイト上に定義された

$$\sum_s A^s |s\rangle = \begin{pmatrix} a_{11}^\uparrow |\uparrow\rangle + a_{11}^\downarrow |\downarrow\rangle & \cdots & a_{1\chi}^\uparrow |\uparrow\rangle + a_{1\chi}^\downarrow |\downarrow\rangle \\ \vdots & \ddots & \vdots \\ a_{\chi 1}^\uparrow |\uparrow\rangle + a_{\chi 1}^\downarrow |\downarrow\rangle & \cdots & a_{\chi\chi}^\uparrow |\uparrow\rangle + a_{\chi\chi}^\downarrow |\downarrow\rangle \end{pmatrix} \quad (4.30)$$

という行列型演算子である．これは局所的なインデックスをもっているが，系の大域的な情報も同時に担っている．仮想空間の次元 χ が，より詳しくどのような物理的意味かということは非常に興味のあるところである．以下で，それについて議論する．

系のエンタングルメントにもっとも重要な要素は，まずは $\chi > 1$ であるということである．そこで試みに $\chi = 2$ とし，

$$\sum_{s=\uparrow,\downarrow} A^s |s\rangle = \begin{pmatrix} a_{11}^\uparrow |\uparrow\rangle + a_{11}^\downarrow |\downarrow\rangle & a_{12}^\uparrow |\uparrow\rangle + a_{12}^\downarrow |\downarrow\rangle \\ a_{21}^\uparrow |\uparrow\rangle + a_{21}^\downarrow |\downarrow\rangle & a_{22}^\uparrow |\uparrow\rangle + a_{22}^\downarrow |\downarrow\rangle \end{pmatrix} \quad (4.31)$$

としてみる．後の数値最適化の節でわかるように，$\chi = 2$ という仮定はサイズの大きな系では正確ではないが，エネルギーの値を大雑把に見積もるには悪くない近似である．ここで

$$\sum_s A^s |s\rangle = \begin{pmatrix} a|\uparrow\rangle & b|\downarrow\rangle \\ 0 & |\uparrow\rangle \end{pmatrix} \quad (4.32)$$

という少し特殊な組合せを考えてみる．この組合せは実は代数的 Bethe 仮説法で基礎となる状態の記法でもある（Lax 演算子と似ている）．対角要素がリファレンス状態，非対角要素がエンタングルメントを記述する．すなわち，行列積をつくったときに，非対角にシングレットやトリプレットなどが現れるような組を表現したものである．ここで，係数に対する条件は

$$\sum_s A^s A^{s\dagger} = \begin{pmatrix} a & 0 \\ 0 & 1 \end{pmatrix} \begin{pmatrix} a^* & 0 \\ 0 & 1 \end{pmatrix} + \begin{pmatrix} 0 & b \\ 0 & 0 \end{pmatrix} \begin{pmatrix} 0 & 0 \\ b^* & 0 \end{pmatrix}$$

$$= \begin{pmatrix} |a|^2 + |b|^2 & 0 \\ 0 & 1 \end{pmatrix} \quad (4.33)$$

より，

$$|a|^2 + |b|^2 = 1 \quad (4.34)$$

である．逆に言うと，式 (4.32) は，局所的な行列に課される条件と整合的になるように選んだものということもできる．

以上の表記を用いると，MPS は

$$|\psi\rangle = \langle\alpha_0| \begin{pmatrix} a_1|\uparrow\rangle & b_1|\downarrow\rangle \\ 0 & |\uparrow\rangle \end{pmatrix} \dot\otimes \begin{pmatrix} a_2|\uparrow\rangle & b_2|\downarrow\rangle \\ 0 & |\uparrow\rangle \end{pmatrix} \dot\otimes$$

$$\cdots \dot\otimes \begin{pmatrix} a_{n-1}|\uparrow\rangle & b_{n-1}|\downarrow\rangle \\ 0 & |\uparrow\rangle \end{pmatrix} \cdots \dot\otimes \begin{pmatrix} a_n|\uparrow\rangle & b_n|\downarrow\rangle \\ 0 & |\uparrow\rangle \end{pmatrix} |\alpha_{n+1}\rangle$$
(4.35)

となる．たとえば，$n=3$ の場合を具体的に書き下してみると

$$\begin{pmatrix} a_1|\uparrow\rangle & b_1|\downarrow\rangle \\ 0 & |\uparrow\rangle \end{pmatrix} \dot\otimes \begin{pmatrix} a_2|\uparrow\rangle & b_2|\downarrow\rangle \\ 0 & |\uparrow\rangle \end{pmatrix} \dot\otimes \begin{pmatrix} a_3|\uparrow\rangle & b_3|\downarrow\rangle \\ 0 & |\uparrow\rangle \end{pmatrix}$$

$$= \begin{pmatrix} a_1 a_2 |\uparrow\uparrow\rangle & a_1 b_2 |\uparrow\downarrow\rangle + b_1 |\downarrow\uparrow\rangle \\ 0 & |\uparrow\uparrow\rangle \end{pmatrix} \dot\otimes \begin{pmatrix} a_3|\uparrow\rangle & b_3|\downarrow\rangle \\ 0 & |\uparrow\rangle \end{pmatrix}$$

$$= \begin{pmatrix} a_1 a_2 a_3 |\uparrow\uparrow\uparrow\rangle & a_1 a_2 b_3 |\uparrow\uparrow\downarrow\rangle + a_1 b_2 |\uparrow\downarrow\uparrow\rangle + b_1 |\downarrow\uparrow\uparrow\rangle \\ 0 & |\uparrow\uparrow\uparrow\rangle \end{pmatrix}$$
(4.36)

となる．計算の途中で，非対角要素にエンタングルした状態 $a_1 b_2 |\uparrow\downarrow\rangle + b_1 |\downarrow\uparrow\rangle$ が現れているのが見える．ここで境界状態を

$$\langle\alpha_0| = \begin{pmatrix} 1 & 0 \end{pmatrix}, \quad |\alpha_4\rangle = \begin{pmatrix} 0 \\ 1 \end{pmatrix}$$
(4.37)

と仮定すると，$\uparrow$ が 2 個，$\downarrow$ が 1 個の状態を取り出すことができる．すなわち

$$|\psi\rangle = a_1 a_2 b_3 |\uparrow\uparrow\downarrow\rangle + a_1 b_2 |\uparrow\downarrow\uparrow\rangle + b_1 |\downarrow\uparrow\uparrow\rangle$$

$$= a_1 a_2 b_3 |\uparrow\rangle \otimes |\uparrow\downarrow - \downarrow\uparrow\rangle + a_1 a_2 b_3 |\uparrow\downarrow\uparrow\rangle + a_1 b_2 |\uparrow\downarrow\uparrow\rangle + b_1 |\downarrow\uparrow\uparrow\rangle$$
(4.38)

となる．境界演算子は，粒子数を確定する役割をもっている．後で用いる表記では

$$Q = \begin{pmatrix} 0 & 0 \\ 1 & 0 \end{pmatrix}$$
(4.39)

とおいて

$$|\alpha_4\rangle = \begin{pmatrix} 0 \\ 1 \end{pmatrix} = \begin{pmatrix} 0 & 0 \\ 1 & 0 \end{pmatrix} \begin{pmatrix} 1 \\ 0 \end{pmatrix} = Q|\alpha_0\rangle$$
(4.40)

と表す．これは系の反転対称性に基づく条件である．ここで

$$a_1 b_2 = 0, \quad b_1 = -a_1 a_2 b_3$$
(4.41)

と仮定すると，

$$b_2 = 0, \quad |a_2| = 1$$
(4.42)

が成り立つ必要があるので，式 (4.38) は

$$|\psi\rangle = a_1 b_3 \left(|\uparrow\rangle \otimes |\uparrow\downarrow - \downarrow\uparrow\rangle + |\uparrow\downarrow - \downarrow\uparrow\rangle \otimes |\uparrow\rangle \right) \quad (4.43)$$

となって，RVB（resonating valence bond）的な状態を記述することがわかる．

これをそのまま $n = 4$ に拡張すると，いまの近似がどのような状態を記述可能かがよりはっきりする．すなわち

$$\begin{pmatrix} a_1 a_2 a_3 |\uparrow\uparrow\uparrow\rangle & a_1 a_2 b_3 |\uparrow\uparrow\downarrow\rangle + a_1 b_2 |\uparrow\downarrow\uparrow\rangle + b_1 |\downarrow\uparrow\uparrow\rangle \\ 0 & |\uparrow\uparrow\uparrow\rangle \end{pmatrix} \dot{\otimes} \begin{pmatrix} a_4 |\uparrow\rangle & b_4 |\downarrow\rangle \\ 0 & |\uparrow\rangle \end{pmatrix}$$

$$= \begin{pmatrix} a_1 a_2 a_3 a_4 |\uparrow\uparrow\uparrow\uparrow\rangle & * \\ 0 & |\uparrow\uparrow\uparrow\uparrow\rangle \end{pmatrix} \quad (4.44)$$

となる．ここで，$*$ は

$$* = a_1 a_2 a_3 b_4 |\uparrow\uparrow\uparrow\downarrow\rangle + a_1 a_2 b_3 |\uparrow\uparrow\downarrow\uparrow\rangle + a_1 b_2 |\uparrow\downarrow\uparrow\uparrow\rangle + b_1 |\downarrow\uparrow\uparrow\uparrow\rangle \quad (4.45)$$

である．これは一つの↓スピンを励起する状態のみを記述している．

二つ以上の↓スピン励起をつくり出すためには，$\chi \geq 3$ とすることが必要である．係数は省略して状態の特徴を抽出すると，たとえば $n = 3$ の場合には

$$\begin{pmatrix} |\uparrow\rangle & |\downarrow\rangle & 0 \\ 0 & |\uparrow\rangle & |\downarrow\rangle \\ 0 & 0 & |\uparrow\rangle \end{pmatrix} \dot{\otimes} \begin{pmatrix} |\uparrow\rangle & |\downarrow\rangle & 0 \\ 0 & |\uparrow\rangle & |\downarrow\rangle \\ 0 & 0 & |\uparrow\rangle \end{pmatrix} \dot{\otimes} \begin{pmatrix} |\uparrow\rangle & |\downarrow\rangle & 0 \\ 0 & |\uparrow\rangle & |\downarrow\rangle \\ 0 & 0 & |\uparrow\rangle \end{pmatrix}$$

$$= \begin{pmatrix} |\uparrow\uparrow\rangle & |\uparrow\downarrow + \downarrow\uparrow\rangle & |\downarrow\downarrow\rangle \\ 0 & |\uparrow\uparrow\rangle & |\uparrow\downarrow + \downarrow\uparrow\rangle \\ 0 & 0 & |\uparrow\uparrow\rangle \end{pmatrix} \dot{\otimes} \begin{pmatrix} |\uparrow\rangle & |\downarrow\rangle & 0 \\ 0 & |\uparrow\rangle & |\downarrow\rangle \\ 0 & 0 & |\uparrow\rangle \end{pmatrix}$$

$$= \begin{pmatrix} |\uparrow\uparrow\uparrow\rangle & \underbrace{|\uparrow\uparrow\downarrow + \uparrow\downarrow\uparrow + \downarrow\uparrow\uparrow\rangle}_{\downarrow スピン 1 個} & \underbrace{|\uparrow\downarrow\downarrow + \downarrow\uparrow\downarrow + \downarrow\downarrow\uparrow\rangle}_{\downarrow スピン 2 個} \\ 0 & |\uparrow\uparrow\uparrow\rangle & \underbrace{|\uparrow\uparrow\downarrow + \uparrow\downarrow\uparrow + \downarrow\uparrow\uparrow\rangle}_{\downarrow スピン 1 個} \\ 0 & 0 & |\uparrow\uparrow\uparrow\rangle \end{pmatrix} \quad (4.46)$$

となる．行列の右上に進むほど励起される↓スピンの数が増えていき，量子数の異なる状態が階層的に因子化されていることがわかる．↓スピン数の固定条件は，相変わらず境界状態が担っている．ここでの議論は限定的なものであったが，具体例を調べることで，行列次元の機能が直観的に明らかになったであろう．

4.1.3 valence bond 固体状態 ─────

スピン 1 の系について調べよう [33,34]．歴史的にはこちらの系の解析から，行列積や隠れた自由度の重要性が理解されたという経緯がある．Haldane 予想といって，半整数スピン系はスピン励起がギャップレスであるのに対して，整数スピン系は励起ギャップをもつのであるが，この原因を探るために行列積の考え方が導入された．

以下の Heisenberg ハミルトニアンを考える．

$$H_\beta = \sum_{j=1}^{N} \left\{ \vec{S}_j \cdot \vec{S}_{j+1} - \beta \left(\vec{S}_j \cdot \vec{S}_{j+1} \right)^2 \right\} \tag{4.47}$$

ここで，$\vec{S}$ は $S=1$ のスピン演算子である．可解模型を構成するために，第 2 項を導入している．

興味があるのは，$\beta = -1/3$ の場合である．ここでの状況を明確化するために，隣り合ったスピンの合成

$$\vec{S}^{tot} = \vec{S}_j + \vec{S}_{j+1} \tag{4.48}$$

を考える．合成スピンの大きさは，$S^{tot} = 2, 1, 0$ である．このとき，

$$\vec{S}^{tot} \cdot \vec{S}^{tot} = S^{tot}(S^{tot} + 1) \tag{4.49}$$

および

$$\begin{aligned}
\left(\vec{S}_j + \vec{S}_{j+1} \right) \cdot \left(\vec{S}_j + \vec{S}_{j+1} \right) &= 2\vec{S}_j \cdot \vec{S}_{j+1} + \vec{S}_j \cdot \vec{S}_j + \vec{S}_{j+1} \cdot \vec{S}_{j+1} \\
&= 2\vec{S}_j \cdot \vec{S}_{j+1} + 2S(S+1) \\
&= 2\vec{S}_j \cdot \vec{S}_{j+1} + 4
\end{aligned} \tag{4.50}$$

から，

$$\vec{S}_j \cdot \vec{S}_{j+1} = \frac{1}{2} S^{tot}(S^{tot} + 1) - 2 \tag{4.51}$$

となる．そこで，以下の射影演算子をつくる．

$$\begin{aligned}
P_2 \left(\vec{S}_j, \vec{S}_{j+1} \right) &= \frac{1}{2} \left\{ \vec{S}_j \cdot \vec{S}_{j+1} + \frac{1}{3} \left(\vec{S}_j \cdot \vec{S}_{j+1} \right)^2 + \frac{2}{3} \right\} \\
&= \frac{1}{4} S^{tot}(S^{tot}+1) - 1 + \frac{1}{6} \left\{ \frac{1}{2} S^{tot}(S^{tot}+1) - 2 \right\}^2 + \frac{1}{3} \\
&= \frac{1}{24} S^{tot}(S^{tot}+1) \left\{ S^{tot}(S^{tot}+1) - 2 \right\}
\end{aligned} \tag{4.52}$$

このとき，$S^{tot} = 0, 1$ のときには $P_2 = 0$，$S^{tot} = 2$ のときには $P_2 = 1$ となることがわかる．したがって，ハミルトニアン

$$H_{\beta=-1/3} = \sum_j \left\{ 2P_2(\vec{S}_j, \vec{S}_{j+1}) - \frac{2}{3} \right\} \tag{4.53}$$

の基底状態は，$S^{tot} = 2$ が排除された状態である．このモデルを AKLT (Affleck–Kennedy–Lieb–Tasaki) 模型とよぶ．

上記の議論に対応する状態をつくるためには，まず $S=1$ のスピンを二つの $S=1/2$ スピンで表す．これらが MPS における非物理的自由度に対応する．そして，隣接サイトの $S=1/2$ スピン間でシングレットをつくっておいて，各サイトを $S=1$ に射影する ($S=1/2$ の全 4 状態のうち，トリプレットへの射影)．この状態を valence bond 固体 (VBS) 状態とよぶ (図 4.3)．

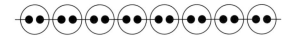

図 **4.3** VBS 状態

VBS 状態の構成は以下のようにして行う．はじめに，$S=1/2$ スピンの二つの状態を

$$|\uparrow\rangle = \psi_1, \quad |\downarrow\rangle = \psi_2 \tag{4.54}$$

と表す．スピンの添え字を上げ下げする演算を

$$\psi^\alpha = \epsilon^{\alpha\beta} \psi_\beta \tag{4.55}$$

と定義する．ここで $\epsilon^{\alpha\beta}$ は反対称テンソルで，$\epsilon^{12} = 1$ とする．同じ変数が 2 回現れるときにはその縮約を取ると約束する．波動関数の規格化は

$$\psi^{\dagger\alpha} \psi_\beta = \delta^\alpha_{\ \beta} \tag{4.56}$$

と表す．2 サイトにまたがる仮想的なシングレット (valence bond) は

$$\psi_\alpha \otimes \psi^\alpha = \psi_\alpha \otimes \epsilon^{\alpha\beta} \psi_\beta = \psi_1 \otimes \psi_2 - \psi_2 \otimes \psi_1 \tag{4.57}$$

と表される．また，特定のサイトで，二つの仮想的な $S=1/2$ スピンを一つの $S=1$ スピンに射影するために，次の対称化操作を導入する．

$$\psi_{\alpha\beta} = \frac{1}{\sqrt{2}} (\psi_\alpha \otimes \psi_\beta + \psi_\beta \otimes \psi_\alpha) = \psi_{\beta\alpha} \tag{4.58}$$

このとき，VBS 状態 (N サイト，N は偶数，開放端条件) は次のように表される．

$$\Omega_{\alpha\beta} = (\psi_{\alpha\beta_1} \otimes \psi_{\alpha_2\beta_2} \otimes \psi_{\alpha_3\beta_3} \otimes \cdots \otimes \psi_{\alpha_N\beta}) \epsilon^{\beta_1\alpha_2} \epsilon^{\beta_2\alpha_3} \cdots \epsilon^{\beta_{N-1}\alpha_N} \tag{4.59}$$

$$\Omega_\alpha{}^\gamma = \Omega_{\alpha\beta} \epsilon^{\beta\gamma}$$

$$= \psi_{\alpha\beta_1} \otimes \psi^{\beta_1\alpha_3} \otimes \psi_{\alpha_3\beta_3} \otimes \cdots \otimes \psi^{\beta_{N-1}\gamma} \tag{4.60}$$

ここで対称化されたスピンの添え字は，$S=1$ をとるようになっている．また，周期境界条件は $\mathrm{Tr}\,\Omega_{\alpha\beta} = \Omega_\alpha{}^\alpha$ で表される．

上記の状態を行列積で表しておくと（こちらは対称化していないほうが簡単である），任意の2サイト間で

$$\begin{pmatrix} |\uparrow\uparrow\rangle & |\uparrow\downarrow\rangle \\ |\downarrow\uparrow\rangle & |\downarrow\downarrow\rangle \end{pmatrix} \begin{pmatrix} 0 & 1 \\ -1 & 0 \end{pmatrix} \begin{pmatrix} |\uparrow\uparrow\rangle & |\uparrow\downarrow\rangle \\ |\downarrow\uparrow\rangle & |\downarrow\downarrow\rangle \end{pmatrix}$$
$$= \begin{pmatrix} |\uparrow\rangle|\uparrow\downarrow - \downarrow\uparrow\rangle|\uparrow\rangle & |\uparrow\rangle|\uparrow\downarrow - \downarrow\uparrow\rangle|\downarrow\rangle \\ |\downarrow\rangle|\uparrow\downarrow - \downarrow\uparrow\rangle|\uparrow\rangle & |\downarrow\rangle|\uparrow\downarrow - \downarrow\uparrow\rangle|\downarrow\rangle \end{pmatrix} \tag{4.61}$$

となる．真ん中のシングレットを取り除けば，積をつくる前の行列に戻るので，この行列は任意の長さの系にも拡張できる．このことから，行列を

$$A^{\uparrow\uparrow} = \begin{pmatrix} 1 & 0 \\ 0 & 0 \end{pmatrix}, \quad A^{\uparrow\downarrow} = \begin{pmatrix} 0 & 1 \\ 0 & 0 \end{pmatrix}, \quad A^{\downarrow\uparrow} = \begin{pmatrix} 0 & 0 \\ 1 & 0 \end{pmatrix}, \quad A^{\downarrow\downarrow} = \begin{pmatrix} 0 & 0 \\ 0 & 1 \end{pmatrix} \tag{4.62}$$

と取り，波動関数を

$$|\mathrm{VBS}\rangle = \sum_{\{\alpha_j\}} \mathrm{Tr} \prod_{j=1}^N (A^{\alpha_j}\epsilon)\,|\alpha_1\alpha_2\cdots\alpha_N\rangle \tag{4.63}$$

と書けばよい．

以上の定式化のもとに，スピン相関関数やエンタングルメント・エントロピーが計算されている．以下の関係式

$$\langle\psi_{\gamma\delta}|\,\psi_{\alpha\beta}\rangle = \delta_{\alpha\gamma}\delta_{\beta\delta} + \delta_{\alpha\delta}\delta_{\beta\gamma} \tag{4.64}$$

$$\langle\Omega_{\gamma\delta}|\,\Omega_{\alpha\beta}\rangle = \frac{3^N-1}{2}\delta_{\alpha\gamma}\delta_{\beta\delta} + \delta_{\alpha\beta}\delta_{\gamma\delta} \tag{4.65}$$

$$\langle\Omega_{\beta\beta}|\,\Omega_{\alpha\alpha}\rangle = 3^N + 3 \tag{4.66}$$

$$\vec{S}\psi_{\alpha\beta} = -\frac{1}{2}\vec{\sigma}_\alpha^\gamma \psi_{\gamma\beta} - \frac{1}{2}\vec{\sigma}_\beta^\gamma \psi_{\alpha\gamma} \tag{4.67}$$

が成り立つことを用いると，スピン相関関数が

$$\langle\Omega|\,S_0^a S_L^b\,|\Omega\rangle = \frac{4}{3}\left(-\frac{1}{3}\right)^L \delta^{ab} \tag{4.68}$$

となることを示せる．また，エンタングルメント・エントロピーは

$$S_L = \log 2 - \log\left\{1 + \left(-\frac{1}{3}\right)^L\right\} \tag{4.69}$$

となることも，類似の方法からわかっている[76]．この結果は，$\chi = 2$ であることをもう少し詳しく調べたものであると考えればよい．これらより

$$e^{-S_L} \propto \langle S_0^z S_L^z \rangle \tag{4.70}$$

となる．この形は後に述べる共形場理論における結果とも関係する．

4.1.4 PEPS 形式

MPS に現れる行列積 $\left(A_j^{s_j}\right)_{\alpha\beta} \left(A_{j+1}^{s_{j+1}}\right)_{\beta\gamma}$ には，仮想的なインデックス β で最隣接スピン間のエンタングルメントを表現して，それを物理的空間 s_j, s_{j+1} にマップするはたらきがある．したがって，先に仮想的なエンタングルメント対を各ボンド上につくっておいて，その後に物理的空間に射影するという見方をとることもできる．VBS 状態の構成にもすでに見られたものであるが，この見方で構成された状態は projected entangled-pair state (PEPS) とよばれる[16-18]．MPS の高次元への拡張や DMRG の周期境界条件における計算精度の向上に際して，この見方は非常に重要である．エンタングルメント対はシングレットだけでなく，より抽象性の高い状態でもかまわないものとする．PEPS を数学的に表現するためには，まずサイト i とサイト $i+1$ のリンク上に maximally entangled state

$$|\phi\rangle_{i,i+1} = \sum_{\alpha=1}^{\chi} \frac{1}{\sqrt{\chi}} |\alpha\rangle_i \otimes |\alpha\rangle_{i+1} \tag{4.71}$$

を導入する．これは熱場ダイナミクス (TFD) における Identity 状態と同一のものであり，仮想自由度でエンタングルメントを表現するということは非常に基本的な操作であるともいえる．一方の仮想自由度を縮約したときに，他方の仮想自由度の部分密度行列から定義されるエンタングルメント・エントロピーは

$$S = -\sum_{\alpha=1}^{\chi} \frac{1}{\chi} \log \frac{1}{\chi} = \log \chi \tag{4.72}$$

となる．これが局所的なエントロピーの上限を与える．次に，サイト j 上の二つの仮想自由度を物理空間に射影する演算子 P_j を以下のように定義する．

$$P_j = \sum_{s=1}^{d} \sum_{\alpha,\beta=1}^{\chi} (A_j^s)_{\alpha\beta} |s\rangle_j \otimes \langle\alpha|_j \otimes \langle\beta|_j \tag{4.73}$$

これらを用いて，MPS は次のテンソル積状態で表される．

$$|\psi\rangle = \sum_{s_1,\ldots,s_N} \text{Tr}\left(A_1^{s_1} \cdots A_N^{s_N}\right) |s_1 \cdots s_N\rangle$$

$$= \chi^N (P_1 \otimes P_2 \otimes \cdots \otimes P_N) |\Phi\rangle \tag{4.74}$$

ただし

$$|\Phi\rangle = \underbrace{|\phi\rangle_{1,2} \otimes |\phi\rangle_{2,3} \otimes \cdots \otimes |\phi\rangle_{N-1,N} \otimes |\phi\rangle_{N,1}}_{N \text{ 個}} \tag{4.75}$$

と略記した.たとえば P_2 を $|\phi\rangle_{1,2} \otimes |\phi\rangle_{2,3}$ に作用すると

$$\begin{aligned}
P_2 \otimes |\phi\rangle_{1,2} \otimes |\phi\rangle_{2,3} &= \sum_{s=1}^{d} \sum_{\alpha,\beta=1}^{\chi} (A_2^s)_{\alpha\beta} |s\rangle_2 \otimes \langle\alpha|_2 \otimes \langle\beta|_2 \\
&\quad \times \left\{ \sum_{\gamma=1}^{\chi} \frac{1}{\sqrt{\chi}} |\gamma\rangle_1 \otimes |\gamma\rangle_2 \otimes \sum_{\delta=1}^{\chi} \frac{1}{\sqrt{\chi}} |\delta\rangle_2 \otimes |\delta\rangle_3 \right\} \\
&= \frac{1}{\chi} \sum_{s=1}^{d} \sum_{\alpha,\beta=1}^{\chi} (A_2^s)_{\alpha\beta} |\alpha\rangle_1 \otimes |s\rangle_2 \otimes |\beta\rangle_3 \tag{4.76}
\end{aligned}$$

となっている.この操作を各サイト上で行っていけばよい.図 4.4 に,PEPS と MPS の対応関係を示す.

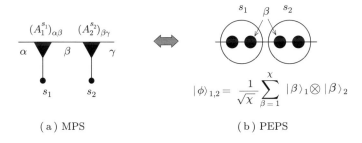

(a) MPS (b) PEPS

図 **4.4** PEPS と MPS の対応関係

最終的な波動関数に対するエントロピーの計算を行うためには,射影演算子まで考慮する必要があるので,厳密にはエントロピー $S = \log \chi$ に補正項がつく. χ が有限である場合には finitely correlated state とよばれていて,その場合には MPS 表現が波動関数をよく記述する方法となる.

前述の VBS 状態の場合を,上記の議論と整合するように再度書き換えしておく[76,77].そうすると射影の意味がより明確になる.サイト k とサイト $k+1$ の間でつくるシングレットを

$$|\psi\rangle_{\bar{k},k+1} = \frac{1}{\sqrt{2}}\left(|\uparrow\downarrow\rangle - |\downarrow\uparrow\rangle\right) \tag{4.77}$$

また，サイト k 上の射影演算子を $P_{k\bar{k}}$ と表すと，VBS 状態は

$$|\text{VBS}\rangle = \otimes_{k=1}^{N} P_{k\bar{k}} |\psi\rangle_{\bar{0},1} |\psi\rangle_{\bar{1},2} \cdots |\psi\rangle_{\bar{N},N+1} \tag{4.78}$$

となる．射影演算子 $P_{k\bar{k}}$ の添え字 $k, \bar{k}$ は，それぞれサイト k 上に定義された左右の擬スピン $S = 1/2$ を表す．シングレットを以下のように書く．

$$|\psi\rangle = \sum_{a',a} d_{a'a} |a'a\rangle \tag{4.79}$$

ここで，$a, a' = 0, 1$ がスピンの $\uparrow, \downarrow$ を表しており，$d_{01} = -d_{10} = 1/\sqrt{2}$, $d_{00} = d_{11} = 0$ と取る．また，物理空間への射影演算子 P は

$$P = \sum_{i,a,a'} P^{i}_{aa'} |i\rangle \langle aa'| \tag{4.80}$$

と表される．添え字 i はスピン 1 の状態で，$i = -1, 0, 1$ と動く．射影演算子の性質として重要なものには，$PP^{\dagger} = \mathbf{1}_3$ がある．以上から，VBS 状態は以下のように表される．

$$|\Psi\rangle = \sum_{\{a'_0, a_{N+1}, i\}} c_{a'_0 i_1 \cdots i_N a_{N+1}} |a'_0 i_1 \cdots i_N a_{N+1}\rangle \tag{4.81}$$

$$c_{a'_0 i_1 \cdots i_N a_{N+1}} = \sum_{\{a_1 \cdots a'_N\}} P^{i_1}_{a_1 a'_1} P^{i_2}_{a_2 a'_2} \cdots P^{i_N}_{a_N a'_N} d_{a'_0 a_1} d_{a'_1 a_2} \cdots d_{a'_N a_{N+1}} \tag{4.82}$$

シングレットの係数 $d_{a'a}$ をさらに分解して

$$d_{a'a} = \frac{1}{\sqrt{2}} \sum_{\alpha=0}^{1} U^{a'}_{\alpha} V^{a}_{\alpha} \tag{4.83}$$

と表すと都合がよい．その結果，MPS の行列 A^i は以下で与えられる．

$$\left(A^i\right)_{\alpha\beta} = \frac{1}{\sqrt{2}} \sum_{a,a'} P^{i}_{aa'} V^{a}_{\alpha} U^{a'}_{\beta} \tag{4.84}$$

ここで，行列 $P^i_{aa'}$ を対角化するユニタリー行列 Q^i を導入して

$$V_\alpha P^i U_\beta = \{VQ^i\} \{(Q^i)^{-1} P^i Q^i\} \{(Q^i)^{-1} U\} = \tilde{V}^i \tilde{P}^i \tilde{U}^i \tag{4.85}$$

とすれば特異値分解となるので，Schmidt 分解の式 (3.110) より，射影演算子の固有値がエンタングルメントの強さを決めていることがわかる．

4.1.5 行列積演算子

量子系の行列積表示は,波動関数だけではなく,任意の演算子に対しても導入することができる[78]. 行列積の形で表した演算子を行列積演算子とよぶ. このなかでも特に,指数演算子の行列積表現は実用上重要である. たとえば,ある行列積状態 $|\psi_0\rangle$ から出発して基底状態 $|\psi\rangle$ を探索する場合

$$|\psi\rangle = \lim_{\tau \to \infty} e^{-\tau H} |\psi_0\rangle \tag{4.86}$$

などという方法が考えられる. この場合,指数演算子も行列積で表されているほうが都合がよい.

まず簡単な例として,$Z^0 = \mathbf{1}, Z^1 = \sigma^z$ という変数を導入し,2 スピン間にはたらく Ising 型相互作用を含んだ指数演算子について考える. それは次のように変形される.

$$\begin{aligned}
e^{\epsilon Z^1 \otimes Z^1} &= \cosh\epsilon\, Z^0 \otimes Z^0 + \sinh\epsilon\, Z^1 \otimes Z^1 \\
&= \begin{pmatrix} \sqrt{\cosh\epsilon} & 0 \end{pmatrix} \begin{pmatrix} \sqrt{\cosh\epsilon} \\ 0 \end{pmatrix} Z^0 \otimes Z^0 \\
&\quad + \begin{pmatrix} 0 & \sqrt{\sinh\epsilon} \end{pmatrix} \begin{pmatrix} 0 \\ \sqrt{\sinh\epsilon} \end{pmatrix} Z^1 \otimes Z^1 \\
&= \sum_{\mu,\nu} \left((B_\mu)^t B_\nu \right) Z^\mu \otimes Z^\nu
\end{aligned} \tag{4.87}$$

ここで

$$B_0 = \begin{pmatrix} \sqrt{\cosh\epsilon} \\ 0 \end{pmatrix}, \quad B_1 = \begin{pmatrix} 0 \\ \sqrt{\sinh\epsilon} \end{pmatrix} \tag{4.88}$$

と定義した. いまの場合,二つのスピンがともに端にあるので B_μ はベクトルであるが,適当な境界演算子を挟んでトレースを取ることに相当するので,一般には行列の積を係数としてもつテンソル積空間上の演算子として表したことになる. これが行列積演算子である.

格子系への一般化は以下のように展開できる.

$$\begin{aligned}
e^{\epsilon \sum_i Z^1_i Z^1_{i+1}} &= \prod_i e^{\epsilon Z^1_i Z^1_{i+1}} \\
&= \sum_{\mu_1,\nu_2} \cdots \sum_{\mu_N,\nu_1} \left\{ \left((B_{\mu_1})^t B_{\nu_2}\right) \left((B_{\mu_2})^t B_{\nu_3}\right) \cdots \left((B_{\mu_N})^t B_{\nu_1}\right) \right\} \\
&\quad \times Z^{\mu_1}_1 Z^{\nu_2}_1 \otimes Z^{\mu_2}_2 Z^{\nu_3}_2 \otimes \cdots \otimes Z^{\mu_N}_N Z^{\nu_1}_N
\end{aligned}$$

$$
\begin{aligned}
&= \sum_{\nu_1,\mu_1}\cdots\sum_{\nu_N,\mu_N}\mathrm{Tr}\left\{(B_{\nu_1}(B_{\mu_1})^t)(B_{\nu_2}(B_{\mu_2})^t)\cdots(B_{\nu_N}(B_{\mu_N})^t)\right\}\\
&\quad\times Z_1^{\nu_1+\mu_1}\otimes Z_2^{\nu_2+\mu_2}\otimes\cdots\otimes Z_N^{\nu_N+\mu_N}\\
&= \sum_{k_1,k_2,..,k_N}\mathrm{Tr}\left\{\left(\sum_{\mu_1}B_{\mu_1\oplus k_1}(B_{\mu_1})^t\right)\cdots\left(\sum_{\mu_N}B_{\mu_N\oplus k_N}(B_{\mu_N})^t\right)\right\}\\
&\quad\times Z_1^{k_1}\otimes Z_2^{k_2}\otimes\cdots\otimes Z_N^{k_N}\\
&= \sum_{k_1,k_2,..,k_N}\mathrm{Tr}\left(C^{k_1}C^{k_2}\cdots C^{k_N}\right)Z_1^{k_1}\otimes Z_2^{k_2}\otimes\cdots\otimes Z_N^{k_N}
\end{aligned}
\tag{4.89}
$$

ここで

$$
C^{k_j} = \sum_{\mu_j}B_{\mu_j\oplus k_j}(B_{\mu_j})^t \tag{4.90}
$$

とおいた．具体的には

$$
C^0 = \sum_{\mu}B_{\mu}(B_{\mu})^t = \begin{pmatrix}\cosh\epsilon & 0\\ 0 & \sinh\epsilon\end{pmatrix} \tag{4.91}
$$

$$
C^1 = \sum_{\mu}B_{\mu\oplus 1}(B_{\mu})^t = \begin{pmatrix}0 & \sqrt{\sinh\epsilon\cosh\epsilon}\\ \sqrt{\sinh\epsilon\cosh\epsilon} & 0\end{pmatrix} \tag{4.92}
$$

である．

以上の方法は，2次元系や量子揺らぎがある場合にも形式的には容易に拡張できる．ただし，係数 B の部分が一般には高階のテンソルによる PEPS 表現となる．

4.1.6 連続的 MPS

MPS の考え方を $(1+1)$-次元の場の量子論に応用することができる．対象としている模型は，たとえば Lieb–Liniger 模型

$$
H = \int_0^L \left\{\partial_x\psi^\dagger(x)\partial_x\psi(x) + \kappa\psi^\dagger(x)\psi^\dagger(x)\psi(x)\psi(x)\right\}dx \tag{4.93}
$$

のようなタイプの模型である．このハミルトニアンから，デルタ関数的ポテンシャルをもつ Schrödinger 方程式が得られる．このような系で，粒子数が n の場合，次の連続的 MPS（continuous MPS, cMPS）が導入される[79,80]．

$$
|\Psi\rangle = U(0,L)|\psi_0\rangle \tag{4.94}
$$

$$U(y,z) = \text{Tr}\left[Q\mathcal{P}\exp\left\{\int_y^z dx\left(K(x)\otimes\mathbf{1} + R(x)\otimes\psi^\dagger(x)\right)\right\}\right] \quad (4.95)$$

ここで，$\mathcal{P}\exp$ は経路順序づけされた指数関数である．K および R は補助空間の次元をもつ行列で，トレースはその補助空間に対して取る．補助空間の役割は格子系の場合と同様である．$\psi^\dagger(x)$ が量子場の生成演算子で，$|\psi_0\rangle$ はその真空である．Q は境界演算子である．Q を適切に選んで粒子数を確定する．このあたりの事情は格子系の場合と一緒である．したがって，境界状態を用いて $Q = \boldsymbol{v}_R\boldsymbol{v}_L^\dagger$ と分解し，トレースの巡回不変性を用いれば，開放端条件と同様の表現を取ることもできる．

実際に cMPS を展開すれば，

$$|\Psi\rangle = \sum_{n=0}^{\infty}\int_D dx_1\cdots dx_n \phi_n \psi^\dagger(x_1)\cdots\psi^\dagger(x_n)|\psi_0\rangle \quad (4.96)$$

$$\phi_n = \text{Tr}\{QM(0,x_1)R(x_1)M(x_1,x_2)R(x_2)\cdots R(x_n)M(x_n,L)\} \quad (4.97)$$

$$M(x,y) = \sum_k \int_{x\leq z_1<\cdots<z_k\leq y} dz_1\cdots dz_k K(z_1)\cdots K(z_k)$$

$$= \mathcal{P}\exp\left\{\int_x^y K(z)dz\right\} \quad (4.98)$$

となり，コヒーレント状態的である．ただし，D は $0 < x_1 < \cdots < x_n < L$ を意味する．Q を適切に選んで，特定の粒子数の状態の ϕ_n のみ残るようにする必要がある．cMPS が MPS の連続極限として得られることは明らかである．cMPS を離散化した場合の状態ベクトルを

$$|\Psi\rangle = \sum_{i_1,\ldots,i_N}\text{Tr}\left(QA^{i_1}\cdots A^{i_N}\right)(\psi_1^\dagger)^{i_1}\cdots(\psi_N^\dagger)^{i_N}|\psi_0\rangle \quad (4.99)$$

と通常の MPS で表すとき（フェルミオン系では $i = 0, 1$，ボソン系では $i = 0, 1, 2, \ldots, \infty$），格子間隔を a として，$a \to 0$ の極限では行列を以下のように対応させればよい．

$$(\psi^\dagger(na))^0 = \mathbf{1}, \quad (\psi^\dagger(na))^1 = \frac{1}{\sqrt{a}}c_n^\dagger, \quad \ldots \quad (4.100)$$

$$A^0(n) = \mathbf{1} + aK(na), \quad A^1(n) = \sqrt{a}R(na), \quad \ldots \quad (4.101)$$

cMPS の記法を用いて，状態のノルムや物理量の期待値を計算する方法を述べておこう．状態のノルムに関しては，テンソル積の公式 $\text{Tr}\,A\,\text{Tr}\,B = \text{Tr}(A\otimes B)$ および $e^A \otimes e^B = \exp(A\otimes\mathbf{1} + \mathbf{1}\otimes B)$ を用いて

$$\langle\Psi|\Psi\rangle = \sum_n \int_D dx_1 \cdots dx_n$$
$$\times \text{Tr}\left[(Q \otimes Q^\dagger)\mathcal{P}\exp\left\{\int_0^{x_1} dz\left(K(z) \otimes \mathbf{1} + \mathbf{1} \otimes K^\dagger(z)\right)\right\}\right.$$
$$\times \left(R(x_1) \otimes R^\dagger(x_1)\right) \cdots \left(R(x_n) \otimes R^\dagger(x_n)\right)$$
$$\left.\times \mathcal{P}\exp\left\{\int_{x_n}^L dz\left(K(z) \otimes \mathbf{1} + \mathbf{1} \otimes K^\dagger(z)\right)\right\}\right]$$
$$= \text{Tr}\left\{(Q \otimes Q^\dagger)\mathcal{P}\exp\left(\int_0^L dx T(x)\right)\right\} \quad (4.102)$$

と表せる．ただし，$T(x)$ は局所的な転送行列
$$T(x) = K(x) \otimes \mathbf{1} + \mathbf{1} \otimes K^\dagger(x) + R(x) \otimes R^\dagger(x) \quad (4.103)$$
である．相関関数の計算も同様に実行でき，たとえば x の左側状態，右側状態を
$$\langle l(x)| = \langle l(0)|\mathcal{P}\exp\left(\int_0^x dy T(y)\right) \quad (4.104)$$
$$|r(x)\rangle = \mathcal{P}\exp\left(\int_x^L dy T(y)\right)|r(L)\rangle \quad (4.105)$$
と定義すると
$$\langle\Psi|\psi^\dagger(x)\psi(x)|\Psi\rangle = \langle l(x)|R(x) \otimes R^\dagger(x)|r(x)\rangle \quad (4.106)$$
となる．

4.2 変分理論としての指標

4.2.1 計算精度と境界条件

MPS を変分理論としてみた場合，求める基底状態を
$$|\psi\rangle = \sum_{s_1,\ldots,s_N} \text{Tr}\left(A_1^{s_1} \cdots A_N^{s_N}\right)|s_1 \cdots s_N\rangle \quad (4.107)$$
と仮定し，対象とするハミルトニアンに対して，エネルギー期待値
$$E_{exp} = \frac{\langle\psi|H|\psi\rangle}{\langle\psi|\psi\rangle} \quad (4.108)$$
が最小にすることが目的となる．つまり，行列要素を変分パラメータと見なして変分することが目的である．このとき，近似の程度を測る一つの目安は

$$\epsilon_\chi = 1 - \sum_{i=1}^{\chi} \lambda_i \tag{4.109}$$

である．ここで λ_i は，系の一部を縮約したときの部分密度行列の固有値である．これをトランケーション誤差とよぶ．この指標は密度行列くりこみ群で用いられる．より正確には，エンタングルメント・エントロピーのスケール性を用いる．行列積状態では，隣接サイトの境界の自由度が χ である．したがって，境界を往来する励起モードの情報エントロピーは

$$S \sim \log \chi \tag{4.110}$$

と見積もることができる．これと Calabrese–Cardy の公式から，周期境界条件の場合は

$$\chi_{periodic} \sim e^S = e^{(c/3)\log L + \gamma} = e^\gamma L^{c/3} \tag{4.111}$$

であるのに対し，開放端条件では

$$\chi_{open} \sim e^S = e^{(c/6)\log L + \gamma} = e^\gamma L^{c/6} \tag{4.112}$$

となる．すなわち，周期境界条件の場合には，開放端の場合よりも多くの状態数を取らなければならない．このことが，周期境界条件で DMRG 計算の効率があまり上がらない原因の一端である．同様にして，MPS による変分解析は，空間 1 次元の場合に精度が高いが，空間 2 次元以上になると計算効率が落ちることも面積則から理解できる．すなわち，非臨界系では

$$\chi_{nc} \propto e^{L^{d-1}} \tag{4.113}$$

となり，$d = 2$ の段階で必要な状態が指数関数的に増加してしまう．1 次元臨界系やフェルミ面をもつ系では

$$\chi_{critical} \propto e^{L^{d-1}\log L} = L^{L^{d-1}} \tag{4.114}$$

となり，さらに強い発散が現れてしまう．これらの結果は，強相関電子系の問題でもっとも興味がもたれる 2 次元系を精密計算する場合において，単に DMRG の原理を拡張することは好ましいことではないことを示唆している．このため，エンタングルメント・エントロピーのスケール則を満たすような DMRG の拡張が必要になる．テンソル積波動関数による変分法は，このような要請に基づくものである．

4.2.2　有限 χ スケーリング

エンタングルメント・エントロピーの面積則 $S \sim L^{d-1}$ に従うと，1 次元の非臨界系ではエントロピーが定数となるため，適当な有限の χ で MPS が必ず精度

のよい変分関数となる．一方，臨界系の場合には，Calabrese–Cardyの公式で特徴づけられる程度（$S \sim \log L$）の自由度を取り込む必要がある．臨界系の場合，Calabrese–Cardyの公式にちょうど対応する式がMPSにおいても知られている．それは有限χスケーリング（あるいは有限エンタングルメント・スケーリング）とよばれるものである[81–85]．

臨界点近傍において，系の状態を行列次元がχのMPSで近似した場合，その近似的状態で表現できるエンタングルメント・エントロピーは

$$S_\chi = \frac{c\kappa}{6} \log \chi \tag{4.115}$$

で与えられる．ここでcはセントラル・チャージ，また，κは有限エンタングルメント臨界指数とよばれており，

$$\kappa = \frac{6}{c\left(\sqrt{\frac{12}{c}}+1\right)} \tag{4.116}$$

で定義される．これらの関係式は共形場理論から証明されており，また，数値的にさまざまな系に対して確認されている．一方，Calabrese–Cardyの公式に従うと，臨界点近傍で相関長がξの系がもつエンタングルメント・エントロピーは

$$S = \frac{1}{6}c\mathcal{A}\log\xi \tag{4.117}$$

で与えられる．ただし，$\mathcal{A}$は部分系と境界を分けるポイントの数で，有限χスケーリングは半無限系に対して導出されるので，ここでは$\mathcal{A}=1$ととる．Calabrese–Cardyの公式と同様，この式の証明にも共形場理論の詳しい知識が必要なので，導出の詳細は後の章で行う．共形場理論とMPSから推測される二つのエントロピーがたがいに等しいとすると

$$\xi = \chi^\kappa \tag{4.118}$$

が導かれる．このことが意味しているのは，MPSの行列次元は系の相関関数という長さスケールに対応しているということである．これはDMRGにおいても重要な関係式である．χは1次元量子系を二つに分断したときの境界での状態数なので，一見すると長さスケールとはまったく関係ないように感じられるかもしれないが，ここが理論の肝となる部分であることを強調しておく．ここで，κの大きさを見ておくと，Isingスピンの場合には$c=1/2$なので

$$\kappa = \frac{12}{\sqrt{24}+1} \simeq 2.034 \tag{4.119}$$

一方，Heisenbergスピンの場合には$c=1$なので

$$\kappa = \frac{6}{\sqrt{12}+1} \simeq 1.344 \tag{4.120}$$

となる．すなわち，Ising スピンの場合には χ の値を少しでも大きくとると，ほぼ 2 乗で計算精度が向上していくのに対し，Heisenberg スピンの場合にはそこまでの精度向上は見込めないことがわかる．つまり，系の臨界性の強さと MPS の近似精度が密接に関係していることがわかる．

4.2.3 変分最適化の例

解析的に変分が実行できる場合の特徴について述べる．すなわち

$$\lambda = \frac{\langle\psi|\, H\, |\psi\rangle}{\langle\psi|\, \psi\rangle} \tag{4.121}$$

が最小になるように行列を最適化する．もう少し補足すると，4.1.2 項で議論したことを期待値のレベルで見ることといってよい．具体的に 2 スピン系に対して変分関数

$$|\psi\rangle = \sum_{\alpha\beta} \mathrm{Tr}\,(A^\alpha B^\beta)\, |\alpha\beta\rangle \tag{4.122}$$

を最適化するプロセスを追ってみることにする．シングレットの場合はベクトルの内部自由度が 2 で厳密なのはこれまでの議論でわかっているが，一般に χ としておく．波動関数が局所行列の積で表現されている利点を活かして，はじめに B を固定したときに A を最適化する方法を考える．まず，ハミルトニアンの期待値を以下のように変形する．

$$\begin{aligned}\langle\psi|\,H\,|\psi\rangle &= \sum_{\alpha,\beta,\gamma,\delta} \langle\gamma\delta|\,(\bar{A}^\gamma \bar{B}^\delta) H (A^\alpha B^\beta)\,|\alpha\beta\rangle \\ &= \sum_{\alpha,i}\sum_{\gamma,j} \bar{A}^\gamma_j \left(\sum_{\beta,\delta} \langle\gamma\delta|\,\bar{B}^\delta_j H B^\beta_i\,|\alpha\beta\rangle\right) A^\alpha_i \end{aligned} \tag{4.123}$$

ここで，$\bar{A}^\gamma$ は A^γ の複素共役を表す．ベクトル A^α_i はその成分（非物理的自由度）の添え字 i と物理的自由度の添え字 α の両方をもっている．これらを一つのベクトルの成分として並び替え，

$$\vec{A}^t = \begin{pmatrix} A^\uparrow_1 & A^\uparrow_2 & \cdots & A^\uparrow_\chi & A^\downarrow_1 & A^\downarrow_2 & \cdots & A^\downarrow_\chi \end{pmatrix} \tag{4.124}$$

とする．このとき，期待値は以下のように書くことができる．

$$\langle\psi|\,H\,|\psi\rangle = \vec{A}^\dagger \tilde{H} \vec{A} \tag{4.125}$$

ただし，$\vec{A}^\dagger$ は $\vec{A}$ のエルミート共役であり，$\vec{A}^\dagger = \bar{\vec{A}}^t$ と定義し，

$$\tilde{H}_{(\gamma,j)(\alpha,i)} = \sum_{\beta,\delta} \langle \gamma\delta | \bar{B}_j^\delta H B_i^\beta | \alpha\beta \rangle \tag{4.126}$$

とした．ここで，たとえば $\tilde{H}_{(\gamma,j)(\alpha,i)}$ に現れる添え字 (γ,j) は，サイトの物理的自由度 $\gamma=\uparrow,\downarrow$ と内部自由度 $j=1,2,\ldots,\chi$ を一まとめにした変数で，有効ハミルトニアン $\tilde{H}$ の行成分を表す．同様に，変分波動関数の規格化条件は

$$\langle \psi | \psi \rangle = \vec{A}^\dagger \tilde{N} \vec{A} \tag{4.127}$$

$$\tilde{N}_{(\gamma,j)(\alpha,i)} = \sum_{\beta,\delta} \langle \gamma\delta | \bar{B}_j^\delta B_i^\beta | \alpha\beta \rangle = \sum_\beta \bar{B}_j^\beta B_i^\beta \delta_{\alpha\gamma} \tag{4.128}$$

となる．以上から，要素をベクトル的に並べた行列 A は

$$\tilde{H}\vec{A} = \lambda \tilde{N}\vec{A} \tag{4.129}$$

という形の方程式を満たす．これは一般化固有値問題とよばれる．この固有値問題を解けば，行列 A の要素が求まる．続いて，その行列 A を固定して行列 B を最適化する．そのプロセスは上記と同様である．これらの操作をエネルギー期待値が収束するまで繰り返せばよい．

$\chi=2$ の場合に厳密解が得られることはすでにわかっているのであるが，ここでは少し見方を変えて，式 (4.3) に対応する $\chi=1$ の場合（エンタングルしていない場合）を逐次最適化で実際に解いてみて，χ の変化がエンタングルメントの強弱に対応することを確認する．実際に $\tilde{H}$ と $\tilde{N}$ を評価すると，

$$\tilde{N} = (|B^\uparrow|^2 + |B^\downarrow|^2)E \tag{4.130}$$

$$\tilde{H} = \begin{pmatrix} \sum_{\beta,\delta} \langle \uparrow \delta | \bar{B}^\delta H B^\beta | \uparrow \beta \rangle & \sum_{\beta,\delta} \langle \uparrow \delta | \bar{B}^\delta H B^\beta | \downarrow \beta \rangle \\ \sum_{\beta,\delta} \langle \downarrow \delta | \bar{B}^\delta H B^\beta | \uparrow \beta \rangle & \sum_{\beta,\delta} \langle \downarrow \delta | \bar{B}^\delta H B^\beta | \downarrow \beta \rangle \end{pmatrix}$$

$$= \begin{pmatrix} \frac{J}{4}(|B^\uparrow|^2 - |B^\downarrow|^2) & \frac{J}{2}\bar{B}^\downarrow B^\uparrow \\ \frac{J}{2}\bar{B}^\uparrow B^\downarrow & \frac{J}{4}(|B^\downarrow|^2 - |B^\uparrow|^2) \end{pmatrix} \tag{4.131}$$

となるので（ただし，E は 2×2 の単位行列），いまの場合には一般化固有値問題が通常の固有値問題に帰着され，

$$\begin{pmatrix} \frac{J}{4}(|B^\uparrow|^2 - |B^\downarrow|^2) & \frac{J}{2}\bar{B}^\downarrow B^\uparrow \\ \frac{J}{2}\bar{B}^\uparrow B^\downarrow & \frac{J}{4}(|B^\downarrow|^2 - |B^\uparrow|^2) \end{pmatrix} \begin{pmatrix} A^\uparrow \\ A^\downarrow \end{pmatrix} = \lambda(|B^\uparrow|^2 + |B^\downarrow|^2) \begin{pmatrix} A^\uparrow \\ A^\downarrow \end{pmatrix} \tag{4.132}$$

を解けばよいことになる．特性多項式 $|\tilde{H} - \lambda(|B^\uparrow|^2 + |B^\downarrow|^2)E| = 0$ を解くと，最終的に $\lambda = \pm J/4$ が得られる．いまの場合には，もともと変分パラメータに依

存した有効ハミルトニアン $\tilde{H}$ から出発して，反復計算を行わなくても収束解が得られた．これは，量子揺らぎを含まない古典的なハミルトニアン $H = JS_1^z S_2^z$ における基底エネルギー $-J/4$ と励起エネルギー $J/4$ に対応している．議論はやや間接的かもしれないが，このように内部自由度 χ は隣接サイト間のエンタングルメントの強さを操作するパラメータであり，量子揺らぎがどれだけ適切に計算に反映されるかという目安を与えるものといってよいかと思われる．

4.3 密度行列くりこみ群：現代的視点

物性理論の立場からは，密度行列くりこみ群 (density matrix renormalization group, DMRG) の発展から量子エンタングルメントとの接点を得たということもあり，DMRG を現代的な見方で整理しておくことは非常に教育的であると思われる．以下では，数値計算のアルゴリズムよりは背景となる考え方に的を絞って解説する[7,8,14,15]．

DMRG の基本は，スピン系や Hubbard 模型など，有限な長さの1次元量子系の基底状態を精密に数値計算することである．たとえば，スピン 1/2 の Heisenberg 模型であれば，有限 L サイト系のハミルトニアン行列は $2^L \times 2^L$ の成分をもっている．したがって，非常に限られた値の L でしか数値計算を行うことができないことは明らかである．その一方で，新規な量子秩序状態を探索するという強相関電子物性の本来の目的からすれば，あまり過度な近似は用いたくない．そこで量子系の膨大な情報を圧縮しながら，ベストな部分空間で数値対角化を行い，物理量を計算することを考えたい．問題はその場合の適切な基底の取り方である．DMRG では，このような系を「左半分」と「右半分」の二つの「部分系（ブロック）」に分けて考えるのが特徴であり，一方の部分系を「システム」，他方を「環境」とよぶ．全系（システム＋環境）は二つのブロックを合わせた，より大きなブロックと考えることができるので，「スーパーブロック」とよばれる（図 4.5）．その境界で往来できる励起モードの自由度を有限に制限する近似を行う．

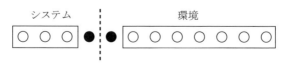

図 4.5　スーパーブロック

一方,量子系では全系にわたるコヒーレンスが重要な役割を果たす.そうすると,スーパーブロックをシステムと環境に分割することや有限次元での近似の妥当性は気になるところである.そこで鍵となるのが,システムと環境の「エンタングルメント」である.DMRG の詳細に進む前に,まずブロック接合に潜むエンタングルメントの性質について見ていこう.近似で残すべき最適な m 個の状態は,スーパーブロックの基底状態からつくられるシステムの密度行列の固有状態のうち,対応する固有値が大きいものから m 個となることが以下の議論でわかる.

DMRG において 1 次元量子系の波動関数を構成する際に重要なのが,「掃引 (sweep)」という操作である.系が j 番目のサイトの右隣でシステムと環境に分割されているものとする.特異値分解において分割される場所を明示するために,α に添え字 j をつけて

$$|\psi\rangle = \sum_{\alpha_j} \lambda_{\alpha_j} |\alpha_j\rangle |\alpha'_j\rangle \tag{4.133}$$

と表すことにする.ここで,システムは $j-1$ サイト含んだブロックと j 番目のサイトからなっていると見ることにする.そのブロックとサイトを表す状態をそれぞれ $|\alpha_{j-1}\rangle, |s_j\rangle$ とし,その直積でシステムの状態 $|\alpha_j\rangle$ を表してみよう.これは,直交変換 $A^{s_j}_{\alpha_{j-1}\alpha_j}$ を用いて次のように表される(図 4.6(a) 参照).

$$|\alpha_j\rangle = \sum_{\alpha_{j-1}, s_j} A^{s_j}_{\alpha_{j-1}\alpha_j} |\alpha_{j-1}\rangle |s_j\rangle \tag{4.134}$$

式 (4.134) は基底 $|\alpha_{j-1}\rangle |s_j\rangle$ を $|\alpha_j\rangle$ に変換する操作であるが,直交変換の添え

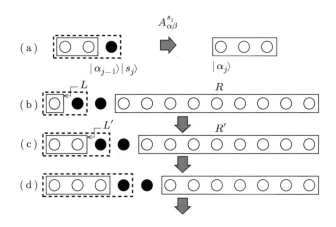

図 **4.6** sweep 操作

字の並べ方は,「意図的に」α_{j-1} と α_j とが行列の成分であるかのようにしてある. 行列のように扱う意味は, 図 (b) から図 (d) のように逐次的に変換 (すなわち sweep) を行ってみるとわかる.

$$|\alpha_j\rangle = \sum_{\alpha_{j-1},s_j} A^{s_j}_{\alpha_{j-1}\alpha_j} \sum_{\alpha_{j-2},s_{j-1}} A^{s_{j-1}}_{\alpha_{j-2}\alpha_{j-1}} |\alpha_{j-2}\rangle |s_{j-1}\rangle |s_j\rangle$$

$$= \sum_{s_{j-1},s_j} \sum_{\alpha_{j-2}} (A^{s_{j-1}} A^{s_j})_{\alpha_{j-2}\alpha_j} |\alpha_{j-2}\rangle |s_{j-1} s_j\rangle$$

$$= \sum_{s_{j-2},s_{j-1},s_j} \sum_{\alpha_{j-3}} (A^{s_{j-2}} A^{s_{j-1}} A^{s_j})_{\alpha_{j-3}\alpha_j} |\alpha_{j-3}\rangle |s_{j-2} s_{j-1} s_j\rangle \quad (4.135)$$

ここで, $|s_{j-1}\rangle |s_j\rangle = |s_{j-1} s_j\rangle$ などと略記した. すなわち, 係数は MPS で書ける. こうして有限系の左端まで変換を繰り返すと

$$|\alpha_j\rangle = \sum_{s_1,s_2,\ldots,s_j} \sum_{\alpha_0} (A^{s_1} A^{s_2} \cdots A^{s_j})_{\alpha_0\alpha_j} |\alpha_0\rangle |s_1 s_2 \cdots s_j\rangle \quad (4.136)$$

が得られる. ただし, α_0 は以前にも導入した境界状態である. この後の式の対称性をよくするために, $|\alpha_0\rangle$ を行ベクトルに並べ替えて $\sum_{\alpha_0}(A^{s_1}A^{s_2}\cdots A^{s_j})_{\alpha_0\alpha_j}|\alpha_0\rangle = (\langle\alpha_0| A^{s_1}A^{s_2}\cdots A^{s_j})_{\alpha_j}$ と書き直すことにする. 環境に関しても同様に, 直交変換 $B^{s_{j+1}}_{\alpha_j\alpha_{j+1}}$ を

$$|\alpha'_j\rangle = \sum_{\alpha_{j+1},s_{j+1}} B^{s_{j+1}}_{\alpha_j\alpha_{j+1}} |\alpha'_{j+1}\rangle |s_{j+1}\rangle \quad (4.137)$$

で定義して, 右端まで変換を繰り返すと

$$|\alpha'_j\rangle = \sum_{s_{j+1},s_{j+2},\ldots,s_n} (B^{s_{j+1}} B^{s_{j+2}} \cdots B^{s_n} |\alpha_n\rangle)_{\alpha_j} |s_{j+1} s_{j+2} \cdots s_n\rangle \quad (4.138)$$

が得られる. 式 (4.136) および式 (4.138) を式 (4.133) に代入すると, 最終的に波動関数は

$$|\psi\rangle = \sum_{s_1,s_2,\ldots,s_n} \psi_{s_1 s_2 \cdots s_n} |s_1 s_2 \cdots s_n\rangle \quad (4.139)$$

$$\psi_{s_1 s_2 \cdots s_n} = \langle\alpha_0| A^{s_1} A^{s_2} \cdots A^{s_j} \lambda_j B^{s_{j+1}} B^{s_{j+2}} \cdots B^{s_n} |\alpha_n\rangle \quad (4.140)$$

と表すことができる.

ここまでは最初にスーパーブロックを j サイトで分割した場合を考えたが, 分割位置はどこでもよい. 分割位置には特異値が現れるので, 適当な行列 Γ^{s_j} を用いて

$$\psi_{s_1 s_2 \cdots s_n} = \langle\alpha_0| \Gamma^{s_1} \lambda_1 \Gamma^{s_2} \lambda_2 \cdots \Gamma^{s_{n-1}} \lambda_{n-1} \Gamma^{s_n} |\alpha_n\rangle \quad (4.141)$$

という表現ができる．また，右端から左端まで一つの変換の式 (4.134) を用いて sweep することもできて

$$\psi_{s_1 s_2 \cdots s_n} = \langle \alpha_0 | A^{s_1} A^{s_2} \cdots A^{s_n} | \alpha_n \rangle \tag{4.142}$$

という表現も可能である．MPS 表現を用いた定式化においては，式 (4.142) の形式がもっとも一般的に用いられている．周期境界条件の場合には，$\alpha_0 = \alpha_n$ なので

$$\psi_{s_1 s_2 \cdots s_n} = \mathrm{Tr}\left(A^{s_1} A^{s_2} \cdots A^{s_n}\right) \tag{4.143}$$

となり，式の上でもトレースの巡回不変性という形で並進対称性が現れる．また，行列 $A^s_{\alpha\beta}$ による変換は正規直交基底を保存すべきであることから

$$\delta_{\alpha\alpha'} = \sum_{\beta,\beta',s,s'} \bar{A}^{s'}_{\alpha'\beta'} A^s_{\alpha\beta} \langle s'|s \rangle \langle \beta'|\beta \rangle = \sum_s \left(A^s \left(A^s\right)^\dagger\right)_{\alpha\alpha'} \tag{4.144}$$

が成り立つ．

以上の定式化によって，問題は直交変換 $A^{s_j}_{\alpha_j \alpha_{j+1}}$ の決め方に帰着される．DMRG はこの変換を求めるための一つの方法である．特に，有限系に対する sweep アルゴリズムが用いられる．以下ではこのアルゴリズムの概要を説明しつつ，特異値分解の式 (4.133) および MPS の基本となる式 (4.134) との対応を明らかにしよう．図 4.6 に示したように，DMRG ではスーパーブロックを 2 サイト 2 ブロックに分割する．j 番目および $j+1$ 番目のサイトは厳密に取り扱われ，各サイトは d 個の状態で表されており，残りのブロック L, R は複数のサイトを含んでいる．この状態を

$$|\psi\rangle = \sum_{l,s_j,s_{j+1},r} \psi_{l s_j s_{j+1} r} |l\rangle |s_j\rangle |s_{j+1}\rangle |r\rangle \tag{4.145}$$

と表す．ブロック L, R はそれぞれ状態 $|l\rangle, |r\rangle$ で表されている．図 4.6 の破線で示したブロック L とサイト j がシステムであると考える．はじめにスーパーブロックのハミルトニアンを対角化して基底状態の波動関数 $\psi_{l s_j s_{j+1} r}$ を求める．ただし，n が大きいと厳密な計算はできないので，ブロック L, R は初期状態では適当な m 個の状態で書かれているものとする．ここから，環境を縮約したシステムの密度行列

$$\rho_{l,s_j;l',s'_j} = \sum_{s_{j+1},r} \psi_{l s_j s_{j+1} r} \psi^*_{l' s'_j s_{j+1} r} \tag{4.146}$$

をつくる．この次元は dm であるのだが，特異値分解と対応するように ρ を対角化して，固有値の大きなほうから m 個の状態のみを残す．そして，この m 個の

状態を用いて，図 4.6(c) で示したブロック L' を表す．一連の操作を式 (4.134) と対応させて考えると，ρ を対角化する変換行列が $A^{s_j}_{\alpha_j \alpha_{j+1}}$ に対応し（添え字まで対応させると，$A^{s_j}_{\alpha_j \alpha_{j+1}} \to A_{\alpha_{j+1}; \alpha_j s_j}$ と書いたほうがわかりやすい），システムの密度行列で固有値の大きな固有ベクトルで表される状態が補助場の正体である．ここまでと同様の操作を，今度は $L', j+1, j+2, R'$ で表されるスーパーブロック（図 4.6(c)）に対して行う．このようにして，システムと環境の分割位置を右へ右へと sweep する．右端に到達したら，今度は「右半分をシステム」と考えて，分割位置を左へ左へと sweep する．これを繰り返すことにより，ブロック L, R を表す m 状態が更新され，最終的にはスーパーブロックの基底エネルギーが収束することになる．

毎回のデータ圧縮過程をもう少し詳しくみていこう．系の情報圧縮・粗視化は次のブロック変換によって記述される．

$$\sum_{\beta=1}^{\chi} A^{s_j}_{\alpha\beta} A^{s_{j+1}}_{\beta\gamma} = \tilde{A}^{(s_j s_{j+1})}_{(\alpha\gamma)} = \sum_{l=1}^{\min(d^2, \chi^2)} U^{(s_j s_{j+1})}_l \sqrt{\lambda_l} V^l_{\alpha\gamma} \quad (4.147)$$

ここで，最後の式では特異値分解を施した．(s_j, s_{j+1}) の次元と $\alpha\gamma$ の次元の小さいほうがゼロでない特異値の数を与えるので，和は $\min(d^2, \chi^2)$ までとなる．特異値分解に現れるユニタリー行列 $U^{(s_j s_{j+1})}_l$ は粗視化された自由度の局所ユニタリー変換なので

$$A'^l_{\alpha\gamma} = \sqrt{\lambda_l} V^l_{\alpha\gamma} \tag{4.148}$$

を粗視化後の新たな行列と見なすことができる．そうすると，新しい物理的自由度 l は $\min(d^2, \chi^2)$ に増加するものの，仮想的自由度の大きさは χ のままなので，くりこみをしてもブロックとブロックの継ぎ目のエンタングルメント・エントロピーは $\log \chi$ に保たれる．添え字 $\alpha\gamma$ の次元が χ^2 にロックされているので，くりこみを続けても l のサイズは χ^2 で抑えられる．対象となる系の適切な χ の値が有限である場合には，この近似法で正しい計算が行われることになる．

4.4 数値最適化の方法

4.4.1 数値最適化 I：一般化固有値問題

■ 変分エネルギーの MPS 表示

波動関数が MPS で書かれていることは，数値計算的には二重に意味がある．第一に，局所量に分解されているため，各サイト上に定義された行列を逐次的に

最適化することができ，全基底を取り扱うことに比べれば，逐次最適化の各回における計算機の負荷は小さくてすむ．もう一つは，行列次元 χ を近似の度合いを決めるパラメータにできることである．基本的には内部自由度を増やせば変分パラメータが増えるため，MPS がよりよい変分波動関数になることは明らかであるが，この内部自由度は比較的小さくても，精度の高い基底エネルギーが得られるということが面積則の主張である．これは前節でも述べたように，変分波動関数としてかなり特殊な形をすでに仮定しているため，これで系の大雑把な性質がすでにとらえられていることを意味している．

今後の便宜上，たとえば Ising ハミルトニアンを次のように表す．

$$H = \sum_i \sigma_1^0 \sigma_2^0 \cdots \sigma_{i-1}^0 \left(\sigma_i^3 \sigma_{i+1}^3\right) \sigma_{i+2}^0 \cdots \sigma_L^0 \tag{4.149}$$

4 サイト古典系（周期境界条件）であれば

$$H = \sigma_1^3 \sigma_2^3 \sigma_3^0 \sigma_4^0 + \sigma_1^0 \sigma_2^3 \sigma_3^3 \sigma_4^0 + \sigma_1^0 \sigma_2^0 \sigma_3^3 \sigma_4^3 + \sigma_1^3 \sigma_2^0 \sigma_3^0 \sigma_4^3 \tag{4.150}$$

となる．この表記を用いてハミルトニアンの期待値をつくると

$$\begin{aligned}\langle \psi | H | \psi \rangle &= \sum_{\{s'_j\},\{s_j\}} \mathrm{Tr}\left(A_1^{s'_1} A_2^{s'_2} \cdots A_L^{s'_L}\right)^* \mathrm{Tr}\left(A_1^{s_1} A_2^{s_2} \cdots A_L^{s_L}\right) \\ &\quad \times \langle s'_1 s'_2 \cdots s'_L | \sum_i \sigma_1^0 \sigma_2^0 \cdots \sigma_{i-1}^0 \sigma_i^3 \sigma_{i+1}^3 \sigma_{i+2}^0 \cdots \sigma_L^0 | s_1 s_2 \cdots s_L \rangle \\ &= \sum_{\{s'_j\},\{s_j\},i} \mathrm{Tr}\left(A_1^{s'_1} A_2^{s'_2} \cdots A_L^{s'_L}\right)^* \mathrm{Tr}\left(A_1^{s_1} A_2^{s_2} \cdots A_L^{s_L}\right) \\ &\quad \times \langle s'_1 | \sigma_1^0 | s_1 \rangle \cdots \langle s'_i | \sigma_i^3 | s_i \rangle \langle s'_{i+1} | \sigma_{i+1}^3 | s_{i+1} \rangle \cdots \langle s'_L | \sigma_L^0 | s_L \rangle\end{aligned} \tag{4.151}$$

となる．この式は，テンソル積を用いて

$$\begin{aligned}\langle \psi | H | \psi \rangle &= \sum_{\{s'_j\},\{s_j\},i} \mathrm{Tr}\left\{\left(A_1^{s'_1*} \otimes A_1^{s_1}\right)\left(A_2^{s'_2*} \otimes A_2^{s_2}\right) \cdots \left(A_L^{s'_L*} \otimes A_L^{s_L}\right)\right\} \\ &\quad \times \langle s'_1 | \sigma_1^0 | s_1 \rangle \cdots \langle s'_i | \sigma_i^3 | s_i \rangle \langle s'_{i+1} | \sigma_{i+1}^3 | s_{i+1} \rangle \cdots \langle s'_L | \sigma_L^0 | s_L \rangle\end{aligned} \tag{4.152}$$

と表されるが，

$$E_i^\alpha = \sum_{s'_i, s_i} A_i^{s'_i*} \otimes A_i^{s_i} \langle s'_i | \sigma_i^\alpha | s_i \rangle \tag{4.153}$$

と定義される $m^2 \times m^2$ 行列 E_i^α を導入すると

4.4 数値最適化の方法

$$\langle\psi|H|\psi\rangle = \sum_i \mathrm{Tr}\left(E_1^0 E_2^0 \cdots E_i^3 E_{i+1}^3 \cdots E_L^0\right) \tag{4.154}$$

のように MPS で表すことができる．ここで，E_i^α の成分表示は

$$\begin{aligned}
(E_i^\alpha)_{r'r}^{l'l} &= \sum_{s_i',s_i} \left(A_i^{s_i'*} \otimes A_i^{s_i}\right)_{r'r}^{l'l} \langle s_i'|\sigma_i^\alpha|s_i\rangle \\
&= \sum_{s_i',s_i} \left(A_i^{s_i'*}\right)_{r'}^{l'} \left(A_i^{s_i}\right)_r^l \langle s_i'|\sigma_i^\alpha|s_i\rangle
\end{aligned} \tag{4.155}$$

である．同様に

$$\langle\psi|\psi\rangle = \langle\psi|\sigma_1^0 \sigma_2^0 \cdots \sigma_L^0|\psi\rangle = \mathrm{Tr}\left(E_1^0 E_2^0 \cdots E_L^0\right) \tag{4.156}$$

なので，最終的に変分エネルギーは

$$\begin{aligned}
\lambda &= \frac{\sum_i \mathrm{Tr}\left(E_1^0 E_2^0 \cdots E_i^3 E_{i+1}^3 \cdots E_L^0\right)}{\mathrm{Tr}\left(E_1^0 E_2^0 \cdots E_L^0\right)} \\
&= \frac{\sum_i \mathrm{Tr}\left(E_i^3 E_{i+1}^3 E_{i+2}^0 \cdots E_L^0 E_1^0 E_2^0 \cdots E_{i-1}^0\right)}{\mathrm{Tr}\left(E_1^0 E_2^0 \cdots E_L^0\right)}
\end{aligned} \tag{4.157}$$

を計算すればよい．実際の最適化前に，初期値として与えた行列の組に対する λ を計算しておくことは，どれだけよい出発点を選んでいるかの目安を与える意味で必要な操作である．

■ 一般化固有値問題への変形

以降では，4 サイト古典スピン系の場合で，具体的に変分の式を一般化固有値問題にマップする方法を与える．変分の式

$$\begin{aligned}
\lambda \mathrm{Tr}\left(E_1^0 E_2^0 E_3^0 E_4^0\right) &= \sum_i \mathrm{Tr}\left(E_1^0 \cdots E_i^3 E_{i+1}^3 \cdots E_L^0\right) \\
&= \mathrm{Tr}\left(E_1^3 E_2^3 E_3^0 E_4^0\right) + \mathrm{Tr}\left(E_1^0 E_2^3 E_3^3 E_4^0\right) \\
&\quad + \mathrm{Tr}\left(E_1^0 E_2^0 E_3^3 E_4^3\right) + \mathrm{Tr}\left(E_1^3 E_2^0 E_3^0 E_4^3\right)
\end{aligned} \tag{4.158}$$

から出発して，まず $A_1^{s_1}$ を一般化固有値問題により最適化する．そのために，上式の左辺から E_1^0 を下記のようにして引き出す．

$$\begin{aligned}
&\mathrm{Tr}\left(E_1^0 E_2^0 E_3^0 E_4^0\right) \\
&= \sum_{(l'l),(r'r)} \left(E_1^0\right)_{(l'l)(r'r)} \left(E_2^0 E_3^0 E_4^0\right)_{(r'r)(l'l)}
\end{aligned}$$

$$
\begin{aligned}
&= \sum_{(l'l),(r'r)} \left(\sum_{s'_1,s_1} A_1^{s'_1*} \otimes A_1^{s_1} \langle s'_1 | \sigma_1^0 | s_1 \rangle \right)_{(l'l)(r'r)} \left(E_2^0 E_3^0 E_4^0 \right)_{(r'r)(l'l)} \\
&= \sum_{l'r'} \sum_{lr} \sum_{s'_1 s_1} \left(A_1^{s'_1*} \right)_{l'r'} \langle s'_1 | \sigma_1^0 | s_1 \rangle \left(E_2^0 E_3^0 E_4^0 \right)_{(r'r)(l'l)} (A_1^{s_1})_{lr} \\
&= \sum_{l'r'} \sum_{lr} \sum_{s'_1 s_1} \left(A_1^{s'_1*} \right)_{l'r'} (N_{\mathit{eff}})^{s'_1 s_1}_{(l'r')(lr)} (A_1^{s_1})_{lr} \quad (4.159)
\end{aligned}
$$

上式で現れた $nm^2 \times nm^2$ 行列 N_{eff} も，やはり添え字に注意しよう．ここで

$$
(N_{\mathit{eff}})^{s'_1 s_1}_{(l'r')(lr)} = \langle s'_1 | \sigma_1^0 | s_1 \rangle \left(E_2^0 E_3^0 E_4^0 \right)_{(r'r)(l'l)} \quad (4.160)
$$

である．$s'_1(l'r')$ が同じ組，$s_1(lr)$ が同じ組と見る．

ここまでと同様に

$$
\begin{aligned}
&\mathrm{Tr}\left(E_1^3 E_2^3 E_3^0 E_4^0 \right) \\
&= \sum_{l'r'} \sum_{lr} \sum_{s'_1 s_1} \left(A_1^{s'_1*} \right)_{l'r'} \langle s'_1 | \sigma_1^3 | s_1 \rangle \left(E_2^3 E_3^0 E_4^0 \right)_{(r'r)(l'l)} (A_1^{s_1})_{lr} \quad (4.161)
\end{aligned}
$$

$$
\begin{aligned}
&\mathrm{Tr}\left(E_1^0 E_2^3 E_3^3 E_4^0 \right) \\
&= \sum_{l'r'} \sum_{lr} \sum_{s'_1 s_1} \left(A_1^{s'_1*} \right)_{l'r'} \langle s'_1 | \sigma_1^0 | s_1 \rangle \left(E_2^3 E_3^3 E_4^0 \right)_{(r'r)(l'l)} (A_1^{s_1})_{lr} \quad (4.162)
\end{aligned}
$$

$$
\begin{aligned}
&\mathrm{Tr}\left(E_1^0 E_2^0 E_3^3 E_4^3 \right) \\
&= \sum_{l'r'} \sum_{lr} \sum_{s'_1 s_1} \left(A_1^{s'_1*} \right)_{l'r'} \langle s'_1 | \sigma_1^0 | s_1 \rangle \left(E_2^0 E_3^3 E_4^3 \right)_{(r'r)(l'l)} (A_1^{s_1})_{lr} \quad (4.163)
\end{aligned}
$$

$$
\begin{aligned}
&\mathrm{Tr}\left(E_1^3 E_2^0 E_3^0 E_4^3 \right) \\
&= \sum_{l'r'} \sum_{lr} \sum_{s'_1 s_1} \left(A_1^{s'_1*} \right)_{l'r'} \langle s'_1 | \sigma_1^3 | s_1 \rangle \left(E_2^0 E_3^0 E_4^3 \right)_{(r'r)(l'l)} (A_1^{s_1})_{lr} \quad (4.164)
\end{aligned}
$$

である．したがって

$$
\begin{aligned}
(H_{\mathit{eff}})^{s'_1 s_1}_{(l'r')(lr)} &= \langle s'_1 | \sigma_1^3 | s_1 \rangle \left(E_2^3 E_3^0 E_4^0 + E_2^0 E_3^0 E_4^3 \right)_{(r'r)(l'l)} \\
&\quad + \langle s'_1 | \sigma_1^0 | s_1 \rangle \left(E_2^3 E_3^3 E_4^0 + E_2^0 E_3^3 E_4^3 \right)_{(r'r)(l'l)} \quad (4.165)
\end{aligned}
$$

を導入すると，

$$
\begin{aligned}
&\mathrm{Tr}\left(E_1^3 E_2^3 E_3^0 E_4^0 \right) + \mathrm{Tr}\left(E_1^0 E_2^3 E_3^3 E_4^0 \right) + \mathrm{Tr}\left(E_1^0 E_2^0 E_3^3 E_4^3 \right) + \mathrm{Tr}\left(E_1^3 E_2^0 E_3^0 E_4^3 \right) \\
&= \sum_{l'r'} \sum_{lr} \sum_{s'_1 s_1} \left(A_1^{s'_1*} \right)_{l'r'} (H_{\mathit{eff}})^{s'_1 s_1}_{(l'r')(lr)} (A_1^{s_1})_{lr} \quad (4.166)
\end{aligned}
$$

が得られる．ここで，行列の成分 $(A_1^{s_1})_{lr}$ をベクトル的に一列に並べ変える．添

え字は s_1, l, r なので,ベクトルの次元は $d\chi^2$ である.異なる s_1 のブロックに区分けすると,行列との積の整合性がとりやすくなる.このベクトルを $\vec{x}$ と書く.このとき

$$\lambda \vec{x}^\dagger N_{eff} \vec{x} = \vec{x}^\dagger H_{eff} \vec{x} \quad \rightarrow \quad \lambda N_{eff} \vec{x} = H_{eff} \vec{x} \tag{4.167}$$

が成り立つ.

後は,一般化固有値問題

$$\lambda N_{eff} \vec{x} = H_{eff} \vec{x} \tag{4.168}$$

を解いて最低固有値を与える $\vec{x}$ を求めれば,それが最適化された $A_1^{s_1}$ となる.計算においては N_{eff} が正定値行列であることが必要なので,まずは通常の対角化を行い,N_{eff} の固有値がすべて正かどうか確かめておく.また,値が小さいと計算が不安定になるおそれがあるので,このデータは再規格化が必要かどうかを考慮するためにも使う.

続いて $A_2^{s_2}, A_3^{s_3}, A_4^{s_4}, A_1^{s_1}, \ldots$ の最適化を行い,エネルギーが収束するまで繰り返す.たとえば,$A_2^{s_2}$ の最適化の際にはトレースの巡回不変性を用いて

$$\mathrm{Tr}\left(E_1^0 E_2^0 E_3^0 E_4^0\right) = \mathrm{Tr}\left(E_2^0 E_3^0 E_4^0 E_1^0\right) \tag{4.169}$$

と変形し,これまでと同様にして $A_2^{s_2}$ を引き出せばよいということになる.

4.4.2 数値最適化 II:虚時間発展による方法

行列積波動関数の最適化にはいろいろな方法がある.前項で述べた一般化固有値問題に帰着させる方法以外には,虚時間発展による最適化法がよく使われている.この方法は,time evolving brock decimation (TEBD) とよばれている[86-88].本質的に等価な技術は通常の DMRG でも用いられている(adaptive time-dependent DMRG とよばれる)[89-91].行列積表現の利点の一つは,系の時間発展を比較的容易に追えることである.任意の初期状態 $|\psi_0\rangle$ から出発して基底状態を得るには

$$|\psi\rangle \propto \lim_{\tau \to \infty} e^{-\tau H} |\psi_0\rangle \tag{4.170}$$

と虚時間発展を考えればよい.ここで,初期状態は

$$|\psi_0\rangle = \sum_{\{s_1, s_2, \ldots, s_n\}} \mathrm{Tr}\left(A_1^{s_1} A_2^{s_2} \cdots A_n^{s_n}\right) |s_1 s_2 \cdots s_n\rangle \tag{4.171}$$

と行列積で表現されていると仮定する.また,ハミルトニアンは最隣接相互作用のみを含むと仮定する.すなわち,サイト j と $j+1$ のリンク上に定義された局所的相互作用ハミルトニアンを H_j として

$$H = \sum_{j=1}^{L-1} H_j \tag{4.172}$$

である場合を考える．ここで，ハミルトニアンを次のように偶奇のボンドに分解する．

$$H = H_o + H_e = \sum_{j:\text{odd}} H_j + \sum_{j:\text{even}} H_j \tag{4.173}$$

このとき，H_o および H_e の中の演算子はたがいに可換であるが，H_o と H_e は非可換である．そのため，$\tau = n\Delta\tau$ と時間軸を分割して発展演算子を次のように表す．

$$e^{-(H_o+H_e)\tau} = \lim_{n\to\infty} \left(e^{-H_o\Delta\tau} e^{-H_e\Delta\tau} \right)^n \tag{4.174}$$

系の時間発展は，最初に $e^{-\Delta\tau H_o}$，続いて $e^{-\Delta\tau H_e}$，またさらには $e^{-\Delta\tau H_o}$ と，これをすべての項が演算されるまで繰り返せばよい．

この演算を逐次的に行う際，初期状態が MPS に因子化されているということと，どのようにして整合性を取るかということが問題である．H_o あるいは H_e の内部の演算子どうしは局所相互作用のためにたがいに可換であるため，問題は局所的に演算子を作用し，適切な状態圧縮の後に再び MPS 表現に戻す操作を見出すことである．このためには，特異値分解を経由して指数演算子の積を行列積に戻せばよい．すなわち，発展演算子 $(S_j)_{s_j s_{j+1}}^{s'_j s'_{j+1}}$ に対して

$$\Theta_{\alpha\gamma}^{s'_j s'_{j+1}} = \sum_{s_j, s_{j+1}} (S_j)_{s_j s_{j+1}}^{s'_j s'_{j+1}} \sum_{\beta=1}^{\chi} (A_j)_{\alpha\beta}^{s_j} (A_{j+1})_{\beta\gamma}^{s_{j+1}} \tag{4.175}$$

とし，添え字を

$$\Theta_{\alpha\gamma}^{s'_j s'_{j+1}} \to \Theta_{(\alpha s'_j)(\gamma s'_{j+1})} \tag{4.176}$$

と対にして

$$\Theta_{(\alpha s'_j)(\gamma s'_{j+1})} \sim \sum_{l=1}^{\chi} U_{(\alpha s'_j) l} \sqrt{\lambda_l} V_{(\beta s'_{j+1}) l} = \sum_{l=1}^{\chi} A'^{s'_j}_{\alpha l} A'^{s'_{j+1}}_{l\beta} \tag{4.177}$$

と特異値分解し，圧縮してから再度行列積表示に戻す．もちろんここで，特異値 $\sqrt{\lambda_l}$ は大きな順に χ 個拾ってきている．

第5章

テンソル・ネットワークの数理

　本章では，行列積状態の高次元への拡張法について述べる．PEPS に基づく拡張が簡便であるが，対象としているシステムが臨界系か非臨界系かで，その表現精度は変わってくる．現実的に PEPS で表現可能な情報量の上限は面積則で抑えられており，つまり PEPS は非臨界系に対する変分関数のクラスである．一方，臨界系を表現するための変分関数が MERA (multiscale entanglement renormalization anzats) である．MERA に隠れた幾何学構造を理解することで，次章以降，情報と幾何（時空・重力）を深い関わり合いをもって調べることができるようになる．

5.1 テンソル積状態

5.1.1 テンソル積状態と面積則

MPS の高次元への自然な拡張として，テンソル積状態（tensor product state, TPS）あるいはテンソル・ネットワーク状態（tensor network state, TNS）が考えられる．一般的な空間 d 次元の場合には，各サイト j 上から伸びるボンド数 z_j と等しい階数をもつテンソル $\left(A_j^{s_j}\right)_{m_1 m_2 \cdots m_{z_j}}$ のセットを定義し，状態ベクトル $|\psi\rangle$ における基底 $|s_1 s_2 \cdots s_n\rangle$ の係数 $T^{s_1 s_2 \cdots s_n}$ をそれらの積で表現する．すなわち

$$|\psi\rangle = \sum_{\{s_j\}} T^{s_1 s_2 \cdots s_n} |s_1 s_2 \cdots s_n\rangle = \sum_{\{s_j\}} C(\{A_j^{s_j}\}) |s_1 s_2 \cdots s_n\rangle \quad (5.1)$$

と表現する．ここで，C はテンソル $(A_j^{s_j})_{m_1 m_2 \cdots m_{z_j}}$ の縮約を取ることを意味する．また，各変数 $m_1, m_2, \ldots$ は，それぞれ χ 自由度をもつとする．テンソルの次元 χ は MPS の場合と同様に，非物理的な内部自由度である．しかし，テンソルの要素が変分パラメータであると見なせば，やはり χ を系統的に増加することで変分波動関数の精度をコントロールすることができると期待される．

たとえば，図 5.1 に示した 2 次元正方格子 9 サイト系（開放端条件）の場合の TPS は，縮約の部分も略さずに丁寧に書くと

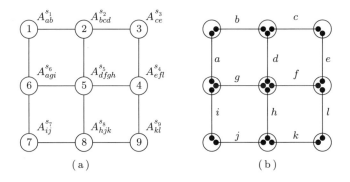

図 5.1 2 次元正方格子（9 サイト）上の TPS 構造．図 (a) は，各サイト上に定義されるテンソルを表す．図 (b) は，テンソルの添え字の付け方が最隣接サイト間でエンタングルメント対ができるように取ることを意味する．● が非物理的内部自由度（χ 次元）を表す．

$$|\psi\rangle = \sum_{\{s_j\}} T^{s_1 s_2 \cdots s_9} |s_1 s_2 \cdots s_9\rangle \tag{5.2}$$

に対して

$$T^{s_1 s_2 \cdots s_9} = \sum_{a,b,\dots,l} A^{s_1}_{ab} A^{s_2}_{bcd} A^{s_3}_{ce} A^{s_4}_{efl} A^{s_5}_{dfgh} A^{s_6}_{agi} A^{s_7}_{ij} A^{s_8}_{hjk} A^{s_9}_{kl} \tag{5.3}$$

となる．各テンソルの添え字の付け方は，図 5.1 に示したように，最隣接サイト間でエンタングルメント対ができるように取ることになる．

TPS の構造と面積則の関係を図 5.2 に示す．2 次元正方格子を考え，破線で囲まれた領域が部分系，その外側がトレースアウトする環境自由度であるとする．PEPS の考え方に従うと，各ボンド上には最大限エンタングルしたペア

$$|\phi\rangle = \frac{1}{\sqrt{\chi}} \sum_{\alpha=1}^{\chi} |\alpha\rangle \otimes |\tilde{\alpha}\rangle \tag{5.4}$$

が導入されており，そのエントロピーは $\log \chi$ である．このときの境界の長さは，ちょうど破線で分断されたエンタングルメント対の数 N_{bond} となる．このため，

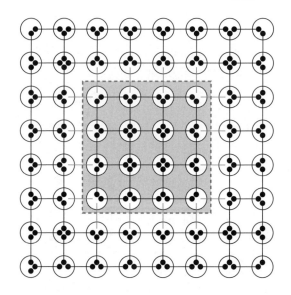

図 **5.2** TPS の構造と面積則との対応．非臨界系の面積則に合うようにエンタングルメント・ボンドが配置されている．すなわち，破線で囲まれた領域（$L=4, L^2 = 16$）に対して，部分系を区切ったことによって切れたエンタングルメント対の本数 $N_{bond} = 4L = 16$ が領域の長さを与える．また，それによるエントロピー変化は $N_{bond} \log \chi$ となる．

エンタングルメント・エントロピーは
$$S \sim N_{bond} \log \chi \tag{5.5}$$
で与えられる．ここで
$$N_{bond} \sim L^{d-1} \tag{5.6}$$
は部分系の境界で分断されるエンタングルメント対の数を表しており，自然に面積則
$$S \sim L^{d-1} \log \chi \tag{5.7}$$
を導く．ただし，TPS も MPS 同様，フェルミ面をもつ系の場合には $\chi \sim L$ とならざるを得ないので，基本的には非臨界系に向いた計算ということになる．TPS を変分最適化して強相関電子系のいろいろな問題にアタックできるかということは目下の大きな問題の一つでもある．とりわけ，結晶構造に起因する電子状態の個性は TPS にはじめから内包されているというところが期待できるポイントである．

5.1.2 テンソルとしての変換性の検討 ──────

前項で述べたように，テンソル積状態は行列積状態の高次元化として現象論的に導入されたものである．そこでは，多重の添え字をもった量を便宜的にテンソルとよんだ．ところが，たとえば一般相対論や微分幾何でよく知られているように，Christoffel 記号はテンソルの変換則に従わない．われわれの導入した量が数学的に正しくテンソルの意味を成しているか，あるいは何らかの条件が必要か検討しておくことは必要であろう．ここでは，正しくテンソルの意味を成しているという立場をとることができる．このとき，仮想自由度とエンタングルメントの関係について，また新たな知見が得られる．

はじめに，次のような多重ベクトル空間を考える．
$$V_s^r = \underbrace{V \otimes \cdots \otimes V}_{r \text{ 個}} \otimes \underbrace{V^* \otimes \cdots \otimes V^*}_{s \text{ 個}} \tag{5.8}$$
ここで V は通常のベクトル空間で，V^* はその双対空間である．この成分を (r,s) 型テンソル，あるいは r 階反変 s 階共変テンソルとよぶ．また，V_0^r, V_s^0 の要素をそれぞれ単に r 階反変テンソル，s 階共変テンソルとよぶ．以降では，ベクトル空間 V は n 次元，その基底を $e_i \in V$ $(i=1,\ldots,n)$ と表す．次に，V の要素をあるスカラーに対応させる線形写像を ω と表す．$v \in V, v = v^i e_i$ に対して，この写像を

$$\omega(v) = v^i \omega_i \tag{5.9}$$

と表す．ここで

$$\theta^i(e_j) = \delta^i{}_j \tag{5.10}$$

とすると

$$\omega = \omega_i \theta^i \tag{5.11}$$

となる．θ^i を e_i の双対基底とよぶ．つまり，θ^i が双対空間 V^* の基底である．

V とその双対 V^* とは，ブラベクトルとケットベクトルの張る局所基底

$$|\alpha\rangle \in V, \quad \langle\beta| \in V^* \tag{5.12}$$

だと考えてもらえばよい．PEPS 表現の場合には，α および β は仮想的なスピンの基底に対応する．明らかにすべての添え字がベクトル空間の基底を指定することとなるから，PEPS で現れる量はテンソルとよんでよい．

ちなみに，微分幾何学や一般相対論の場合，対象とする多様体 M 上の点 p における接ベクトル空間 $T_p(M)$ がベクトル空間 V である．パラメータ λ で指定された M 上の曲線 $x^i = x^i(\lambda)$ を導入し，その曲線上の点 p を考える．このとき，曲線上の関数 f のパラメータに沿う微分は

$$\frac{d}{d\lambda} f\left(x^i(\lambda)\right) = \frac{dx^i}{d\lambda} \partial_i f \tag{5.13}$$

となる．ここで，$\partial_i f = \partial f / \partial x^i$ が $T_p(M)$ 上の接ベクトル，$dx^i/d\lambda$ がその成分となる．そこで，ベクトルを微分演算子と見て，その基底を $e_i = \partial_i$ と表す．これを座標基底とよぶ．通常の線形代数の記法に従えば，ブラケットと同様に

$$e_1 = \begin{pmatrix} 1 \\ 0 \\ 0 \\ \vdots \end{pmatrix}, \quad e_2 = \begin{pmatrix} 0 \\ 1 \\ 0 \\ \vdots \end{pmatrix}, \quad \cdots \tag{5.14}$$

と対応する．一方，$x'^i = x'^i(x)$ なる座標変換に対して，ベクトルの成分を

$$\frac{dx'^i}{d\lambda} = \partial_j x'^i \frac{dx^j}{d\lambda} \tag{5.15}$$

と変換する．これは

$$dx'^j = \partial_j x'^i dx^i \tag{5.16}$$

の変換と対応するから，双対ベクトル空間の基底は $\theta^i = dx^i$ と表すことにする．通常の線形代数の表記では

$$\theta^1 = \begin{pmatrix} 1 & 0 & 0 & \cdots \end{pmatrix}, \quad \theta^2 = \begin{pmatrix} 0 & 1 & 0 & \cdots \end{pmatrix}, \quad \cdots \tag{5.17}$$

と対応する.

多重ベクトル空間の要素 $T \in V_s^r$, すなわち r 階反変 s 階共変テンソル T は

$$T = T^{\alpha_1\cdots\alpha_r}{}_{\beta_1\cdots\beta_s} e_{\alpha_1} \otimes \cdots \otimes e_{\alpha_r} \otimes \theta^{\beta_1} \otimes \cdots \otimes \theta^{\beta_s} \tag{5.18}$$

と定義される. 添え字の書き方に注意しよう. ブラケットで書けば

$$T = T^{\alpha_1\cdots\alpha_r}{}_{\beta_1\cdots\beta_s} |\alpha_1\rangle \otimes \cdots \otimes |\alpha_r\rangle \otimes \langle\beta_1| \otimes \cdots \otimes \langle\beta_s|$$

$$= T^{\alpha_1\cdots\alpha_r}{}_{\beta_1\cdots\beta_s} |\alpha_1\cdots\alpha_r\rangle \otimes \langle\beta_1\cdots\beta_s| \tag{5.19}$$

であり, その係数は

$$T^{\alpha_1\cdots\alpha_r}{}_{\beta_1\cdots\beta_s} = \langle\alpha_1\cdots\alpha_r| T |\beta_1\cdots\beta_s\rangle \tag{5.20}$$

となる. この表記で行列 A は

$$A = A^{\alpha}{}_{\beta} |\alpha\rangle \otimes \langle\beta| \tag{5.21}$$

と表され, その要素は $A^{\alpha}{}_{\beta}$ となる. 二つの行列 A_1, A_2 の積は

$$A_1 A_2 = (A_1)^{\alpha_1}{}_{\beta_1} |\alpha_1\rangle \otimes \langle\beta_1| \cdot (A_2)^{\alpha_2}{}_{\beta_2} |\alpha_2\rangle \otimes \langle\beta_2|$$

$$= (A_1)^{\alpha_1}{}_{\beta_1} (A_2)^{\beta_1}{}_{\beta_2} |\alpha_1\rangle \langle\beta_2| \tag{5.22}$$

また, このトレースは

$$\operatorname{Tr}(A_1 A_2) = (A_1)^{\alpha_1}{}_{\beta_1} (A_2)^{\beta_1}{}_{\beta_2} \langle\beta_2| \alpha_1\rangle = (A_1)^{\alpha_1}{}_{\beta_1} (A_2)^{\beta_1}{}_{\alpha_1} \tag{5.23}$$

となる. したがって, 前述の行列積も以上のような添え字のつけ方で定式化をしたほうが, テンソル解析の意味では好ましい. 以降で相対論にかかわる議論を行う場合には, このような添え字のつけ方に従うことにする.

逆に, $T^{\alpha_1\cdots\alpha_r}{}_{\beta_1\cdots\beta_s}$ が一般座標変換 Λ

$$e'_i = e_j (\Lambda^{-1})^j{}_i, \quad \theta'^i = \Lambda^i{}_j \theta^j \tag{5.24}$$

に対して

$$T'^{\mu_1\cdots\mu_r}{}_{\nu_1\cdots\nu_s} = \Lambda^{\mu_1}{}_{\alpha_1} \cdots \Lambda^{\mu_r}{}_{\alpha_r} T^{\alpha_1\cdots\alpha_r}{}_{\beta_1\cdots\beta_s} (\Lambda^{-1})^{\beta_1}{}_{\nu_1} \cdots (\Lambda^{-1})^{\beta_s}{}_{\nu_s} \tag{5.25}$$

と変換されれば, 式 (5.18) は基底の取り方に依存しないことがわかる. 特に, 一般相対論における座標基底に対する変換性は

$$\Lambda^{\mu}{}_{\nu} = \frac{\partial x'^{\mu}}{\partial x^{\nu}}, \quad (\Lambda^{-1})^{\mu}{}_{\nu} = \frac{\partial x^{\mu}}{\partial x'^{\nu}} \tag{5.26}$$

となる.

次元の小さなテンソルから次元の大きなテンソルを構成するには, たとえば, 反変ベクトルの変換性

$$A'^{\mu} = \Lambda^{\mu}{}_{\alpha} A^{\alpha} \tag{5.27}$$

より, r 個の反変ベクトルの組 $A_j (j=1,\ldots,r)$ から r 階反変テンソル $T^{\alpha_1\cdots\alpha_r}$ を

$$T^{\alpha_1\cdots\alpha_r} = (A_1)^{\alpha_1} \cdots (A_r)^{\alpha_r} \tag{5.28}$$

あるいは
$$T = A_1 \otimes A_2 \otimes \cdots \otimes A_r \tag{5.29}$$
とつくればよいことがわかる.

　一般相対論では，一般座標変換不変な理論はテンソル形式で書かれていなければならない．いまの場合には波動関数がテンソル積表現であるので，波動関数が表示によらないという非常に強い制限が課されている．通常，波動関数は測定量ではないので，一般には表示に依存してもかまわない．熱場ダイナミクスの二重 Hilbert 空間の性質を思い出すと，このような事情は拡張空間で状態を記述する際に共通した性質であるようである．

5.1.3　テンソルの分解に関する定理

　ここまではベクトルの合成からテンソルを構成する方法について述べた．今度は，その逆操作について整理しておこう．任意の n 階反変テンソルは，n 個の反変ベクトル $A_1^{s_1}, \ldots, A_n^{s_n}$ のテンソル積の和として
$$T^{s_1 \cdots s_n} = \sum_{\alpha=1}^{m} A_1^{s_1}(\alpha) \cdots A_n^{s_n}(\alpha) \tag{5.30}$$
と分解することができる．テンソルの足と区別するために，添え字 α は括弧の中に表示した．これは PEPS を構成するときに必要となる自由度である．ここで，ベクトル積やテンソル積によってより高階のテンソルを合成する場合と異なって，たとえば $S = 1/2$ スピン系（つまり $s_j = \uparrow, \downarrow$）に対しては
$$m = 2^{n-1} \tag{5.31}$$
という条件が必要である．単純に n 個のベクトルへの分解にはならず，もっと多くの自由度が必要である．これを数学的帰納法で証明する．

　はじめに，$n = 1$ の場合は明らかに
$$m = 1, \quad T^{s_1} = A_1^{s_1}(1) \tag{5.32}$$
であり，命題は成立している．次に，$n = k$ のとき
$$T^{s_1 \cdots s_k} = \sum_{\alpha=1}^{2^{k-1}} A_1^{s_1}(\alpha) \cdots A_k^{s_k}(\alpha) \tag{5.33}$$
が成立していると仮定して，$n = k+1$ の場合を考える．まず，ベクトル $A_{k+1}^{s_{k+1}}$ を定義し，
$$A_{k+1}^{s_{k+1}} = \sum_{\beta=1}^{2} A_{k+1}^{s_{k+1}}(\beta) \tag{5.34}$$

と展開する．展開が 2 項で十分であるのは

$$\begin{pmatrix} A_{k+1}^\uparrow \\ A_{k+1}^\downarrow \end{pmatrix} = \begin{pmatrix} A_{k+1}^\uparrow(1) \\ A_{k+1}^\downarrow(1) \end{pmatrix} + \begin{pmatrix} A_{k+1}^\uparrow(2) \\ A_{k+1}^\downarrow(2) \end{pmatrix} \tag{5.35}$$

と表すとき，右辺の二つのベクトルが線形独立になるようにとれば，これらが基底として完全系を成すからである．ここから

$$T^{s_1 \cdots s_k s_{k+1}} = T^{s_1 \cdots s_k} A_{k+1}^{s_{k+1}} \tag{5.36}$$

と定義すると，右辺はテンソルとベクトル（$A_{k+1}^{s_{k+1}}$ の $k+1$ はテンソルの添え字ではないことに注意）の積であるから左辺はテンソルであり，式 (5.33) および式 (5.34) を代入すると，

$$T^{s_1 \cdots s_k s_{k+1}} = \sum_{\alpha=1}^{2^{k-1}} \sum_{\beta=1}^{2} A_1^{s_1}(\alpha) \cdots A_k^{s_k}(\alpha) A_{k+1}^{s_{k+1}}(\beta) \tag{5.37}$$

となる．添え字を統合して，たとえば

$$\gamma = 2(\alpha - 1) + \beta \tag{5.38}$$

と表すと，拡大された空間でのベクトルの表示に対して

$$T^{s_1 \cdots s_k s_{k+1}} = \sum_{\gamma=1}^{2^k} A_1^{s_1}(\gamma) \cdots A_k^{s_k}(\gamma) A_{k+1}^{s_{k+1}}(\gamma) \tag{5.39}$$

が得られ，命題が再び成立する．したがって，数学的帰納法から，すべての $k \geq 1$ に対して命題が成り立つ．4.1.1 項で 2 スピン系のベクトル内積表現を求めたが，その場合にも確かに $m = 2^{2-1} = 2$ で 2 状態の内部自由度を必要とした．

以上の分解は，MPS や TPS の分解に比べれば局所的な $A_i^{s_i}(\gamma)$ の自由度が非常に大きいので，波動関数の局所分解に最大限必要な内部自由度と考えてもらえばよい．サイト数が L の 1 次元系において，任意の場所での分割を考えると，エンタングルメント・エントロピーの上限は

$$S \sim (L-1) \log 2 \tag{5.40}$$

となる．これが体積則を表していることも，最大限必要な自由度ということを示唆している．非常に単純に考えると，端で系を二つの部分系 $A_1^{s_1}(\gamma)$ および $A_2^{s_2}(\gamma) \cdots A_{k+1}^{s_{k+1}}(\gamma)$ に分解すると，右側の大きな系の自由度 2^k と左端のサイトの間の相関を内部自由度が担っているということになる．

5.1.4 高次特異値分解

テンソル積状態に対しても特異値分解に対応する分解公式が存在すると，量子系の数値最適化における近似の目安ができて便利である．高次元特異値分解も歴史は 50 年近くあって古くから調べられているが，最近の大規模多元的データの取扱いと関連して，再び研究が盛んになっている．3 階共変テンソル x_{ijk} を例にとると，分解式は

$$x_{ijk} = \sum_{\alpha,\beta,\gamma} c_{\alpha\beta\gamma} u_i^\alpha v_j^\beta w_k^\gamma \tag{5.41}$$

で与えられる．行列の場合の特異値に対応するテンソル $c_{\alpha\beta\gamma}$ をコア・テンソルとよぶ．それぞれの基底ベクトル $u^\alpha{}_i, v^\beta{}_j, w^\gamma{}_k$ は

$$x_{ii'}^{(1)} = \sum_{j,k} x_{ijk} x_{i'jk} \tag{5.42}$$

$$x_{jj'}^{(2)} = \sum_{i,k} x_{ijk} x_{ij'k} \tag{5.43}$$

$$x_{kk'}^{(3)} = \sum_{i,j} x_{ijk} x_{ijk'} \tag{5.44}$$

を対角化することにより求める．したがって，反転公式は

$$c_{\alpha\beta\gamma} = \sum_{i,j,k} x_{ijk} u^\alpha{}_i v^\beta{}_j w^\gamma{}_k \tag{5.45}$$

となる．問題は，コア・テンソルの稠密性や成分の単調性など，有限 χ スケーリングに対応する情報が隠れているか見出すことである．現状ではエントロピーのスケーリングを定義して，それを調べるという報告はまだないようである．

5.1.5 幾何学的フラストレーションとエントロピー

図 5.3 は 2 次元 3 角格子上に定義された TPS である．3 角格子上のスピン系の問題では，幾何学的フラストレーション効果が起こる．反強磁性相互作用するスピンを 3 角格子上に配列すると，必ずエネルギーが上がってしまうボンドが現れ，古典的スピン配列が不安定になる．これをフラストレーションとよぶ．

図 5.4 を用いて結晶構造の違い（その結果として，フラストレーションの強さの違い）がエントロピーに与える影響を調べよう．どの場合も，部分系は 16 サイトを含んでいる．面積則を場の理論的に求める場合には格子定数 $a \to 0$ の極限をとるので，格子模型とマッチさせて領域を定義するには微妙な問題が残ってしまうが，ここではさしあたり図 (a)〜(c) のいずれも同じような大きさの部分

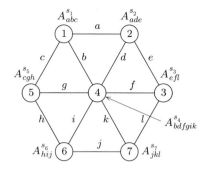

図 5.3　2 次元 3 角格子 (7 サイト) 上の TPS 構造

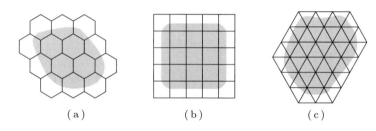

図 5.4　TPS の構造と面積則との対応. (a) 蜂の巣格子, (b) 正方格子, (c) 三角格子. いずれの結晶構造の場合も 16 サイトを含む部分系を切り出しているが, エンタングルメントが切れるボンド数には大きな違いがある.

系, すなわち境界長さの等しい部分系を切り取ったと考えることにする. このとき, 境界で分断されるボンド数は図 (a) 10, 図 (b) 16, 図 (c) 28 で, 特にフラストレーションのある三角格子 (図 (c)) で顕著に大きくなっている. 境界でのボンド数 N_{bond} と境界長さ ∂A は厳密には異なる概念のようである. そこで

$$S \sim N_{bond} \log \chi = \partial A \frac{N_{bond}}{\partial A} \log \chi = \partial A \log \tilde{\chi} \tag{5.46}$$

とすれば,

$$\tilde{\chi} = \chi^{N_{bond}/\partial A} \tag{5.47}$$

がフラストレーションまでくりこまれた局所揺らぎの強さと見ることができる. N_{bond} が大きく, したがって揺らぎが強い系の $\tilde{\chi}$ は非常に大きく, 臨界系で χ が大きくなることと性質が似てくる. これは, フラストレーションでエネルギースケールが小さくなることと対応していると考えられる.

5.2 階層的テンソル積状態

5.2.1 テンソルの階層化

　MPS, TPS といったテンソル積波動関数は，テンソル次元 χ を十分大きくしていけば，原理的には任意の状態を精密に記述することができる．一方で，臨界系の計算には大きな χ の値が要求され，計算機のパワーがいるので現実的ではない．また，複雑化したエンタングルメント構造の物理的意味を紐解くことは難しくなっていく．そこで，新たに加える余剰の次元方向にテンソルを細かく分割していくことでその構造を明確にし，かつ豊富な機能を付加させることができる．そのようにしたテンソル積波動関数のもっとも進化した形態が「マルチスケール・エンタングルメントくりこみ群（multiscale entanglement renormalization ansatz, MERA)」である[19-25]．テンソル積波動関数を導入した時点で，「変分波動関数のもつエンタングルメント構造が面積則に適合しているかどうか？」という意識はすでにあったわけであるが，いつも対数補正がうまく表現できないということが問題であった．MERA では，そのような長距離の相関を明確な形で取り込むような工夫がされている．つまり，局所テンソルの積から出発して，相関関数の正確な冪や相転移近傍の状態を取り扱うことができるかということがここでの問題となる．実は，MERA はやはり超弦理論の分野で研究されている「ホログラフィックくりこみ群」の具体的な例となっている．「ホログラフィックくりこみ群」とは，漸近的に AdS 計量をもつ時空の動径座標が，その時空の境界に定義された共形場理論のくりこみフローのパラメータに等しいことに基づいている．後に述べるように，MERA のブロック変換のフローが AdS 時空に乗っているということが臨界現象を正確に記述する裏付けとなる．以上のことを踏まえて，以下では階層的テンソルネットワークとしての MERA とその幾何学的背景を中心に議論する．

　これまで行ってきたことは，一般的な波動関数

$$|\Psi\rangle = \sum_{s_1=1}^{d} \sum_{s_2=1}^{d} \cdots \sum_{s_N=1}^{d} c^{s_1 s_2 \cdots s_N} |s_1 s_2 \cdots s_N\rangle \tag{5.48}$$

の係数 $c^{s_1 s_2 \cdots s_N}$ をテンソル積に分解することである．PEPS の考え方に従うと，そこでは各格子点上に物理的なインデックスと格子点から延びるリンクの本数に相当する非物理的なインデックスをもったテンソルを導入し，隣接サイト間で非物理的インデックスをエンタングルさせるということがポイントであった．この

ようにすると，局所的な量を扱いながら非局所相関を取り入れることができることは，すでに説明してきたことである．ここで「実空間くりこみ」という視点を導入することを考える．どういうことかというと，臨界系ではくりこみ群的視点は必須のものであるにもかかわらず，テンソル積の方法は変分法なので，そこに何らかの対応をつけようということである．

実空間くりこみの構造を導入するということは，テンソル積を階層的にするということである．たとえば図 5.5 に示したように（背景の□は粗視化スケールの目安である），2 サイトを効果的なシングルサイトに粗視化するという操作を考える．この操作は二分木構造のように表されており，ツリー・テンソル・ネットワーク（tree tensor network, TTN）とよばれる．図 5.5 では，粗視化を黒の三角形で表している．この三角形は，粗視化前後のインデックスそれぞれを β_1, β_2 および α として，$(w)^\alpha{}_{\beta_1\beta_2}$ というテンソルで表される．このテンソルは isometric（等長的）で

$$\sum_{\beta_1,\beta_2} (w)^\alpha{}_{\beta_1\beta_2} (w^\dagger)^{\beta_1\beta_2}{}_{\alpha'} = \delta^\alpha{}_{\alpha'} \tag{5.49}$$

という関係式を満たす．このようなテンソル（isometry テンソルとよばれる）の縮約をとったものが波動関数の係数 $c^{s_1 s_2 \cdots s_N}$ となる．ここで α の次元は，ネットワークの一番下の階層では厳密には d^2 であるが，これを $\chi(<d^2)$ に近似する．これで情報の縮約・粗視化が起こる．上の階層に進むにつれて，$\chi^2 \to \chi$ という情報の粗視化が進行する．一般には p 個のサイトを一つに粗視化することも可能なので，その場合にはテンソルが $(w)^\alpha{}_{\beta_1 \cdots \beta_p}$ となって，

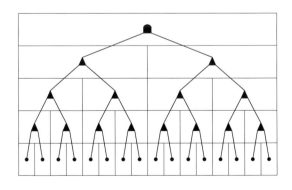

図 **5.5** ツリー・テンソル・ネットワーク

$$\sum_{\beta_1\cdots\beta_p} (w)^{\alpha}{}_{\beta_1\cdots\beta_p}(w^\dagger)^{\beta_1\cdots\beta_p}{}_{\alpha'} = \delta^{\alpha}{}_{\alpha'} \tag{5.50}$$

を満たすように取ることになる．

意識的に「階層」という言葉を使っているが，単純な MPS, TPS から発展して，テンソル・ネットワークが階層的あるいは $d+1$ 次元的になったことがおわかりだろうか？「くりこみ操作」は「テンソル・ネットワークを階層化する」ことに対応するといえる．ここで興味深いのは，木構造では，遠くの枝の部分が幹の部分を経由して間接的に繋がっているということである．これが長距離相関を取り入れるキーポイントである．ただし，いまのままでは不十分で，たとえば，図 5.6 に示したように，s_{i-1} と s_i の相関は取り込まれているが，s_i と s_{i+1} の間の相関はうまく取り込まれていない．MERA に進むときに，この点をクリアにすることが具体的な目的となる．図に示した D のようなテンソルが必要である．

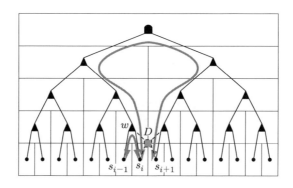

図 5.6 ツリー・テンソル・ネットワークにおける量子相関の非対称性

5.2.2 エンタングルメントくりこみ群

図 5.7（開放端）および図 5.8（周期条件）が基本的な MERA ネットワークである．これは TTN の各ライン間に■で示されたユニタリー変換を挟んだものである（TTN と MERA の関係をよく見ること）．このユニタリー変換のはたらきは，図の下から上方向に粗視化を進めるようにして眺めると，情報の粗視化の前に周囲とのエンタングルメントがなるべく少ない基底に変換してから粗視化する，というものである．問題を解くために適切な基底を選ぶことはいつでも非常に重要であるが，それをエンタングルメントという視点からくりこみ操作に適

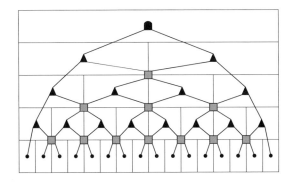

図 5.7　MERA ネットワーク（有限 1 次元系，開放端）

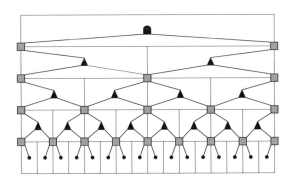

図 5.8　MERA ネットワーク（周期条件）

合するようにしたものといえる．このユニタリー変換は，「周囲とのエンタングルメントを（部分的に）解く」と言う意味で「disentangular」とよばれている．disentangular は

$$\sum_{\alpha,\beta}(u)^{\mu\nu}_{\alpha\beta}(u^{\dagger})^{\alpha\beta}_{\mu'\nu'} = \delta_{\mu\mu'}\delta_{\nu\nu'} \tag{5.51}$$

という関係を満たす．この階層性で興味深いのは，短距離の相関はわざと切りながらくりこみを行い始めたのに，結果的に長距離の相関を取り込むことができているという点である．したがって，臨界系を解析するのに向いている．

具体的な例を考えよう．図 5.9(a) に示した 4 スピン系のツリー・テンソル・ネットワークは

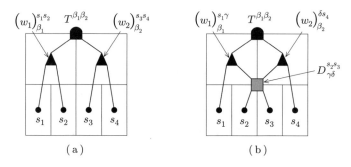

図 5.9 ツリー・テンソルと MERA ネットワークの比較

$$|\psi\rangle = \sum_{s_1,s_2,s_3,s_4} \sum_{\beta_1,\beta_2} (w_1)_{\beta_1}^{s_1 s_2} (w_2)_{\beta_2}^{s_3 s_4} T^{\beta_1 \beta_2} |s_1 s_2 s_3 s_4\rangle$$
$$= \sum_{\beta_1,\beta_2} T^{\beta_1 \beta_2} |\beta_1\rangle \otimes |\beta_2\rangle \tag{5.52}$$

と表される．ただし

$$|\beta_j\rangle = \sum_{s_1,s_2} (w_j)_{\beta_j}^{s_1 s_2} |s_1 s_2\rangle \tag{5.53}$$

と定義した．一方，図 (b) にあるように，途中に disentangler を挿入したネットワークは

$$|\psi\rangle = \sum_{s_1,s_2,s_3,s_4} \sum_{\beta_1,\beta_2} \sum_{\gamma,\delta} (w_1)_{\beta_1}^{s_1 \gamma} (w_2)_{\beta_2}^{\delta s_4} D_{\gamma\delta}^{s_2 s_3} T^{\beta_1 \beta_2} |s_1 s_2 s_3 s_4\rangle \tag{5.54}$$

と表される．disentangler テンソルを次のように特異値分解することを考える．

$$D_{\gamma\delta}^{s_2 s_3} = D_{(\gamma s_2)(\delta s_3)} = \sum_{i=1}^{\chi} U_i(\gamma s_2) \sqrt{\lambda_i} V_i(\delta s_3) \tag{5.55}$$

このとき

$$|\beta_1\rangle_i = \sum_{s_1,s_2,\gamma} U_i(\gamma s_2) (w_1)_{\beta_1}^{s_1 \gamma} |s_1 s_2\rangle \tag{5.56}$$

$$\left|\bar{\beta}_2\right\rangle_i = \sum_{s_3,s_4,\delta} V_i(\delta s_3) (w_2)_{\beta_2}^{\delta s_4} |s_3 s_4\rangle \tag{5.57}$$

とおくと，状態ベクトルは

$$|\psi\rangle = \sum_{\beta_1,\beta_2} T^{\beta_1 \beta_2} \sum_{i=1}^{\chi} \sqrt{\lambda_i} |\beta_1\rangle_i \otimes \left|\bar{\beta}_2\right\rangle_i \tag{5.58}$$

と表される.したがって,くりこんだ有効サイト間に非自明な相関が生じている.このことで,くりこみ操作におけるサイトの取扱いの非対称性を緩和していることがわかる.このとき,disentangler の機能としては,相関を切るというよりは,むしろ単純な実空間くりこみによって失われてしまう量子相関をうまく取り入れるということであり,entangler とよぶのが最近の流儀である.

5.2.3 因果円錐

図 5.10 のグレーで示した領域あるいはその間の領域は因果円錐(causal cone)とよばれており[*1],言葉の意味どおり,着目しているオリジナルサイトを原因として生じるくりこみ後の状態を示している.したがって,二つの離れたサイト間の量子相関は,二つのコーン(円錐)が交わる領域の最小の距離で特徴づけられるといってよい.くりこみにより有効サイトは指数関数的に減少するので,2 サイト間の距離が L であれば,コーンが交わる層までの距離は $\log L$ のオーダーである.これが面積則の対数的破れと関係していることが期待される.

そこで,MERA ネットワークにおけるエンタングルメント・エントロピーのスケーリング関係式を考えよう.空間 1 次元系の量子臨界系に対しては,Calabrese-Cardy の公式より

$$S = \frac{1}{6}\mathcal{A}\log L + \gamma \tag{5.59}$$

また,2 次元以上では面積則が成り立って,

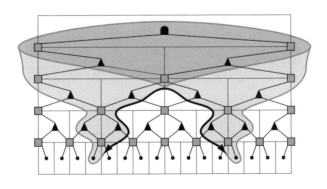

図 **5.10** 因果円錐

[*1] グレーで示した領域は包含的因果円錐(inclusive causal cone),その間の領域は排他的因果円錐(exclusive causal cone)とよばれる.

$$S \sim L^{d-1} \tag{5.60}$$

ということがさまざまな計算から確認されていることはすでに説明した．これを解釈するために，くりこみの各層がもとの領域 A とエンタングルしているはずであることに注目する．その場合には，各粗視化の層の境界の面積則（対数補正なし）をすべて足し上げることで，正しいエントロピーが計算されると期待される．つまり，因果円錐の境界面がエントロピーに寄与することになる．MERA ネットワークの各層は，エントロピーに対してそれぞれ等価な寄与を与えることが，実際に数値的に確かめられている．以上の結果は，拡張された空間でエンタングルメント・エントロピーに対する面積則を考えれば，対数補正をする必要がないことを示唆している．逆に，対数補正が必要ない系（ギャップのある系）では，単純に MPS や TPS をつくればよいので，ここまで複雑なことをする必要はない．

実際に，空間 1 次元系の場合で具体的に計算してみると，

$$S = \underbrace{1 + 1 + 1 + \cdots + 1}_{\log L \text{ 層}} \sim \log L \tag{5.61}$$

となり，対数補正が現れる．一方，空間 2 次元系の場合には，周長 L の正方形から出発すると

$$S_n = L + \frac{1}{2}L + \left(\frac{1}{2}\right)^2 L + \cdots + \left(\frac{1}{2}\right)^n L = 2L - \left(\frac{1}{2}\right)^n L \to 2L \tag{5.62}$$

また，3 次元系では，一辺 L の立方体から出発すると

$$S_n = 6L^2 + 6\left(\frac{1}{4}\right)L^2 + 6\left(\frac{1}{4}\right)^2 L^2 + \cdots \to 8L^2 \tag{5.63}$$

となり，確かに対数補正は現れず，面積則 $S \sim L^{d-1}$ を満たしている．この計算の連続版は，実は超弦理論で非常に重要で，笠-高柳の公式あるいはホログラフィック・エンタングルメント・エントロピーとよばれている（詳細は第 9 章で学習する）．

5.2.4 スケール不変 MERA の相関関数

MERA ネットワークにおけるエンタングルメント・エントロピーの性質が見えてきたので，続いて相関関数を調べよう[92]．相関関数の冪的振舞いや臨界指数を調べることが，臨界現象の理解にもっとも直接的だからである．ここでは，スケール不変 MERA ネットワークを考える．スケール不変 MERA（あるいは一様 MERA）とは，任意のレベルの isometry（計量を変えない変換，等長変換）

とdisentanglerテンソルが等価なネットワークであり，くりこみの固定点の情報を抽出するのに便利なネットワークである．ただし，以降の議論では，くりこみ群としての性質にのみ着目しており，正確にいうと，ネットワークの詳細（特にdisentanglerの存在）に依存しない大局的な性質を取り扱っているということに注意されたい．

MERAのくりこみのフローを粗視化された格子のシーケンス $L^{(0)} \to L^{(1)} \to \cdots \to L^{(w)} \to \cdots$ で特徴づける．$L^{(0)}$ がもとの格子である．もともと x および y において定義されていた二つのスケーリング演算子 $\phi_\alpha(x) = \phi_\alpha^{(0)}$, $\phi_\beta(y) = \phi_\beta^{(0)}$ が，粗視化のレベル w に至ったときの状態 $\phi_\alpha^{(w)}, \phi_\beta^{(w)}$ における2点相関関数を考える．

$$C_{\alpha\beta}^{(0)} = \left\langle \phi_\alpha^{(0)} \phi_\beta^{(0)} \right\rangle \to C_{\alpha\beta}^{(w)} = \left\langle \phi_\alpha^{(w)} \phi_\beta^{(w)} \right\rangle \tag{5.64}$$

ここで期待値の定義は，オリジナルのMERA $|\Psi\rangle$ による真空期待値である．すなわち

$$C_{\alpha\beta}^{(0)} = \langle \Psi | \phi_\alpha^{(0)} \phi_\beta^{(0)} | \Psi \rangle \tag{5.65}$$

および

$$C_{\alpha\beta}^{(w)} = \langle \Psi | \phi_\alpha^{(w)} \phi_\beta^{(w)} | \Psi \rangle = \left\langle \Psi^{(w)} \right| \phi_\alpha^{(w)} \phi_\beta^{(w)} \left| \Psi^{(w)} \right\rangle \tag{5.66}$$

であり，$\left|\Psi^{(w)}\right\rangle$ はレベル w 以下の層を縮約した波動関数である．isometryとdisentanglerがユニタリーなので，これは任意のレベルに対して成り立つ．くりこみによってサイトの情報はブロックスピンに変更されるので，サイトの添え字を明示的に書くことはしていないことに注意を要する．その物理的な意味については結果を見ながら述べる．ここで，レベル $w-1$ からレベル w にくりこみを行う演算 $S(\circ)$ を

$$S(\circ) = \sum_\alpha \lambda_\alpha \phi_\alpha \mathrm{Tr}\left(\phi_\alpha^* \circ\right) \tag{5.67}$$

と定義する．これは，シングルレベルのスケーリング超演算子とよばれている．系がスケール不変である場合，スケーリング超演算子はレベル w によらないと仮定する．ϕ_α^* は ϕ_α の双対演算子である．トレースは演算子の表現行列の空間で取り，次の関係式を仮定する．

$$\mathrm{Tr}\left(\phi_\alpha^* \phi_\beta\right) = \delta_{\alpha\beta} \tag{5.68}$$

この関係式は任意のスケールの演算子をもとのスケールの演算子で展開しているが，くりこまれて広がったスケールを表す演算子は，一般にもとの局所演算子の積で表されることが期待されるから，これは拡張された演算子積展開であるとも

いえる．具体的に $\circ \to \phi_\beta$ としてみると，

$$S(\phi_\beta) = \sum_\alpha \lambda_\alpha \phi_\alpha \text{Tr}(\phi_\alpha^* \phi_\beta) = \lambda_\beta \phi_\beta \tag{5.69}$$

となる．ここではシステムが離散的なので，連続系のスケーリング理論をそのまま応用しにくいのであるが，

$$S(\phi_\beta) = \lambda_\beta \phi_\beta = e^{-h_\beta} \phi_\beta, \quad h_\beta = -\log \lambda_\beta \tag{5.70}$$

と表せば，h_β がスケール次元を意味する．後の共形場理論の章で正確な定義を与えるが，一般には $z \to w(z)$ という変換に対して

$$\phi(w(z)) = \left(\frac{dw}{dz}\right)^{-h} \phi(z) \tag{5.71}$$

と変換する場合に，ϕ をプライマリー場，h を共形次元（スケール変換の場合には，スケール次元とよぶ）とよぶ．特に，スケール変換 $w = az$ の場合には $dw/dz = a$ となるから，上記の式は，格子を e 倍に引き伸ばすということを意味している．これは単に式をきれいに表現する都合であって，引き伸ばしは 2 倍でも 3 倍でもかまわない．2 倍のときのネットワークは binary MERA network，3 倍のときは ternary MERA network とよばれる．以上より，w 回のくりこみ操作を

$$\underbrace{S(S(\cdots S(\circ)))}_{w\,\text{回}} = S^{(w)}(\circ) \tag{5.72}$$

と表すと，

$$C_{\alpha\beta}^{(w)} = \left\langle \Psi^{(w)} \middle| S^w(\phi_\alpha(x)) S^w(\phi_\beta(y)) \middle| \Psi^{(w)} \right\rangle = (\lambda_\alpha \lambda_\beta)^w \tilde{C}_{\alpha\beta} \tag{5.73}$$

が得られる．ただし

$$\tilde{C}_{\alpha\beta} = \left\langle \Psi^{(w)} \middle| \phi_\alpha(x) \phi_\beta(y) \middle| \Psi^{(w)} \right\rangle \tag{5.74}$$

とおいた．ここで，変換

$$w = \log z \tag{5.75}$$

を行う．$C_{\alpha\beta}^{(w)}$ が z の関数であることを強調するために，$C_{\alpha\beta}^{(w)} \to C_{\alpha\beta}(z)$ と明示すると，

$$C_{\alpha\beta}(z) = (\lambda_\alpha \lambda_\beta)^{\log z} \tilde{C}_{\alpha\beta} = e^{-(h_\alpha + h_\beta)\log z} \tilde{C}_{\alpha\beta} = \frac{\tilde{C}_{\alpha\beta}}{z^\eta} \tag{5.76}$$

となる．ここで

$$\eta = h_\alpha + h_\beta \tag{5.77}$$

とおいた．われわれはくりこみ回数 w の関数を扱っていて，x と y の距離を明示的

に扱っていたわけではないのであるが, 式 (5.76) は 2 点間の距離が $z = |x-y| = L$ である場合の臨界系の相関関数の式そのものである. つまり, w 回くりこみ操作を行って, $\tilde{C}_{\alpha\beta}$ がある固定点値に収束したとすると, それはもともとサイト x およびサイト y から出発した因果円錐が融合して, くりこみの固定点に至ったということである. 式 (5.75) より $w = \log z = \log L$ となるため, 確かに得られた結果は, 距離 L の 2 点を MERA ネットワークでくりこんで, そのくりこみ回数が典型的に $\log L$ 回であるということを示していることがわかる.

5.2.5 有限温度 MERA

MERA ネットワークを有限温度に拡張するために, TFD を応用することができる[93]. L サイト系に対する TFD の状態は, 一般に

$$|\Psi\rangle = \sum_{\{m_j\}} \sum_{\{\tilde{n}_j\}} \Psi^{m_1 m_2 \cdots m_L \tilde{n}_1 \tilde{n}_2 \cdots \tilde{n}_L} |m_1 m_2 \cdots m_L \tilde{n}_1 \tilde{n}_2 \cdots \tilde{n}_L\rangle \quad (5.78)$$

と表すことができるが, 波動関数 $\Psi^{m_1 m_2 \cdots m_L \tilde{n}_1 \tilde{n}_2 \cdots \tilde{n}_L}$ を, テンソルの分解定理 (あるいは特異値分解) に基づいて次のように分解することを考える.

$$\Psi^{m_1 m_2 \cdots m_L \tilde{n}_1 \tilde{n}_2 \cdots \tilde{n}_L} = \sum_{\alpha=1}^{\chi} A_{\alpha}^{m_1 m_2 \cdots m_L} A_{\alpha}^{\tilde{n}_1 \tilde{n}_2 \cdots \tilde{n}_L} \quad (5.79)$$

ここで, A は χ 次元ベクトルで, これは非物理的な自由度を表す. この値がどのような意味をもつかということはこの後で考える. ベクトルの成分 α 以外の添え字 $m_1, m_2, \cdots, m_L$ が物理的なスピンの自由度である. もとの Hilbert 空間とチルダ空間が同型であることから, Ψ は同じ二つの A に分解される. ここで, $A_{\alpha}^{m_1 m_2 \cdots m_L}$ および $A_{\alpha}^{\tilde{n}_1 \tilde{n}_2 \cdots \tilde{n}_L}$ が, 絶対零度における通常の MERA が有限温度のために変形された結果生じたものと見る. 到達可能な最低エネルギースケールがその温度で制限されるので, 余分な添え字 α はそのことを表すものと考えられる.

具体的に, ベクトル A のテンソル分解について見てみよう. 1 次元量子臨界系に対しては, 図 5.11 のような分解が可能である. ここで, $A_{\alpha}^{m_1 m_2 \cdots m_L}$ は MERA 的なネットワークに分解されているが, IR 領域でトランケートされている. ベクトルの階数が χ だったので, 対称な γ と δ は $1, 2, \ldots, \sqrt{\chi}$ の範囲をとる.

以上の議論を一般的に表したものが, 図 5.12 である. 完全な MERA ネットワークの上部がトランケートされており, w^* 層のみからなる. 最下層の UV 極限を出発点として, w^* は 0 から数えると約束する. 図 5.12 では, 最上位層の

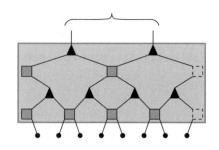

図 5.11 ベクトル $A_\alpha^{m_1 m_2 \cdots m_L}$ のテンソル分解. $\alpha \to (\gamma, \delta)$

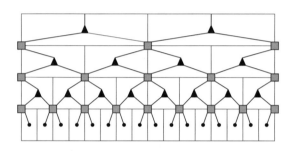

図 5.12 低エネルギー状態がトランケートされた MERA ネットワーク

isometry テンソルから 2 本のエンタングル・ボンドが出ているが,一般に,境界にある A 個の isometry のランクがそれぞれ m であるとすると,χ は
$$\chi = m^A \tag{5.80}$$
で与えられる.ここで,A はもとの系のサイト数 L を用いて
$$\frac{L}{2^{w^*}} = A \tag{5.81}$$
と表される.ところで,変数 χ は,もとの Hilbert 空間とチルダ空間のエンタングルメントの大きさと見ることができる.すなわち,そのエントロピーは
$$S^* = \log \chi \tag{5.82}$$
と見積もることができる.式 (5.80) と式 (5.81) をこの式に代入すると
$$S^* = A \log m = \frac{L}{2^{w^*}} \log m \tag{5.83}$$
が得られる.変数変換 $z = 2^w$ を行うと,式 (5.83) は
$$S^* = \frac{L}{z^*} \log m \tag{5.84}$$
と表される.ここで,$z^* = 2^{w^*}$ とした.後に述べるが,共形場理論で臨界点か

ら変形したときのエンタングルメント・エントロピーは

$$S_{EE} = \frac{c}{3} \log \left\{ \frac{\beta}{\pi\epsilon} \sinh\left(\frac{\pi L}{\beta}\right) \right\} \tag{5.85}$$

となることがわかっている．ここで，ϵ は UV カットオフである．$\beta \to \infty$ で展開すると

$$S_{EE} \simeq \frac{c}{3} \log\left(\frac{\beta}{2\pi\epsilon}\right) + \frac{c}{3} \frac{\pi L}{\beta} \tag{5.86}$$

となる．S^* と S_{EE} で L のオーダーを同一視すると

$$k_B T = \left(\frac{3}{c\pi} \log m\right) \frac{1}{z^*} \tag{5.87}$$

となることがわかる．すなわち，MERA ネットワークの上部をトランケートして z^* が小さくなるほど，温度の高い状況を表している．このことは，ネットワークの上部ほど低エネルギーの物理を記述していることを意味している．

最終的に，全波動関数は二つの等価なネットワークを接続させて構成される（図 5.13）．この構造は，AdS ブラックホールをもつ時空構造と対応することを後に見る．二つのネットワークの接続面がブラックホールのイベント・ホライズンである．サイズ L の部分系を囲む極小曲面を計算することによってエンタングル

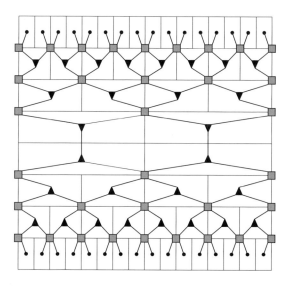

図 **5.13** 最大拡張された有限温度 MERA ネットワーク

メント・エントロピーを計算しようとする場合，熱化によるブラックホール生成に伴って，極小曲面の形状が変化し，極小曲面の一部がブラックホールのホライズンを覆うことがわかる．ここではその寄与を見ており，それは S^* と S_{EE} の比較において，L のオーダーを同一視したことに対応する．いま考えているネットワークは実効的に 2 次元的であるから，この寄与はブラックホール・エントロピーの面積則を表していることになる．

第 *6* 章

可積分系における余剰自由度の役割

いわゆる可解模型・可積分系の方法は，相互作用する量子系の厳密な性質を与える非常に貴重な方法である[94–102]．扱える空間次元が 1 次元であることなど限定的な面はあるが，摂動的な取扱いや近似計算では決して得られない情報を与える．これらは MPS と密接な関わりをもっており，本書の流れのなかで取り上げることは非常に意味深い．ここまでの MPS の導入法はどちらかというと数値計算向きであり，たとえば超弦理論専攻の方から見ればやや恣意的で，創発性に乏しいように映るかもしれない．そのあたりの事情をこの章では検討したい．加えて，これまで見てきた VBS 状態や超伝導状態，あるいは Laughlin 状態など，固体物理の重要な変分波動関数は，MPS で因子化される．この因子化の正当性を調べることも興味深いことである．しかし，Bethe 仮説法や Yang–Baxter 方程式は重要な数理物理の方法だと納得してはいても，とっつきにくさを感じている方が多いのではないだろうか．ここまで MPS や TPS を調べてきたことを基礎とすると，これらはクリアに理解できる．もう少し正確に言えば，可解模型の発展が先であり，最近の行列積，テンソル積はその現象論的位置づけにあると思われる．計算の詳細を丁寧に追うことで，その物理的意味が理解できるように話を進めよう．

6.1 座標的Bethe仮説法とその行列積表現

6.1.1 Bethe波動関数

はじめに，座標的 Bethe 仮説法とその行列積表現について述べ，この方法で記述されるエンタングルメントの特徴を見ていくことにする．1次元鎖（N サイト）上に定義された $S = 1/2$ 反強磁性 Heisenberg 模型を考える．ハミルトニアンは

$$H = J \sum_{i=1}^{N} \left(\vec{S}_i \cdot \vec{S}_{i+1} - \frac{1}{4} \right) \tag{6.1}$$

で与えられ（以降 $J = 1$ とする），$\vec{S} = (1/2)\vec{\sigma}$ である．後の便宜のために，定数項 $-1/4$ を導入した．以降では，周期境界条件

$$\vec{S}_{N+1} = \vec{S}_1 \tag{6.2}$$

を仮定する．すべてのサイトのスピンが↑である強磁性状態を真空（擬真空）

$$|\psi_0\rangle = |\uparrow\uparrow\cdots\uparrow\rangle = \begin{pmatrix} 1 \\ 0 \end{pmatrix} \otimes \cdots \otimes \begin{pmatrix} 1 \\ 0 \end{pmatrix} \tag{6.3}$$

とよぶことにする．昇降演算子を

$$S^{\pm} = S^x \pm iS^y \tag{6.4}$$

と表すと，ハミルトニアンは

$$H = \sum_{i=1}^{N} \left\{ \frac{1}{2} \left(S_i^+ S_{i+1}^- + S_i^- S_{i+1}^+ \right) + \left(S_i^z S_{i+1}^z - \frac{1}{4} \right) \right\} \tag{6.5}$$

となる．状態 $|\psi_0\rangle$ は最高ウェイト状態とよばれ，

$$S_j^+ |\psi_0\rangle = 0 \quad (j = 1, 2, \ldots, N) \tag{6.6}$$

を満たす．この状態はハミルトニアンの固有状態で，

$$H|\psi_0\rangle = E_0 |\psi_0\rangle, \quad E_0 = 0 \tag{6.7}$$

となる．サイト $n_1, \ldots, n_M$ ($1 \leq n_1 < \cdots < n_M \leq N$) 上の M 個のスピンが↓に反転した状態を

$$|n_1 \cdots n_M\rangle = S_{n_1}^- \cdots S_{n_M}^- |\psi_0\rangle \tag{6.8}$$

と表すと，一般的な状態ベクトルは次のように表される．

$$|\psi_M\rangle = \sum_{1 \leq n_1 < \cdots < n_M \leq N} \psi(n_1, \ldots, n_M) |n_1 \cdots n_M\rangle \tag{6.9}$$

ここで，波動関数 $\psi(n_1, \ldots, n_M)$ が

$$\psi(n_1,\ldots,n_M) = \sum_{P \in S_M} A(P) \exp\left(i \sum_{j=1}^{M} k_{P(j)} n_j\right)$$

$$= \sum_{P \in S_M} \exp\left(i \sum_{j=1}^{M} k_{P(j)} n_j + \frac{i}{2} \sum_{j<l}^{M} \theta(k_{P(j)}, k_{P(l)})\right) \quad (6.10)$$

と因子化される解を考え,これを Bethe 波動関数とよぶ. S_M は次数 M の置換群で,P はその要素である. j に対する置換操作 P を $P(j)$ と表す.

$$P = \begin{pmatrix} 1 & 2 & \cdots & M \\ P(1) & P(2) & \cdots & P(M) \end{pmatrix} \quad (6.11)$$

この方法でも置換演算が本質的であり,エンタングルメントの存在を暗に示している. $k_1,\ldots,k_M$ は異なる M 個の運動量であるが,Bethe 波動関数が正しい解になるように自己無撞着に決める. このため,通常の結晶運動量とは異なって,相互作用の効果が取り込まれているので,擬運動量とよばれる. 波動関数に周期境界条件を課すと,たとえば

$$\psi(n_1,\ldots,n_M) = \psi(n_2,\ldots,n_M, n_1 + N) \quad (6.12)$$

が成立しなければならない. 一連のシフト条件から,擬運動量 $k_{P(1)},\ldots,k_{P(M)}$ と展開係数 $A(P)$ に関する条件が決まる.

6.1.2 行列積表現とそのエンタングルメント構造 ─────

具体的に問題を解く前に,Bethe 波動関数に隠れたエンタングルメント構造を見ておこう. そのために,Bethe 波動関数が行列積と同等のものであることを証明しよう. この方法を行列積仮説解 (matrix product ansatz, MPA) とよぶ. この方法は(別の模型に対してであるが),Alcaraz と Lazo によって 2006 年の論文において導入された [103-105]. たとえば 2 粒子の場合,Bethe 波動関数を以下のように因子化することを考える.

$$|\psi_\Omega\rangle = \sum_{1 \le x_1 \le x_2 \le L} \psi_\Omega(x_1, x_2) |x_1, x_2\rangle \quad (6.13)$$

$$\psi_\Omega(x_1, x_2) = \mathrm{Tr}\left(E^{x_1-1} A E^{x_2-x_1-1} A E^{L-x_2} \Omega\right) \quad (6.14)$$

ここで,2 粒子は x_1 および x_2 の位置にあるものとし,そのサイトには散乱・位相シフトを表す行列 A,粒子がないサイトには行列 E を配置している. 行列次元がどのような物理的意味をもっているかはこの後で考える. Ω は適当な境界演算

子である．これが厳密解になるように，A と E の満たす条件を見出すことが目的である．n 粒子系への一般化は容易で，

$$\psi_\Omega(x_1, \ldots, x_n) = \text{Tr}\left(E^{x_1-1} A E^{x_2-x_1-1} A \cdots E^{x_n-x_{n-1}-1} A E^{L-x_n} \Omega\right) \tag{6.15}$$

であるので，以降では 2 粒子の散乱について詳しく述べる．

行列 E と A は，以下の非可換な代数に従うと仮定してみる．

$$A = \sum_{j=1}^{2} A_{k_j} E \tag{6.16}$$

$$E A_{k_j} = e^{ik_j} A_{k_j} E \tag{6.17}$$

$$A_{k_1} A_{k_1} = A_{k_2} A_{k_2} = 0 \tag{6.18}$$

$$A_{k_2} A_{k_1} = s(k_2, k_1) A_{k_1} A_{k_2} \tag{6.19}$$

ここで，$s(k_2, k_1)$ は散乱行列とよばれる．境界条件は

$$E\Omega = e^{-ip} \Omega E \tag{6.20}$$

ととる．ここで，擬運動量の和を

$$p = \sum_{j=1}^{2} k_j \tag{6.21}$$

と表した．式 (6.17) は並進操作，式 (6.18) は最大・最小ウェイト状態の自然な表現，式 (6.19) は 2 体散乱を表す．したがって，多少天下り的な感はあるが，おそらく自然な仮定であろう．式 (6.19) は $q = s(k_2, k_1)$ とするとき $[A_{k_2}, A_{k_1}]_q = A_{k_2} A_{k_1} - q A_{k_1} A_{k_2} = 0$ と表され，q-交換関係 とよばれる．

以上の交換関係が成り立つとき，ψ は明らかに Bethe 波動関数になることがわかる．実際に，以下のような変形が可能である．

$$\psi = \text{Tr}\left(E^{x_1-1} \sum_{j=1}^{2} A_{k_j} E^{x_2-x_1} \sum_{l=1}^{2} A_{k_l} E^{L-x_2+1} \Omega\right)$$

$$= \text{Tr}\left(\sum_{j=1}^{2} e^{ik_j(x_1-1)} A_{k_j} E^{x_2-1} \sum_{l=1}^{2} A_{k_l} E^{L-x_2+1} \Omega\right)$$

$$= \text{Tr}\left(\sum_{j=1}^{2} e^{ik_j(x_1-1)} A_{k_j} \sum_{l=1}^{2} e^{ik_l(x_2-1)} A_{k_l} E^{L} \Omega\right)$$

$$= \text{Tr}\left\{\left(e^{ik_1(x_1-1)} A_{k_1} + e^{ik_2(x_1-1)} A_{k_2}\right)\right.$$

$$\times \left(e^{ik_1(x_2-1)}A_{k_1} + e^{ik_2(x_2-1)}A_{k_2}\right)E^L\Omega\Big\}$$
$$= \mathrm{Tr}\left\{\left(e^{ik_1(x_1-1)}e^{ik_2(x_2-1)}A_{k_1}A_{k_2} + e^{ik_2(x_1-1)}e^{ik_1(x_2-1)}A_{k_2}A_{k_1}\right)E^L\Omega\right\}$$
$$= \mathrm{Tr}\left(A_{k_1}A_{k_2}E^L\Omega\right)e^{-ip}\left\{e^{i(k_1x_1+k_2x_2)} + s(k_2,k_1)e^{i(k_2x_1+k_1x_2)}\right\} \quad (6.22)$$

一般の M 個の↓スピンの場合にもすべての置換の要素が現れ，同じ計算が実行できる．

式 (6.16)〜(6.19) を満足する E および A の行列表示は

$$\begin{pmatrix} a & 0 \\ 0 & b \end{pmatrix}\begin{pmatrix} 0 & 1 \\ 0 & 0 \end{pmatrix} = a\begin{pmatrix} 0 & 1 \\ 0 & 0 \end{pmatrix} \quad (6.23)$$

$$\begin{pmatrix} 0 & 1 \\ 0 & 0 \end{pmatrix}\begin{pmatrix} a & 0 \\ 0 & b \end{pmatrix} = b\begin{pmatrix} 0 & 1 \\ 0 & 0 \end{pmatrix} \quad (6.24)$$

$$\begin{pmatrix} 0 & 1 \\ 0 & 0 \end{pmatrix}\begin{pmatrix} 0 & 1 \\ 0 & 0 \end{pmatrix} = \begin{pmatrix} 0 & 0 \\ 0 & 0 \end{pmatrix} \quad (6.25)$$

という関係（スピンの昇降演算子に対応）を考慮して，

$$E = \begin{pmatrix} 1 & 0 \\ 0 & e^{-ik_1} \end{pmatrix} \otimes \begin{pmatrix} 1 & 0 \\ 0 & e^{-ik_2} \end{pmatrix}$$
$$= \begin{pmatrix} 1 & 0 & 0 & 0 \\ 0 & e^{-ik_2} & 0 & 0 \\ 0 & 0 & e^{-ik_1} & 0 \\ 0 & 0 & 0 & e^{-i(k_1+k_2)} \end{pmatrix} \quad (6.26)$$

$$A_{k_1} = \begin{pmatrix} 0 & 1 \\ 0 & 0 \end{pmatrix} \otimes \begin{pmatrix} 1 & 0 \\ 0 & 1 \end{pmatrix} = \begin{pmatrix} 0 & 0 & 1 & 0 \\ 0 & 0 & 0 & 1 \\ 0 & 0 & 0 & 0 \\ 0 & 0 & 0 & 0 \end{pmatrix} \quad (6.27)$$

$$A_{k_2} = \begin{pmatrix} s(k_2,k_1) & 0 \\ 0 & 1 \end{pmatrix} \otimes \begin{pmatrix} 0 & 1 \\ 0 & 0 \end{pmatrix} = \begin{pmatrix} 0 & s(k_2,k_1) & 0 & 0 \\ 0 & 0 & 0 & 0 \\ 0 & 0 & 0 & 1 \\ 0 & 0 & 0 & 0 \end{pmatrix}$$
$$(6.28)$$

6.1 座標的 Bethe 仮説法とその行列積表現

$$\Omega = \begin{pmatrix} 0 & 0 \\ 1 & 0 \end{pmatrix} \otimes \begin{pmatrix} 0 & 0 \\ 1 & 0 \end{pmatrix} = \begin{pmatrix} 0 & 0 & 0 & 0 \\ 0 & 0 & 0 & 0 \\ 0 & 0 & 0 & 0 \\ 1 & 0 & 0 & 0 \end{pmatrix} \quad (6.29)$$

と取ることができる．行列 A は↓スピンを生成するので S^- が現れるとわかりやすいが，上の式では S^+ の形が表れていることに注意する．詳しく言うと，この表現は境界演算子 Ω の取り方に依存しており，他節との整合性のために上記のような表現を採用している．Bethe 波動関数は，E の形からわかるように，まず個々の励起モードを平面波で展開し，その後にそれらの散乱を A_{k_1}, A_{k_2} によってエンタングルメントという形で取り入れている．実際に散乱行列 $s(k_2, k_1)$ が A_{k_2} の非対角要素に入っていることからそれがわかる．直接の行列演算で $\psi_\Omega(x_1, x_2)$ を評価すると

$$\psi_\Omega(x_1, x_2) = e^{-ip(L+1)} \mathrm{Tr} \begin{pmatrix} e^{i(k_1 x_1 + k_2 x_2)} + s(k_2, k_1) e^{i(k_1 x_2 + k_2 x_1)} & 0 & 0 & 0 \\ 0 & 0 & 0 & 0 \\ 0 & 0 & 0 & 0 \\ 0 & 0 & 0 & 0 \end{pmatrix} \quad (6.30)$$

のように，Bethe 波動関数が得られる．

一般の M 個の↓スピンの場合の代数とその行列表示をまとめると，以下のとおりになる．

$$A = \sum_{j=1}^{M} A_{k_j} E \quad (6.31)$$

$$E A_{k_j} = e^{ik_j} A_{k_j} E \quad (6.32)$$

$$A_{k_j} A_{k_j} = 0 \quad (j = 1, 2, \ldots, M) \quad (6.33)$$

$$A_{k_j} A_{k_l} = s(k_j, k_l) A_{k_l} A_{k_j} \quad (j \neq l) \quad (6.34)$$

$$E\Omega = e^{-ip} \Omega E \quad (6.35)$$

$$E = \begin{pmatrix} 1 & 0 \\ 0 & e^{-ik_1} \end{pmatrix} \otimes \cdots \otimes \begin{pmatrix} 1 & 0 \\ 0 & e^{-ik_M} \end{pmatrix} \quad (6.36)$$

$$A_{k_j} = \underbrace{\begin{pmatrix} s(k_j, k_1) & 0 \\ 0 & 1 \end{pmatrix} \otimes \cdots \otimes \begin{pmatrix} s(k_j, k_{j-1}) & 0 \\ 0 & 1 \end{pmatrix}}_{(j-1)\text{個}}$$

$$\otimes \begin{pmatrix} 0 & 1 \\ 0 & 0 \end{pmatrix} \otimes \underbrace{\begin{pmatrix} 1 & 0 \\ 0 & 1 \end{pmatrix} \otimes \cdots \otimes \begin{pmatrix} 1 & 0 \\ 0 & 1 \end{pmatrix}}_{(M-j)\text{個}} \quad (6.37)$$

$$\Omega = \underbrace{\begin{pmatrix} 0 & 0 \\ 1 & 0 \end{pmatrix} \otimes \cdots \otimes \begin{pmatrix} 0 & 0 \\ 1 & 0 \end{pmatrix}}_{M\text{個}} \quad (6.38)$$

行列積の構造とそれが内包するエンタングルメントは，量子可解系の立場から基礎づけされていることがわかる．それにより，テンソル積状態やエンタングルメントくりこみ群などの一連のエンタングルメント制御型変分理論は，非常に有用な方法であると改めて確認できる．

E, A_{k_j} の行列表示は，その次元が $\chi = 2^M$ である．したがって，系のもつエンタングルメント・エントロピーの上限は，

$$S \leq \log \chi = M \log 2 \quad (6.39)$$

程度である．$S \sim M$ であることは，Calabrese–Cardy の公式 $S = (c/3) \log L$ におけるセントラル・チャージ c の存在を予感させるものになっている．なぜかというと，セントラル・チャージ c は大雑把には励起されるボソンの成分数と考えればよいからである（フェルミオンはその半分と考える）．

上記のように，$M = 2$ の場合の E, A_{k_1}, A_{k_2} に含まれるテンソル積を具体的に評価して 4×4 行列として表すと，ゼロである成分が非常に多い．したがって，次元が過剰であるように見えるが，散乱データ $s(k_2, k_1)$ が非対角に入っているので，次元の縮約は難しい．MPS による変分最適化では，このような事情を背景として，最適な χ が決まってくると考えられる．なお，二つの平面波の散乱という意味では，

$$\psi = \begin{pmatrix} e^{ik_1x_1} & e^{ik_2x_1} \end{pmatrix} \begin{pmatrix} 0 & S_{12} \\ S_{21} & 0 \end{pmatrix} \begin{pmatrix} e^{ik_1x_2} \\ e^{ik_2x_2} \end{pmatrix} \quad (6.40)$$

あるいは

$$\psi = \operatorname{Tr}\left\{ \begin{pmatrix} 0 & e^{ik_1x_1} \\ e^{ik_2x_1} & 0 \end{pmatrix} \begin{pmatrix} 0 & S_{21}e^{ik_1x_2} \\ S_{12}e^{ik_2x_2} & 0 \end{pmatrix} \right\}$$

$$= \text{Tr}\left\{\begin{pmatrix} 0 & e^{ik_1 x_1} \\ e^{ik_2 x_1} & 0 \end{pmatrix}\begin{pmatrix} 1 & 0 \\ 0 & S_{12} \end{pmatrix}\right.$$
$$\left.\times \begin{pmatrix} 0 & e^{ik_1 x_2} \\ e^{ik_2 x_2} & 0 \end{pmatrix}\begin{pmatrix} 1 & 0 \\ 0 & S_{21} \end{pmatrix}\right\} \tag{6.41}$$

などのコンパクトな分解はすぐに見出すことができる．しかし，$M = 2, 3$ でこのような分解をつくることは可能であるが，$M = 4$ になると自由度が足りないことがわかる．おそらく，エンタングルメント・エントロピーのスケール性を考慮に入れて行列次元を設定する必要があると考えられる．

6.1.3 エネルギー固有値と Bethe 方程式

座標 Bethe 仮説法に戻って，具体的に Bethe 関数がある条件（Bethe 方程式）のもとに Heisenberg 模型の解になることを見ていく．MPA で計算しても同様の結果が得られるので，各自試みられたい．

■ $M = 1$ の場合

↓スピンが 1 個の場合，↓スピン間の相互作用はないから，平面波
$$\psi(n) = A e^{ikn} \tag{6.42}$$
の重ね合わせとなる．このとき，周期境界条件は
$$e^{ik(N+1)} = e^{ik} \rightarrow e^{ikN} = 1 \tag{6.43}$$
となる．すなわち，波数は $k = 2m\pi/N$（$m = 0, 1, \ldots, N-1$）と量子化される．ハミルトニアンを $|\psi_1\rangle$ に作用させると，ノンゼロの項は
$$\sum_i S_i^+ S_{i+1}^- |n\rangle = S_n^+ S_{n+1}^- |n\rangle = |n+1\rangle \tag{6.44}$$
$$\sum_i S_i^- S_{i+1}^+ |n\rangle = S_{n-1}^- S_n^+ |n\rangle = |n-1\rangle \tag{6.45}$$
$$\sum_i \left(S_i^z S_{i+1}^z - \frac{1}{4}\right)|n\rangle = \left(S_{n-1}^z S_n^z - \frac{1}{4} + S_n^z S_{n+1}^z - \frac{1}{4}\right)|n\rangle$$
$$= 2\left(-\frac{1}{2}\right)|n\rangle \tag{6.46}$$
なので，$\psi(n \pm 1) = e^{\pm ik}\psi(n)$ より
$$H|\psi_1\rangle = \sum_{i=1}^N \left\{\frac{1}{2}\left(S_i^+ S_{i+1}^- + S_i^- S_{i+1}^+\right) + \left(S_i^z S_{i+1}^z - \frac{1}{4}\right)\right\} \sum_{1 \leq n \leq N} \psi(n)|n\rangle$$

$$= \sum_{1 \le n \le N} \psi(n) \left\{ \frac{1}{2} (|n+1\rangle + |n-1\rangle) - |n\rangle \right\}$$

$$= \sum_{1 \le n \le N} \left[\frac{1}{2} \{\psi(n-1) + \psi(n+1)\} - \psi(n) \right] |n\rangle$$

$$= (\cos k - 1) |\psi_1\rangle \tag{6.47}$$

となる.ここで $|N+1\rangle = |1\rangle$ とした.したがって,$|\psi_1\rangle$ はたしかに固有関数で,それに対する固有値 E_1 は

$$E_1 = \cos k - 1 \tag{6.48}$$

となる.

■ $M = 2$ の場合

↓スピンが 2 個の場合,↓スピン間の衝突が完全弾性的だと,運動量の交換が起こって

$$|\psi\rangle = \sum_{1 \le n_1 < n_2 \le N} \psi(n_1, n_2) |n_1, n_2\rangle \tag{6.49}$$

$$\psi(n_1, n_2) = A(12) \exp(ik_1 n_1 + ik_2 n_2) + A(21) \exp(ik_2 n_1 + ik_1 n_2) \tag{6.50}$$

となる.係数が散乱行列に対応する.周期境界条件は

$$\psi(n_1, n_2) = \psi(n_2, N + n_1) \tag{6.51}$$

となるが,右辺は以下のように変形できる.

$$\psi(n_2, N + n_1) = A(12) \exp(ik_1 n_2 + ik_2(N + n_1))$$
$$+ A(21) \exp(ik_2 n_2 + ik_1(N + n_1))$$
$$= A(12) e^{ik_2 N} \exp(ik_1 n_2 + ik_2 n_1)$$
$$+ A(21) e^{ik_1 N} \exp(ik_2 n_2 + ik_1 n_1) \tag{6.52}$$

したがって,これが左辺に一致するためには

$$A(21) e^{ik_1 N} = A(12) \tag{6.53}$$

$$A(12) e^{ik_2 N} = A(21) \tag{6.54}$$

となる必要がある.

次に,固有エネルギーの計算を行う.固有方程式は $H|\psi\rangle = E_2 |\psi\rangle$ である.この計算のためには,二つの↓スピンが離れているとき ($n_1 + 1 < n_2$) の条件

$$E_2 \psi(n_1, n_2) = 4 \left(-\frac{1}{2} \right) \psi(n_1, n_2)$$

$$+ \frac{1}{2} \{\psi(n_1-1, n_2) + \psi(n_1+1, n_2)\}$$
$$+ \frac{1}{2} \{\psi(n_1, n_2-1) + \psi(n_1, n_2+1)\} \tag{6.55}$$

を用いる．ここに Bethe 関数を代入すると

$$E_2 \psi(n_1, n_2) = -2\psi(n_1, n_2)$$
$$+ \frac{1}{2} \left\{ e^{-ik_1} A(12) e^{ik_1 n_1 + ik_2 n_2} + e^{-ik_2} A(21) e^{ik_1 n_2 + ik_2 n_1} \right\}$$
$$+ \frac{1}{2} \left\{ e^{ik_1} A(12) e^{ik_1 n_1 + ik_2 n_2} + e^{ik_2} A(21) e^{ik_1 n_2 + ik_2 n_1} \right\}$$
$$+ \frac{1}{2} \left\{ e^{-ik_2} A(12) e^{ik_1 n_1 + ik_2 n_2} + e^{-ik_1} A(21) e^{ik_1 n_2 + ik_2 n_1} \right\}$$
$$+ \frac{1}{2} \left\{ e^{ik_2} A(12) e^{ik_1 n_1 + ik_2 n_2} + e^{ik_1} A(21) e^{ik_1 n_2 + ik_2 n_1} \right\}$$
$$= (\cos k_1 + \cos k_2 - 2) \psi(n_1, n_2) \tag{6.56}$$

が得られる．したがって，固有エネルギーは

$$E_2 = \cos k_1 + \cos k_2 - 2 \tag{6.57}$$

となる．

一方，二つの↓スピンが隣り合っているとき（$n_1 + 1 = n_2$）の条件から，波数を決めるための条件が現れる．具体的にハミルトニアンを Bethe 状態に作用すると

$$E_2 \psi(n_1, n_2) = 2\left(-\frac{1}{2}\right)\psi(n_1, n_2) + \frac{1}{2}\{\psi(n_1-1, n_2) + \psi(n_1, n_2+1)\} \tag{6.58}$$

となるので，

$$2(E_2 + 1)\psi(n_1, n_2) = \psi(n_1-1, n_2) + \psi(n_1, n_2+1) \tag{6.59}$$

と変形して，固有エネルギーと Bethe 波動関数を代入すると

$$(\text{左辺}) = 2(\cos k_1 + \cos k_2 - 1)\left\{A(12)e^{ik_1 n_1 + ik_2 n_2} + A(21)e^{ik_1 n_2 + ik_2 n_1}\right\}$$
$$= 2(\cos k_1 + \cos k_2 - 1)$$
$$\times \left\{A(12)e^{ik_1 n_1 + ik_2(n_1+1)} + A(21)e^{ik_1(n_1+1)+ik_2 n_1}\right\}$$
$$= 2(\cos k_1 + \cos k_2 - 1)\left\{A(12)e^{ik_2} + A(21)e^{ik_1}\right\}e^{i(k_1+k_2)n_1} \tag{6.60}$$

および

$$(\text{右辺}) = A(12)e^{ik_1(n_1-1)+ik_2 n_2} + A(21)e^{ik_1 n_2 + ik_2(n_1-1)}$$
$$+ A(12)e^{ik_1 n_1 + ik_2(n_2+1)} + A(21)e^{ik_1(n_2+1)+ik_2 n_1}$$

$$= A(12)e^{ik_1(n_1-1)+ik_2(n_1+1)} + A(21)e^{ik_1(n_1+1)+ik_2(n_1-1)}$$
$$+A(12)e^{ik_1 n_1+ik_2(n_1+2)} + A(21)e^{ik_1(n_1+2)+ik_2 n_1}$$
$$= e^{i(k_1+k_2)n_1}\left\{e^{ik_2}A(12)\left(e^{-ik_1}+e^{ik_2}\right)+e^{ik_1}A(21)\left(e^{ik_1}+e^{-ik_2}\right)\right\} \tag{6.61}$$

が得られる．両辺を比べると

$$2\left(\cos k_1 + \cos k_2 - 1\right)\left\{A(12)e^{ik_2}+A(21)e^{ik_1}\right\}$$
$$= e^{ik_2}A(12)\left(e^{-ik_1}+e^{ik_2}\right)+e^{ik_1}A(21)\left(e^{ik_1}+e^{-ik_2}\right) \tag{6.62}$$

となるので，これを整理すると

$$A(12)e^{ik_2}\left(e^{ik_1}+e^{-ik_2}-2\right)+A(21)e^{ik_1}\left(e^{-ik_1}+e^{ik_2}-2\right)=0 \tag{6.63}$$

となる．あるいは

$$\sum_{P \in S_2} A(P)\left\{1+e^{i(k_{P(1)}+k_{P(2)})}-2e^{ik_{P(2)}}\right\}=0 \tag{6.64}$$

とも表せる．以上より

$$\frac{A(21)}{A(12)}=(-1)\frac{1+e^{i(k_1+k_2)}-2e^{ik_2}}{1+e^{i(k_1+k_2)}-2e^{ik_1}} \tag{6.65}$$

となる．

この式と境界条件とを連立すると，Bethe 方程式

$$e^{ik_1 N}=(-1)\frac{1+e^{i(k_1+k_2)}-2e^{ik_1}}{1+e^{i(k_1+k_2)}-2e^{ik_2}} \tag{6.66}$$

$$e^{ik_2 N}=(-1)\frac{1+e^{i(k_1+k_2)}-2e^{ik_2}}{1+e^{i(k_1+k_2)}-2e^{ik_1}} \tag{6.67}$$

が得られ，これらの方程式を解けば，擬運動量が求まる．

より簡便な計算法としては，次のように考えればよい．式 (6.55) は，任意の n_1, n_2 に対して自動的に固有関数としての条件を満たしている．そこで，自動的には固有関数の条件を備えていない式 (6.58) が式 (6.55) と対応するように

$$2\psi(n_1, n_1+1) = \psi(n_1+1, n_1+1) + \psi(n_1, n_1) \tag{6.68}$$

を必要条件として課すと，Bethe 方程式が再現できる．$M \geq 3$ の関係式は複雑なので，以降ではこちらの条件を用いる．

■ $M=3$ の場合

Bethe 波動関数は

$$\psi(n_1, n_2, n_3) = A(123)\exp\left(ik_1 n_1 + ik_2 n_2 + ik_3 n_3\right)$$

$$+ A(132) \exp\left(ik_1 n_1 + ik_3 n_2 + ik_2 n_3\right)$$
$$+ A(213) \exp\left(ik_2 n_1 + ik_1 n_2 + ik_3 n_3\right)$$
$$+ A(231) \exp\left(ik_2 n_1 + ik_3 n_2 + ik_1 n_3\right)$$
$$+ A(312) \exp\left(ik_3 n_1 + ik_1 n_2 + ik_2 n_3\right)$$
$$+ A(321) \exp\left(ik_3 n_1 + ik_2 n_2 + ik_1 n_3\right) \tag{6.69}$$

となる．周期境界条件は
$$\psi(n_1, n_2, n_3) = \psi(n_2, n_3, N + n_1) \tag{6.70}$$
となるが，右辺は以下のように変形できる．

$$\psi(n_2, n_3, N + n_1) = A(123) \exp\left(ik_1 n_2 + ik_2 n_3 + ik_3 n_1\right) e^{ik_3 N}$$
$$+ A(132) \exp\left(ik_1 n_2 + ik_3 n_3 + ik_2 n_1\right) e^{ik_2 N}$$
$$+ A(213) \exp\left(ik_2 n_2 + ik_1 n_3 + ik_3 n_1\right) e^{ik_3 N}$$
$$+ A(231) \exp\left(ik_2 n_2 + ik_3 n_3 + ik_1 n_1\right) e^{ik_1 N}$$
$$+ A(312) \exp\left(ik_3 n_2 + ik_1 n_3 + ik_2 n_1\right) e^{ik_2 N}$$
$$+ A(321) \exp\left(ik_3 n_2 + ik_2 n_3 + ik_1 n_1\right) e^{ik_1 N} \tag{6.71}$$

したがって，これが左辺に一致するためには
$$A(231) e^{ik_1 N} = A(123) \tag{6.72}$$
$$A(321) e^{ik_1 N} = A(132) \tag{6.73}$$
$$A(132) e^{ik_2 N} = A(213) \tag{6.74}$$
$$A(312) e^{ik_2 N} = A(231) \tag{6.75}$$
$$A(123) e^{ik_3 N} = A(312) \tag{6.76}$$
$$A(213) e^{ik_3 N} = A(321) \tag{6.77}$$

となる必要がある．たとえば，$A(231) e^{ik_1 N} = A(123)$ を見るとわかるように，波数 k_1 の添え字は (231) を右向きに巡回置換した後の (123) の先頭番号である．

固有エネルギーは，三つの ↓ スピンが離れているときの条件

$$E_3 \psi(n_1, n_2, n_3) = 6\left(-\frac{1}{2}\right) \psi(n_1, n_2, n_3)$$
$$+ \frac{1}{2} \{\psi(n_1 - 1, n_2, n_3) + \psi(n_1 + 1, n_2, n_3)\}$$
$$+ \frac{1}{2} \{\psi(n_1, n_2 - 1, n_3) + \psi(n_1, n_2 + 1, n_3)\}$$

$$+ \frac{1}{2}\{\psi(n_1, n_2, n_3 - 1) + \psi(n_1, n_2, n_3 + 1)\} \quad (6.78)$$

から

$$E_3 = \cos k_1 + \cos k_2 + \cos k_3 - 3 \quad (6.79)$$

と決まる．したがって，擬運動量を決める条件を調べることが必要である．これは三つのスピンが隣り合っているとき $(n_1 + 1 = n_2, n_2 + 1 = n_3)$

$$E_3 \psi(n_1, n_2, n_3) = 2\left(-\frac{1}{2}\right)\psi(n_1, n_2, n_3)$$
$$+ \frac{1}{2}\{\psi(n_1 - 1, n_2, n_3) + \psi(n_1, n_2, n_3 + 1)\} \quad (6.80)$$

と，二つのスピンが隣り合っているとき $(n_1 + 1 = n_2)$

$$E_3 \psi(n_1, n_2, n_3) = 4\left(-\frac{1}{2}\right)\psi(n_1, n_2, n_3)$$
$$+ \frac{1}{2}\{\psi(n_1 - 1, n_2, n_3) + \psi(n_1, n_2 + 1, n_3)\}$$
$$+ \frac{1}{2}\{\psi(n_1, n_2, n_3 - 1) + \psi(n_1, n_2, n_3 + 1)\} \quad (6.81)$$

および $(n_2 + 1 = n_3)$

$$E_3 \psi(n_1, n_2, n_3) = 4\left(-\frac{1}{2}\right)\psi(n_1, n_2, n_3)$$
$$+ \frac{1}{2}\{\psi(n_1 - 1, n_2, n_3) + \psi(n_1 + 1, n_2, n_3)\}$$
$$+ \frac{1}{2}\{\psi(n_1, n_2 - 1, n_3) + \psi(n_1, n_2, n_3 + 1)\} \quad (6.82)$$

の条件からくる．

式 (6.81), (6.82) は式 (6.78) と対応していなければならないから，各右辺を比較して

$$2\psi(n_1, n_1 + 1, n_3) = \psi(n_1 + 1, n_1 + 1, n_3) + \psi(n_1, n_1, n_3) \quad (6.83)$$

$$2\psi(n_1, n_2, n_2 + 1) = \psi(n_1, n_2 + 1, n_2 + 1) + \psi(n_1, n_2, n_2) \quad (6.84)$$

という条件があればよい．この条件を課しておけば，式 (6.80) は自動的に満たされる．たとえば，式 (6.83) の両辺は具体的に以下のようになっている．

$$\psi(n_1, n_1 + 1, n_3) = A(123)e^{ik_2}e^{i(k_1 n_1 + k_2 n_1 + k_3 n_3)}$$
$$+ A(132)e^{ik_3}e^{i(k_1 n_1 + k_3 n_1 + k_2 n_3)}$$
$$+ A(213)e^{ik_1}e^{i(k_2 n_1 + k_1 n_1 + k_3 n_3)}$$

6.1 座標的 Bethe 仮説法とその行列積表現

$$+ A(231)e^{ik_3}e^{i(k_2n_1+k_3n_1+k_1n_3)}$$
$$+ A(312)e^{ik_1}e^{i(k_3n_1+k_1n_1+k_2n_3)}$$
$$+ A(321)e^{ik_2}e^{i(k_3n_1+k_2n_1+k_1n_3)} \quad (6.85)$$

$$\psi(n_1+1, n_1+1, n_3) = A(123)e^{i(k_1+k_2)}e^{i(k_1n_1+k_2n_1+k_3n_3)}$$
$$+ A(132)e^{i(k_1+k_3)}e^{i(k_1n_1+k_3n_1+k_2n_3)}$$
$$+ A(213)e^{i(k_2+k_1)}e^{i(k_2n_1+k_1n_1+k_3n_3)}$$
$$+ A(231)e^{i(k_2+k_3)}e^{i(k_2n_1+k_3n_1+k_1n_3)}$$
$$+ A(312)e^{i(k_3+k_1)}e^{i(k_3n_1+k_1n_1+k_2n_3)}$$
$$+ A(321)e^{i(k_3+k_2)}e^{i(k_3n_1+k_2n_1+k_1n_3)} \quad (6.86)$$

$$\psi(n_1, n_1, n_3) = A(123)e^{i(k_1n_1+k_2n_1+k_3n_3)} + A(132)e^{i(k_1n_1+k_3n_1+k_2n_3)}$$
$$+ A(213)e^{i(k_2n_1+k_1n_1+k_3n_3)} + A(231)e^{i(k_2n_1+k_3n_1+k_1n_3)}$$
$$+ A(312)e^{i(k_3n_1+k_1n_1+k_2n_3)} + A(321)e^{i(k_3n_1+k_2n_1+k_1n_3)}$$
$$(6.87)$$

ここで

$$A(123)\left(1+e^{i(k_1+k_2)}-2e^{ik_2}\right) + A(213)\left(1+e^{i(k_2+k_1)}-2e^{ik_1}\right) = 0 \quad (6.88)$$

$$A(132)\left(1+e^{i(k_1+k_3)}-2e^{ik_3}\right) + A(312)\left(1+e^{i(k_3+k_1)}-2e^{ik_1}\right) = 0 \quad (6.89)$$

$$A(231)\left(1+e^{i(k_2+k_3)}-2e^{ik_3}\right) + A(321)\left(1+e^{i(k_3+k_2)}-2e^{ik_2}\right) = 0 \quad (6.90)$$

が成り立っていれば，式 (6.83) および式 (6.84) が満たされる．同様に，式 (6.84) に関しては

$$\psi(n_1, n_2, n_2+1) = A(123)e^{ik_3}e^{i(k_1n_1+k_2n_2+k_3n_2)}$$
$$+ A(132)e^{ik_2}e^{i(k_1n_1+k_3n_2+k_2n_2)}$$
$$+ A(213)e^{ik_3}e^{i(k_2n_1+k_1n_2+k_3n_2)}$$
$$+ A(231)e^{ik_1}e^{i(k_2n_1+k_3n_2+k_1n_2)}$$
$$+ A(312)e^{ik_2}e^{i(k_3n_1+k_1n_2+k_2n_2)}$$
$$+ A(321)e^{ik_1}e^{i(k_3n_1+k_2n_2+k_1n_2)} \quad (6.91)$$

$$\psi(n_1, n_2+1, n_2+1) = A(123)e^{i(k_2+k_3)}e^{i(k_1n_1+k_2n_2+k_3n_2)}$$
$$+ A(132)e^{i(k_3+k_2)}e^{i(k_1n_1+k_3n_2+k_2n_2)}$$
$$+ A(213)e^{i(k_1+k_3)}e^{i(k_2n_1+k_1n_2+k_3n_2)}$$
$$+ A(231)e^{i(k_3+k_1)}e^{i(k_2n_1+k_3n_2+k_1n_2)}$$
$$+ A(312)e^{i(k_1+k_2)}e^{i(k_3n_1+k_1n_2+k_2n_2)}$$
$$+ A(321)e^{i(k_2+k_1)}e^{i(k_3n_1+k_2n_2+k_1n_2)} \quad (6.92)$$

$$\psi(n_1, n_2, n_2) = A(123)e^{i(k_1n_1+k_2n_2+k_3n_2)} + A(132)e^{i(k_1n_1+k_3n_2+k_2n_2)}$$
$$+ A(213)e^{i(k_2n_1+k_1n_2+k_3n_2)} + A(231)e^{i(k_2n_1+k_3n_2+k_1n_2)}$$
$$+ A(312)e^{i(k_3n_1+k_1n_2+k_2n_2)} + A(321)e^{i(k_3n_1+k_2n_2+k_1n_2)} \quad (6.93)$$

であり,

$$A(123)\left\{1 + e^{i(k_2+k_3)} - 2e^{ik_3}\right\} + A(132)\left\{1 + e^{i(k_3+k_2)} - 2e^{ik_2}\right\} = 0 \quad (6.94)$$

$$A(213)\left\{1 + e^{i(k_1+k_3)} - 2e^{ik_3}\right\} + A(231)\left\{1 + e^{i(k_3+k_1)} - 2e^{ik_1}\right\} = 0 \quad (6.95)$$

$$A(312)\left\{1 + e^{i(k_1+k_2)} - 2e^{ik_2}\right\} + A(321)\left\{1 + e^{i(k_2+k_1)} - 2e^{ik_1}\right\} = 0 \quad (6.96)$$

が要請されていればよい.

以上の結果を境界条件と組み合わせると,Bethe 方程式の組が与えられる.

$$e^{ik_1N} = \frac{A(123)}{A(231)} = \frac{A(123)}{A(213)}\frac{A(213)}{A(231)}$$
$$= (-1)^2 \frac{1 + e^{i(k_2+k_1)} - 2e^{ik_1}}{1 + e^{i(k_1+k_2)} - 2e^{ik_2}} \frac{1 + e^{i(k_3+k_1)} - 2e^{ik_1}}{1 + e^{i(k_1+k_3)} - 2e^{ik_3}} \quad (6.97)$$

$$e^{ik_2N} = \frac{A(213)}{A(132)} = \frac{A(213)}{A(123)}\frac{A(123)}{A(132)}$$
$$= (-1)^2 \frac{1 + e^{i(k_1+k_2)} - 2e^{ik_2}}{1 + e^{i(k_2+k_1)} - 2e^{ik_1}} \frac{1 + e^{i(k_3+k_2)} - 2e^{ik_2}}{1 + e^{i(k_2+k_3)} - 2e^{ik_3}} \quad (6.98)$$

$$e^{ik_3N} = \frac{A(312)}{A(123)} = \frac{A(312)}{A(132)}\frac{A(132)}{A(123)}$$

$$= (-1)^2 \frac{(1+e^{i(k_1+k_3)}-2e^{ik_3}}{1+e^{i(k_3+k_1)}-2e^{ik_1}} \frac{1+e^{i(k_2+k_3)}-2e^{ik_3}}{1+e^{i(k_3+k_2)}-2e^{ik_2}} \quad (6.99)$$

■ 一般の M の場合

一般的な結果は以下のとおりである．固有エネルギーは

$$E_M = \sum_{j=1}^{M} (\cos k_j - 1) \tag{6.100}$$

となる．固有エネルギーに含まれる擬運動量の組を決めるための条件が Bethe 方程式

$$e^{iNk_j} = (-1)^{M-1} \prod_{l=1, l\neq j}^{M} \frac{1+e^{i(k_l+k_j)}-2e^{ik_j}}{1+e^{i(k_j+k_l)}-2e^{ik_l}} \quad (j=1,2,\ldots,M) \tag{6.101}$$

であり，これは Bethe 仮説解が確かに解になるための付加的条件

$$\psi(n_1,\ldots,n_j,\underbrace{n_j}_{(j+1)\text{番目}},n_{j+1},\ldots,n_M)$$
$$+ \psi(n_1,\ldots,\underbrace{n_j+1}_{j\text{番目}},\underbrace{n_j+1}_{(j+1)\text{番目}},n_{j+1},\ldots,n_M)$$
$$- 2\psi(n_1,\ldots,n_j,\underbrace{n_j+1}_{(j+1)\text{番目}},n_{j+1},\ldots,n_M) = 0 \tag{6.102}$$

から現れる．この条件は本書では単に仮説として導入したものであるが，本来はその無矛盾性や解の性質，ストリング仮説の妥当性などを議論する必要がある．

今後のために，新しいパラメータを導入しておく．擬運動量 k_j に対して，ラピディティ λ_j を

$$e^{ik_j} = \frac{\lambda_j + i}{\lambda_j - i} \tag{6.103}$$

と定義する．このとき，

$$\frac{1+e^{i(k_l+k_j)}-2e^{ik_j}}{1+e^{i(k_j+k_l)}-2e^{ik_l}} = (-1)\frac{\lambda_l - \lambda_j - 2i}{\lambda_l - \lambda_j + 2i} \tag{6.104}$$

となるので，Bethe 方程式は

$$\left(\frac{\lambda_j+i}{\lambda_j-i}\right)^N = \prod_{l=1,l\neq j}^{M} \frac{\lambda_l - \lambda_j - 2i}{\lambda_l - \lambda_j + 2i} \tag{6.105}$$

と表されることがわかる．

最後に，MPA で出てきた 2 体の散乱行列 $s(k_j, k_l)$ について述べておく．散乱過程は

$$s(k_j, k_l)s(k_l, k_j) = 1 \tag{6.106}$$

であることを考慮すると，係数まで含めて

$$s(k_j, k_l) = (-1)\frac{1 + e^{i(k_l+k_j)} - 2e^{ik_j}}{1 + e^{i(k_j+k_l)} - 2e^{ik_l}} \tag{6.107}$$

となることがわかる．したがって，Bethe 方程式は

$$e^{ik_j N} = \prod_{l=1, l \neq j}^{M} s(k_j, k_l) \tag{6.108}$$

となり，2 体の散乱行列のみで因子化される．

6.2 代数的 Bethe 仮説法（量子逆散乱法）

6.2.1 逆散乱法

代数的 Bethe 仮説法（量子逆散乱法）は，古典的なソリトン理論における逆散乱法の量子版である．逆散乱法とは，通常の波の散乱問題の逆問題であり，波の振幅などの散乱後のデータから散乱の原因となったポテンシャルなどを求めることである．可積分量子系の場合には，可解性の条件から散乱の効果を含んだ励起の生成演算子をつくることができ，そこから系の固有関数を構成する．

はじめに，ソリトン理論における逆散乱法を見ていこう．ソリトン理論では，非線形力学系に補助的線形問題を付随させて問題を解く．1 次元系のサイト j における局所的な状態ベクトル

$$|\psi_j\rangle = \begin{pmatrix} \psi_j^\alpha \\ \psi_j^\beta \end{pmatrix} \tag{6.109}$$

を考える．この 1 次元系での接続係数や量子輸送を記述する補助的線形問題を

$$\lambda|\psi_{j+1}\rangle = L_j(\lambda)|\psi_j\rangle \tag{6.110}$$

と表す．$L_j(\lambda)$ を Lax 演算子とよぶ．われわれが対象としている模型では，スピンのフリップや電子のホッピングが Lax 演算子に対応する．Lax 演算子は 2×2 行列であるが，その成分が状態 ψ^α, ψ^β に作用する演算子であるとする．λ はスペクトル・パラメータとよばれ，系のスケールをコントロールする役割がある．ここで，次の時間発展問題（ある種の Schrödinger 方程式）が存在すると考える．

$$\frac{d}{dt}|\psi_j\rangle = B|\psi_j\rangle \tag{6.111}$$

行列演算子 B がどのような意味かはこの段階では知らなくてもかまわない．式 (6.110) の両辺を時間で微分すると

$$\lambda \frac{d}{dt}|\psi_{j+1}\rangle = \frac{dL_j(\lambda)}{dt}|\psi_j\rangle + L_j(\lambda)\frac{d}{dt}|\psi_j\rangle \tag{6.112}$$

であるが，B を使って表すと

$$\lambda B|\psi_{j+1}\rangle = \frac{dL_j(\lambda)}{dt}|\psi_j\rangle + L_j(\lambda)B|\psi_j\rangle \tag{6.113}$$

より

$$\frac{dL_j(\lambda)}{dt}|\psi_j\rangle = \lambda B|\psi_{j+1}\rangle - L_j(\lambda)B|\psi_j\rangle = \{BL_j(\lambda) - L_j(\lambda)B\}|\psi_j\rangle \tag{6.114}$$

が得られる．すなわち

$$\frac{d}{dt}L_j(\lambda) = [B, L_j(\lambda)] \tag{6.115}$$

が成り立つ．これを Lax 方程式とよぶ．

対象とする模型にこのような条件が存在すると，その模型は完全積分可能な系である．それを見るためには，転送行列 $\tau(\lambda)$ を導入する．

$$\tau(\lambda) = \text{Tr}\{L_N(\lambda)L_{N-1}(\lambda)\cdots L_1(\lambda)\} \tag{6.116}$$

転送行列の中に現れる演算子積 $L_N(\lambda)L_{N-1}(\lambda)\cdots L_1(\lambda)$ は，周期境界条件において励起モードが系を1周してもとの位置に戻ってきたときの変化分を記述する．代数幾何学において，このような量はモノドロミーとよばれている．系全体の情報をもっているので，ここから非局所励起が構成できる．このとき

$$\begin{aligned}
\frac{d}{dt}\tau(\lambda) &= \sum_{j=1}^{N}\text{Tr}\left\{L_N(\lambda)\cdots\frac{d}{dt}L_j(\lambda)\cdots L_1(\lambda)\right\} \\
&= \sum_{j=1}^{N}\text{Tr}\{L_N(\lambda)\cdots[B,L_j(\lambda)]\cdots L_1(\lambda)\} \\
&= \text{Tr}[\{BL_N(\lambda) - L_N(\lambda)B\}L_{N-1}(\lambda)\cdots L_1(\lambda)] \\
&\quad + \text{Tr}[L_N(\lambda)\{BL_{N-1}(\lambda) - L_{N-1}(\lambda)B\}L_{N-2}(\lambda)\cdots L_1(\lambda)] + \cdots \\
&= \text{Tr}(BL_N(\lambda)\cdots L_1(\lambda)) - \text{Tr}(L_N(\lambda)\cdots L_1(\lambda)B) \\
&= 0
\end{aligned} \tag{6.117}$$

となり，転送行列 $\tau(\lambda)$ は λ の値によらず運動の恒量となる．そこで，$\tau(\lambda)$ を

λ あるいは λ^{-1} で展開すれば,展開係数 $\{\tau_j\}$ がすべて保存量となる.したがって,転送行列は保存量の生成汎関数であり,これで十分多くの保存量が存在することがわかる.

実際に,KdV 方程式
$$\frac{\partial}{\partial t}\phi(x,t) = 6\phi(x,t)\frac{\partial}{\partial x}\phi(x,t) - \frac{\partial^3}{\partial x^3}\phi(x,t) \tag{6.118}$$
の場合には,
$$L = -\frac{\partial^2}{\partial x^2} + \phi(x,t) \tag{6.119}$$
$$B = -4\frac{\partial^3}{\partial x^3} + 3\left\{\phi(x,t)\frac{\partial}{\partial x} + \frac{\partial}{\partial x}\phi(x,t)\right\} \tag{6.120}$$
であり,両者を Lax 方程式に代入すると KdV 方程式が得られる.L をハミルトニアンだとみなすと,求めるべき波動 $\phi(x,t)$ は ψ に対するポテンシャルとしてはたらいていることがわかる.

6.2.2 Yang–Baxter 方程式

量子逆散乱問題において,上記の可解性を統制している機構は何かというと,Yang–Baxter 方程式とよばれるつぎの関係式の存在である.
$$R(\mu-\nu)\left[L(\mu)\otimes L(\nu)\right] = \left[L(\nu)\otimes L(\mu)\right]R(\mu-\nu) \tag{6.121}$$
ここで,$R(\mu-\nu)$ は成分が c 数の 4×4 行列であり,以降では R 行列とよぶ.後で述べるように,この関係式が成り立つと,スペクトル・パラメータの異なる転送行列が交換する.このことから,転送行列の固有関数はスペクトル・パラメータによらないことがわかる.そして,スペクトル・パラメータによる展開の各項が系の保存量に対応するが,具体的にハミルトニアンなどを導出することができる.

Yang–Baxter 方程式の存在によって,可換な演算子の 1 パラメータ族を構成して,その拡大した空間では見通しのよい解析を行うことが可能になる.本書の議論のキーワードである「高次元からの眺め」というものは,このようなところにも現れている.通常は,自由度を拡張すると解の一意性が怪しくなったり,解の探索空間が膨大になるおそれもあるが,いまの場合には成功する.おそらく,エンタングルメントの理論が背後にあると考えられるが,Yang–Baxter 方程式とエンタングルメントを適切に取り込んだ波動関数の構造について,直接的な関係を示す研究成果は現れていない.

さて,置換演算子の機能を中心に据えながら,可解性の条件である Yang–Baxter

方程式を導入する．また，量子エンタングルメントを伝播させる補助空間で転送行列をつくるということが，自然に Bethe 方程式を導くことを見ていく．さまざまな量を導入することで話がやや入り組んでいるので，大きなストーリーを見失わないようにしていただきたい．ここではだいぶ泥臭くなるが，なるべく具体的な表示を明示しつつ議論を進める．

2重ベクトル空間 $V_1 \otimes V_2$ 上の演算子である R 行列を次で定義する．

$$R(\lambda) = \lambda \mathbf{1} \otimes \mathbf{1} + iP = \begin{pmatrix} \lambda+i & 0 & 0 & 0 \\ 0 & \lambda & i & 0 \\ 0 & i & \lambda & 0 \\ 0 & 0 & 0 & \lambda+i \end{pmatrix} = \begin{pmatrix} a & 0 & 0 & 0 \\ 0 & b & c & 0 \\ 0 & c & b & 0 \\ 0 & 0 & 0 & a \end{pmatrix}$$
(6.122)

ここで，λ がスペクトル・パラメータである．以降では

$$a(\lambda) = \lambda + i, \quad b(\lambda) = \lambda, \quad c = i \tag{6.123}$$

と表す．$R(\lambda)$ は，2スピン系のハミルトニアンを変形したものである．置換演算はスピンの伝播に対応するので，Lax 演算子の構成には必須の要素である．置換演算子 P の前に純虚数をつけて定義したのは，後で全運動量の固有値を実数にとるためである．

ここで重要なのは，まず $R(\lambda)$ のみを用いて，第3章で述べた組紐関係式のパラメータ拡張版を探すことである．これが一番基本の Yang–Baxter 方程式で，Lax 演算子に対する式 (6.121) はそこから導かれる．はじめに，3重ベクトル空間 $V_1 \otimes V_2 \otimes V_3$ を導入し，V_1 と V_2 に非自明に作用する演算子 $R_{12}(\lambda)$ を以下で定義する．

$$R_{12}(\lambda) = R(\lambda) \otimes \mathbf{1}$$

$$= \begin{pmatrix} a & 0 & 0 & 0 \\ 0 & b & c & 0 \\ 0 & c & b & 0 \\ 0 & 0 & 0 & a \end{pmatrix} \otimes \begin{pmatrix} 1 & 0 \\ 0 & 1 \end{pmatrix}$$

$$= \begin{pmatrix} a & 0 & 0 & 0 & 0 & 0 & 0 & 0 \\ 0 & a & 0 & 0 & 0 & 0 & 0 & 0 \\ \hline 0 & 0 & b & 0 & c & 0 & 0 & 0 \\ 0 & 0 & 0 & b & 0 & c & 0 & 0 \\ \hline 0 & 0 & c & 0 & b & 0 & 0 & 0 \\ 0 & 0 & 0 & c & 0 & b & 0 & 0 \\ \hline 0 & 0 & 0 & 0 & 0 & 0 & a & 0 \\ 0 & 0 & 0 & 0 & 0 & 0 & 0 & a \end{pmatrix} \tag{6.124}$$

同様に，V_2 と V_3 に作用する演算子 R_{23} を

$$R_{23}(\lambda) = \mathbf{1} \otimes R(\lambda)$$

$$= \begin{pmatrix} 1 & 0 \\ 0 & 1 \end{pmatrix} \otimes \begin{pmatrix} a & 0 & 0 & 0 \\ 0 & b & c & 0 \\ \hline 0 & c & b & 0 \\ 0 & 0 & 0 & a \end{pmatrix}$$

$$= \begin{pmatrix} a & 0 & 0 & 0 & 0 & 0 & 0 & 0 \\ 0 & b & c & 0 & 0 & 0 & 0 & 0 \\ \hline 0 & c & b & 0 & 0 & 0 & 0 & 0 \\ 0 & 0 & 0 & a & 0 & 0 & 0 & 0 \\ \hline 0 & 0 & 0 & 0 & a & 0 & 0 & 0 \\ 0 & 0 & 0 & 0 & 0 & b & c & 0 \\ \hline 0 & 0 & 0 & 0 & 0 & c & b & 0 \\ 0 & 0 & 0 & 0 & 0 & 0 & 0 & a \end{pmatrix} \tag{6.125}$$

と定義する．V_1 と V_3 にまたがる演算子は少し工夫が必要であるが，$P(|x\rangle \otimes |y\rangle) = |y\rangle \otimes |x\rangle$ を念頭において，まず次の射影演算子を定義する．

$$P_{23} = \mathbf{1} \otimes P$$

$$= \begin{pmatrix} 1 & 0 \\ 0 & 1 \end{pmatrix} \otimes \begin{pmatrix} 1 & 0 & 0 & 0 \\ 0 & 0 & 1 & 0 \\ \hline 0 & 1 & 0 & 0 \\ 0 & 0 & 0 & 1 \end{pmatrix}$$

$$= \begin{pmatrix} 1 & 0 & 0 & 0 & 0 & 0 & 0 & 0 \\ 0 & 0 & 1 & 0 & 0 & 0 & 0 & 0 \\ 0 & 1 & 0 & 0 & 0 & 0 & 0 & 0 \\ 0 & 0 & 0 & 1 & 0 & 0 & 0 & 0 \\ 0 & 0 & 0 & 0 & 1 & 0 & 0 & 0 \\ 0 & 0 & 0 & 0 & 0 & 0 & 1 & 0 \\ 0 & 0 & 0 & 0 & 0 & 1 & 0 & 0 \\ 0 & 0 & 0 & 0 & 0 & 0 & 0 & 1 \end{pmatrix} \quad (6.126)$$

これより, $R_{13}(\lambda)$ を以下で定義する.

$$R_{13}(\lambda) = P_{23} R_{12}(\lambda) P_{23}$$

$$= \begin{pmatrix} a & 0 & 0 & 0 & 0 & 0 & 0 & 0 \\ 0 & b & 0 & 0 & c & 0 & 0 & 0 \\ 0 & 0 & a & 0 & 0 & 0 & 0 & 0 \\ 0 & 0 & 0 & b & 0 & 0 & c & 0 \\ 0 & c & 0 & 0 & b & 0 & 0 & 0 \\ 0 & 0 & 0 & 0 & 0 & a & 0 & 0 \\ 0 & 0 & 0 & c & 0 & 0 & b & 0 \\ 0 & 0 & 0 & 0 & 0 & 0 & 0 & a \end{pmatrix} \quad (6.127)$$

以上の定義を用いて, 次の非自明な交換関係が証明できる.

$$R_{12}(\lambda - \lambda') R_{13}(\lambda) R_{23}(\lambda') = R_{23}(\lambda') R_{13}(\lambda) R_{12}(\lambda - \lambda') \quad (6.128)$$

これが Yang–Baxter 方程式である. $\lambda = \lambda' = 0$ の場合はブレイド極限とよばれる. 具体的に両辺の行列要素を示しておく. 以下の表現

$$a(\lambda) = a, \quad a(\lambda') = a', \quad a(\lambda - \lambda') = A \quad (6.129)$$

および

$$b(\lambda) = b, \quad b(\lambda') = b', \quad b(\lambda - \lambda') = B \quad (6.130)$$

を使って簡略化して書くと, まず左辺は

第 6 章 可積分系における余剰自由度の役割

$$
\begin{pmatrix}
Aaa' & 0 & 0 & 0 & 0 & 0 & 0 & 0 \\
0 & Abb' & cbA & 0 & cAa' & 0 & 0 & 0 \\
0 & c^2b' + cBa & c^3 + Bab' & 0 & cba' & 0 & 0 & 0 \\
0 & 0 & 0 & Bba' & 0 & cab' + c^2B & c^2a + cBb' & 0 \\
0 & cBb' + c^2a & c^2B + cab' & 0 & Bba' & 0 & 0 & 0 \\
0 & 0 & 0 & cba' & 0 & Bab' + c^3 & cBa + c^2b' & 0 \\
0 & 0 & 0 & cAa' & 0 & cAb & Abb' & 0 \\
0 & 0 & 0 & 0 & 0 & 0 & 0 & Aaa'
\end{pmatrix}
$$
(6.131)

同様に，右辺は

$$
\begin{pmatrix}
Aaa' & 0 & 0 & 0 & 0 & 0 & 0 & 0 \\
0 & Abb' & caB + c^2b' & 0 & c^2a + cb'B & 0 & 0 & 0 \\
0 & cbA & c^3 + Bab' & 0 & cab' + c^2b & 0 & 0 & 0 \\
0 & 0 & 0 & Bba' & 0 & cba' & cAa' & 0 \\
0 & cAa' & cba' & 0 & Bba' & 0 & 0 & 0 \\
0 & 0 & 0 & cab' + c^2B & 0 & Bab' + c^3 & cbA & 0 \\
0 & 0 & 0 & cBb' + c^2a & 0 & caB + c^2b' & Abb' & 0 \\
0 & 0 & 0 & 0 & 0 & 0 & 0 & Aaa'
\end{pmatrix}
$$
(6.132)

となっている．対角ブロックはたがいに等しいが，非対角のブロックは異なるように見える．しかしながら，具体的に計算してみると，たとえば $(2,3)$ 成分に関しては

$$cbA = i\lambda(\lambda - \lambda' + i) = i\lambda^2 - i\lambda\lambda' - \lambda \tag{6.133}$$

$$caB + c^2b' = i(\lambda + i)(\lambda - \lambda') + i^2\lambda' = i\lambda^2 - i\lambda\lambda' - \lambda \tag{6.134}$$

となるので，確かに値が一致していることがわかる．同様にして，すべての成分に対してこれを確かめることができる．

記号的に評価するには，下記のようにすればよい．$\lambda = u+v, \lambda' = v, R = \mathcal{PR}$ とおくと

$$R_{12}(\lambda - \lambda')R_{13}(\lambda)R_{23}(\lambda')$$
$$= (R(u) \otimes \mathbf{1})(\mathbf{1} \otimes P)(R(u+v) \otimes \mathbf{1})(\mathbf{1} \otimes P)(\mathbf{1} \otimes R(v))$$

6.2 代数的 Bethe 仮説法（量子逆散乱法）　173

$$= (R(u) \otimes \mathbf{1}) \underbrace{(\mathbf{1} \otimes P)(P \otimes \mathbf{1})} (\mathcal{R}(u+v) \otimes \mathbf{1})(\mathbf{1} \otimes \mathcal{R}(v)) \quad (6.135)$$

となるが（P^2 が恒等演算であることを適宜用いる），ここで

$$(\mathbf{1} \otimes P)(P \otimes \mathbf{1}) e_1 \otimes e_2 \otimes e_3 = (\mathbf{1} \otimes P) e_2 \otimes e_1 \otimes e_3$$
$$= e_2 \otimes e_3 \otimes e_1 \quad (6.136)$$

であり，$R(u)$ は e_2, e_1 に作用することになるので，

$$R(u) \otimes \mathbf{1} \to (P \otimes \mathbf{1})(\mathbf{1} \otimes \mathcal{R}(u)) \quad (6.137)$$

と変換すればよく，

$$R_{12}(\lambda - \lambda')R_{13}(\lambda)R_{23}(\lambda')$$
$$= (P \otimes \mathbf{1})(\mathbf{1} \otimes \mathcal{R}(u))(\mathcal{R}(u+v) \otimes \mathbf{1})(\mathbf{1} \otimes \mathcal{R}(v)) \quad (6.138)$$

となる．同様に，$RP = PR = \mathcal{R}$ を考慮すると，

$$R_{23}(\lambda')R_{13}(\lambda)R_{12}(\lambda - \lambda')$$
$$= (\mathbf{1} \otimes R(v))(\mathbf{1} \otimes P)(R(u+v) \otimes \mathbf{1})(\mathbf{1} \otimes P)(R(u) \otimes \mathbf{1})$$
$$= (\mathbf{1} \otimes \mathcal{R}(v))(R(u+v) \otimes \mathbf{1}) \underbrace{(\mathbf{1} \otimes P)(P \otimes \mathbf{1})} (R(u) \otimes \mathbf{1})$$
$$= (\mathcal{R}(v) \otimes \mathbf{1})(P \otimes \mathbf{1})(\mathbf{1} \otimes \mathcal{R}(u+v))(\mathcal{R}(u) \otimes \mathbf{1})$$
$$= (P \otimes \mathbf{1})(\mathcal{R}(v) \otimes \mathbf{1})(\mathbf{1} \otimes \mathcal{R}(u+v))(\mathcal{R}(u) \otimes \mathbf{1}) \quad (6.139)$$

となる．以上より，

$$(\mathbf{1} \otimes \mathcal{R}(u))(\mathcal{R}(u+v) \otimes \mathbf{1})(\mathbf{1} \otimes \mathcal{R}(v))$$
$$= (\mathcal{R}(v) \otimes \mathbf{1})(\mathbf{1} \otimes \mathcal{R}(u+v))(\mathcal{R}(u) \otimes \mathbf{1}) \quad (6.140)$$

が得られる．量子群のテキストではこちらを Yang–Baxter 方程式とよぶことが多いが，同じものである．

6.2.3 モノドロミー行列と転送行列

　前項の結果をもとにすると，Lax 演算子は R 行列と対応する形で定義しておけばよい（より一般的な解があってもかまわない）．次のように Lax 演算子 $L_n(\lambda)$ （$n = 1, 2, \ldots, N$）を定義する．

$$L_n(\lambda) = \lambda \mathbf{1}_0 \otimes \mathbf{1}_n + \frac{i}{2} \vec{\sigma}_0 \otimes \vec{\sigma}_n \quad (6.141)$$

この演算子が作用する空間は，補助的ベクトル空間 V_0 とサイト n の局所ベクトル空間 V_n である．便宜上，$L_n(\lambda)$ は補助空間に作用する行列で，その要素が V_n 上に作用するスピン変数であると考える．正確には $V^{\otimes N}$ の n 番目に作用する

ものとする．左側に補助空間の基底を並べているので，テンソル積の定義から

$$L_n(\lambda) = \lambda \begin{pmatrix} \mathbf{1}_n & 0 \\ 0 & \mathbf{1}_n \end{pmatrix} + \frac{i}{2} \begin{pmatrix} 0 & \sigma_n^x \\ \sigma_n^x & 0 \end{pmatrix}$$

$$+ \frac{i}{2} \begin{pmatrix} 0 & -i\sigma_n^y \\ i\sigma_n^y & 0 \end{pmatrix} + \frac{i}{2} \begin{pmatrix} \sigma_n^z & 0 \\ 0 & -\sigma_n^z \end{pmatrix} \quad (6.142)$$

となって，先に述べたように，2×2 の行列表現がつくれる．ここで

$$\vec{\sigma}_1 \cdot \vec{\sigma}_2 = 2P - \mathbf{1} \otimes \mathbf{1} \quad (6.143)$$

なので

$$L_n(\lambda) = \left(\lambda - \frac{i}{2}\right) \mathbf{1}_0 \otimes \mathbf{1}_n + iP_{0n} = R\left(\lambda - \frac{i}{2}\right) = \left(\begin{array}{c|c} \alpha_n & \beta_n \\ \hline \gamma_n & \delta_n \end{array}\right) \quad (6.144)$$

とも表される．以降ではこちらを用いる．各要素 $\alpha_n, \beta_n, \gamma_n, \delta_n$ をより正確に書くと

$$\alpha_n = \mathbf{1}_1 \otimes \cdots \otimes \mathbf{1}_{n-1} \otimes \alpha \otimes \mathbf{1}_{n+1} \otimes \cdots \otimes \mathbf{1}_N \quad (6.145)$$

$$\beta_n = \mathbf{1}_1 \otimes \cdots \otimes \mathbf{1}_{n-1} \otimes \beta \otimes \mathbf{1}_{n+1} \otimes \cdots \otimes \mathbf{1}_N \quad (6.146)$$

$$\gamma_n = \mathbf{1}_1 \otimes \cdots \otimes \mathbf{1}_{n-1} \otimes \gamma \otimes \mathbf{1}_{n+1} \otimes \cdots \otimes \mathbf{1}_N \quad (6.147)$$

$$\delta_n = \mathbf{1}_1 \otimes \cdots \otimes \mathbf{1}_{n-1} \otimes \delta \otimes \mathbf{1}_{n+1} \otimes \cdots \otimes \mathbf{1}_N \quad (6.148)$$

であり，$\alpha, \beta, \gamma, \delta$ は

$$\alpha = \begin{pmatrix} a(\lambda - i/2) & 0 \\ 0 & b(\lambda - i/2) \end{pmatrix}, \quad \beta = \begin{pmatrix} 0 & 0 \\ c & 0 \end{pmatrix}$$

$$\gamma = \begin{pmatrix} 0 & c \\ 0 & 0 \end{pmatrix}, \quad \delta = \begin{pmatrix} b(\lambda - i/2) & 0 \\ 0 & a(\lambda - i/2) \end{pmatrix} \quad (6.149)$$

となる．

以上の表現で Yang–Baxter 方程式に対応するのは，最初に提示した

$$R(\lambda - \lambda')[L_n(\lambda) \otimes L_n'(\lambda')] = [L_n'(\lambda') \otimes L_n(\lambda)] R(\lambda - \lambda') \quad (6.150)$$

という式である．これは両辺の 4×4 行列要素を直接書き下しても示せるが，もとの Yang–Baxter の左辺から出発して，

$$(\text{左辺}) = (R_{12}(u-v)R_{13}(u)R_{23}(v))_{ijk}^{\alpha\beta\gamma}$$

$$= (R_{12}(u-v))_{\mu\nu\delta}^{\alpha\beta\gamma}(R_{13}(u))_{abc}^{\mu\nu\delta}(R_{23}(v))_{ijk}^{abc}$$

$$= R(u-v)_{\mu\nu}^{\alpha\beta}\delta_\delta^\gamma R(u)_{ac}^{\mu\delta}\delta_b^\nu R(v)_{jk}^{bc}\delta_i^a$$

$$= R(u-v)_{\mu\nu}^{\alpha\beta} R(u)_{ic}^{\mu\gamma} R(v)_{jk}^{\nu c}$$

$$= R(\lambda - \lambda')^{\alpha\beta}_{\mu\nu} [L(\lambda) \otimes L(\lambda')]^{\mu\nu}_{ij} \delta^{\gamma}_{k}$$
$$= (R(\lambda - \lambda') [L(\lambda) \otimes L(\lambda')])^{\alpha\beta}_{ij} \delta^{\gamma}_{k} \quad (6.151)$$

と変形すればよい．ここで，$u = \lambda + i/2$ および $v = \lambda' + i/2$ と変換した．変形において，置換演算子と恒等演算子が対称であることを用いた．同様に，右辺は

$$(\text{右辺}) = (R_{23}(v) R_{13}(u) R_{12}(u-v))^{\alpha\beta\gamma}_{ijk}$$
$$= (R_{23}(v))^{\alpha\beta\gamma}_{\mu\nu\delta} (R_{13}(u))^{\mu\nu\delta}_{abc} (R_{12}(u-v))^{abc}_{ijk}$$
$$= R(v)^{\beta\gamma}_{\nu\delta} \delta^{\alpha}_{\mu} R(u)^{\mu\delta}_{ac} \delta^{\nu}_{b} R(u-v)^{ab}_{ij} \delta^{c}_{k}$$
$$= R(v)^{\beta\gamma}_{\nu\delta} R(u)^{\alpha\delta}_{ak} R(u-v)^{a\nu}_{ij}$$
$$= [L(\lambda') \otimes L(\lambda)]^{\beta\alpha}_{\nu a} \delta^{\gamma}_{k} R(\lambda - \lambda')^{a\nu}_{ij}$$
$$= ([L(\lambda') \otimes L(\lambda)] R(\lambda - \lambda'))^{\alpha\beta}_{ij} \delta^{\gamma}_{k} \quad (6.152)$$

となる．

モノドロミー行列 $T(\lambda)$ を，補助空間における行列積で以下のように表す．

$$T(\lambda) = L_N(\lambda) \cdots L_1(\lambda) = \begin{pmatrix} \alpha_N & \beta_N \\ \gamma_N & \delta_N \end{pmatrix} \cdots \begin{pmatrix} \alpha_1 & \beta_1 \\ \gamma_1 & \delta_1 \end{pmatrix} \quad (6.153)$$

以上を，簡便に

$$T(\lambda) = \begin{pmatrix} A(\lambda) & B(\lambda) \\ C(\lambda) & D(\lambda) \end{pmatrix} \quad (6.154)$$

と表す．モノドロミー行列は補助空間に作用し，その各要素はベクトル空間 $V \otimes \cdots \otimes V$ に作用する．後でわかるように，$B(\lambda)$ が Bethe 状態の生成演算子，$C(\lambda)$ が消滅演算子となる．モノドロミーは系全体の性質を含んでいるので，生成演算子も非局所のストリング的励起であると期待される．モノドロミー行列を λ で展開すると，

$$T(\lambda) = \lambda^N \begin{pmatrix} \mathbf{1}_N \otimes \cdots \otimes \mathbf{1}_1 & 0 \\ 0 & \mathbf{1}_N \otimes \cdots \otimes \mathbf{1}_1 \end{pmatrix}$$
$$+ \lambda^{N-1} i \sum_{j=1}^{N} \begin{pmatrix} \mathbf{1}_N \otimes \cdots \otimes S^z_j \otimes \cdots \otimes \mathbf{1}_1 & \mathbf{1}_N \otimes \cdots \otimes S^-_j \otimes \cdots \otimes \mathbf{1}_1 \\ \mathbf{1}_N \otimes \cdots \otimes S^+_j \otimes \cdots \otimes \mathbf{1}_1 & -\mathbf{1}_N \otimes \cdots \otimes S^z_j \otimes \cdots \otimes \mathbf{1}_1 \end{pmatrix}$$
$$+ O(\lambda^{N-2})$$
$$= \lambda^N + i\lambda^{N-1} \vec{\sigma}_0 \otimes \vec{S} + O(\lambda^{N-2}) \quad (6.155)$$

となる．$\vec{S}$ は全スピン演算子で，ほかの保存量は λ^{N-2} 以降の項から生じる．

補助空間上でモノドロミー行列のトレースを取ったものを，転送行列とよぶ．

$$\tau(\lambda) = \mathrm{Tr}_A T(\lambda) = A(\lambda) + D(\lambda) \tag{6.156}$$

モノドロミー行列が満たす条件は，Lax 演算子と R 行列に対する Yang–Baxter 方程式から

$$R(\lambda - \lambda')\left[T(\lambda) \otimes T'(\lambda')\right] = \left[T'(\lambda') \otimes T(\lambda)\right] R(\lambda - \lambda') \tag{6.157}$$

となることがわかる．ここでも，記号 $\otimes$ は補助空間 A, A' に対するテンソル積 $A \otimes A'$ を意味する．たとえば

$$\begin{aligned}
&R(\lambda - \lambda')\left[L_2(\lambda)L_1(\lambda) \otimes L_2'(\lambda')L_1'(\lambda')\right] \\
&= R(\lambda - \lambda')\left[L_2(\lambda) \otimes L_2'(\lambda')\right]\left[L_1(\lambda) \otimes L_1'(\lambda')\right] \\
&= \left[L_2'(\lambda') \otimes L_2(\lambda)\right] R(\lambda - \lambda')\left[L_1(\lambda) \otimes L_1'(\lambda')\right] \\
&= \left[L_2'(\lambda') \otimes L_2(\lambda)\right]\left[L_1'(\lambda') \otimes L_1(\lambda)\right] R(\lambda - \lambda') \\
&= \left[L_2'(\lambda')L_1'(\lambda') \otimes L_2(\lambda)L_1(\lambda)\right] R(\lambda - \lambda')
\end{aligned} \tag{6.158}$$

となることが確認できる．

式 (6.157) に右から R^{-1} を作用させて，$A \otimes A'$ の基底に関してトレースを取ると

$$\mathrm{Tr}_{A \otimes A'}\left[R(\lambda - \lambda')\left[T(\lambda) \otimes T'(\lambda')\right]R^{-1}(\lambda - \lambda')\right] = \mathrm{Tr}_{A \otimes A'}\left[T'(\lambda') \otimes T(\lambda)\right] \tag{6.159}$$

が成り立つので，トレースの巡回不変性から

$$\mathrm{Tr}_{A \otimes A'}\left[T(\lambda) \otimes T'(\lambda')\right] = \mathrm{Tr}_{A \otimes A'}\left[T'(\lambda') \otimes T(\lambda)\right] \tag{6.160}$$

を得る．したがって

$$\mathrm{Tr}_A T(\lambda) \mathrm{Tr}_{A'} T'(\lambda') = \mathrm{Tr}_{A'} T'(\lambda') \mathrm{Tr}_A T(\lambda) \tag{6.161}$$

となり，転送行列は

$$[\tau(\lambda), \tau(\lambda')] = 0 \tag{6.162}$$

という関係を満たすことがわかる．この結果から，転送行列は可換な演算子の 1 パラメータ族をなしていることがわかる．したがって，転送行列の固有関数はスペクトル・パラメータによらない．ハミルトニアンはこの演算子の族に属することを次項で議論する．

この後の計算のために，モノドロミー行列の各要素の意味を調べておく．それには行列を強磁性状態（真空）に作用させてみるとよい．

$$T(\lambda)\left|\psi_0\right\rangle = L_1(\lambda) \cdots L_N(\lambda) \underbrace{\left|\uparrow\right\rangle \otimes \cdots \otimes \left|\uparrow\right\rangle}_{N \text{ 個}}$$

$$= \begin{pmatrix} \alpha_1 |\uparrow\rangle & \beta_1 |\uparrow\rangle \\ \gamma_1 |\uparrow\rangle & \delta_1 |\uparrow\rangle \end{pmatrix} \cdots \begin{pmatrix} \alpha_N |\uparrow\rangle & \beta_N |\uparrow\rangle \\ \gamma_N |\uparrow\rangle & \delta_N |\uparrow\rangle \end{pmatrix}$$

$$= \begin{pmatrix} (\lambda + i/2) |\uparrow\rangle & i |\downarrow\rangle \\ 0 & (\lambda - i/2) |\uparrow\rangle \end{pmatrix}$$

$$\cdots \begin{pmatrix} (\lambda + i/2) |\uparrow\rangle & i |\downarrow\rangle \\ 0 & (\lambda - i/2) |\uparrow\rangle \end{pmatrix}$$

$$= \begin{pmatrix} (\lambda + i/2)^N |\psi_0\rangle & * \\ 0 & (\lambda - i/2)^N |\psi_0\rangle \end{pmatrix} \quad (6.163)$$

$(1,2)$ 成分は少し複雑なので,$*$ と略記した.以上より,

$$A(\lambda) |\psi_0\rangle = \left(\lambda + \frac{i}{2}\right)^N |\psi_0\rangle \quad (6.164)$$

$$D(\lambda) |\psi_0\rangle = \left(\lambda - \frac{i}{2}\right)^N |\psi_0\rangle \quad (6.165)$$

$$C(\lambda) |\psi_0\rangle = 0 \quad (6.166)$$

となる.つまり,A と D が強磁性状態を固有関数にもち,C が $\downarrow$ スピンの消滅演算子に対応することがわかる.また B については,$N=2$ の場合を例にとると

$$\begin{pmatrix} (\lambda + i/2) |\uparrow\rangle & i |\downarrow\rangle \\ 0 & (\lambda - i/2) |\uparrow\rangle \end{pmatrix} \begin{pmatrix} (\lambda + i/2) |\uparrow\rangle & i |\downarrow\rangle \\ 0 & (\lambda - i/2) |\uparrow\rangle \end{pmatrix}$$

$$= \begin{pmatrix} (\lambda + i/2)^2 |\uparrow\uparrow\rangle & (\lambda + i/2) i |\uparrow\downarrow\rangle + i(\lambda - i/2) |\downarrow\uparrow\rangle \\ 0 & (\lambda - i/2)^2 |\uparrow\uparrow\rangle \end{pmatrix} \quad (6.167)$$

となるので,

$$B(\lambda) |\uparrow\uparrow\rangle = i\lambda (|\uparrow\downarrow\rangle + |\downarrow\uparrow\rangle) - \frac{1}{2}(|\uparrow\downarrow\rangle - |\downarrow\uparrow\rangle) \quad (6.168)$$

であることがわかる.すなわち,B は $\downarrow$ スピンの生成演算子であると同時に,シングレットおよびトリプレットを生成するので,状態をエンタングルさせる効果ががあることがわかる.純粋に $\downarrow$ スピンを励起するのは $\lambda = \pm i/2$ の場合である.B はモノドロミー行列の非対角要素なので,補助空間を扱うことが非常に重要なこととなっている.古典系に対する代数的 Bethe 仮説法と異なる点は,転送行列が分配関数を求めるための道具ではなく,状態の生成演算子としてはたらくことである.以降では

という記法を用いる.

6.2.4 可積分性

上記の定式化において $\lambda = i/2$ という点は特別な意味をもつ. まず明らかに

$$L_n\left(\frac{i}{2}\right) = iP_{0,n} \tag{6.170}$$

となり, このとき転送行列は

$$\tau\left(\frac{i}{2}\right) = \text{Tr}\left\{L_1\left(\frac{i}{2}\right)\cdots L_N\left(\frac{i}{2}\right)\right\} = i^N \text{Tr}\left(P_{0,1}\cdots P_{0,N}\right) \tag{6.171}$$

であるが, これはたとえば

$$P_{0,1}P_{0,2}|\alpha\rangle \otimes |\beta\rangle \otimes |\gamma\rangle = P_{0,1}|\gamma\rangle \otimes |\beta\rangle \otimes |\alpha\rangle = |\beta\rangle \otimes |\gamma\rangle \otimes |\alpha\rangle \tag{6.172}$$

からわかるように, 基底を一つシフトする巡回置換である. そこで

$$\text{Tr}\left(P_{0,1}\cdots P_{0,N}\right) \to \begin{pmatrix} 1 & 2 & \cdots & N-1 & N \\ 2 & 3 & \cdots & N & 1 \end{pmatrix} \tag{6.173}$$

と表す. 通常の量子力学では, 座標 X と運動量 P は

$$e^{iaP}Xe^{-iaP} = X + a \tag{6.174}$$

と定義されるから,

$$e^{iP} = i^{-N}\tau(i/2) \tag{6.175}$$

と取ればよいことがわかる. したがって, 運動量演算子は

$$P = \frac{1}{i}\log\left\{i^{-N}\tau(i/2)\right\} \tag{6.176}$$

で与えられる.

ハミルトニアンを構成するためには, $\lambda = i/2$ で転送行列の対数微分を考える. まず,

$$\frac{d}{d\lambda}\tau(\lambda)|_{\lambda=i/2} = \frac{d}{d\lambda}\text{Tr}\left\{L_1(\lambda)\cdots L_N(\lambda)\right\}|_{\lambda=i/2}$$

$$= \sum_{j=1}^N \text{Tr}\left\{L_1\left(\frac{i}{2}\right)\cdots \frac{d}{d\lambda}L_j(\lambda)|_{\lambda=i/2}\cdots L_N\left(\frac{i}{2}\right)\right\} \tag{6.177}$$

である. ここで, $L_n(i/2) = iP_{0,n}$ であることを考慮すると,

$$\frac{d}{d\lambda} \tau(\lambda)|_{\lambda=i/2} = i^{N-1} \sum_{j=1}^{N} \mathrm{Tr}\left\{P_{0,1} \cdots P_{0,n-1} \left(\mathbf{1}_0 \otimes \mathbf{1}_j\right) P_{0,n+1} \cdots P_{0,N}\right\} \tag{6.178}$$

となり，このとき

$$\mathrm{Tr}\left(P_{0,1} \cdots P_{0,n-1} \left(\mathbf{1}_0 \otimes \mathbf{1}_j\right) P_{0,n+1} \cdots P_{0,N}\right)$$
$$\rightarrow \begin{pmatrix} 1 & 2 & \cdots & j-1 & j & j+1 & \cdots & N-1 & N \\ 2 & 3 & \cdots & j & j & j+2 & \cdots & N & 1 \end{pmatrix} \tag{6.179}$$

と表せる．以上の結果を用いて対数微分を行うと，

$$\begin{aligned}
\frac{d}{d\lambda} \log \tau(\lambda)|_{\lambda=i/2} &= \tau^{-1}(\lambda) \frac{d}{d\lambda} \tau(\lambda)|_{\lambda=i/2} \\
&= i^{-1} \left[\mathrm{Tr}\left(P_{0,1} \cdots P_{0,N}\right)\right]^{-1} \\
&\quad \times \sum_{j=1}^{N} \mathrm{Tr}\left\{P_{0,1} \cdots P_{0,n-1} \left(\mathbf{1}_0 \otimes \mathbf{1}_n\right) P_{0,n+1} \cdots P_{0,N}\right\}
\end{aligned} \tag{6.180}$$

である．$\tau^{-1}(\lambda)$ は逆向きの置換を意味する．二つの置換演算の定義から

$$\frac{d}{d\lambda} \log \tau(\lambda)|_{\lambda=i/2} = i^{-1} \sum_{j=1}^{N} P_{j,j+1} = \frac{1}{2} i^{-1} \sum_{j=1}^{N} \left(\vec{\sigma}_j \cdot \vec{\sigma}_{j+1} + \mathbf{1} \otimes \mathbf{1}\right) \tag{6.181}$$

であることがわかる．これより

$$[H, \tau(\lambda)] = 0 \tag{6.182}$$

が得られる．したがって，ハミルトニアンは転送行列との同時固有状態をもつ．

一般には，$\log \tau(\lambda)$ が $\lambda = i/2$ の周りで

$$\log \tau(\lambda) = \sum_{n=0}^{\infty} \left(\lambda - \frac{i}{2}\right)^n \tau_n \tag{6.183}$$

と展開できるとして，

$$[\tau_m, \tau_n] = 0 \tag{6.184}$$

であり，τ_1 がハミルトニアン，それ以外の τ_n が系のその他の保存量である．

6.2.5 Bethe 状態の構成と Bethe 方程式

モノドロミー行列に対する Yang–Baxter 方程式を直接書き下してみる．まず左辺は

$$R(\lambda - \lambda') \left[T(\lambda) \otimes T(\lambda')\right]$$

$$= R(\lambda - \mu) \begin{pmatrix} A & B \\ C & D \end{pmatrix} \otimes \begin{pmatrix} A' & B' \\ C' & D' \end{pmatrix}$$

$$= \begin{pmatrix} a & 0 & 0 & 0 \\ 0 & b & c & 0 \\ 0 & c & b & 0 \\ 0 & 0 & 0 & a \end{pmatrix} \begin{pmatrix} AA' & AB' & BA' & BB' \\ AC' & AD' & BC' & BD' \\ CA' & CB' & DA' & DB' \\ CC' & CD' & DC' & DD' \end{pmatrix}$$

$$= \begin{pmatrix} aAA' & aAB' & aBA' & aBB' \\ bAC' + cCA' & bAD' + cCB' & bBC' + cDA' & bBD' + cDB' \\ cAC' + bCA' & cAD' + bCB' & cBC' + bDA' & cBD' + bDB' \\ aCC' & aCD' & aDC' & aDD' \end{pmatrix} \tag{6.185}$$

同様に，右辺は

$$[T(\lambda') \otimes T(\lambda)] R(\lambda - \lambda')$$

$$= \begin{pmatrix} A'A & A'B & B'A & B'B \\ A'C & A'D & B'C & B'D \\ C'A & C'B & D'A & D'B \\ C'C & C'D & D'C & D'D \end{pmatrix} \begin{pmatrix} a & 0 & 0 & 0 \\ 0 & b & c & 0 \\ 0 & c & b & 0 \\ 0 & 0 & 0 & a \end{pmatrix}$$

$$= \begin{pmatrix} aA'A & bA'B + cB'A & cA'B + bB'A & aB'B \\ aA'C & bA'D + cB'C & cA'D + bB'C & aB'D \\ aC'A & bC'B + cD'A & cC'B + bD'A & aD'B \\ aC'C & bC'D + cD'C & cC'D + bD'C & aD'D \end{pmatrix} \tag{6.186}$$

となる．これらが等しいことから，たとえば $(1,4)$ 成分を見ると，演算子 B の可換性

$$[B(\lambda), B(\lambda')] = 0 \tag{6.187}$$

が得られる．また，$(1,3)$ 成分を見ると，$aBA' = cA'B + bB'A$ より

$$A(\lambda')B(\lambda) = \frac{a(\lambda - \lambda')}{c(\lambda - \lambda')} B(\lambda)A(\lambda') - \frac{b(\lambda - \lambda')}{c(\lambda - \lambda')} B(\lambda')A(\lambda) \tag{6.188}$$

が成り立つ．同様に，$(2,4)$ 成分から $aB'D = bBD' + cDB'$ となり，

$$D(\lambda)B(\lambda') = \frac{a(\lambda - \lambda')}{c(\lambda - \lambda')} B(\lambda')D(\lambda) - \frac{b(\lambda - \lambda')}{c(\lambda - \lambda')} B(\lambda)D(\lambda') \tag{6.189}$$

を得る．以降の表現の簡単化のため

$$A(\lambda)B(\lambda_j) = f(\lambda_j - \lambda)B(\lambda_j)A(\lambda) - g(\lambda_j - \lambda)B(\lambda)A(\lambda_j) \quad (6.190)$$

$$D(\lambda)B(\lambda_j) = f(\lambda - \lambda_j)B(\lambda_j)D(\lambda) - g(\lambda - \lambda_j)B(\lambda)D(\lambda_j) \quad (6.191)$$

と表す．ここで

$$f(\lambda - \lambda_j) = \frac{a(\lambda - \lambda_j)}{c(\lambda - \lambda_j)} = \frac{\lambda - \lambda_j + i}{i} \quad (6.192)$$

$$g(\lambda - \lambda_j) = \frac{b(\lambda - \lambda_j)}{c(\lambda - \lambda_j)} = \frac{\lambda - \lambda_j}{i} \quad (6.193)$$

とおいた．g については

$$g(\lambda - \lambda_j) = -g(\lambda_j - \lambda) \quad (6.194)$$

という関係が成り立つ．

以上の準備のもとに，M 個の $\downarrow$ スピンをもつ $\tau(\lambda)$ の固有ベクトルは

$$|\lambda_1, .., \lambda_M\rangle = B(\lambda_M) \cdots B(\lambda_1)|\psi_0\rangle \quad (6.195)$$

で表されることがわかる．以下に具体例を示す．

■ $M = 1$ の場合

転送行列 $\tau(\lambda)$ がハミルトニアンの同時固有状態をもつので，転送行列を状態 $|\lambda_1\rangle$ に作用してみる．Yang–Baxter 方程式から得られる式 (6.188) および式 (6.189) をある種の交換関係と見て，転送行列が演算子列の右側にくるように並べ直す．

$$\begin{aligned}
\tau(\lambda)|\lambda_1\rangle &= \{A(\lambda) + D(\lambda)\} B(\lambda_1)|\psi_0\rangle \\
&= A(\lambda)B(\lambda_1)|\psi_0\rangle + D(\lambda)B(\lambda_1)|\psi_0\rangle \\
&= \left\{\frac{a(\lambda_1 - \lambda)}{c(\lambda_1 - \lambda)}B(\lambda_1)A(\lambda) - \frac{b(\lambda_1 - \lambda)}{c(\lambda_1 - \lambda)}B(\lambda)A(\lambda_1)\right\}|\psi_0\rangle \\
&\quad + \left\{\frac{a(\lambda - \lambda_1)}{c(\lambda - \lambda_1)}B(\lambda_1)D(\lambda) - \frac{b(\lambda - \lambda_1)}{c(\lambda - \lambda_1)}B(\lambda)D(\lambda_1)\right\}|\psi_0\rangle
\end{aligned} \quad (6.196)$$

ここに演算子 A と演算子 D の固有値をそれぞれ代入すると

$$\begin{aligned}
\tau(\lambda)|\lambda_1\rangle &= \left\{\frac{a(\lambda_1 - \lambda)}{c(\lambda_1 - \lambda)}B(\lambda_1)\alpha(\lambda) - \frac{b(\lambda_1 - \lambda)}{c(\lambda_1 - \lambda)}B(\lambda)\alpha(\lambda_1)\right\}|\psi_0\rangle \\
&\quad + \left\{\frac{a(\lambda - \lambda_1)}{c(\lambda - \lambda_1)}B(\lambda_1)\delta(\lambda) - \frac{b(\lambda - \lambda_1)}{c(\lambda - \lambda_1)}B(\lambda)\delta(\lambda_1)\right\}|\psi_0\rangle \\
&= \left\{\frac{a(\lambda_1 - \lambda)}{c(\lambda_1 - \lambda)}\alpha(\lambda) + \frac{a(\lambda - \lambda_1)}{c(\lambda - \lambda_1)}\delta(\lambda)\right\}|\lambda_1\rangle
\end{aligned}$$

$$-\left\{\frac{b(\lambda_1-\lambda)}{c(\lambda_1-\lambda)}\alpha(\lambda_1)+\frac{b(\lambda-\lambda_1)}{c(\lambda-\lambda_1)}\delta(\lambda_1)\right\}|\lambda\rangle \tag{6.197}$$

となる．$|\lambda_1\rangle$ が固有関数となるためには，右辺第 2 項が消えればよいので

$$\frac{b(\lambda_1-\lambda)}{c(\lambda_1-\lambda)}\alpha(\lambda_1)+\frac{b(\lambda-\lambda_1)}{c(\lambda-\lambda_1)}\delta(\lambda_1)=0 \tag{6.198}$$

が成り立てばよい．ここに b,c,α,δ の具体形を代入すると

$$\frac{(\lambda_1-\lambda)}{i}\left(\lambda_1+\frac{i}{2}\right)^N+\frac{(\lambda-\lambda_1)}{i}\left(\lambda_1-\frac{i}{2}\right)^N=0 \tag{6.199}$$

となり，

$$\left(\frac{\lambda_1+i/2}{\lambda_1-i/2}\right)^N=1 \tag{6.200}$$

であるから，これは Bethe 方程式にほかならないことがわかる．座標 Bethe 仮説法の場合にも，Bethe 方程式は Bethe 状態が固有状態になることの整合性条件として現れたことと対応している．

■ $M=2$ の場合

$B(\lambda_2)$ と $B(\lambda_1)$ が可換なことから，$M=2$ の場合には $\tau(\lambda)$ の演算に対して以下の 2 通りの表現が存在する．はじめに

$$\begin{aligned}A(\lambda)|\lambda_1,\lambda_2\rangle &= A(\lambda)B(\lambda_2)B(\lambda_1)|\psi_0\rangle \\ &= \{f(\lambda_2-\lambda)B(\lambda_2)A(\lambda)-g(\lambda_2-\lambda)B(\lambda)A(\lambda_2)\}B(\lambda_1)|\psi_0\rangle \\ &= f(\lambda_2-\lambda)B(\lambda_2)\{f(\lambda_1-\lambda)B(\lambda_1)A(\lambda) \\ &\quad -g(\lambda_1-\lambda)B(\lambda)A(\lambda_1)\}|\psi_0\rangle \\ &\quad -g(\lambda_2-\lambda)B(\lambda)\{f(\lambda_1-\lambda_2)B(\lambda_1)A(\lambda_2) \\ &\quad -g(\lambda_1-\lambda_2)B(\lambda_2)A(\lambda_1)\}|\psi_0\rangle \\ &= f(\lambda_2-\lambda)f(\lambda_1-\lambda)B(\lambda_2)B(\lambda_1)\alpha(\lambda)|\psi_0\rangle \\ &\quad -f(\lambda_2-\lambda)g(\lambda_1-\lambda)B(\lambda)B(\lambda_2)\alpha(\lambda_1)|\psi\rangle \\ &\quad -g(\lambda_2-\lambda)f(\lambda_1-\lambda_2)B(\lambda)B(\lambda_1)\alpha(\lambda_2)|\psi\rangle \\ &\quad +g(\lambda_2-\lambda)g(\lambda_1-\lambda_2)B(\lambda)B(\lambda_2)\alpha(\lambda_1)|\psi_0\rangle \end{aligned} \tag{6.201}$$

が得られ，同様に，

$$\begin{aligned}A(\lambda)|\lambda_1,\lambda_2\rangle &= A(\lambda)B(\lambda_1)B(\lambda_2)|\psi_0\rangle \\ &= f(\lambda_1-\lambda)f(\lambda_2-\lambda)B(\lambda_1)B(\lambda_2)\alpha(\lambda)|\psi_0\rangle\end{aligned}$$

6.2 代数的 Bethe 仮説法（量子逆散乱法）

$$-f(\lambda_1 - \lambda)g(\lambda_2 - \lambda)B(\lambda)B(\lambda_1)\alpha(\lambda_2)|\psi_0\rangle$$
$$-g(\lambda_1 - \lambda)f(\lambda_2 - \lambda_1)B(\lambda)B(\lambda_2)\alpha(\lambda_1)|\psi_0\rangle$$
$$+g(\lambda_1 - \lambda)g(\lambda_2 - \lambda_1)B(\lambda)B(\lambda_1)\alpha(\lambda_2)|\psi_0\rangle \quad (6.202)$$

が得られる．両者を比較すると，固有ベクトルになる $B(\lambda_1)B(\lambda_2)|\psi_0\rangle$ の項はたがいに一致しているが，全体でキャンセルしてほしい残りの項の様子が異なる．前者では $B(\lambda)B(\lambda_2)|\psi_0\rangle$ の項が二つであるのに対して，後者では一つしかなく，同様に，後者で $B(\lambda)B(\lambda_1)|\psi_0\rangle$ の項が二つであるのに対して，前者では一つしかない．上記三つのベクトルにおいて $\lambda, \lambda_1, \lambda_2$ はたがいに独立に取れるから，それらのベクトルは線形独立である．したがって

$$A(\lambda)|\lambda_1, \lambda_2\rangle = f(\lambda_1 - \lambda)f(\lambda_2 - \lambda)B(\lambda_1)B(\lambda_2)\alpha(\lambda)|\psi_0\rangle$$
$$-g(\lambda_2 - \lambda)f(\lambda_1 - \lambda_2)B(\lambda)B(\lambda_1)\alpha(\lambda_2)|\psi_0\rangle$$
$$-g(\lambda_1 - \lambda)f(\lambda_2 - \lambda_1)B(\lambda)B(\lambda_2)\alpha(\lambda_1)|\psi_0\rangle \quad (6.203)$$

となる．同様に，$D(\lambda)$ の演算に対しては

$$D(\lambda)|\lambda_1, \lambda_2\rangle = f(\lambda - \lambda_1)f(\lambda - \lambda_2)B(\lambda_1)B(\lambda_2)\delta(\lambda)|\psi_0\rangle$$
$$-g(\lambda - \lambda_2)f(\lambda_2 - \lambda_1)B(\lambda)B(\lambda_1)\delta(\lambda_2)|\psi_0\rangle$$
$$-g(\lambda - \lambda_1)f(\lambda_1 - \lambda_2)B(\lambda)B(\lambda_2)\delta(\lambda_1)|\psi_0\rangle \quad (6.204)$$

という結果が得られる．以上より，転送行列の固有値は

$$\Lambda(\lambda; \lambda_1, \lambda_2) = \alpha(\lambda)\prod_{j=1}^{2}f(\lambda_j - \lambda) + \delta(\lambda)\prod_{j=1}^{2}f(\lambda - \lambda_j) \quad (6.205)$$

であり，また，Bethe 方程式に対応する無矛盾性の条件は

$$\alpha(\lambda_2)g(\lambda_2 - \lambda)f(\lambda_1 - \lambda_2) + \delta(\lambda_2)g(\lambda - \lambda_2)f(\lambda_2 - \lambda_1) = 0 \quad (6.206)$$
$$\alpha(\lambda_1)g(\lambda_1 - \lambda)f(\lambda_2 - \lambda_1) + \delta(\lambda_1)g(\lambda - \lambda_1)f(\lambda_1 - \lambda_2) = 0 \quad (6.207)$$

で与えられる．これらはまとめて

$$\left(\lambda_j + \frac{i}{2}\right)^N \frac{\lambda_l - \lambda_j + i}{i} - \left(\lambda_j - \frac{i}{2}\right)^N \frac{\lambda_j - \lambda_l + i}{i} = 0 \quad (6.208)$$

より $(j \neq l, j = 1, 2, l = 1, 2)$

$$\left(\frac{\lambda_j + i/2}{\lambda_j - i/2}\right)^N = \frac{\lambda_j - \lambda_l + i}{\lambda_l - \lambda_j + i} \quad (6.209)$$

と表される．

■ 一般の M の場合

一般の M の場合も同様に，演算子 A および演算子 D を一番右まで移行して，擬真空 $|\psi_0\rangle$ に作用することを考える．転送行列の固有状態を構成する項は，式 (6.188) および式 (6.189) の右辺第 1 項であり，

$$\tau(\lambda)|\lambda_1,..,\lambda_M\rangle = \{A(\lambda)+D(\lambda)\}|\lambda_1,..,\lambda_M\rangle$$
$$= \Lambda(\lambda;\lambda_1,\ldots,\lambda_M)|\lambda_1,..,\lambda_M\rangle \qquad (6.210)$$

と表すとき，

$$\Lambda(\lambda;\lambda_1,\ldots,\lambda_M) = \alpha(\lambda)\prod_{j=1}^{M}f(\lambda_j-\lambda) + \delta(\lambda)\prod_{j=1}^{M}f(\lambda-\lambda_j) \qquad (6.211)$$

となる．また，無矛盾性の条件は，$j=1,2,\ldots,M$ に対して

$$\left(\frac{\lambda_j+i/2}{\lambda_j-i/2}\right)^N = \prod_{l=1,l\neq j}^{M}\frac{\lambda_j-\lambda_l+i}{\lambda_l-\lambda_j+i} \qquad (6.212)$$

で与えられる．全運動量の固有値と固有エネルギーは

$$P = \frac{1}{i}\sum_{j=1}^{M}\log\left(\frac{\lambda_j+i/2}{\lambda_j-i/2}\right) \pmod{2\pi} \qquad (6.213)$$

および

$$E = -\frac{J}{2}\sum_{j=1}^{M}\frac{1}{\lambda_j^2+1/4} \qquad (6.214)$$

で与えられる．

6.3 代数的 Bethe 仮説法からの MPA の導出

6.3.1 逐次公式

代数的 Bethe 仮説法による Bethe 状態を MPS に変換する [106,107]．Lieb–Liniger 模型などの連続系に対する cMPS に関しても，同様に代数的 Bethe 仮説法からの導出が可能である [108]．以下では，格子系の一番基礎的な MPS に対する変換を議論する．本質的には，Lax 演算子の積の順序を並べ替えて，適切な基底変換を施すことが目的である．

はじめに

$$B(\lambda) = \langle 1|T(\lambda)|2\rangle \qquad (6.215)$$

と表す．$|1\rangle,|2\rangle$ は補助空間の基底である．これは行列積状態の項の一番最初に述

6.3 代数的 Bethe 仮説法からの MPA の導出　185

べたように，シングレットの分解に出てきた余剰の自由度に対応する．固有ベクトルは

$$
\begin{aligned}
|\lambda_1,\ldots,\lambda_M\rangle &= B(\lambda_M)\cdots B(\lambda_1)|\psi_0\rangle \\
&= \langle 1|T(\lambda_M)|2\rangle\cdots\langle 1|T(\lambda_1)|2\rangle|\psi_0\rangle \\
&= \langle 1,1,\ldots,1|T(\lambda_M)\otimes\cdots\otimes T(\lambda_1)|2,2,\ldots,2\rangle|\psi_0\rangle \\
&= \mathrm{Tr}\left(QT(\lambda_M)\otimes\cdots\otimes T(\lambda_1)|\psi_0\rangle\right) \quad (6.216)
\end{aligned}
$$

である．ただし，境界演算子 Q を

$$Q = |2,2,\ldots,2\rangle\langle 1,1,\ldots,1| \quad (6.217)$$

とおいた．$T(\lambda) = L_N(\lambda)\cdots L_1(\lambda)$ より

$$T(\lambda_M)\otimes\cdots\otimes T(\lambda_1) = \prod_{n=1}^{N} L_n(\lambda_1,\ldots,\lambda_M) \quad (6.218)$$

$$L_n(\lambda_1,\ldots,\lambda_M) = L_n(\lambda_M)\otimes\cdots\otimes L_n(\lambda_1) \quad (6.219)$$

が得られる．L_n は n 番目のベクトル空間 V_n に作用する．

ここで

$$L_n(\lambda_1,\ldots,\lambda_M)|\uparrow\rangle = D_M(\lambda_1,\ldots,\lambda_M)|\uparrow\rangle + C_M(\lambda_1,\ldots,\lambda_M)|\downarrow\rangle \quad (6.220)$$

とおく．すなわち

$$D_M(\lambda_1,\ldots,\lambda_M) = \langle\uparrow|L_n(\lambda_1,\ldots,\lambda_M)|\uparrow\rangle \quad (6.221)$$

$$C_M(\lambda_1,\ldots,\lambda_M) = \langle\downarrow|L_n(\lambda_1,\ldots,\lambda_M)|\uparrow\rangle \quad (6.222)$$

である．したがって，状態ベクトルは

$$
\begin{aligned}
|\lambda_1,\ldots,\lambda_M\rangle &= \mathrm{Tr}\left\{QT(\lambda_M)\otimes\cdots\otimes T(\lambda_1)|\psi_0\rangle\right\} \\
&= \mathrm{Tr}\left\{Q\prod_{n=1}^{N} L_n(\lambda_1,\ldots,\lambda_M)|\psi_0\rangle\right\} \\
&= \mathrm{Tr}\left[Q\prod_{n=1}^{N}\{D_M(\lambda_1,\ldots,\lambda_M)|\uparrow\rangle_n + C_M(\lambda_1,\ldots,\lambda_M)|\downarrow\rangle_n\}\right]
\end{aligned}
$$
$$(6.223)$$

となり，トレースの中の展開形が MPA になることがわかる（$D_M \to E$, $C_M \to A$）．

D_M および C_M は，逐次的に計算することができる．はじめに，$M=1$ の場合には

第 6 章　可積分系における余剰自由度の役割

$$D_1(\lambda_1) = \langle\uparrow| L_1(\lambda_1) |\uparrow\rangle = \begin{pmatrix} \langle\uparrow|\alpha_1|\uparrow\rangle & \langle\uparrow|\beta_1|\uparrow\rangle \\ \langle\uparrow|\gamma_1|\uparrow\rangle & \langle\uparrow|\delta_1|\uparrow\rangle \end{pmatrix} \quad (6.224)$$

であり，ここで

$$\langle\uparrow|\alpha_1|\uparrow\rangle = \begin{pmatrix} 1 & 0 \end{pmatrix} \begin{pmatrix} a(\lambda-i/2) & 0 \\ 0 & b(\lambda-i/2) \end{pmatrix} \begin{pmatrix} 1 \\ 0 \end{pmatrix} = a\left(\lambda-\frac{i}{2}\right) \quad (6.225)$$

$$\langle\uparrow|\beta_1|\uparrow\rangle = \begin{pmatrix} 1 & 0 \end{pmatrix} \begin{pmatrix} 0 & 0 \\ c & 0 \end{pmatrix} \begin{pmatrix} 1 \\ 0 \end{pmatrix} = 0 \quad (6.226)$$

$$\langle\uparrow|\gamma_1|\uparrow\rangle = \begin{pmatrix} 1 & 0 \end{pmatrix} \begin{pmatrix} 0 & c \\ 0 & 0 \end{pmatrix} \begin{pmatrix} 1 \\ 0 \end{pmatrix} = 0 \quad (6.227)$$

$$\langle\uparrow|\delta_1|\uparrow\rangle = \begin{pmatrix} 1 & 0 \end{pmatrix} \begin{pmatrix} b(\lambda-i/2) & 0 \\ 0 & a(\lambda-i/2) \end{pmatrix} \begin{pmatrix} 1 \\ 0 \end{pmatrix} = b\left(\lambda-\frac{i}{2}\right) \quad (6.228)$$

などと計算を行えば，

$$D_1(\lambda) = \begin{pmatrix} a(\lambda-i/2) & 0 \\ 0 & b(\lambda-i/2) \end{pmatrix} \quad (6.229)$$

を得る．D_1 は対角化されている．同様に

$$C_1(\lambda_1) = \langle\downarrow| L_1(\lambda_1) |\uparrow\rangle = \begin{pmatrix} \langle\downarrow|\alpha_1|\uparrow\rangle & \langle\downarrow|\beta_1|\uparrow\rangle \\ \langle\downarrow|\gamma_1|\uparrow\rangle & \langle\downarrow|\delta_1|\uparrow\rangle \end{pmatrix} = \begin{pmatrix} 0 & c \\ 0 & 0 \end{pmatrix} \quad (6.230)$$

が得られる．境界行列に関しては，$Q_1 = |2\rangle\langle 1|$ より

$$Q_1(\lambda) = \begin{pmatrix} 0 & 0 \\ 1 & 0 \end{pmatrix} \quad (6.231)$$

であり，このとき実際に

$$|\lambda_1\rangle = \text{Tr}\left\{Q_1 \prod_{n=1}^{L} L_n(\lambda_1) |\psi_0\rangle\right\}$$

$$= \text{Tr}\left[\begin{pmatrix} 0 & 0 \\ 1 & 0 \end{pmatrix} \prod_{n=1}^{L} (D_1 |\uparrow\rangle_n + C_1 |\downarrow\rangle_n)\right]$$

$$= \text{Tr}\left[\begin{pmatrix} 0 & 0 \\ 1 & 0 \end{pmatrix} \left\{\begin{pmatrix} 0 & c \\ 0 & 0 \end{pmatrix} |\uparrow\rangle_1 \dot\otimes \prod_{n\neq 1}^{L} \begin{pmatrix} a & 0 \\ 0 & b \end{pmatrix} |\downarrow\rangle_n + \cdots\right\}\right]$$

$$= cbb \left| \downarrow \uparrow \uparrow \cdots \right\rangle + \cdots \tag{6.232}$$

となることから，↓スピンが一つ励起された状態の線形結合となる．

M の状態から $M+1$ の状態をつくり出すために，以下の逐次計算を行う．D は

$$
\begin{aligned}
& D_{M+1}(\lambda_1,\ldots,\lambda_M,\lambda_{M+1}) \\
&= \langle \uparrow | L_n(\lambda_{M+1}) \otimes L_n(\lambda_1,\ldots,\lambda_M) | \uparrow \rangle \\
&= \langle \uparrow | L_n(\lambda_{M+1}) | \uparrow \rangle \otimes \langle \uparrow | L_n(\lambda_1,\ldots,\lambda_M) | \uparrow \rangle \\
&\quad + \langle \uparrow | L_n(\lambda_{M+1}) | \downarrow \rangle \otimes \langle \downarrow | L_n(\lambda_1,\ldots,\lambda_M) | \uparrow \rangle \\
&= \begin{pmatrix} a(\lambda_{M+1}-i/2) & 0 \\ 0 & b(\lambda_{M+1}-i/2) \end{pmatrix} \otimes D_M(\lambda_1,\ldots,\lambda_M) \\
&\quad + \begin{pmatrix} 0 & 0 \\ c & 0 \end{pmatrix} \otimes C_M(\lambda_1,\ldots,\lambda_M) \\
&= \begin{pmatrix} a(\lambda_{M+1}-i/2) D_M(\lambda_1,\ldots,\lambda_M) & 0 \\ c C_M(\lambda_1,\ldots,\lambda_M) & b(\lambda_{M+1}-i/2) D_M(\lambda_1,\ldots,\lambda_M) \end{pmatrix}
\end{aligned}
\tag{6.233}
$$

また，C は

$$
\begin{aligned}
& C_{M+1}(\lambda_1,\ldots,\lambda_M,\lambda_{M+1}) \\
&= \langle \downarrow | L_n(\lambda_{M+1}) \otimes L_n(\lambda_1,\ldots,\lambda_M) | \uparrow \rangle \\
&= \langle \downarrow | L_n(\lambda_{M+1}) | \uparrow \rangle \otimes \langle \uparrow | L_n(\lambda_1,\ldots,\lambda_M) | \uparrow \rangle \\
&\quad + \langle \downarrow | L_n(\lambda_{M+1}) | \downarrow \rangle \otimes \langle \downarrow | L_n(\lambda_1,\ldots,\lambda_M) | \uparrow \rangle \\
&= \begin{pmatrix} 0 & c \\ 0 & 0 \end{pmatrix} \otimes D_M(\lambda_1,\ldots,\lambda_M) \\
&\quad + \begin{pmatrix} b(\lambda_{M+1}-i/2) & 0 \\ 0 & a(\lambda_{M+1}-i/2) \end{pmatrix} \otimes C_M(\lambda_1,\ldots,\lambda_M) \\
&= \begin{pmatrix} b(\lambda_{M+1}-i/2) C_M(\lambda_1,\ldots,\lambda_M) & c D_M(\lambda_1,\ldots,\lambda_M) \\ 0 & a(\lambda_{M+1}-i/2) C_M(\lambda_1,\ldots,\lambda_M) \end{pmatrix}
\end{aligned}
\tag{6.234}
$$

となる．最後に，境界行列は

$$Q_{M+1}(\lambda_1,\ldots,\lambda_M,\lambda_{M+1}) = \begin{pmatrix} 0 & 0 \\ Q_M(\lambda_1,\ldots,\lambda_M) & 0 \end{pmatrix} \tag{6.235}$$

なので，

$$Q_M(\lambda_1, \ldots, \lambda_M) = \underbrace{\begin{pmatrix} 0 & 0 \\ 1 & 0 \end{pmatrix} \otimes \cdots \otimes \begin{pmatrix} 0 & 0 \\ 1 & 0 \end{pmatrix}}_{M \text{ 個}} = \Omega \quad (6.236)$$

と求まる．これはすでに MPA で求めた結果と一致している．

6.3.2 基底変換

逐次公式の解の行列表示を具体的に求めると，それが MPA と完全に等価な表現であることがわかる．そのために，C および D を基底変換する．ただし，これを行うためには，Lax 演算子から $a(\lambda - i/2)$ を括り出して

$$L_n(\lambda) = a\left(\lambda - \frac{i}{2}\right) \begin{pmatrix} 1 & 0 & 0 & 0 \\ 0 & z(\lambda) & w(\lambda) & 0 \\ 0 & w(\lambda) & z(\lambda) & 0 \\ 0 & 0 & 0 & 1 \end{pmatrix} \quad (6.237)$$

とし，この新たな行列を扱うほうが便利である．ここで

$$z(\lambda) = \frac{b(\lambda - i/2)}{a(\lambda - i/2)} = \frac{\lambda - i/2}{\lambda + i/2}, \quad w(\lambda) = \frac{c}{a(\lambda - i/2)} = \frac{i}{\lambda + i/2} \quad (6.238)$$

である．$z(\lambda)$ と $w(\lambda)$ は

$$w(\lambda) = 1 - z(\lambda) \quad (6.239)$$

の関係にある．また，z は頻繁に現れるので，$z(\lambda_n) = z_n$ と略記する．表記の変更は混乱を招く可能性があるが，以降ではこの形式で議論を進める．

はじめに，D_M を対角化する行列 F_M を導入する．すなわち

$$\mathcal{D}_M = F_M^{-1} D_M F_M \quad (6.240)$$

であり，同時に，新しい基底において

$$\mathcal{C}_M = F_M^{-1} C_M F_M, \quad \mathcal{Q}_M = F_M^{-1} Q_M F_M \quad (6.241)$$

と表す．このとき Bethe 状態は，トレースの巡回不変性から，先に述べた表記の変更による定数倍を除いて

$$|\lambda_1, \ldots, \lambda_M\rangle = \text{Tr}\left\{\mathcal{Q}_M \prod_{n=1}^N (\mathcal{D}_M |\uparrow\rangle_n + \mathcal{C}_M |\downarrow\rangle_n)\right\} \quad (6.242)$$

と表される．

MPA は ↓ スピンの数に関して再帰的に定義されているので，数学的帰納法で行列表示を求める．そのために，まずは $M = 2$ の場合を考えてみる．

$$D_2 = \begin{pmatrix} D_1 & 0 \\ w(\lambda_2)C_1 & z_2 D_1 \end{pmatrix}, \quad C_2 = \begin{pmatrix} z_2 C_1 & w(\lambda_2)D_1 \\ 0 & C_1 \end{pmatrix} \quad (6.243)$$

ここで

$$F_2 = \begin{pmatrix} 1 & 0 \\ \mathcal{F}_1 & 1 \end{pmatrix}, \quad F_2^{-1} = \begin{pmatrix} 1 & 0 \\ -\mathcal{F}_1 & 1 \end{pmatrix} \quad (6.244)$$

ととると, D_2 は

$$\mathcal{D}_2 = \begin{pmatrix} D_1 & 0 \\ -\mathcal{F}_1 D_1 + w(\lambda_2)C_1 + z_2 D_1 \mathcal{F}_1 & z_2 D_1 \end{pmatrix} \quad (6.245)$$

であるが,

$$\mathcal{F}_1 = \frac{w(\lambda_2)}{z_1 - z_2} C_1 \quad (6.246)$$

ととれば, D_2 が対角化される. 新しい基底において, C_2 は

$$\mathcal{C}_2 = \begin{pmatrix} z_2 C_1 + w(\lambda_2) D_1 \mathcal{F}_1 & w(\lambda_2) D_1 \\ 0 & -\mathcal{F}_1 w(\lambda_2) D_1 + C_1 \end{pmatrix} \quad (6.247)$$

となっている. ここで $\mathcal{C}_2 = \mathcal{C}_2^{(1)} + \mathcal{C}_2^{(2)}$, ただし

$$\mathcal{C}_2^{(1)} = \begin{pmatrix} z_2 C_1 + w(\lambda_2) D_1 \mathcal{F}_1 & 0 \\ 0 & -\mathcal{F}_1 w(\lambda_2) D_1 + C_1 \end{pmatrix} \quad (6.248)$$

$$\mathcal{C}_2^{(2)} = \begin{pmatrix} 0 & w(\lambda_2) D_1 \\ 0 & 0 \end{pmatrix} \quad (6.249)$$

と分解すると, これらは MPA の必要条件と同様の, 下記の式に従うことがわかる.

$$\mathcal{C}_M^{(n)} \mathcal{D}_M = z_n \mathcal{D}_M \mathcal{C}_M^{(n)} \quad (6.250)$$

$$\mathcal{C}_M^{(n)} \mathcal{C}_M^{(n)} = 0 \quad (6.251)$$

この第1式が a, b ではなくて z で特徴づけられるので, 最初の表記の変更を行った. そこで

$$\mathcal{C}_M^{(m)} \mathcal{C}_M^{(n)} = \tilde{S}_{mn}(z_m, z_n) \mathcal{C}_M^{(n)} \mathcal{C}_M^{(m)} \quad (6.252)$$

によって散乱行列 $\tilde{S}_{12}$ を定義すると,

$$\tilde{S}_{12}(z_1, z_2) = -\frac{z_1}{z_2} \frac{z_1 z_2 + 1 - 2z_2}{z_1 z_2 + 1 - 2z_1} \quad (6.253)$$

が成り立つことがわかる. そこで一般に

$$\tilde{S}_{mn}(z_m, z_n) = -\frac{z_m}{z_n} \frac{z_m z_n + 1 - 2z_n}{z_m z_n + 1 - 2z_m} \quad (6.254)$$

であると仮定する.

以上の結果を一般化して,以下のように整理する.D_M を対角化する行列 F_M を定義し,$\mathcal{C}_M = F_M^{-1} C_M F_M$ を

$$\mathcal{C}_M = \sum_{n=1}^{M} \mathcal{C}_M^{(n)} \tag{6.255}$$

と分解する.$\mathcal{D}_M, \mathcal{C}_M^{(n)}$ に対する MPA の必要条件は

$$\mathcal{C}_M^{(n)} \mathcal{D}_M = z_n \mathcal{D}_M \mathcal{C}_M^{(n)} \tag{6.256}$$

$$\mathcal{C}_M^{(n)} \mathcal{C}_M^{(n)} = 0 \tag{6.257}$$

$$\mathcal{C}_M^{(m)} \mathcal{C}_M^{(n)} = \tilde{S}_{mn}(z_m, z_n) \mathcal{C}_M^{(n)} \mathcal{C}_M^{(m)} \tag{6.258}$$

である.各添え字を $M \to M+1$ としたとき,上記の条件により $\mathcal{D}_{M+1}$ が対角化され,かつ $\mathcal{C}_{M+1}$ が $\mathcal{C}_2$ の一般化された形をもてば,数学的帰納法により,すべての M に対して,本項の議論が成り立つ.F_{M+1} は

$$F_{M+1} = \begin{pmatrix} F_M & 0 \\ \mathcal{F}_M F_M & F_M \end{pmatrix}, \quad F_{M+1}^{-1} = \begin{pmatrix} F_M^{-1} & 0 \\ -\mathcal{F}_M F_M^{-1} & F_M^{-1} \end{pmatrix} \tag{6.259}$$

と表すことができる.$F_1 = 1$ は明らか,F_2 は先に述べたとおりである.このとき,$\mathcal{D}_M, \mathcal{C}_M$ に対する逐次公式は

$$\mathcal{D}_{M+1} = \begin{pmatrix} \mathcal{D}_M & 0 \\ -\mathcal{F}_M \mathcal{D}_M + w(\lambda_{M+1})\mathcal{C}_M + z_{M+1}\mathcal{D}_M \mathcal{F}_M & z_{M+1}\mathcal{D}_M \end{pmatrix} \tag{6.260}$$

$\mathcal{C}_{M+1} =$
$$\begin{pmatrix} z_{M+1}\mathcal{C}_M + w(\lambda_{M+1})\mathcal{D}_M \mathcal{F}_M & w(\lambda_{M+1})\mathcal{D}_M \\ \mathcal{C}_M \mathcal{F}_M - z_{M+1}\mathcal{F}_M \mathcal{C}_M - w(\lambda_{M+1})\mathcal{F}_M \mathcal{D}_M \mathcal{F}_M & \mathcal{C}_M - w(\lambda_{M+1})\mathcal{F}_M \mathcal{D}_M \end{pmatrix} \tag{6.261}$$

となっている.$\mathcal{D}_{M+1}$ が対角的になるためには,MPA の条件式より

$$\mathcal{F}_M = w(\lambda_{M+1})\mathcal{D}_M^{-1} \sum_{n=1}^{M} \frac{\mathcal{C}_M^{(n)}}{z_n - z_{M+1}} \tag{6.262}$$

が成り立つ必要がある.このときには明らかに

$$\mathcal{D}_{M+1} = \begin{pmatrix} 1 & 0 \\ 0 & z_{M+1} \end{pmatrix} \otimes \mathcal{D}_M \tag{6.263}$$

となり, $z_M = e^{-ik_M}$ と取ると, MPA の表現における E に一致することがわかる. $\mathcal{C}_{M+1}$ に関しては, $(2,1)$ 成分がゼロであることを要請する.

$$\mathcal{C}_M \mathcal{F}_M - z_{M+1} \mathcal{F}_M \mathcal{C}_M - w(\lambda_{M+1}) \mathcal{F}_M \mathcal{D}_M \mathcal{F}_M = 0 \tag{6.264}$$

ここで

$$\begin{aligned}
&\mathcal{C}_M \mathcal{F}_M - z_{M+1} \mathcal{F}_M \mathcal{C}_M - w(\lambda_{M+1}) \mathcal{F}_M \mathcal{D}_M \mathcal{F}_M \\
&= w(\lambda_{M+1}) \mathcal{D}_M^{-1} \sum_{m=1}^{M} \sum_{n=1}^{M} d_{mn} \mathcal{C}_M^{(m)} \mathcal{C}_M^{(n)}
\end{aligned} \tag{6.265}$$

とおくと, 直接計算から

$$\begin{aligned}
d_{mn} &= \frac{1}{z_m} \frac{1}{z_n - z_{M+1}} - z_{M+1} \frac{1}{z_m - z_{M+1}} \\
&\quad - \frac{w^2(\lambda_{M+1})}{(z_m - z_{M+1})(z_n - z_{M+1})} \\
&= -\frac{z_{M+1}}{z_m} \frac{z_m z_n + 1 - 2z_m}{(z_m - z_{M+1})(z_n - z_{M+1})}
\end{aligned} \tag{6.266}$$

が成り立つことがわかる. 一方, $\mathcal{C}_M^{(m)}$ と $\mathcal{C}_M^{(n)}$ の交換関係から

$$d_{nm} + \tilde{S}_{mn}(z_m, z_n) d_{mn} = 0 \tag{6.267}$$

が成り立つ必要があるが, 式 (6.254) を仮定していれば, この関係が確かに成り立っていることがわかる. これで $\mathcal{C}_M$ の $(2,1)$ 成分がゼロであることは保証される. このとき, $\mathcal{C}_M$ の逐次公式は

$$\mathcal{C}_{M+1} = \begin{pmatrix} \sum_{n=1}^{M} \frac{z_n z_{M+1} + 1 - 2z_{M+1}}{z_n - z_{M+1}} \mathcal{C}_M^{(n)} & w(\lambda_{M+1}) \mathcal{D}_M \\ 0 & -z_{M+1} \sum_{n=1}^{M} \frac{z_n z_{M+1} + 1 - 2z_n}{z_n - z_{M+1}} \mathcal{C}_M^{(n)} \end{pmatrix} \tag{6.268}$$

となり, $\mathcal{C}_{M+1} = \sum_{n=1}^{M+1} \mathcal{C}_{M+1}^{(n)}$ の分解は, $n \leq M$ に対して

$$\mathcal{C}_{M+1}^{(n)} = \begin{pmatrix} \frac{z_n z_{M+1} + 1 - 2z_{M+1}}{z_n - z_{M+1}} \mathcal{C}_M^{(n)} & 0 \\ 0 & -z_{M+1} \frac{z_n z_{M+1} + 1 - 2z_n}{z_n - z_{M+1}} \mathcal{C}_M^{(n)} \end{pmatrix} \tag{6.269}$$

および

$$\mathcal{C}_{M+1}^{(M+1)} = \begin{pmatrix} 0 & w(\lambda_{M+1}) \mathcal{D}_M \\ 0 & 0 \end{pmatrix} \tag{6.270}$$

とおけば, MPA の必要条件が確かに満たされる. 以上のことから, 数学的帰納法から, すべての M で $\mathcal{C}_M$ の分解公式が得られたことになる.

最後に, $\mathcal{C}_M^{(n)}$ の行列表示が MPA における A と対応しているか確認する. ま

ず，境界部分は

$$\mathcal{C}_M^{(M)} = w(\lambda_M) \begin{pmatrix} 0 & 1 \\ 0 & 0 \end{pmatrix} \otimes \mathcal{D}_{M-1} \tag{6.271}$$

となることがわかる．これは，一番右端の↓スピンの状態に対応する．続いて

$$\mathcal{C}_{M+1}^{(n)} = -\frac{z_n z_{M+1} + 1 - 2z_n}{z_n - z_{M+1}} \begin{pmatrix} S_{n,M+1}(z_n, z_{M+1}) & 0 \\ 0 & z_{M+1} \end{pmatrix} \otimes \mathcal{C}_M^{(n)} \tag{6.272}$$

と変形できる．ただし

$$S_{mn}(z_m, z_n) = -\frac{z_m z_n + 1 - 2z_n}{z_m z_n + 1 - 2z_m} \tag{6.273}$$

である．MPA との対応は，定数倍を除いて

$$A_{k_n,M} \propto \mathcal{D}_M^{-1} \mathcal{C}_M^{(n)} \tag{6.274}$$

と取ればよいということは明らかであろう．

6.3.3 MPA と鈴木–Trotter 変換の構造的類似

興味深いことに，鈴木–Trotter 変換（あるいは量子転送法）と行列積 Bethe 仮説法には完全な一対一対応がある（表 6.1 参照）[108]．表 6.1 において，添え字 $DWBC$ は domain-wall boundary condition の略であり，Z_{DWBC} は 2 次元古典統計模型である six-vertex 模型の分配関数を意味する．Bethe 状態 $|\lambda_1 \cdots \lambda_M\rangle$ を全↓スピン状態 $\langle\downarrow \cdots \downarrow|$ に射影すると，Z_{DWBC} が得られることがわかっている．MPA は，rapidity を Trotter 軸に対応させるような形で鈴木–Trotter 変換になるといえる．

最後になるが，ここで取り扱った Heisenberg 模型は，セントラル・チャージ $c = 1$ の量子臨界系である．したがって，テンソル積型変分波導関数の観点からは，Bethe 状態は本来，MPS ではなく MERA のクラスに属するべきものである．そこで，Bethe 状態をさらに変換することができるかどうかは非常に興味が

表 6.1 MPA と鈴木–Trotter 変換の構造的類似

代数的 Bethe 仮説法	鈴木–Trotter 変換
$Z_{DWBC} = \Psi_a(x_1, \ldots, x_N)$	Z_n
粒子数	Trotter 数
$B(\lambda_j)$	T_{real}
$L_i(\lambda_1, \ldots, \lambda_n)$	$T_{vertual}$

あるところである．rapidity がスケールの異なる平面波を表すから，それがホログラフィック次元に対応する可能性がある．ここまで見てきたように，行列積はゼロ要素が非常に多いため，適切な自由度圧縮で MERA ネットワークを導くことができる可能性がある．数学的な精密化は今後の課題である．

第 7 章

情報・エントロピーと重力の関わり

　本章以降，情報やエントロピー，熱力学と幾何学，重力との関わりを見ていきたい．特に，ブラックホール物理において，量子エンタングルメントの物理と非常に類似した事実が数多く蓄積されていることが興味深い．これらの関係を調べることがきわめて重要になるが，そのためには，微分幾何あるいは一般相対論の最低限の知識は必要である[109-117]．残念ながら，物性・統計や情報の専門家にはなじみが薄い分野である．しかし，幾何学は情報を伝送する時空間・メモリ空間の適切な座標系の張り方と密接に関係している．情報幾何の今後の発展も睨んで，理論形式になじんでいただきたい．

7.1 時空の計量とエントロピーのスケール則

本節では,まず古典的時空間における情報の伝播やメモリ能力について概観し,時空物理との関連性を見る.情報の伝播の仕方は,時空の計量テンソル(一般には,曲がった時空間も含めた座標系の張り方)と深い関わりがある.時空に張られた座標系のメッシュが一様でなければ,それが情報の伝播速度や伝送量に影響を及ぼすのは自明であろう.また,情報の格納の問題を考える場合には,メモリ空間もある種の抽象的な時空間であり,計量テンソルの取り方(離散系であればメッシュの切り方)によってそのため込みの効率が変化すると容易に考えられるだろう.ため込んだ情報が時々刻々変化する場合を考えるのであれば,メモリは単に空間というだけでなく,時空とよんだほうがよいであろう.したがって,曲がった時空のダイナミクスを取り扱う一般相対性理論は,そのまま情報の問題と関係してくる.そこで,体系的ではないが,非常に簡単な現象論について述べて本章の導入としよう.

前者の情報伝播の問題について,情報エントロピーが満たすスケール則の成立条件に関して言えば,部分系 A の境界から測って,どの深さ z まで情報のやり取りがなされているかという,いわばエントロピー密度 $f(z)$ を導入するのが自然である.より正確には,情報がどのように拡散したか,その量を座標の関数として表したものであると言ったほうがよいかもしれない.深さ方向 z を動径方向とよぶ.一般に,$f(z)$ は境界から離れるにつれて増加するということはない.そこでエントロピーの密度を,UV カットオフ $z = a$ から深さ $z = x$(相関長 ξ よりは短いが,a よりは十分大きいとする)まで積分した情報エントロピーを

$$S_A(x) = N_{eff} \partial A \int_a^x dz f(z) \tag{7.1}$$

と書くことにする.N_{eff} は境界を行き来する準粒子の数,∂A は部分系 A の境界面積である.$z \to \infty$ での $f(z)$ の漸近形は,$S_A(x)$ が $x > \xi$ で飽和する形になると期待される.

ここで,$f(z)$ の関数形をいろいろな形に仮定して $S_A(x)$ を求めてみよう.まず,情報量が最大の場合として $f(z) = z^0 = \mathrm{const.}$ を仮定すると

$$S_A(x) = N_{eff} \partial A (x - a) \sim A \tag{7.2}$$

となり,エントロピーが示量的になる.これは,通常の熱力学エントロピーの関係式に等しい.また,指数関数的減衰 $f(z) = e^{-z}$ を仮定すると

$$S_A(x) = N_{eff} \partial A \left(e^{-a} - e^{-x} \right) \sim \partial A \tag{7.3}$$

となり，面積則が得られる．$f(z) = z^{-n}$ で $n > 1$ の場合にも，基本的には面積則が成り立つ．すなわち

$$S_A(x) = N_{eff}\partial A \frac{1}{1-n}\left(x^{1-n} - a^{1-n}\right) \sim \partial A \tag{7.4}$$

となる．一方，減衰が非常に遅い．$f(z) \sim z^{-1}$ の場合だけは特異で，

$$S_A(x) = N_{eff}\partial A \left(\log x - \log a\right) = N_{eff}\partial A \log\left(\frac{x}{a}\right) \tag{7.5}$$

となり，対数補正 $\log(x/a)$ が現れることがわかる．以上の結果は，エンタングルメント・エントロピーの満たすスケーリング特性を非常に明快に表しているだけでなく，通常の熱力学エントロピーとの関係性も表していることがわかる．つまり，面積則やその対数補正と通常の示量変数の場合に見られる体積則の差異は，情報の伝送距離が異なるために生じると考えればわかりやすい．

以下のような少し複雑な例を考えることもできる．

$$f(z) = \frac{1}{z}\log z \tag{7.6}$$

この場合には

$$S_A(x) \sim N_{eff}\partial A \int_a^x dz \frac{1}{z}\log z \tag{7.7}$$

であるが，以下のように部分積分を実行できる．

$$I = \int_a^x dz \frac{1}{z}\log z = [\log z \log z]_a^x - \int_a^x dz \log z \frac{1}{z} \tag{7.8}$$

その結果

$$I = \frac{1}{2}\left(\log x\right)^2 \tag{7.9}$$

が得られる．特殊なフェルミ面をもつ電子系の模型に対するエンタングルメント・エントロピーの計算で，実際にこのようなスケーリングが見出されている．

微分幾何学に従うと，積分への計量テンソルの寄与，すなわち変数変換のヤコビアンは $\sqrt{g}$ で与えられるため（座標を Euclid 化した場合），$\sqrt{g} \sim f(z)$ であることが期待され，上記の議論の幾何学的表現ができる可能性がある．ここで，g は計量テンソルの行列式である．そうすると，そもそもいまの情報の問題で，座標系を曲げる起源は何かということが問題となる．このとき，情報の幾何学表現というのは，伝播する情報量の粗密を幾何学のほうに押しつけて表現し，情報そのものの総体は不変であると述べたことになる．上記の議論の言葉では，積分を $\int f(z) \cdot 1 dz$ と表したとき，1 の部分が一つの情報の絶対量，$f(z)$ が密度に対応

すると考えることである.

量子臨界系のエンタングルメント・エントロピーに現れる対数補正について，もう少しだけ説明を加えておこう. $f(z) \sim z^{-1}$ の場合は $g \sim f(z)^2 = z^{-2}$ という結果が期待される. これを導く計量は，双曲的な幾何学から現れる. 双曲幾何は

$$ds^2 = \frac{l^2}{z^2}\left\{dz^2 + (dx^1)^2 + \cdots + (dx^d)^2\right\} \tag{7.10}$$

というタイプの計量をもつ. l は長さのスケールで曲率半径とよばれる. 上記の議論では情報伝播の境界面に平行な方向の自由度は正確に記述していなかったので，$\sqrt{g} \sim f(z)$ と表すには多少の語弊があるが，因子 z^{-2} をもつことで $f(z) \sim z^{-1}$ が導かれる. つまり，量子臨界系の長さのスケールを変化させることを，双曲幾何上でのフローとして表現することができる. したがって，ここで述べている情報の伝播とは，くりこみ群のフローであると期待される. この後の節で詳細を議論する.

7.2 双曲幾何

一般相対論的考察に進む前に，双曲平面論についてまとめておく. 先ほど述べたように，臨界系におけるエンタングルメントの伝播を幾何学的に記述するうえで重要な幾何である.

7.2.1 Poincaré 円板モデル

■ Minkowski 内積

3 次元 Euclid 空間 $\mathbb{R}^3$ [*1]における 2 次元双曲面

$$x^2 + y^2 - z^2 = -1 \tag{7.11}$$

の $z > 0$ なる領域を考える. この面内の曲線上を運動する点 P の速度ベクトル $\vec{v}$ を考える. また，二つのベクトル $\vec{a}, \vec{b}$ の Minkowski 内積を

$$\left(\vec{a}, \vec{b}\right)_M = a_1 b_1 + a_2 b_2 - a_3 b_3 \tag{7.12}$$

で定め，双曲面に接するベクトル $\vec{a}$ の長さを $\sqrt{(\vec{a}, \vec{a})_M}$ とする.

曲面上の最短経路は測地線とよばれる. Euclid 平面であれば直線が，地球儀のような球面であれば大円が，それぞれの空間における測地線である. Euclid 平面の場合，直線は点の等速直線運動の結果として得られるから，Newton の運動方

[*1] 以降では，d 次元 Euclid 空間を $\mathbb{R}^d$ と表す. R は曲率などいろいろな場面で用いるので，空間を表す場合には太字で表すことにする.

程式において，力がはたらいていない場合を考えればよい．すなわち，加速度ベクトルと接ベクトルが直交し，上の意味の内積がゼロになると考える．双曲面上でベクトル $\vec{x}$ から出発して時刻 t における速度ベクトルが長さ $\sqrt{(\vec{v},\vec{v})_M} = 1$ の接ベクトルであるような測地線は

$$\gamma(t) = \vec{x}\cosh t + \vec{v}\sinh t \tag{7.13}$$

で与えられる．実際に，加速度ベクトルと接ベクトルは

$$\frac{d^2}{dt^2}\gamma(t) = \vec{x}\cosh t + \vec{v}\sinh t = \gamma(t) \tag{7.14}$$

$$\frac{d}{dt}\gamma(t) = \vec{x}\sinh t + \vec{v}\cosh t \tag{7.15}$$

となるので，内積は

$$\left(\frac{d^2}{dt^2}\gamma(t), \frac{d}{dt}\gamma(t)\right)_M = \sinh t \cosh t \left\{(\vec{x},\vec{x})_M + (\vec{v},\vec{v})_M\right\}$$
$$= x^2 + y^2 - z^2 + 1 = 0 \tag{7.16}$$

となることがわかる．

■ Poincaré 円板と双曲距離

z 軸上の点 $(0,0,-1)$ と双曲面上の点 P を結ぶ線分と x-y 平面の交点を $\pi(\mathrm{P})$ と書く．写像 π によって，双曲面上のある点と x-y 平面の単位円内部

$$D = \left\{(x,y) \mid x^2 + y^2 < 1\right\} \tag{7.17}$$

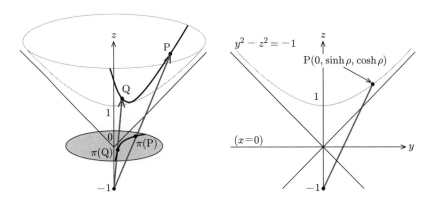

図 **7.1** Poincaré 円板モデル

のある点との一対一対応が定まる．単位円内部を Poincaré 円板とよぶ．円板の円周を境界とよび，S_∞ と表す．

たとえば，$x = 0$ という平面で双曲面を切ったときの y-z 平面上の切り口を考える．$y^2 - z^2 = -1$ より，測地線を与えるベクトルは

$$\gamma(t) = (x, y, z) = (0, \sinh t, \cosh t) \tag{7.18}$$

と表される．点 P $(0, \sinh \rho, \cosh \rho)$ と z 軸上の点 $(0, 0, -1)$ を結ぶ線分の方程式は

$$z - (-1) = \frac{\cosh \rho - (-1)}{\sinh \rho} y \tag{7.19}$$

である．したがって，x-y 平面と交わったところの座標 $(0, r, 0)$ は

$$r = \frac{\sinh \rho}{\cosh \rho + 1} = \frac{e^\rho - e^{-\rho}}{e^\rho + 2 + e^{-\rho}} = \frac{(e^{\rho/2} + e^{-\rho/2})(e^{\rho/2} - e^{-\rho/2})}{(e^{\rho/2} + e^{-\rho/2})^2}$$
$$= \tanh\left(\frac{\rho}{2}\right) \tag{7.20}$$

となる．あるいは，ρ について解いて

$$\rho = \log\left(\frac{1+r}{1-r}\right) \tag{7.21}$$

となる．r を Euclid 距離，ρ を双曲距離という．$r \to 1$ の極限（つまり，Poincaré 円板の境界）では $\rho \to \infty$ となる．すなわち，円板内部では，S_∞ が無限遠点の集まりに相当する．

続いて，双曲面上の 2 点 P, Q を考える．これらを通る測地線 $\gamma(t)$ を考え，それらの位置ベクトルがそれぞれ $\gamma(t_1), \gamma(t_2)$ となるとき，双曲距離を

$$d(\mathrm{P}, \mathrm{Q}) = |t_1 - t_2| \tag{7.22}$$

と表すことができる．すなわち，D における 2 点 $\pi(\mathrm{P}), \pi(\mathrm{Q})$ の距離を $d(\mathrm{P}, \mathrm{Q})$ で定義すると，式 (7.21) との整合性が取れることが以下のようにしてわかる．まず，写像 π は

$$\pi : (x, y, z) \to \left(\frac{x}{1+z}, \frac{y}{1+z}\right) \tag{7.23}$$

で与えられる．$\pi \circ \pi^{-1}$ が恒等写像になるように逆写像 π^{-1} を定めると，

$$\pi^{-1} : (u, v) \to \left(\frac{2u}{1 - u^2 - v^2}, \frac{2v}{1 - u^2 - v^2}, \frac{1 + u^2 + v^2}{1 - u^2 - v^2}\right) \tag{7.24}$$

が成り立つ．ここで，Poincaré 円板上の 2 点 $\mathrm{A}(u_1, v_1), \mathrm{B}(u_2, v_2)$ について，P $= \pi^{-1}(\mathrm{A})$, Q $= \pi^{-1}(\mathrm{B})$ の間の Minkowski 内積を計算する．$\vec{a} = (u_1, v_2), \vec{b} = (u_2, v_2)$ とおくと

$$|\vec{a} - \vec{b}|^2 = (\vec{a} - \vec{b}) \cdot (\vec{a} - \vec{b}) = |\vec{a}|^2 + |\vec{b}|^2 - 2(u_1 u_2 + v_1 v_2) \quad (7.25)$$

なので

$$\begin{aligned}
(\overrightarrow{\mathrm{OP}}, \overrightarrow{\mathrm{OQ}})_M &= \frac{2u_1}{1 - u_1^2 - v_1^2} \frac{2u_2}{1 - u_2^2 - v_2^2} + \frac{2v_1}{1 - u_1^2 - v_1^2} \frac{2v_2}{1 - u_2^2 - v_2^2} \\
&\quad - \frac{1 + u_1^2 + v_1^2}{1 - u_1^2 - v_1^2} \frac{1 + u_2^2 + v_2^2}{1 - u_2^2 - v_2^2} \\
&= \frac{4(u_1 u_2 + v_1 v_2) - (1 + |\vec{a}|^2)(1 + |\vec{b}|^2)}{(1 - |\vec{a}|^2)(1 - |\vec{b}|^2)} \\
&= \frac{2(|\vec{a}|^2 + |\vec{b}|^2) - 2|\vec{a} - \vec{b}|^2 - (1 + |\vec{a}|^2)(1 + |\vec{b}|^2)}{(1 - |\vec{a}|^2)(1 - |\vec{b}|^2)} \\
&= -1 - \frac{2|\vec{a} - \vec{b}|^2}{(1 - |\vec{a}|^2)(1 - |\vec{b}|^2)} \quad (7.26)
\end{aligned}$$

となることがわかる．また，$\overrightarrow{\mathrm{OP}} = \gamma(t_1 = 0), \overrightarrow{\mathrm{OQ}} = \gamma(t_2 > 0)$ ととると，$d(\mathrm{PQ}) = |t_2|$ で

$$\gamma(t_1) = \vec{x} \quad (7.27)$$
$$\gamma(t_2) = \gamma(t_1) \cosh d(\mathrm{PQ}) + \vec{v} \sinh d(\mathrm{PQ}) \quad (7.28)$$

となるので，$(\vec{x}, \vec{v})_M = 0$ を用いると，

$$(\gamma(t_1), \gamma(t_2))_M = (\gamma(t_1), \gamma(t_1))_M \cosh d(\mathrm{PQ}) = -\cosh d(\mathrm{PQ}) \quad (7.29)$$

となる．したがって

$$\cosh d(\mathrm{PQ}) = 1 + \frac{2|\vec{a} - \vec{b}|^2}{(1 - |\vec{a}|^2)(1 - |\vec{b}|^2)} \quad (7.30)$$

となる．特に，点 B を原点にとると

$$\cosh d(\mathrm{PO}) = 1 + \frac{2|\vec{a}|^2}{(1 - |\vec{a}|^2)} \quad (7.31)$$

となり，$d(\mathrm{PO})$ について解くと

$$d(\mathrm{PO}) = \log\left(\frac{1 + |\vec{a}|}{1 - |\vec{a}|}\right) \quad (7.32)$$

となる．これは，先に求めた原点からの Euclid 距離と双曲距離の関係を与える式に一致する．

■ Riemann 計量

　Riemann 計量から見た幾何構造について整理する．すなわち，双曲面上での線素について調べる．次のように，双曲面上でパラメータ表示された曲線を考える．

$$\gamma(t) = (\gamma_1(t), \gamma_2(t), \gamma_3(t)), \quad a \leq t \leq b \tag{7.33}$$

この曲線の長さは，無限小の折れ線近似を足しあげて

$$l(\gamma) = \int_a^b \sqrt{\left(\frac{d\gamma_1}{dt}\right)^2 + \left(\frac{d\gamma_2}{dt}\right)^2 - \left(\frac{d\gamma_3}{dt}\right)^2} \, dt \tag{7.34}$$

で与えられる．ここで，Poincaré 円板内部において，ある点の極座標を

$$u(t) = r(t)\cos\theta(t) \tag{7.35}$$
$$v(t) = r(t)\sin\theta(t) \tag{7.36}$$

と表し，これを式 (7.24) で与えた写像 π^{-1} で双曲面上に写すと

$$\mathrm{P}\left(\frac{2r\cos\theta}{1-r^2}, \frac{2r\sin\theta}{1-r^2}, \frac{1+r^2}{1-r^2}\right) \tag{7.37}$$

となる．これが $\gamma(t)$ に相当するので，t で微分すると

$$\frac{d\gamma_1}{dt} = \frac{1}{(1-r^2)^2}\left\{2\left(\frac{dr}{dt}\cos\theta - r\sin\theta\frac{d\theta}{dt}\right)(1-r^2) - 2r\cos\theta(-2r)\frac{dr}{dt}\right\} \tag{7.38}$$

$$\frac{d\gamma_2}{dt} = \frac{1}{(1-r^2)^2}\left\{2\left(\frac{dr}{dt}\sin\theta + r\cos\theta\frac{d\theta}{dt}\right)(1-r^2) - 2r\sin\theta(-2r)\frac{dr}{dl}\right\} \tag{7.39}$$

$$\frac{d\gamma_3}{dt} = \frac{4r}{(1-r^2)^2}\frac{dr}{dt} \tag{7.40}$$

となり，

$$l(\gamma) = \int_a^b \frac{2}{1-r^2}\sqrt{\left(\frac{dr}{dt}\right)^2 + \left(r\frac{d\theta}{dt}\right)^2} \, dt \tag{7.41}$$

が得られる．したがって，曲線 $\gamma(t)$ の線素は

$$ds^2 = \frac{4}{(1-r^2)^2}\left\{dr^2 + (rd\theta)^2\right\} = \frac{4(du^2 + dv^2)}{(1-u^2-v^2)^2} \tag{7.42}$$

となる．

7.2.2 上半平面モデル

双曲平面のもう一つのモデルは，上半平面モデルである．H を複素平面の上半平面

$$H = \{z = x + iy \in \mathbb{C} \mid y > 0\} \tag{7.43}$$

とする．上半平面での双曲計量は

$$ds^2 = \frac{dzd\bar{z}}{y^2} = \frac{1}{y^2}\left(dx^2 + dy^2\right) \tag{7.44}$$

と表される．一方，単位円内部 D に対して得られた双曲計量の式は

$$ds^2 = \frac{4(dx^2 + dy^2)}{(1 - x^2 - y^2)^2} = \frac{4dwd\bar{w}}{(1 - |w|^2)^2} \tag{7.45}$$

であった．これらは，実際に，変換

$$z = i\frac{1-w}{1+w} \tag{7.46}$$

でたがいに変換されることがわかる．以下の式が成り立つことから明らかであろう．

$$dz = \frac{-2idw}{(1+w)^2}, \quad d\bar{z} = \frac{2id\bar{w}}{(1+\bar{w})^2}, \quad y = \frac{z-\bar{z}}{2i} = \frac{1-|w|^2}{(1+w)(1+\bar{w})} \tag{7.47}$$

7.2.3 Möbius 変換

a, b, c, d を複素数とし，$\Delta = ad - bc \neq 0$ が満たされているとする．このとき

$$f(z) = \frac{az+b}{cz+d} \tag{7.48}$$

を Möbius 変換（あるいは一次分数変換）という．これは，共形場理論に進むうえでも大切な変換である．

複素上半平面 H を考え，実数 a, b, c, d に対して Möbius 変換を施す．これは，以下のように等長変換（計量を変えない変換，isometry という）であることがわかる．$z = x + iy$ および $w = f(z) = u + iv$ とすると，

$$\begin{aligned} dwd\bar{w} &= \frac{a(dz)(cz+d) - (az+b)c(dz)}{(cz+d)^2}\frac{a(d\bar{z})(c\bar{z}+d) - (a\bar{z}+b)c(d\bar{z})}{(c\bar{z}+d)^2} \\ &= \frac{\Delta^2 dzd\bar{z}}{|cz+d|^4} \end{aligned} \tag{7.49}$$

および

$$w = \frac{(az+d)(c\bar{z}+d)}{|cz+d|^2}, \quad v = \mathrm{Im}\,w = \frac{\Delta y}{|cz+d|^2} \tag{7.50}$$

より

$$ds^2 = \frac{dx^2 + dy^2}{y^2} = \frac{du^2 + dv^2}{v^2} \tag{7.51}$$

となることがわかる．実数係数が $\Delta = 1$ を満たすとき，$\mathrm{PSL}(2,\mathbb{R})$ で表される Möbius 群の部分群が得られるが，これは上半平面 H を自分自身へ写す Möbius 変換全体の成す群となっており，また，全単射等角かつ向きを保つ変換（双正則という）となる．

Möbius 変換は，より単純な変換の合成で表される．その行列表現から，上記の群論的性質がより明確になる．それを具体的に表現するために，以下の比を導入する．

$$\frac{w_1}{w_2} = \frac{a(z_1/z_2) + b}{c(z_1/z_2) + d} = \frac{az_1 + bz_2}{cz_1 + dz_2} \tag{7.52}$$

これより

$$\begin{pmatrix} w_1 \\ w_2 \end{pmatrix} = \begin{pmatrix} a & b \\ c & d \end{pmatrix} \begin{pmatrix} z_1 \\ z_2 \end{pmatrix} \tag{7.53}$$

が成り立つ．この行列が $\mathrm{SL}(2,\mathbb{R})$ の対称性を特徴づけている．特に，スケール変換，平行移動，鏡映変換はそれぞれ

$$w = \frac{\alpha}{\delta} z, \quad w = z + \beta, \quad w = \frac{1}{z} \tag{7.54}$$

と表されるが，その行列表示はそれぞれ

$$\begin{pmatrix} \alpha & 0 \\ 0 & \delta \end{pmatrix}, \quad \begin{pmatrix} 1 & \beta \\ 0 & 1 \end{pmatrix}, \quad \begin{pmatrix} 0 & 1 \\ 1 & 0 \end{pmatrix} \tag{7.55}$$

となる．ここで

$$\begin{pmatrix} 0 & 1 \\ 1 & 0 \end{pmatrix} \begin{pmatrix} 1 & \beta \\ 0 & 1 \end{pmatrix} \begin{pmatrix} 0 & 1 \\ 1 & 0 \end{pmatrix} \begin{pmatrix} 1 & \gamma \\ 0 & 1 \end{pmatrix} \begin{pmatrix} \alpha & 0 \\ 0 & \delta \end{pmatrix}$$

$$= \begin{pmatrix} \alpha & \gamma\delta \\ \beta\alpha & (\beta\gamma + 1)\delta \end{pmatrix} \tag{7.56}$$

となるので，

$$\begin{pmatrix} \alpha & \gamma\delta \\ \beta\alpha & (\beta\gamma + 1)\delta \end{pmatrix} = \begin{pmatrix} a & b \\ c & d \end{pmatrix} \tag{7.57}$$

となるためには

$$\alpha = a, \quad \beta = \frac{c}{a}, \quad \gamma = \frac{ab}{\Delta}, \quad \delta = \frac{\Delta}{a} \tag{7.58}$$

ととればよいことがわかる．これらそれぞれの操作に対して，計量が不変にとどまる．

複素数 z_1, z_2, z_3, z_4 について，複比を

$$[z_1, z_2, z_3, z_4] = \frac{z_1 - z_3}{z_2 - z_3} \frac{z_2 - z_4}{z_1 - z_4} \tag{7.59}$$

と定義する．複比は Möbius 変換で不変である．すなわち

$$w_j = \frac{az_j + b}{cz_j + d}, \quad \Delta \neq 0, \quad j = 1, 2, 3, 4 \tag{7.60}$$

に対して

$$[w_1, w_2, w_3, w_4] = [z_1, z_2, z_3, z_4] \tag{7.61}$$

となる．実際に，以下のような変形が可能である．

$$\begin{aligned}
[w_1, w_2, w_3, w_4] &= \frac{\dfrac{az_1+b}{cz_1+d} - \dfrac{az_3+b}{cz_3+d}}{\dfrac{az_2+b}{cz_2+d} - \dfrac{az_3+b}{cz_3+d}} \frac{\dfrac{az_2+b}{cz_2+d} - \dfrac{az_4+b}{cz_4+d}}{\dfrac{az_1+b}{cz_1+d} - \dfrac{az_4+b}{cz_4+d}} \\
&= \frac{(az_1+b)(cz_3+d) - (az_3+b)(cz_1+d)}{(az_2+b)(cz_3+d) - (az_3+b)(cz_2+d)} \\
&\quad \times \frac{(az_2+b)(cz_4+d) - (az_4+b)(cz_2+d)}{(az_1+b)(cz_4+d) - (az_4+b)(cz_1+d)} \\
&= \frac{(ad-bc)(z_1-z_3)}{(ad-bc)(z_2-z_3)} \frac{(ad-bc)(z_2-z_4)}{(ad-bc)(z_1-z_4)} \\
&= [z_1, z_2, z_3, z_4] \tag{7.62}
\end{aligned}$$

複比を用いると，双曲距離は式 (7.21) より

$$d(0, x) = \log [0, x, 1, -1] \tag{7.63}$$

と表される．したがって，Möbius 変換で双曲距離は不変であることがわかる．

7.3 曲がった時空の記述法

この後の議論で必要な微分幾何の基礎知識を述べる．決して体系的な記述ではないが，相対論の非専門家でもなじみやすいような記述にしているので，その利点・欠点をよくお含みおきいただきたい．

7.3.1 束縛運動と測地線の方程式

平坦な $n+1$ 次元 Euclid 空間 $\mathbb{R}^{n+1}$ 中に埋め込まれた n 次元的曲面上に束縛力を受けている質点の運動を考える。運動方程式は

$$m\frac{d^2}{dt^2}\vec{r}(t) = \vec{F}(t) = \vec{F}\left(\vec{r}(t), \dot{\vec{r}}(t)\right) \tag{7.64}$$

で表される。ここで、$\mathbb{R}^{n+1}$ 内の曲面 $S: \vec{r} = \vec{r}(x^\mu)$ $(\mu = 1, 2, \ldots, n)$ を考える。このとき、S 上の点 $\mathrm{P} = \vec{r}(x^\mu)$ における単位法線ベクトルを $\vec{n} = \vec{n}(x^\mu)$ と表す。質量 m の質点にはたらく力 λ が、面直方向の束縛力のみの場合には

$$m\frac{d^2}{dt^2}\vec{r}(x^1(t), x^2(t), \ldots, x^n(t)) = \lambda\left(\vec{r}(t), \dot{\vec{r}}(t)\right)\vec{n}\left(x^1(t), \ldots, x^n(t)\right) \tag{7.65}$$

と表される。具体的に左辺の微分を実行すると、

$$\frac{\partial \vec{r}}{\partial x^\mu}\frac{d^2 x^\mu}{dt^2} + \frac{\partial^2 \vec{r}}{\partial x^\mu \partial x^\nu}\frac{dx^\mu}{dt}\frac{dx^\nu}{dt} = \frac{\lambda}{m}\vec{n} \tag{7.66}$$

となるが、左辺第 1 項のベクトル $\partial \vec{r}/\partial x^\mu$ の向きは点 P の接平面方向であり、これらは接ベクトル（tangent vector）とよばれる。また、第 2 項は一般にはどの方向を向いているかはよくわからないので、さしあたり接ベクトル方向と面直方向に分解して

$$\frac{\partial^2 \vec{r}}{\partial x^\mu \partial x^\nu} = \Gamma^\lambda{}_{\mu\nu}\frac{\partial \vec{r}}{\partial x^\lambda} + h_{\mu\nu}\vec{n} \tag{7.67}$$

とおくと、

$$\frac{\partial \vec{r}}{\partial x^\lambda}\left(\frac{d^2 x^\lambda}{dt^2} + \Gamma^\lambda{}_{\mu\nu}\frac{dx^\mu}{dt}\frac{dx^\nu}{dt}\right) = 0 \tag{7.68}$$

および

$$h_{\mu\nu}\frac{dx^\mu}{dt}\frac{dx^\nu}{dt} = \frac{\lambda}{m} \tag{7.69}$$

が成り立つ。第 1 式に関しては、$\partial \vec{r}/\partial x^\lambda$ が異なる λ に対してたがいに線形独立なので、

$$\frac{d^2 x^\lambda}{dt^2} + \Gamma^\lambda{}_{\mu\nu}\frac{dx^\mu}{dt}\frac{dx^\nu}{dt} = 0 \tag{7.70}$$

となる。直観的には、このようにして測地線の方程式が導かれる。

7.3.2 等価原理（局所慣性系の存在）

Christoffel 記号 $\Gamma^\lambda{}_{\mu\nu}$ を

$$\frac{\partial^2 \vec{r}}{\partial x^\mu \partial x^\nu} = \Gamma^\lambda{}_{\mu\nu} \frac{\partial \vec{r}}{\partial x^\lambda} + h_{\mu\nu}\vec{n} \tag{7.71}$$

で定義する．接ベクトルとの内積を取ると

$$\frac{\partial \vec{r}}{\partial x^\xi} \cdot \frac{\partial^2 \vec{r}}{\partial x^\mu \partial x^\nu} = \left(\frac{\partial \vec{r}}{\partial x^\xi} \cdot \frac{\partial \vec{r}}{\partial x^\lambda}\right) \Gamma^\lambda{}_{\mu\nu} = g_{\xi\lambda}\Gamma^\lambda{}_{\mu\nu} \tag{7.72}$$

となる．新しい座標系 X^μ で対応する式を導出するためには，以下のように変形を行えばよい（計量と Christoffel 記号にはバーをつける）．

$$\begin{aligned}
\bar{g}_{\xi\lambda}\bar{\Gamma}^\lambda{}_{\mu\nu} &= \frac{\partial \vec{r}}{\partial X^\xi} \cdot \frac{\partial^2 \vec{r}}{\partial X^\mu \partial X^\nu} \\
&= \frac{\partial x^\alpha}{\partial X^\xi} \frac{\partial \vec{r}}{\partial x^\alpha} \cdot \frac{\partial}{\partial X^\mu}\left(\frac{\partial x^\beta}{\partial X^\nu}\frac{\partial \vec{r}}{\partial x^\beta}\right) \\
&= \frac{\partial x^\alpha}{\partial X^\xi}\frac{\partial \vec{r}}{\partial x^\alpha} \cdot \left(\frac{\partial^2 \vec{r}}{\partial x^\beta \partial x^\gamma}\frac{\partial x^\beta}{\partial X^\nu}\frac{\partial x^\gamma}{\partial X^\mu} + \frac{\partial \vec{r}}{\partial x^\beta}\frac{\partial^2 x^\beta}{\partial X^\mu \partial X^\nu}\right) \\
&= \frac{\partial x^\alpha}{\partial X^\xi}\left(\frac{\partial \vec{r}}{\partial x^\alpha} \cdot \frac{\partial^2 \vec{r}}{\partial x^\beta \partial x^\gamma}\frac{\partial x^\beta}{\partial X^\nu}\frac{\partial x^\gamma}{\partial X^\mu} + \frac{\partial \vec{r}}{\partial x^\alpha} \cdot \frac{\partial \vec{r}}{\partial x^\beta}\frac{\partial^2 x^\beta}{\partial X^\mu \partial X^\nu}\right) \\
&= \frac{\partial x^\alpha}{\partial X^\xi}\left(g_{\alpha\delta}\Gamma^\delta{}_{\beta\gamma}\frac{\partial x^\beta}{\partial X^\nu}\frac{\partial x^\gamma}{\partial X^\mu} + g_{\alpha\beta}\frac{\partial^2 x^\beta}{\partial X^\mu \partial X^\nu}\right) \\
&= \frac{\partial x^\alpha}{\partial X^\xi}g_{\alpha\delta}\left(\Gamma^\delta{}_{\beta\gamma}\frac{\partial x^\beta}{\partial X^\nu}\frac{\partial x^\gamma}{\partial X^\mu} + \frac{\partial^2 x^\delta}{\partial X^\mu \partial X^\nu}\right)
\end{aligned} \tag{7.73}$$

したがって，Christoffel 記号はテンソルの変換に従わない．座標変換後に局所慣性系が取れるとしたら

$$\bar{\Gamma}^\lambda{}_{\mu\nu} = 0 \tag{7.74}$$

となるので

$$\Gamma^\delta{}_{\beta\gamma}\frac{\partial x^\beta}{\partial X^\nu}\frac{\partial x^\gamma}{\partial X^\mu} + \frac{\partial^2 x^\delta}{\partial X^\mu \partial X^\nu} = 0 \tag{7.75}$$

が満たされる座標変換が存在するか調べればよい．ここで，$x^\mu = 0$ の点で $X^\mu = 0$ となるように

$$x^\lambda = X^\lambda - \frac{1}{2}\Gamma^\lambda{}_{\mu\nu}X^\mu X^\nu \tag{7.76}$$

あるいは

$$X^\lambda = x^\lambda + \frac{1}{2}\Gamma^\lambda{}_{\mu\nu}X^\mu X^\nu \sim x^\lambda + \frac{1}{2}\Gamma^\lambda{}_{\mu\nu}x^\mu x^\nu \tag{7.77}$$

とおけば，上の条件が近似的に満たされることになる．

7.3.3 基本量

■ 第一基本量（計量テンソル）と Christoffel 記号

具体的に，Christoffel 記号は以下のようにして定めることができる．まず，曲線の長さの媒介変数表示は

$$s = \int_{t_0}^{t} \left| \frac{d\vec{r}}{dt} \right| dt \tag{7.78}$$

であり，ここに

$$\frac{d\vec{r}}{dt} = \frac{\partial \vec{r}}{\partial x^\lambda} \frac{\partial x^\lambda}{\partial t} \tag{7.79}$$

を代入すると，

$$\left(\frac{ds}{dt} \right)^2 = \left| \frac{d\vec{r}}{dt} \right|^2 = \frac{d\vec{r}}{dt} \cdot \frac{d\vec{r}}{dt} = \left(\frac{\partial \vec{r}}{\partial x^\mu} \cdot \frac{\partial \vec{r}}{\partial x^\nu} \right) \frac{dx^\mu}{dt} \frac{dx^\nu}{dt} = g_{\mu\nu} \frac{dx^\mu}{dt} \frac{dx^\nu}{dt} \tag{7.80}$$

が得られる．つまり，計量テンソル $g_{\mu\nu} = g_{\mu\nu}(x^1, x^2, \ldots, x^n)$ は

$$g_{\mu\nu} = \frac{\partial \vec{r}}{\partial x^\mu} \cdot \frac{\partial \vec{r}}{\partial x^\nu} \tag{7.81}$$

と定義される．計量テンソルは微分幾何学では第一基本量ともよばれる．曲線の取り方は任意だから，微小線素は媒介変数を省略して

$$ds^2 = g_{\mu\nu} dx^\mu dx^\nu \tag{7.82}$$

と書く．測地線の方程式を以下のように変形する．

$$g_{\xi\lambda} \frac{d^2 x^\lambda}{dt^2} + g_{\xi\lambda} \Gamma^\lambda{}_{\mu\nu} \frac{dx^\mu}{dt} \frac{dx^\nu}{dt} = 0 \tag{7.83}$$

ここで

$$\Gamma_{\xi\mu\nu} = g_{\xi\lambda} \Gamma^\lambda{}_{\mu\nu} = \left(\frac{\partial \vec{r}}{\partial x^\xi} \cdot \frac{\partial \vec{r}}{\partial x^\lambda} \right) \Gamma^\lambda{}_{\mu\nu} = \frac{\partial \vec{r}}{\partial x^\xi} \cdot \left(\frac{\partial^2 \vec{r}}{\partial x^\mu \partial x^\nu} - h_{\mu\nu} \vec{n} \right)$$

$$= \frac{\partial \vec{r}}{\partial x^\xi} \cdot \frac{\partial^2 \vec{r}}{\partial x^\mu \partial x^\nu} \tag{7.84}$$

より

$$\Gamma_{\xi\mu\nu} = \Gamma_{\xi\nu\mu} \tag{7.85}$$

が成り立つ．計量テンソルの定義式を微分すると

$$\frac{\partial}{\partial x^\lambda} g_{\mu\nu} = \Gamma_{\mu\nu\lambda} + \Gamma_{\nu\mu\lambda} \tag{7.86}$$

$$\frac{\partial}{\partial x^\nu} g_{\lambda\mu} = \Gamma_{\lambda\mu\nu} + \Gamma_{\mu\lambda\nu} \tag{7.87}$$

$$\frac{\partial}{\partial x^\mu}g_{\nu\lambda} = \Gamma_{\nu\lambda\mu} + \Gamma_{\lambda\nu\mu} \tag{7.88}$$

となるので,

$$\Gamma_{\lambda\mu\nu} = \frac{1}{2}\left(\frac{\partial}{\partial x^\mu}g_{\nu\lambda} + \frac{\partial}{\partial x^\nu}g_{\lambda\mu} - \frac{\partial}{\partial x^\lambda}g_{\mu\nu}\right) \tag{7.89}$$

とまとめることができる. $g_{\lambda\xi}$ の逆行列を $g^{\zeta\lambda}$ と書くと, $g^{\zeta\lambda}g_{\lambda\xi} = \delta^\zeta_\xi$ より

$$g^{\zeta\lambda}\Gamma_{\lambda\mu\nu} = \Gamma^\zeta{}_{\mu\nu} = \frac{1}{2}g^{\zeta\lambda}\left(\frac{\partial}{\partial x^\mu}g_{\nu\lambda} + \frac{\partial}{\partial x^\nu}g_{\lambda\mu} - \frac{\partial}{\partial x^\lambda}g_{\mu\nu}\right) \tag{7.90}$$

を得る.

以上より, 束縛運動の方程式のうち, 接平面内にある成分は測地線の方程式で与えられる. これは第一基本量のみで与えられるので, 曲面内に束縛された観測者が理解可能な量であることがわかる.

■ 第二基本量と Riemann 曲率テンソル

曲面に垂直な方向の性質について調べる. すなわち, 関係式

$$h_{\mu\nu} = \frac{\partial^2 \vec{r}}{\partial x^\mu \partial x^\nu} \cdot \vec{n} \tag{7.91}$$

の物理的な意味について議論する. $h_{\mu\nu}$ は第二基本量とよばれる. まず, 接ベクトルと $\vec{n}$ が直交していることから

$$\frac{\partial \vec{r}}{\partial x^\mu} \cdot \vec{n} = 0 \tag{7.92}$$

となる. これを x^ν で微分すると

$$h_{\mu\nu} + \frac{\partial \vec{r}}{\partial x^\mu} \cdot \frac{\partial \vec{n}}{\partial x^\nu} = 0 \tag{7.93}$$

となるが,

$$\vec{n} \cdot \frac{\partial \vec{n}}{\partial x^\nu} = \frac{1}{2}\frac{\partial}{\partial x^\nu}\vec{n} \cdot \vec{n} = \frac{1}{2}\frac{\partial}{\partial x^\nu}1 = 0 \tag{7.94}$$

であるため, $\partial \vec{n}/\partial x^\nu$ は接ベクトル方向を向いていることがわかる. したがって

$$\frac{\partial \vec{n}}{\partial x^\nu} = \Lambda^\lambda{}_\nu \frac{\partial \vec{r}}{\partial x^\lambda} \tag{7.95}$$

とおくと,

$$h_{\mu\nu} + \frac{\partial \vec{r}}{\partial x^\mu} \cdot \frac{\partial \vec{n}}{\partial x^\nu} = h_{\mu\nu} + \Lambda^\lambda{}_\nu \frac{\partial \vec{r}}{\partial x^\mu} \cdot \frac{\partial \vec{r}}{\partial x^\lambda} = h_{\mu\nu} + g_{\mu\lambda}\Lambda^\lambda{}_\nu = 0 \tag{7.96}$$

より

$$\Lambda^\xi{}_\nu = -g^{\xi\mu}h_{\mu\nu} \tag{7.97}$$

となる．ゆえに，
$$\frac{\partial \vec{n}}{\partial x^\nu} = -g^{\lambda\mu} h_{\mu\nu} \frac{\partial \vec{r}}{\partial x^\lambda} \tag{7.98}$$
となる．ここで，Christoffel 記号の定義に現れた式
$$\frac{\partial^2 \vec{r}}{\partial x^\mu \partial x^\nu} = \Gamma^\lambda{}_{\mu\nu} \frac{\partial \vec{r}}{\partial x^\lambda} + h_{\mu\nu} \vec{n} \tag{7.99}$$
をさらに微分した式をつくってみる．
$$\begin{aligned}
\frac{\partial^3 \vec{r}}{\partial x^\xi \partial x^\mu \partial x^\nu} &= \left(\frac{\partial}{\partial x^\xi} \Gamma^\lambda{}_{\mu\nu}\right) \frac{\partial \vec{r}}{\partial x^\lambda} + \Gamma^\lambda{}_{\mu\nu} \frac{\partial^2 \vec{r}}{\partial x^\xi \partial x^\lambda} + \frac{\partial h_{\mu\nu}}{\partial x^\xi} \vec{n} + h_{\mu\nu} \frac{\partial \vec{n}}{\partial x^\xi} \\
&= \left(\frac{\partial}{\partial x^\xi} \Gamma^\lambda{}_{\mu\nu}\right) \frac{\partial \vec{r}}{\partial x^\lambda} + \Gamma^\lambda{}_{\mu\nu} \left(\Gamma^\zeta{}_{\xi\lambda} \frac{\partial \vec{r}}{\partial x^\zeta} + h_{\xi\lambda} \vec{n}\right) \\
&\quad + \frac{\partial h_{\mu\nu}}{\partial x^\xi} \vec{n} + h_{\mu\nu} \left(-g^{\lambda\zeta} h_{\zeta\xi} \frac{\partial \vec{r}}{\partial x^\lambda}\right) \\
&= \left(\frac{\partial}{\partial x^\xi} \Gamma^\lambda{}_{\mu\nu} + \Gamma^\lambda{}_{\mu\nu} \Gamma^\zeta{}_{\xi\lambda} - h_{\mu\nu} h_{\zeta\xi} g^{\lambda\zeta}\right) \frac{\partial \vec{r}}{\partial x^\lambda} \\
&\quad + \left(\frac{\partial h_{\mu\nu}}{\partial x^\xi} + \Gamma^\lambda{}_{\mu\nu} h_{\xi\lambda}\right) \vec{n}
\end{aligned} \tag{7.100}$$
これは，たとえば ξ と μ の入れ替えに対して不変であることから
$$\frac{\partial^3 \vec{r}}{\partial x^\xi \partial x^\mu \partial x^\nu} - \frac{\partial^3 \vec{r}}{\partial x^\mu \partial x^\xi \partial x^\nu} = 0 \tag{7.101}$$
であり，接ベクトルと $\vec{n}$ が直交することから
$$\begin{aligned}
&\left(\frac{\partial}{\partial x^\xi} \Gamma^\lambda{}_{\mu\nu} + \Gamma^\lambda{}_{\mu\nu} \Gamma^\zeta{}_{\xi\lambda} - h_{\mu\nu} h_{\zeta\xi} g^{\lambda\zeta}\right) \\
&\quad - \left(\frac{\partial}{\partial x^\mu} \Gamma^\lambda{}_{\xi\nu} + \Gamma^\lambda{}_{\xi\nu} \Gamma^\zeta{}_{\mu\lambda} - h_{\xi\nu} h_{\zeta\mu} g^{\lambda\zeta}\right) = 0
\end{aligned} \tag{7.102}$$
および
$$\left(\frac{\partial h_{\mu\nu}}{\partial x^\xi} + \Gamma^\lambda{}_{\mu\nu} h_{\xi\lambda}\right) - \left(\frac{\partial h_{\xi\nu}}{\partial x^\mu} + \Gamma^\lambda{}_{\xi\nu} h_{\mu\lambda}\right) = 0 \tag{7.103}$$
となる．接ベクトルの係数に対する式に関しては，
$$\begin{aligned}
R^\lambda{}_{\nu,\xi\mu} &= \frac{\partial}{\partial x^\xi} \Gamma^\lambda{}_{\mu\nu} - \frac{\partial}{\partial x^\mu} \Gamma^\lambda{}_{\xi\nu} + \Gamma^\lambda{}_{\mu\nu} \Gamma^\zeta{}_{\xi\lambda} - \Gamma^\lambda{}_{\xi\nu} \Gamma^\zeta{}_{\mu\lambda} \\
&= h_{\mu\nu} h_{\zeta\xi} g^{\lambda\zeta} - h_{\xi\nu} h_{\zeta\mu} g^{\lambda\zeta}
\end{aligned} \tag{7.104}$$
となる．$R^\lambda{}_{\nu,\xi\mu}$ は Riemann 曲率テンソルとよばれる．時空が平坦であればこれはゼロとなるが，曲がっていると有限の値をとる．したがって，空間の曲率に関係した指標である．計量テンソルの二階微分に相当する．また

$$R_{\rho\nu,\xi\mu} = g_{\rho\lambda}R^\lambda{}_{\nu,\xi\mu} = h_{\mu\nu}h_{\rho\xi} - h_{\xi\nu}h_{\rho\mu} \tag{7.105}$$

とも書ける．特に，2次元的曲面の場合は

$$R_{12,12} = \begin{vmatrix} h_{11} & h_{12} \\ h_{21} & h_{22} \end{vmatrix} \tag{7.106}$$

なので，曲率テンソルは第二基本量の行列式となる．

第二基本量に現れる曲率テンソルは，考えている時空構造の決定や系の普遍的な性質を理解するうえで非常に重要である．

$$R^\rho{}_{\sigma,\mu\nu} = \partial_\mu \Gamma^\rho{}_{\nu\sigma} - \partial_\nu \Gamma^\rho{}_{\mu\sigma} + \Gamma^\rho{}_{\mu\tau}\Gamma^\tau{}_{\nu\sigma} - \Gamma^\rho{}_{\nu\tau}\Gamma^\tau{}_{\mu\sigma} \tag{7.107}$$

ただし，$\partial_\mu = \partial/\partial x^\mu$ と略記した．定義から明らかなように，曲率テンソルは後ろの添え字の入れ替えに対して反対称である．

$$R^\lambda{}_{\nu,\xi\mu} = -R^\lambda{}_{\nu,\mu\xi} \tag{7.108}$$

Ricci テンソルは，曲率テンソルを下記のように縮約して定義される．

$$R_{\mu\nu} = R^\rho{}_{\mu,\rho\nu} \tag{7.109}$$

これは対称であることが，曲率テンソルの定義からわかる．さらに

$$R = R^\mu{}_\mu = g^{\mu\nu}R_{\mu\nu} \tag{7.110}$$

を Ricci スカラー（スカラー曲率）とよぶ．

7.3.4 共変微分と Einstein テンソル

■ 共変微分

曲面 S の接ベクトル $\vec{Y}(x^1(t), x^2(t), \ldots, x^n(t))$ が曲線 $\vec{r}(t)$ に沿っているとする．このとき

$$\vec{Y}(x^1(t), x^2(t), \ldots, x^n(t))$$
$$= Y^\mu(x^1(t), x^2(t), \ldots, x^n(t))\frac{\partial}{\partial x^\mu}\vec{r}(x^1(t), x^2(t), \ldots, x^n(t)) \tag{7.111}$$

と表せる．曲線上の 1 点を $P = (x^1(0), x^2(0), \ldots, x^n(0))$ とし，その点における $\vec{r}(t)$ の接線を $\vec{X}$ とする．すなわち

$$\vec{X} = \frac{\partial}{\partial x^\mu}\vec{r}(0)\frac{d}{dt}x^\mu(0) = X^\mu \frac{\partial}{\partial x^\mu}\vec{r}(0) \tag{7.112}$$

である．ここで，$\vec{Y}$ を $t = 0$ のところで微分してみる．

$$\frac{d}{dt}\vec{Y}(x^1(t), x^2(t), \ldots, x^n(t))\bigg|_{t=0}$$
$$= \frac{d}{dt}Y^\mu(P)\frac{\partial}{\partial x^\mu}\vec{r}(0) + Y^\mu(P)\frac{\partial}{\partial x^\mu}\frac{d}{dt}\vec{r}\bigg|_{t=0}$$

$$= \frac{d}{dt}Y^\mu(P)\frac{\partial}{\partial x^\mu}\vec{r}(0) + Y^\mu(P)\frac{\partial}{\partial x^\mu}\frac{\partial \vec{r}}{\partial x^\nu}\frac{dx^\nu}{dt}\bigg|_{t=0}$$

$$= \frac{d}{dt}Y^\mu(P)\frac{\partial}{\partial x^\mu}\vec{r}(0) + Y^\mu(P)X^\nu\frac{\partial^2}{\partial x^\mu \partial x^\nu}\vec{r}(0) \quad (7.113)$$

ここで再び

$$\frac{\partial^2}{\partial x^\mu \partial x^\nu}\vec{r}(0) = \Gamma^\lambda{}_{\mu\nu}\frac{\partial \vec{r}}{\partial x^\lambda} + h_{\mu\nu}\vec{n} \quad (7.114)$$

と分解すると,

$$\frac{d}{dt}\vec{Y}(x^1(t), x^2(t), \ldots, x^n(t))\bigg|_{t=0}$$
$$= \left(\frac{d}{dt}Y^\lambda(P) + Y^\mu(P)X^\nu\Gamma^\lambda{}_{\mu\nu}\right)\frac{\partial \vec{r}}{\partial x^\lambda} + Y^\mu(P)X^\nu h_{\mu\nu}\vec{n} \quad (7.115)$$

となる. 右辺第1項を, $\vec{Y}$ の $\vec{X}$ による共変微分とよぶ.

$\vec{Y}$ がベクトル場で, 曲線上だけではなく, その近くの点すべてで定義されている場合,

$$\frac{dY^\lambda}{dt} = \frac{\partial Y^\lambda}{\partial x^\xi}\frac{dx^\xi}{dt} \quad (7.116)$$

であることに注意すると, 右辺第1項は

$$\left(\frac{d}{dt}Y^\lambda(P) + Y^\mu(P)X^\nu\Gamma^\lambda{}_{\mu\nu}\right)\frac{\partial \vec{r}}{\partial x^\lambda} = \left(\frac{\partial Y^\lambda}{\partial x^\nu} + Y^\mu\Gamma^\lambda{}_{\mu\nu}\right)X^\nu\frac{\partial \vec{r}}{\partial x^\lambda}$$
$$= \nabla_\nu Y^\lambda X^\nu \frac{\partial \vec{r}}{\partial x^\lambda} \quad (7.117)$$

と表される. すなわち

$$\nabla_\mu A^\nu = \partial_\mu A^\nu + \Gamma^\nu{}_{\mu\rho}A^\rho \quad (7.118)$$

と定義する. また $X^\nu \nabla_\nu = \nabla_X$ と略記する. このとき, $U^\mu = dx^\mu/dt$ に対して

$$\nabla_U U^\mu = U^\nu \nabla_\nu U^\mu = \frac{dx^\nu}{dt}\nabla_\nu\frac{dx^\mu}{dt} = \frac{dx^\nu}{dt}\left(\partial_\nu\frac{dx^\mu}{dt} + \Gamma^\mu{}_{\nu\lambda}\frac{dx^\lambda}{dt}\right) = 0 \quad (7.119)$$

であることがわかる. 最後の変形では, 測地線方程式を代入した. すなわち, 曲がった時空においても, 自由粒子の速度ベクトルが時空における軌跡に沿って平行であることがわかる. 同様に, 共変ベクトルに対する共変微分は, $\nabla_\mu(A_\nu B^\nu)$ を考えることにより,

$$\nabla_\mu A_\nu = \partial_\mu A_\nu - \Gamma^\rho{}_{\mu\nu}A_\rho \quad (7.120)$$

となる.

■ 計量条件

計量は共変微分と交換する．これは以下のようにして示される．

$$\begin{aligned}
\nabla_\lambda g_{\mu\nu} &= \partial_\lambda g_{\mu\nu} - \Gamma^\kappa{}_{\lambda\mu} g_{\kappa\nu} - \Gamma^\kappa{}_{\lambda\nu} g_{\mu\kappa} \\
&= \partial_\lambda g_{\mu\nu} - \frac{1}{2}\delta^\rho{}_\nu \left(\partial_\mu g_{\lambda\rho} + \partial_\lambda g_{\mu\rho} - \partial_\rho g_{\mu\lambda} \right) \\
&\quad - \frac{1}{2}\delta_\mu{}^\rho \left(\partial_\lambda g_{\nu\rho} + \partial_\nu g_{\lambda\rho} - \partial_\rho g_{\nu\lambda} \right) \\
&= 0
\end{aligned} \tag{7.121}$$

■ 共変微分の非可換性

共変微分の交換関係を調べる．まずは

$$\nabla_\nu A_\sigma = \partial_\nu A_\sigma - \Gamma^\rho{}_{\nu\sigma} A_\rho \tag{7.122}$$

であることから

$$\begin{aligned}
\nabla_\mu \nabla_\nu A_\sigma &= \partial_\mu (\nabla_\nu A_\sigma) - \Gamma^\tau{}_{\mu\nu} \nabla_\tau A_\sigma - \Gamma^\tau{}_{\mu\sigma} \nabla_\nu A_\tau \\
&= \partial_\mu \partial_\nu A_\sigma - (\partial_\mu \Gamma^\rho{}_{\nu\sigma}) A_\rho - \Gamma^\rho{}_{\nu\sigma} \partial_\mu A_\rho \\
&\quad - \Gamma^\tau{}_{\mu\nu} \left(\partial_\tau A_\sigma - \Gamma^\theta{}_{\tau\sigma} A_\theta \right) - \Gamma^\tau{}_{\mu\sigma} \left(\partial_\nu A_\tau - \Gamma^\theta{}_{\nu\tau} A_\theta \right)
\end{aligned} \tag{7.123}$$

が得られる．共変微分の順番を入れ替えたものは

$$\begin{aligned}
\nabla_\nu \nabla_\mu A_\sigma &= \partial_\nu \partial_\mu A_\sigma - (\partial_\nu \Gamma^\rho{}_{\mu\sigma}) A_\rho - \Gamma^\rho{}_{\mu\sigma} \partial_\nu A_\rho \\
&\quad - \Gamma^\tau{}_{\nu\mu} \left(\partial_\tau A_\sigma - \Gamma^\theta{}_{\tau\sigma} A_\theta \right) - \Gamma^\tau{}_{\nu\sigma} \left(\partial_\mu A_\tau - \Gamma^\theta{}_{\mu\tau} A_\theta \right)
\end{aligned} \tag{7.124}$$

である．これらの差を取ると，接続係数の対称性 $\Gamma^\lambda{}_{\mu\nu} = \Gamma^\lambda{}_{\nu\mu}$ などから

$$\begin{aligned}
[\nabla_\mu, \nabla_\nu] A_\sigma &= \left(-\partial_\mu \Gamma^\rho{}_{\nu\sigma} + \partial_\nu \Gamma^\rho{}_{\mu\sigma} + \Gamma^\tau{}_{\mu\sigma} \Gamma^\rho{}_{\nu\tau} - \Gamma^\tau{}_{\nu\sigma} \Gamma^\rho{}_{\mu\tau} \right) A_\rho \\
&= -R^\rho{}_{\sigma,\mu\nu} A_\rho
\end{aligned} \tag{7.125}$$

となることがわかる．

■ Bianchi 恒等式

Jacobi 恒等式

$$[A, [B, C]] + [B, [C, A]] + [C, [A, B]] = 0 \tag{7.126}$$

より

$$[\nabla_\lambda, [\nabla_\mu, \nabla_\nu]] + [\nabla_\mu, [\nabla_\nu, \nabla_\lambda]] + [\nabla_\nu, [\nabla_\lambda, \nabla_\mu]] = 0 \tag{7.127}$$

が一般に成り立つ．これを変形する．まず，左辺第 1 項に関しては

$$\nabla_\lambda [\nabla_\mu, \nabla_\nu] A_\sigma = -\nabla_\lambda \left(R^\rho{}_{\sigma,\mu\nu} A_\rho \right) = -\left(\nabla_\lambda R^\rho{}_{\sigma,\mu\nu} \right) A_\rho - R^\rho{}_{\sigma,\mu\nu} \nabla_\lambda A_\rho \tag{7.128}$$

一方，
$$[\nabla_\mu, \nabla_\nu]\nabla_\lambda A_\sigma = -R^\rho{}_{\sigma,\mu\nu}\nabla_\lambda A_\rho - R^\rho{}_{\lambda,\mu\nu}\nabla_\rho A_\sigma \tag{7.129}$$
したがって
$$[\nabla_\lambda, [\nabla_\mu, \nabla_\nu]]A_\sigma = -\nabla_\lambda R^\rho{}_{\sigma,\mu\nu} A_\rho - R^\rho{}_{\lambda,\mu\nu}\nabla_\rho A_\sigma \tag{7.130}$$
この添え字 λ, μ, ν をサイクリックに入れ替えたものを足し上げると
$$(R^\rho{}_{\lambda,\mu\nu} + R^\rho{}_{\nu,\lambda\mu} + R^\rho{}_{\mu,\nu\lambda})\nabla_\rho A_\sigma$$
$$+ (\nabla_\lambda R^\rho{}_{\sigma,\mu\nu} + \nabla_\mu R^\rho{}_{\sigma,\nu\lambda} + \nabla_\nu R^\rho{}_{\sigma,\lambda\mu})A_\rho = 0 \tag{7.131}$$
となる．ここで，A_ρ と $\nabla_\rho A_\sigma$ は一般に異なる値をとるので，各係数がゼロとなる．第 1 項，第 2 項をそれぞれ第一 Bianchi 恒等式，第二 Bianchi 恒等式とよぶ．

■ Einstein テンソル

縮約された Bianchi 恒等式は
$$\nabla_\lambda R^\rho{}_{\sigma,\mu\nu} + \nabla_\mu R^\rho{}_{\sigma,\nu\lambda} + \nabla_\nu R^\rho{}_{\sigma,\lambda\mu} = 0 \tag{7.132}$$
で与えられる．$\rho = \nu$ とおいて，ν について縮約をとると
$$\nabla_\lambda R^\nu{}_{\sigma,\mu\nu} + \nabla_\mu R^\nu{}_{\sigma,\nu\lambda} + \nabla_\nu R^\nu{}_{\sigma,\lambda\mu} = 0 \tag{7.133}$$
より
$$-\nabla_\lambda R_{\sigma\mu} + \nabla_\mu R_{\sigma\lambda} + \nabla_\nu R^\nu{}_{\sigma,\lambda\mu} = 0 \tag{7.134}$$
となる．これに $g^{\lambda\sigma}$ をかけて縮約すると
$$-\nabla_\lambda R^\lambda{}_\mu + \nabla_\mu R + \nabla_\nu \left(g^{\lambda\sigma} R^\nu{}_{\sigma,\lambda\mu}\right) = 0 \tag{7.135}$$
となる．ここで
$$g^{\lambda\sigma} R^\nu{}_{\sigma,\lambda\mu} = g^{\lambda\sigma} g^{\nu\rho} R_{\rho\sigma,\lambda\mu} = g^{\nu\rho} g^{\lambda\sigma}(-R_{\sigma\rho,\lambda\mu}) = -g^{\nu\rho} R^\lambda{}_{\rho,\lambda\mu}$$
$$= -g^{\nu\rho} R_{\rho\mu} = -R^\nu{}_\mu \tag{7.136}$$
より
$$2\nabla_\lambda R^\lambda{}_\mu - \nabla_\mu R = 0 \tag{7.137}$$
となるが，$g^{\mu\zeta}$ をかけて縮約すると，
$$2\nabla_\lambda R^{\lambda\zeta} - \nabla_\mu g^{\mu\zeta} R = 0 \tag{7.138}$$
となる．したがって
$$\nabla_\mu \left(R^{\mu\nu} - \frac{1}{2}g^{\mu\nu} R\right) = 0 \tag{7.139}$$
を得る．ここで

$$G^{\mu\nu} = R^{\mu\nu} - \frac{1}{2}g^{\mu\nu}R \tag{7.140}$$

は Einstein テンソルとよばれる．一般相対論に進むための微分幾何学の準備は以上である．

7.3.5 測地線束に関する方程式

■ 測地線偏差の式

測地線束（geodesic congruence）に対する方程式を導出する．すなわち，測地線間の差の時間発展を調べる．まずはじめに，U を測地線の接ベクトルとする．すなわち，$\nabla_U U^\mu = 0$ が成り立つとする．また，V が条件

$$\nabla_U V^\mu = \nabla_V U^\mu \tag{7.141}$$

を満たすベクトルであるとする．ここで

$$\nabla_U (U_\mu V^\mu) = \frac{1}{2}\nabla_V (U^\mu U_\mu) = 0 \tag{7.142}$$

が成り立つので，V は至るところで U に垂直であることがわかる．すなわち，V は測地線の束方向のベクトルである．このとき

$$\begin{aligned}(\nabla_V \nabla_U - \nabla_U \nabla_V)U^\mu &= V^\nu \nabla_\nu (U^\lambda \nabla_\lambda U^\mu) - U^\lambda \nabla_\lambda (V^\nu \nabla_\nu U^\mu) \\ &= ([\nabla_\nu, \nabla_\lambda]U^\mu) V^\nu U^\lambda \\ &= R^\mu_{\ \sigma,\nu\lambda} U^\sigma V^\nu U^\lambda \end{aligned} \tag{7.143}$$

より

$$\nabla_U \nabla_U V^\mu + R^\mu_{\ \sigma,\nu\lambda} U^\sigma U^\lambda V^\nu = 0 \tag{7.144}$$

が成り立つ．ここで，束方向の微小距離を $l^\mu = V^\mu \delta\zeta$，$V^\mu = dx^\mu/d\zeta$ とすると，この式は

$$\frac{d^2 l^\mu}{d\tau^2} + R^\mu_{\ \sigma,\nu\lambda} U^\sigma U^\lambda l^\nu = 0 \tag{7.145}$$

となる．これは測地線偏差の式とよばれる．測地線偏差の方程式は，一般座標変換に対して不変なテンソル $R^\mu_{\ \sigma,\nu\lambda}$ で記述されていることが大きな特徴である．

■ **Raychaudhuri 方程式**

以下においても測地線の束を考える．束に対する多様体における時間的な接ベクトルを v とし，

$$v^a v_a = -1 \tag{7.146}$$

と規格化されているものとする．ここで，誘導計量を

7.3 曲がった時空の記述法

$$h_{ab} = g_{ab} + v_a v_b \tag{7.147}$$

と定義する．これは，計量の空間成分を意味する．この定義より

$$g^{ac} h_{cb} = h^a_b = \delta^a_b + v^a v_b \tag{7.148}$$

および

$$h_{ab} v^b = g_{ab} v^b + v_a v_b v^b = v_a - v_a = 0 \tag{7.149}$$

が成り立つ．したがって，h^a_b は接ベクトル空間への射影演算子になっていて，v^a に直交することがわかる．ここで

$$h_{ac} h^c_b = (g_{ac} + v_a v_c)(\delta^c_b + v^c v_b) = g_{ab} + v_a v_b + v_a v_b - v_a v_b = h_{ab} \tag{7.150}$$

および

$$h^{ab} h_{ab} = h^a_a = \delta^a_a + v^a v_a = 3 \tag{7.151}$$

が成り立つことが示せる（以下は 4 次元での計算である）．

以上の準備のもと，時間的測地線束の面積の膨張率 θ (expansion)，剪断変形率 σ_{ab} (shear)，回転率 ω_{ab} (rotation) を定義する．はじめに，膨張率は

$$\theta_{ab} = \frac{1}{2}\left(\nabla_d v_c + \nabla_c v_d\right) h^c_a h^d_b \tag{7.152}$$

で定義される．したがって

$$\theta = \theta_{ab} h^{ab} = \frac{1}{2}\left(\nabla_d v_c + \nabla_c v_d\right) h^{cd}$$
$$= \frac{1}{2}\left(\nabla_d v_c + \nabla_c v_d\right)\left(g^{cd} + v^c v^d\right) = \nabla_c v^c \tag{7.153}$$

が成り立つ．次に，剪断変形率と回転率は

$$\sigma_{ab} = \theta_{ab} - \frac{1}{3} h_{ab} \theta \tag{7.154}$$

および

$$\omega_{ab} = h^c_a h^d_b \left(\nabla_d v_c + \nabla_c v_d\right) \tag{7.155}$$

で定義され，

$$\sigma_{ab} v^a = \omega_{ab} v^a = 0 \tag{7.156}$$

が成り立つ．さらに

$$h^{ab} \sigma_{ab} = \sigma^a_a = h^{ab}\left(\theta_{ab} - \frac{1}{3} h_{ab}\theta\right) = 0 \tag{7.157}$$

という関係式も得られる．

これらの結果，

$$\sigma_{ab} + \frac{1}{3} h_{ab}\theta + \omega_{ab} = \theta_{ab} + \omega_{ab} = \nabla_b v_a \tag{7.158}$$

が成り立つ．式 (7.143) で導いた

$$v^c \nabla_c \nabla_b v_a = v^c \nabla_b \nabla_c v_a + R_{ad,cb} v^d v^c \tag{7.159}$$

および

$$\nabla_b (v^c \nabla_c v_a) = 0 \tag{7.160}$$

を用いると

$$v^c \nabla_c \nabla_b v_a = -(\nabla_b v^c)(\nabla_c v_a) + R_{ad,cb} v^d v^c \tag{7.161}$$

が示せるので，

$$\frac{d\theta}{d\lambda} = v^c \nabla_c \nabla_a v^a = -(\nabla_a v^c)(\nabla_c v_a) + R_{dc} v^d v^c \tag{7.162}$$

となり，最終的に

$$\frac{d\theta}{d\lambda} = -\left(\frac{1}{3}\theta h^c{}_a + \sigma^c{}_a + \omega^c{}_a\right)\left(\frac{1}{3}\theta h^a{}_c + \sigma^a{}_c + \omega^a{}_c\right) - R_{dc} v^d v^c$$

$$= -\frac{1}{3}\theta^2 - \sigma_{ab}\sigma^{ab} + \omega_{ab}\omega^{ab} - R_{ab} v^a v^b \tag{7.163}$$

が得られる．これを Raychaudhuri 方程式とよぶ．

接ベクトルがヌル測地線の場合は，後に述べるブラックホール熱力学において具体的に応用される．ヌルの条件は

$$k^a k_a = 0 \tag{7.164}$$

であり，測地線束の接ベクトルと以下の条件を満たすベクトル l

$$k^a l_a = -1 \tag{7.165}$$

を用意する．これは束方向の相対運動を表す．このとき，誘導計量は

$$h_{ab} = g_{ab} + k_a l_b + l_a k_b \tag{7.166}$$

と表すことができる．実際に $h^{ab} k^b = 0$ が成り立ち，上記と同様の議論が展開できる．ただし

$$h^{ac} h_{ca} = 2 \tag{7.167}$$

となるので，θ^2 の係数は 1/3 ではなくて 1/2 となる．

7.4 重力場の方程式

7.4.1 Einstein 方程式

■ストレス・テンソル

場の理論において，先ほど導入した Einstein テンソルと同様の変換性をもつのはストレス・テンソル（エネルギー・運動量テンソル）である．まず，平坦な

時空におけるストレス・テンソルの性質を復習しよう．古典場 $\phi(x)$ に対するラグランジアンを $L(\phi(x), \partial_\mu \phi(x))$ と表すとき，作用 I の変分 δI は

$$\delta I = \int dx \left\{ \frac{\partial L}{\partial \phi} \delta\phi + \frac{\partial L}{\partial(\partial_\mu \phi)} \delta(\partial_\mu \phi) \right\} = \int dx \left\{ \frac{\partial L}{\partial \phi} - \partial_\mu \frac{\partial L}{\partial(\partial_\mu \phi)} \right\} \delta\phi \tag{7.168}$$

となる．したがって，Lagrange 方程式は

$$\frac{\partial L}{\partial \phi} - \partial_\mu \frac{\partial L}{\partial(\partial_\mu \phi)} = 0 \tag{7.169}$$

となる．ここで，$\partial_\nu L$ を計算すると

$$\partial_\nu L = \frac{\partial L}{\partial \phi} \partial_\nu \phi + \frac{\partial L}{\partial(\partial_\mu \phi)} \partial_\nu \partial_\mu \phi \tag{7.170}$$

であるが，右辺第 1 項に Lagrange 方程式を代入すると，

$$\partial_\nu L = \partial_\mu \frac{\partial L}{\partial(\partial_\mu \phi)} \partial_\nu \phi + \frac{\partial L}{\partial(\partial_\mu \phi)} \partial_\nu \partial_\mu \phi = \partial_\mu \left\{ \frac{\partial L}{\partial(\partial_\mu \phi)} \partial_\nu \phi \right\} \tag{7.171}$$

となるので，左辺と右辺をまとめると

$$\partial_\mu \left\{ \frac{\partial L}{\partial(\partial_\mu \phi)} \partial_\nu \phi - \delta^\mu_\nu L \right\} = 0 \tag{7.172}$$

となる．そこで

$$T^\mu_\nu = \frac{\partial L}{\partial(\partial_\mu \phi)} \partial_\nu \phi - \delta^\mu_\nu L \tag{7.173}$$

が運動の恒量であることがわかる．T^μ_ν をストレス・テンソルとよぶ．このとき

$$\partial_\mu T^\mu_\nu = 0 \tag{7.174}$$

あるいは

$$\partial^\mu T_{\mu\nu} = 0 \tag{7.175}$$

が成り立っている．スカラー場のラグランジアン

$$L = -\frac{1}{2} \eta^{\mu\nu} \partial_\mu \phi \partial_\nu \phi - \frac{1}{2} m^2 \phi^2 \tag{7.176}$$

に対しては

$$T^\mu_\nu = -\eta^{\mu\lambda} \partial_\lambda \phi \partial_\nu \phi - \delta^\mu_\nu L \tag{7.177}$$

となる．曲がった時空上では，一般共変性のためにこの関係式が

$$\nabla^\mu T_{\mu\nu} = 0 \tag{7.178}$$

と拡張されるべきであることが推測される．具体形は変分理論の項で説明する．

■ Einstein 方程式

以上で述べたように，一般座標変換に対して共変な方程式

$$\nabla_\mu G^{\mu\nu} = 0 \tag{7.179}$$

が得られている．また，ストレス・テンソルに対する条件 $\partial_\mu T^{\mu\nu} = 0$ も共変な形に拡張して

$$\nabla_\mu T^{\mu\nu} = 0 \tag{7.180}$$

となると推測される（これは後で示す）．非相対論的力学における Poisson の式

$$\Delta\phi = 4\pi G\rho \tag{7.181}$$

を思い出し，物質場 ρ が重力ポテンシャル（いまの場合には時空の歪み）をつくると考えると，

$$G^{\mu\nu} = R^{\mu\nu} - \frac{1}{2}g^{\mu\nu}R = \kappa T^{\mu\nu} \tag{7.182}$$

という方程式が，一般座標変換に対して共変で，なおかつもっとも簡単な関係式と考えられる．これが Einstein 方程式である．κ は Einstein の重力定数であり，時空の歪みが弱い極限で Einstein 重力が Newton 重力に一致するようにとると，

$$\kappa = \frac{8\pi G}{c^4} \tag{7.183}$$

となる．より一般には，共変微分と計量が交換するので，

$$R^{\mu\nu} - \frac{1}{2}g^{\mu\nu}R + g^{\mu\nu}\Lambda = \kappa T^{\mu\nu} \tag{7.184}$$

としてよい．Λ を宇宙定数とよぶ．現実の値としてはきわめて小さいといわれているが，後の議論では，一定負の宇宙定数をもつ時空が重要な役割を担うことを付記しておく．

次項で，Einstein 方程式が運動方程式となるような変分理論を考える．加えて，時空が曲がっている場合のストレス・テンソルの定義を導入する．

7.4.2 変分原理と座標不変積分

■ 測地線の方程式

測地線の方程式は，曲がった時空における 2 点間の最短経路を与える方程式であった．すなわち，質点が外力を受けずに曲がった空間を運動するときの運動方程式である．まず，これを最小作用の原理から見直しておこう．計量テンソル

$$ds^2 = g_{\mu\nu}dx^\mu dx^\nu \tag{7.185}$$

に対して，作用 I は

$$I = \int ds = \int \sqrt{g_{\mu\nu} dx^\mu dx^\nu} = \int \sqrt{g_{\mu\nu} \frac{dx^\mu}{d\tau} \frac{dx^\nu}{d\tau}} d\tau \quad (7.186)$$

で与えられる. τ は変分の経路を決める適当なパラメータである. Lagrange 方程式は

$$\frac{d}{d\tau} \frac{\partial L}{\partial \dot{x}^\rho} - \frac{\partial L}{\partial x^\rho} = 0, \quad L = \sqrt{g_{\mu\nu} \dot{x}^\mu \dot{x}^\nu} \quad (7.187)$$

となる. ただし, $\dot{x}^\rho = dx^\rho/d\tau$ である. このとき

$$\frac{d}{d\tau} \left(\frac{g_{\rho\nu} \dot{x}^\nu}{\sqrt{g_{\mu\nu} \dot{x}^\mu \dot{x}^\nu}} \right) - \frac{(\partial_\rho g_{\mu\nu}) \dot{x}^\mu \dot{x}^\nu}{2\sqrt{g_{\mu\nu} \dot{x}^\mu \dot{x}^\nu}} = 0 \quad (7.188)$$

となるから,

$$\sqrt{g_{\mu\nu} \dot{x}^\mu \dot{x}^\nu} = \frac{ds}{d\tau} \quad (7.189)$$

より, $ds^2 = -d\tau^2$ と選べば

$$\frac{d}{d\tau} \left(g_{\rho\nu} \frac{dx^\nu}{d\tau} \right) - \frac{1}{2} (\partial_\rho g_{\mu\nu}) \frac{dx^\mu}{d\tau} \frac{dx^\nu}{d\tau} = 0 \quad (7.190)$$

つまり

$$g_{\rho\nu} \frac{d^2 x^\nu}{d\tau^2} + (\partial_\mu g_{\rho\nu}) \frac{dx^\mu}{d\tau} \frac{dx^\nu}{d\tau} - \frac{1}{2} (\partial_\rho g_{\mu\nu}) \frac{dx^\mu}{d\tau} \frac{dx^\nu}{d\tau} = 0 \quad (7.191)$$

となる. μ と ν を入れ替えた式を足すと

$$g_{\rho\nu} \frac{d^2 x^\nu}{d\tau^2} + \frac{1}{2} (\partial_\mu g_{\rho\nu} + \partial_\nu g_{\rho\mu} - \partial_\rho g_{\mu\nu}) \frac{dx^\mu}{d\tau} \frac{dx^\nu}{d\tau} = 0 \quad (7.192)$$

が成り立つ. $g^{\lambda\rho}$ をかけて縮約すると

$$\frac{d^2 x^\lambda}{d\tau^2} + \Gamma^\lambda_{\mu\nu} \frac{dx^\mu}{d\tau} \frac{dx^\nu}{d\tau} = 0 \quad (7.193)$$

となり, 確かに測地線の方程式が導かれた.

特殊相対論のときと同様に, 4元速度と4元運動量を

$$u^\mu = \frac{dx^\mu}{d\tau} \quad (7.194)$$

$$p^\mu = mcu^\mu \quad (7.195)$$

と定義する. これらより

$$\frac{dp^\lambda}{d\tau} = mc \frac{d^2 x^\lambda}{d\tau^2} = -mc\Gamma^\lambda_{\mu\nu} \frac{dx^\mu}{d\tau} \frac{dx^\nu}{d\tau} = -mc\Gamma^\lambda_{\mu\nu} u^\mu u^\nu = -\frac{1}{mc} \Gamma^\lambda_{\mu\nu} p^\mu p^\nu \quad (7.196)$$

が得られる. また, 固有時間ではなくて座標時間で表すと

$$-d\tau^2 = g_{00}(cdt)^2 \to d\tau = \sqrt{-g_{00}}cdt \tag{7.197}$$

となるから，質点に加わる力 F^λ は

$$\frac{dp^\lambda}{dt} = -\frac{\sqrt{-g_{00}}}{m}\Gamma^\lambda_{\mu\nu}p^\mu p^\nu = F^\lambda \tag{7.198}$$

によって定義されることがわかる．

■ ヤコビアン

計量の変換則は，座標変換

$$ds'^2 = g'_{\mu\nu}dx'^\mu dx'^\nu = g'_{\mu\nu}\frac{dx'^\mu}{dx^\rho}dx^\rho \frac{dx'^\nu}{dx^\tau}dx^\tau = ds^2 \tag{7.199}$$

により

$$g'_{\mu\nu}\frac{dx'^\mu}{dx^\rho}\frac{dx'^\nu}{dx^\tau} = g_{\rho\tau} \tag{7.200}$$

となることがわかる．両辺の行列式をとると

$$g'\left|\frac{dx'^\mu}{dx^\rho}\right|\left|\frac{dx'^\nu}{dx^\tau}\right| = g \tag{7.201}$$

となる．$g = \det g_{\mu\nu}$ である．プライムのついた系が局所慣性系（$g' = -1$）の場合，一般座標変換の後，積分のヤコビアンは以下のようになる

$$\int d^4x'\sqrt{-g'} = \int d^4x \left|\frac{dx'^\mu}{dx^\rho}\right| = \int d^4x\sqrt{-g} \tag{7.202}$$

したがって，時空が曲がっている場合には，積分に $\sqrt{-g}$ という因子が現れる．

■ Einstein–Hilbert 作用

重力の作用は

$$I_g = \frac{1}{2\kappa}\int d^n x \sqrt{-g}\,(R + 2\Lambda) \tag{7.203}$$

で与えられる．これは Einstein–Hilbert 作用とよばれる．R はスカラーなので，これは明らかに一般座標変換に対して不変である．変分は実際に，以下の手順に従って行うことができる．まず，R を Ricci スカラーで書いて

$$\delta I_g = \delta\frac{1}{2\kappa}\int d^n x \sqrt{-g}\,(g^{\mu\nu}R_{\mu\nu} + 2\Lambda) = \delta I_g^{(1)} + \delta I_g^{(2)} + \delta I_g^{(3)} \tag{7.204}$$

と三つの項に分ける．各項は

$$\delta I^g_{(1)} = \frac{1}{2\kappa}\int d^n x\, \delta\left(\sqrt{-g}g^{\mu\nu}\right)R_{\mu\nu} \tag{7.205}$$

$$\delta I_{(2)}^{g} = \frac{1}{2\kappa} \int d^{n}x \left(\delta\sqrt{-g}\right) 2\Lambda \tag{7.206}$$

$$\delta I_{(3)}^{g} = \frac{1}{2\kappa} \int d^{n}x \sqrt{-g} g^{\mu\nu} \delta R_{\mu\nu} \tag{7.207}$$

と定義する.

以降では, $\delta I_{g}^{(1)} + \delta I_{g}^{(2)}$ が重力方程式を与え, $\delta I_{g}^{(3)}$ は消えることを示す. まず,

$$\delta \left(\sqrt{-g}g^{\mu\nu}\right) = -\frac{1}{2\sqrt{-g}} \left(\delta g\right) g^{\mu\nu} + \sqrt{-g}\delta g^{\mu\nu} \tag{7.208}$$

となるが, 余因子行列 $\tilde{g}^{\mu\nu}$ を用いて

$$\delta g = \tilde{g}^{\mu\nu}\delta g_{\mu\nu} = gg^{\mu\nu}\delta g_{\mu\nu} \tag{7.209}$$

と表される*2. ところで

$$g^{\lambda\mu}g_{\mu\nu} = \delta^{\lambda}{}_{\nu} \tag{7.210}$$

なので, この両辺を変分すると

$$\left(\delta g^{\lambda\mu}\right) g_{\mu\nu} + g^{\lambda\mu}\delta g_{\mu\nu} = 0 \tag{7.211}$$

となる. さらに, 両辺に $g^{\rho\nu}$ をかけて縮約を取ると

$$\delta g^{\lambda\rho} = -g^{\rho\nu}g^{\lambda\mu}\delta g_{\mu\nu} \tag{7.212}$$

となる. したがって

$$\begin{aligned}
\delta I_{g}^{(1)} &= \frac{1}{2\kappa} \int d^{n}x \delta\left(\sqrt{-g}g^{\mu\nu}\right) R_{\mu\nu} \\
&= \frac{1}{2\kappa} \int d^{n}x \sqrt{-g} \left(\frac{1}{2}g^{\alpha\beta}\delta g_{\alpha\beta}g^{\mu\nu} - g^{\mu\rho}g^{\nu\tau}\delta g_{\rho\tau}\right) R_{\mu\nu} \\
&= \frac{1}{2\kappa} \int d^{n}x \sqrt{-g} \left(\frac{1}{2}g^{\alpha\beta}R - R^{\alpha\beta}\right) \delta g_{\alpha\beta}
\end{aligned} \tag{7.213}$$

となり, 確かに重力場の方程式が出てくることがわかる.

次に, $\delta I_{g}^{(2)}$ を調べる. $\delta\sqrt{-g}$ の変分が

$$\delta\sqrt{-g} = -\frac{\delta g}{2\sqrt{-g}} = -\frac{gg^{\mu\nu}\delta g_{\mu\nu}}{2\sqrt{-g}} = \frac{1}{2}\sqrt{-g}g^{\mu\nu}\delta g_{\mu\nu} \tag{7.214}$$

と評価できることから,

$$\delta I_{g}^{(2)} = \frac{1}{2\kappa} \int d^{n}x \sqrt{-g} \left(g^{\alpha\beta}\Lambda\right) \delta g_{\alpha\beta} \tag{7.215}$$

を得る.

さらに, Ricci テンソルの変分を見る. すなわち

---

*2 これが何となくピンとこなければ, 2×2 で試してみるとよい.

224　第7章　情報・エントロピーと重力の関わり

$$\delta I_g^{(3)} = \frac{1}{2\kappa} \int d^n x \sqrt{-g} g^{\mu\nu} \delta R_{\mu\nu} \tag{7.216}$$

を評価する．Ricci テンソルは次のように定義されていた．

$$R_{\mu\nu} = R^\rho{}_{\mu,\rho\nu} = \partial_\rho \Gamma^\rho_{\nu\mu} - \partial_\nu \Gamma^\rho_{\rho\mu} + \Gamma^\rho_{\rho\tau}\Gamma^\tau_{\nu\mu} - \Gamma^\rho_{\nu\tau}\Gamma^\tau_{\rho\mu} \tag{7.217}$$

そこで，Christoffel 記号の変分を考える．これは以下のようになる．

$$\begin{aligned}
\delta \Gamma^\alpha_{\mu\nu} &= g^{\alpha\beta}\delta\Gamma_{\beta\mu\nu} + (\delta g^{\alpha\beta})\Gamma_{\beta\mu\nu} \\
&= \frac{1}{2}g^{\alpha\beta}\left(\partial_\nu \delta g_{\mu\beta} + \partial_\mu \delta g_{\nu\beta} - \partial_\beta \delta g_{\mu\nu}\right) - g^{\beta\delta}g^{\alpha\gamma}(\delta g_{\gamma\delta})\Gamma_{\beta\mu\nu} \\
&= \frac{1}{2}g^{\alpha\beta}\left(\partial_\nu \delta g_{\mu\beta} + \partial_\mu \delta g_{\nu\beta} - \partial_\beta \delta g_{\mu\nu}\right) - g^{\alpha\beta}(\delta g_{\beta\delta})\Gamma^\delta_{\mu\nu} \\
&= \frac{1}{2}g^{\alpha\beta}\left(\nabla_\nu \delta g_{\mu\beta} + \nabla_\mu \delta g_{\nu\beta} - \nabla_\beta \delta g_{\mu\nu}\right)
\end{aligned} \tag{7.218}$$

したがって，接続自体はテンソルではないが，その変分はテンソルであることがわかる．さて，Ricci テンソルの変分を Christoffel 記号の変分で表すと

$$\delta R_{\mu\nu} = \nabla_\rho \delta \Gamma^\rho_{\mu\nu} - \nabla_\nu \delta \Gamma^\rho_{\mu\rho} \tag{7.219}$$

となる．したがって

$$\begin{aligned}
\delta I_g^{(3)} &= \frac{1}{2\kappa} \int d^n x \sqrt{-g} g^{\mu\nu}\left(\nabla_\rho \delta \Gamma^\rho_{\mu\nu} - \nabla_\nu \delta \Gamma^\rho_{\mu\rho}\right) \\
&= \frac{1}{2\kappa} \int d^n x \sqrt{-g} \nabla_\rho \left(g^{\mu\nu} \delta \Gamma^\rho_{\mu\nu} - g^{\rho\nu} \delta \Gamma^\mu_{\nu\mu}\right)
\end{aligned} \tag{7.220}$$

とベクトルの発散で表されるので，ガウスの定理からこの項は境界積分の寄与を与えるので，運動方程式には寄与しないことがわかる．

■ 物質場の作用：曲がった時空のストレス・テンソル

一方，物質場は

$$I_m = \int d^n x \sqrt{-g} L_m \tag{7.221}$$

より

$$\begin{aligned}
\delta I_m &= \int d^n x \left\{ \frac{\partial (\sqrt{-g} L_m)}{\partial g^{\mu\nu}} \delta g^{\mu\nu} + \frac{\partial (\sqrt{-g} L_m)}{\partial (\partial_\lambda g^{\mu\nu})} \delta (\partial_\lambda g^{\mu\nu}) \right\} \\
&= \int d^n x \left\{ \frac{\partial (\sqrt{-g} L_m)}{\partial g^{\mu\nu}} - \partial_\lambda \frac{\partial (\sqrt{-g} L_m)}{\partial (\partial_\lambda g^{\mu\nu})} \right\} \delta g^{\mu\nu}
\end{aligned} \tag{7.222}$$

である．ここで

$$\frac{1}{2}\sqrt{-g} T_{\mu\nu} = \frac{\partial (\sqrt{-g} L_m)}{\partial g^{\mu\nu}} - \partial_\lambda \frac{\partial (\sqrt{-g} L_m)}{\partial (\partial_\lambda g^{\mu\nu})} \tag{7.223}$$

あるいは
$$T_{\mu\nu} = \frac{2}{\sqrt{-g}} \frac{\delta I_m}{\delta g^{\mu\nu}} \tag{7.224}$$
とおけば，最終的に全作用 $I_{tot} = I_g + I_m$ に対する変分
$$\delta(I_g + I_m) = 0 \tag{7.225}$$
に対して
$$\frac{1}{2}\int d^4x \sqrt{-g} \left\{ \frac{1}{\kappa}\left(g^{\mu\nu}\Lambda + \frac{1}{2}g^{\mu\nu}R - R^{\mu\nu} \right) + T^{\mu\nu} \right\} \delta g_{\mu\nu} = 0 \tag{7.226}$$
が得られる．ここから，確かに Einstein 方程式が導かれることがわかる．

7.5 時空の対称性

7.5.1 Killing ベクトル

はじめに，平坦な時空の線素
$$ds^2 = \eta_{\mu\nu} dx^\mu dx^\nu \tag{7.227}$$
に対する無限小座標変換 $x'^\mu = x^\mu + \xi^\mu$ を考える．微小量の 2 次を無視すると
$$\begin{aligned}ds'^2 &= \eta_{\mu\nu} dx'^\mu dx'^\nu \\ &= \eta_{\mu\nu}(dx^\mu + dx^\rho \partial_\rho \xi^\mu)(dx^\nu + dx^\rho \partial_\rho \xi^\nu) \\ &= ds^2 + dx^\mu dx^\nu (\partial_\mu \xi_\nu + \partial_\nu \xi_\mu)\end{aligned} \tag{7.228}$$
となるが，無限小座標変換に対して線素が不変であれば
$$\partial_\mu \xi_\nu + \partial_\nu \xi_\mu = 0 \tag{7.229}$$
が成り立つ．これを Killing 方程式とよぶ．時空が曲がっている場合には
$$\nabla_\mu \xi_\nu + \nabla_\nu \xi_\mu = 0 \tag{7.230}$$
となる．与えられた時空の計量に対して Killing ベクトルの組 $\{\xi^\mu\}$ が求まれば，その解に対応した対称性を時空がもっていることになる．

ここで，(r,s) 型テンソル場 T のベクトル場 X に沿った Lie 微分を次のように定義する．
$$\begin{aligned}\pounds_X T^{\mu_1\cdots\mu_r}{}_{\nu_1\cdots\nu_s} &= X^\lambda \nabla_\lambda T^{\mu_1\cdots\mu_r}{}_{\nu_1\cdots\nu_s} \\ &\quad - \sum_{i=1}^{r}(\nabla_\lambda X^{\mu_i}) T^{\mu_1\cdots\mu_{i-1}\lambda\mu_{i+1}\cdots\mu_r}{}_{\nu_1\cdots\nu_s} \\ &\quad + \sum_{j=1}^{s}(\nabla_{\nu_j} X^\lambda) T^{\mu_1\cdots\mu_r}{}_{\nu_1\cdots\nu_{j-1}\lambda\nu_{j+1}\cdots\nu_s}\end{aligned} \tag{7.231}$$

特に，ベクトル場 Y の Lie 微分は
$$\pounds_X Y^\mu = X^\nu \nabla_\nu Y^\mu - Y^\nu \nabla_\nu X^\mu \tag{7.232}$$
であるが，これを Lie 括弧積で
$$\pounds_X Y = [X, Y], \quad \pounds_X Y^\mu = [X, Y]^\mu \tag{7.233}$$
と表す．Lie 括弧積は，線形性・反交換性・Jacobi 恒等式を満たすので，対応するベクトル場のなす線形空間は Lie 代数である．これを用いて，Killing ベクトルのもつ対称性を代数的に表すことができる．また，計量テンソルの Killing ベクトルに沿った Lie 微分は，計量条件と Killing 方程式より
$$\pounds_\xi g_{\mu\nu} = \xi^\lambda \nabla_\lambda g_{\mu\nu} + (\nabla_\mu \xi^\lambda) g_{\lambda\nu} + (\nabla_\nu \xi^\lambda) g_{\mu\lambda} = \nabla_\mu \xi_\nu + \nabla_\nu \xi_\mu = 0 \tag{7.234}$$
となることがわかる．したがって，Killing ベクトルのもつ対称性を調べるためには，計量テンソルの Killing ベクトルに沿った Lie 微分を計算すればよい．

n 次元 Riemann 空間のもつ独立な Killing ベクトルの組の数は，高々 $n(n+1)/2$ 個であることが知られている．典型的な例として，3 次元の単位球面
$$ds^2 = d\theta^2 + \sin^2\theta d\phi^2 \tag{7.235}$$
の Killing ベクトル $\xi = (\xi^\theta, \xi^\phi)$ を調べよう（ふつうの教科書では微分形式で表すことが多いが，相対論の専門家以外の便宜も考慮して，以降でもなるべく具体的な成分表示で取り扱う）．Killing 方程式は
$$\pounds_\xi g_{\theta\theta} = 2\partial_\theta \xi^\theta = 0 \tag{7.236}$$
$$\pounds_\xi g_{\phi\phi} = 2\sin\theta\cos\theta \xi^\theta + 2\sin^2\theta \partial_\phi \xi^\phi = 0 \tag{7.237}$$
$$\pounds_\xi g_{\theta\phi} = \partial_\phi \xi^\theta + \sin^2\theta \partial_\theta \xi^\phi = 0 \tag{7.238}$$
の三つである．まずは，明らかに
$$\xi_{(1)} = (0, 1) \tag{7.239}$$
が解であることがわかる．これは，計量が ϕ によらないことから生じる θ 軸まわりの回転の生成子に対応する．次に，式 (7.236) から ξ^θ が θ によらないので，$\xi^\theta = \xi^\theta(\phi)$ と明示的に書いておく．このとき，式 (7.237) から
$$\partial_\phi \xi^\phi = -\cot\theta \xi^\theta(\phi) \tag{7.240}$$
であるが，式 (7.238) の両辺を ϕ で微分した式に代入すると，
$$\partial_\phi^2 \xi^\theta(\phi) + \sin^2\theta \partial_\theta(\partial_\phi \xi^\phi) = \partial_\phi^2 \xi^\theta(\phi) + \xi^\theta(\phi) = 0 \tag{7.241}$$
となる．すなわち，ξ^θ は $\cos\phi$ あるいは $\sin\phi$ となり，
$$\xi_{(2)} = (\cos\phi, -\cot\theta\sin\phi) \tag{7.242}$$
$$\xi_{(3)} = (\sin\phi, \cot\theta\cos\phi) \tag{7.243}$$

と選ぶことができる．これらの Killing ベクトルが，式 (7.233) で定義した括弧演算を用いて

$$[\xi_{(i)}, \xi_{(j)}] = -\epsilon^{ijk}\xi_{(k)} \tag{7.244}$$

の交換関係を満たすことが証明できる．すなわち，これは SO(3) の生成子が満たす Lie 代数にほかならない．

同様にして，Minkowski 時空の場合には，a_μ を定数ベクトルとして

$$\xi_\mu = \epsilon_{\mu\nu} x^\nu + a_\mu \tag{7.245}$$

が Killing ベクトルとなる．これが Lorentz 変換の生成子に対応することは自明であろう．

時空に Killing ベクトルが存在すると，

$$\nabla^\mu(T_{\mu\nu}\xi^\nu) = (\nabla^\mu T_{\mu\nu})\xi^\nu + T_{\mu\nu}\nabla^\mu\xi^\nu = \frac{1}{2}T_{\mu\nu}(\nabla^\mu\xi^\nu + \nabla^\nu\xi^\mu) = 0 \tag{7.246}$$

が成り立つ．$T^\mu_\nu \xi^\nu$ が反変ベクトルとして振る舞うため，

$$\nabla_\mu(T^\mu_\nu \xi^\nu) = \partial_\mu(T^\mu_\nu \xi^\nu) + \Gamma^\mu_{\mu\lambda}T^\lambda_\nu\xi^\nu = \frac{1}{\sqrt{-g}}\partial_\mu(\sqrt{-g}T^{\mu\nu}\xi_\nu) = 0 \tag{7.247}$$

が成り立つ．たとえば，ξ^ν が時間的 Killing ベクトルであるとき，空間的超曲面 Σ 上についての積分

$$P_\xi(\Sigma) = \int_\Sigma T_{\mu\nu}\xi^\nu d\Sigma^\mu \tag{7.248}$$

が保存量となる．一般に，空間 3 次元面上の全エネルギー・運動量ベクトルは曲がった時空上で物理的な意味をもたないが，Killing ベクトルが存在するような対称性の高い場合では，上記の性質が現れる．

7.5.2 反 de Sitter 時空

n 次元 Riemann 空間が $n(n+1)/2$ 次元の等長変換群をもてば，その空間は定曲率空間となる．具体的な例は前項ですでに取り扱った．定曲率 n 次元空間は，断面曲率 K の符号に応じて，Euclid 空間 E^n（$K=0$），Euclid 球面 S^n（$K>0$），双曲空間 H^n（$K<0$）のいずれかと局所的に等長である．座標軸の一つが時間的であるとき，たとえば $(n+1)$ 次元 Minkowski 時空は $E^{n,1}$ と表される（$M^{n,1}, \mathbb{R}^{n,1}$ などとも表す）．これらの時空が $n \geq 3$ のとき，それぞれ宇宙項が $\Lambda = 0, \Lambda > 0, \Lambda < 0$ である Einstein 方程式の真空解になっていることが確認できる．具体例は次節で説明する．本項では，以降の議論で非常に重要な時空構造である反 de Sitter（anti-de Sitter, AdS）時空について述べる．後の便

宜のために，$n = d + 2$ とする．d は AdS/CFT 対応を考えるときに，CFT の空間次元に相当する．

$(d+2)$ 次元 AdS 時空 AdS_{d+2} は双曲面の多次元版であり，平坦な $d+3$ 次元時空 $\mathbb{R}^{2,d+1} = \{(X^{-1}, X^\mu, X^{d+1}); \mu = 0, 1, \ldots, d\}$ に埋め込まれた $d+2$ 次元的超曲面である．

$$-(X^{-1})^2 + \eta_{\mu\nu} X^\mu X^\nu + (X^{d+1})^2 = -l^2 \tag{7.249}$$

ここで，l は AdS_{d+2} の曲率半径で，長さのスケールを与える．また，$\eta_{\mu\nu}$ は AdS_{d+2} の符号が Lorentz 的か Euclid 的（Lobachevsky 空間ともよぶ）に応じて $\eta_{\mu\nu} = \text{diag}[\mp 1, 1, \ldots, 1]$ と選ぶ．X^{-1} と X^0 の二つの座標が時間的な符号をもつ．

AdS 時空の無限小線素は

$$ds^2 = -(dX^{-1})^2 + \eta_{\mu\nu} dX^\mu dX^\nu + (dX^{d+1})^2 \tag{7.250}$$

で与えられるが，問題に応じて適切な計量テンソルを導入するために，いろいろな形に座標変換される．

はじめに，大域的 AdS (global AdS) 座標を導入する．それは次の座標変換

$$X^{-1} = l \cosh\rho \cos t \tag{7.251}$$
$$X^{d+1} = l \cosh\rho \sin t \tag{7.252}$$
$$X^\mu = l \sinh\rho\, \Omega_\mu \tag{7.253}$$

を行うことに対応する．ここで，$(\Omega_0, \Omega_1, \ldots, \Omega_d)$ は d 次元単位球面 S^d の座標を表す．このとき，計量は

$$ds^2 = l^2 \left(-\cosh^2\rho\, dt^2 + d\rho^2 + \sinh^2\rho\, d\Omega^2\right) \tag{7.254}$$

と表される．ただし，$d\Omega^2$ は単位球面の計量である．

よく用いられる座標系は，次に示される Poincaré 座標

$$z = \frac{l^2}{X^{-1} + X^{d+1}} \ , \ x^\mu = \frac{1}{l} X^\mu z \ , \ \mu = 0, 1, \ldots, d \tag{7.255}$$

で，z は AdS 時空の境界近傍を調べるための動径座標とよばれる．このとき

$$ds^2 = \frac{l^2}{z^2}(dz^2 + \eta_{\mu\nu} dx^\mu dx^\nu) \tag{7.256}$$

と表すことができる．$z \to 0$ を AdS 時空の境界（boundary）とよび，この極限では時空が無限に膨らんでいる（極限操作については後ほど注意する）．Poincaré 座標は大域的座標の一部分しか覆っていない．この性質は，後程ブラックホールとエンタングルメントの類似性を議論する際に鍵となることを気に留めておいて

ほしい.

この線素は，次の変換
$$r = \frac{l^2}{z} \tag{7.257}$$
を行うことによって，
$$ds^2 = \frac{l^2}{r^2}dr^2 + \frac{r^2}{l^2}\eta_{\mu\nu}dx^\mu dx^\nu \tag{7.258}$$
と Schwarzschild 時空と類似した形に表すことができる．$r \ll l$ (すなわち $z \gg l$) は「ホライズン近傍極限」とよばれており，ブラックホールにおける事象の地平線（イベント・ホライズン）の近傍を拡大して見るような極限である．

また，
$$z = le^{\tau/l} \tag{7.259}$$
の変換によって
$$ds^2 = d\tau^2 + e^{-2\tau/l}\eta_{\mu\nu}dx^\mu dx^\nu \tag{7.260}$$
と表現する場合もある．これは後に AdS 時空と MERA の関係性を調べるうえで重要な表現である．

AdS_{d+2} 計量は，物質の場がなく，負の宇宙定数 $\Lambda < 0$ をもつ Einstein 方程式
$$R^{\mu\nu} - \frac{1}{2}g^{\mu\nu}R + g^{\mu\nu}\Lambda = 0 \tag{7.261}$$
の解であることが以下のようにしてわかる．以下では計量を
$$ds^2 = \frac{l^2}{z^2}\left(dz^2 + \eta_{ij}dx^i dx^j\right) = g_{\mu\nu}dx^\mu dx^\nu \tag{7.262}$$
と表す．はじめに，両辺に $g_{\nu\lambda}$ をかけて縮約を取ると
$$R^\mu{}_\lambda - \frac{1}{2}\delta^\mu{}_\lambda R + \delta^\mu{}_\lambda \Lambda = 0 \tag{7.263}$$
となり，次に，添え字 μ, ν についてトレースを取ると
$$R - \frac{1}{2}(d+2)R + (d+2)\Lambda = 0 \tag{7.264}$$
したがって
$$\Lambda = \frac{1}{2}\frac{d}{d+2}R \tag{7.265}$$
となる．一方，スカラー曲率 R の計算のために，ゼロでない Christoffel 記号を求めると
$$\Gamma^z_{zz} = -\frac{1}{z}, \quad \Gamma^i_{zi} = -\frac{1}{z}, \quad \Gamma^z_{ii} = \frac{1}{z}\eta_{ii} \tag{7.266}$$

であり（第2式は i について縮約しないことに注意），これより，ゼロでない Ricci テンソルの成分は

$$R_{zz} = -\frac{d+1}{z^2}, \quad R_{ii} = -\frac{d+1}{z^2}\eta_{ii} \tag{7.267}$$

となる（第2式は i について縮約しないことに注意）．このため，

$$R = g^{\mu\nu}R_{\mu\nu} = d\frac{z^2}{l^2}\left(-\frac{d+1}{z^2}\right) + \frac{z^2}{l^2}\left(-\frac{d+1}{z^2}\right) = -\frac{(d+1)(d+2)}{l^2} \tag{7.268}$$

であり，宇宙定数を曲率半径で表すと

$$\Lambda = -\frac{d(d+1)}{2l^2} \tag{7.269}$$

となることがわかる．

7.6 ブラックホール

7.6.1 4次元系：Schwarzschild ブラックホール

■ **Schwarzschild 解**

中心対称な重力場を調べる．このような場は任意の中心対称な分布をした物質から生じる．もちろん，そのためには，物質の分布だけでなく，物質の運動も中心対称でなければならない．場が中心対称であるとき，Euclid 的な場であれば極座標による表示を用いればよいが，曲がった時空の場合には，Euclid 的な動径ベクトルの性質をすべて備えた量が存在しないので注意する必要がある．無限小線素に対するもっとも一般的な式は

$$ds^2 = h(r,t)dr^2 + k(r,t)\left(\sin^2\theta d\varphi^2 + d\theta^2\right) + l(r,t)dt^2 + a(r,t)drdt \tag{7.270}$$

となる．ところが，一般相対論では基準系を任意に設定できるので，ds^2 の中心対称性を壊さずに，さらに座標変換をすることができる．ということは，座標 r および t を $r = f_1(r',t'), t = f_2(r',t')$ と変換することができることを意味している．これら二つの条件を利用して，$a = 0, k = r^2$ という座標系を取ることができる．このようにしても一般性を失わない．残った h, l は，$h = -e^\lambda, l = c^2 e^\nu$ という形で扱うのが後で便利である．こうして，計量は

$$ds^2 = -e^\nu c^2 dt^2 + e^\lambda dr^2 + r^2\left(d\theta^2 + \sin^2\theta d\varphi^2\right) \tag{7.271}$$

となる．以降では，簡単のために座標系を $(x^0, x^1, x^2, x^3) = (ct = \tau, r, \theta, \varphi)$ と

表す.

場を生じる物質の外側での中心対称場を考える. Einstein 方程式は
$$R_{\mu\nu} - \frac{1}{2}g_{\mu\nu}R = 0 \tag{7.272}$$
である. これより
$$g^{\mu\nu}R_{\mu\nu} - \frac{1}{2}\delta^\mu{}_\mu R = R - 2R = -R = 0 \tag{7.273}$$
となるので,
$$R_{\mu\nu} = 0 \tag{7.274}$$
を調べればよい. まず, 計量テンソルのゼロでない成分は
$$g_{00} = -e^\nu, \quad g_{11} = e^\lambda, \quad g_{22} = r^2, \quad g_{33} = r^2\sin^2\theta \tag{7.275}$$
である. また, ゼロでない Christoffel 記号は 9 個あり, それぞれ以下のようになる.

$$\Gamma^0{}_{01} = \frac{1}{2}\nu'$$
$$\Gamma^1{}_{00} = \frac{1}{2}e^{\nu-\lambda}\nu', \quad \Gamma^1{}_{11} = \frac{1}{2}\lambda', \quad \Gamma^1{}_{22} = -re^{-\lambda}, \quad \Gamma^1{}_{33} = -re^{-\lambda}\sin^2\theta$$
$$\Gamma^2{}_{12} = \frac{1}{r}, \quad \Gamma^2{}_{33} = -\sin\theta\cos\theta$$
$$\Gamma^3{}_{13} = \frac{1}{r}, \quad \Gamma^3{}_{23} = \frac{\cos\theta}{\sin\theta} \tag{7.276}$$

さらに, Ricci テンソルのゼロでない成分は
$$R_{00} = e^{\nu-\lambda}\left\{\frac{\nu''}{2} + \frac{\nu'}{r} - \frac{\nu'}{4}(\lambda' - \nu')\right\}$$
$$R_{11} = -\frac{\nu''}{2} + \frac{\lambda'}{r} - \frac{\nu'}{4}(\nu' - \lambda')$$
$$R_{22} = 1 - e^{-\lambda}\left\{1 + \frac{r}{2}(\nu' - \lambda')\right\} \tag{7.277}$$
となる. したがって, 解くべき微分方程式は
$$\frac{\nu''}{2} + \frac{\nu'}{r} - \frac{\nu'}{4}(\lambda' - \nu') = 0 \tag{7.278}$$
$$\frac{\nu''}{2} - \frac{\lambda'}{r} + \frac{\nu'}{4}(\nu' - \lambda') = 0 \tag{7.279}$$
$$e^\lambda - 1 - \frac{r}{2}(\nu' - \lambda') = 0 \tag{7.280}$$
となる. 第 1 式と第 2 式から
$$\frac{1}{r}(\nu' + \lambda') = 0 \tag{7.281}$$

が成り立つため，
$$\nu + \lambda = \beta \tag{7.282}$$
であるが（β は定数），さらにこれを第3式に代入して λ のみの微分方程式をつくると，
$$e^\lambda - 1 + r\lambda' = 0 \quad \rightarrow \quad (re^{-\lambda})' = 1 \tag{7.283}$$
したがって
$$e^{-\lambda} = 1 - \frac{\alpha}{r} \tag{7.284}$$
となる．ここで，α は定数である．この結果
$$e^\nu = e^\beta \left(1 - \frac{\alpha}{r}\right) \tag{7.285}$$
となり（α は定数），時間のスケールを取り直して $e^\beta = 1$ と取れば
$$ds^2 = -\left(1 - \frac{\alpha}{r}\right)d\tau^2 + \frac{dr^2}{1 - \alpha/r} + r^2\left(d\theta^2 + \sin^2\theta d\phi^2\right) \tag{7.286}$$
が得られる．$r \to \infty$ で Minkowski 時空に漸近すること，そこからの最低次の補正が Newton 重力であることを考えると
$$\alpha = r_g = \frac{2GM}{c^2} \tag{7.287}$$
となることがわかる．以上が Schwarzschild 時空とよばれるものである．r_g を Schwarzschild 半径，$r = r_g$ の領域を事象の地平線（イベント・ホライズン），その内部をブラックホールとよぶ．ホライズンを超えて進むと，ライトコーンが内向きになるので，一度ブラックホールに飲みこまれた情報は外部に戻ってくることはできない．

Schwarzschild 時空は $r = r_g$ で計量が発散しているように見える．この見かけの発散は座標の取り方がよくないことに起因するものである．一般相対論では一般座標変換不変性があるので，物理が計量テンソルの表現には直接依存しないからである．物理的実在として，たとえば系のグローバルな曲率テンソルを評価してみると，$r = 0$ は本当の特異点であるが，$r = r_g$ はそうではないことがわかる．

■ Newton 近似

式 (7.287) を確認しておこう．時空を光速に比べて十分ゆっくり運動する粒子を考え，その固有時間を τ とすると，測地線方程式の空間成分は

$$\frac{d^2 x^i}{d\tau^2} + \Gamma^i{}_{\alpha\beta}\frac{dx^\alpha}{d\tau}\frac{dx^\beta}{d\tau} = \frac{d^2 x^i}{dt^2} + c^2 \Gamma^i{}_{00} = 0 \tag{7.288}$$

となる．ここで，Christoffel 記号 $\Gamma^i{}_{00}$ は，計量の揺らぎを $g_{\mu\nu} = \eta_{\mu\nu} + h_{\mu\nu}$ と表すと ($h_{\mu\nu}$ は十分小さいものとする)，

$$\Gamma^i{}_{00} = \frac{1}{2}g^{i\mu}\left(2\partial_0 g_{\mu 0} - \partial_\mu g_{00}\right) \sim -\frac{1}{2}g^{ij}\partial_j h_{00} \tag{7.289}$$

と近似される．これを式 (7.288) に代入すると

$$\frac{d^2 x^i}{dt^2} = \frac{1}{2}c^2 \partial_i h_{00} = -\partial_i \phi_N \tag{7.290}$$

が得られる．ここで，ϕ_N は Newton ポテンシャルである．したがって

$$h_{00} = -\frac{2\phi_N}{c^2} = -\frac{2GM}{c^2 r} \tag{7.291}$$

となることがわかる．$\eta_{00} = 1$ と合わせて，式 (7.287) が導かれる．

■ 大域的因果構造

大域的な因果構造がより明確になるような座標系の設定を考える．いろいろな見方があるが，以下では Kruskal 座標

$$\begin{cases} u = \sqrt{\frac{r}{\alpha} - 1}\, e^{r/2\alpha} \cosh\left(\frac{\tau}{2\alpha}\right) \\ v = \sqrt{\frac{r}{\alpha} - 1}\, e^{r/2\alpha} \sinh\left(\frac{\tau}{2\alpha}\right) \end{cases} \tag{7.292}$$

を導入する．この結果，Schwarzschild 解は次のように表すことができる．

$$ds^2 = \frac{4\alpha^3}{r}e^{-r/\alpha}\left(du^2 - dv^2\right) + r^2 d\Omega^2 \tag{7.293}$$

ただし，$r > \alpha$, $-\infty < \tau < \infty$ という条件で考えている．この座標系では次の関係式が成り立っている．

$$u^2 - v^2 = \left(\frac{r}{\alpha} - 1\right)e^{r/\alpha}, \quad \frac{\tau}{2\alpha} = \tanh^{-1}\frac{v}{u} \tag{7.294}$$

Schwarzschild 時空を Kruskal 座標で描いたものが図 7.2 である (Kruskal ダイヤグラムとよぶ)．時空は四つの領域 (ウェッジとよぶ) に分割されており，領域 I が式 (7.292) で定義される部分空間である．図 7.2(a) では，r を 1.1α から 2.6α まで変化させながら，式 (7.294) に従って (u, v) のグラフを描いている．$r = \alpha$ (右側ウェッジの境界) がちょうどイベント・ホライズンに対応する．領域 I は $r \to \infty$ で漸近的に Minkowski 時空に近づく．領域 III も領域 I と同等の

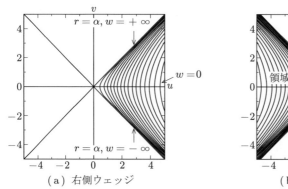
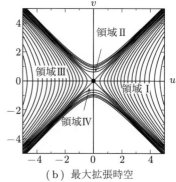

(a) 右側ウェッジ　　　　　　(b) 最大拡張時空

図 **7.2** Kruskal ダイアグラム．(a) Schwarzschild ブラックホールの外部領域（右側ウェッジ），(b) 最大拡張時空

性質をもつ．

ブラックホールの内側の領域を調べるために，$r < \alpha$ の領域への解析接続を行う．そのためには

$$\begin{cases} u = \sqrt{1 - \dfrac{r}{\alpha}} e^{r/2\alpha} \sinh\left(\dfrac{\tau}{2\alpha}\right) \\ v = \sqrt{1 - \dfrac{r}{\alpha}} e^{r/2\alpha} \cosh\left(\dfrac{\tau}{2\alpha}\right) \end{cases} \tag{7.295}$$

と座標変換すればよい．これが図 7.2(b) に示したように領域 II を表している．これらのパラメータは

$$u^2 - v^2 = \left(\dfrac{r}{\alpha} - 1\right) e^{r/\alpha} \; , \quad \dfrac{\tau}{2\alpha} = \tanh^{-1} \dfrac{u}{v} \tag{7.296}$$

という条件を満足する．領域 II における光は必ず $r = 0$ の特異点に到達する．したがって，この領域がブラックホールに対応する．領域 IV はホワイトホールとよばれていて，光はこの領域内に留まることはできない．

以上のことから，ブラックホールが存在する場合，最大限拡張した時空では，もとの時空のコピーがホライズンを介して接続している可能性がある．このことは，有限温度 MERA ネットワークの構造と類似していて非常に興味深い．

7.6.2 3次元系：BTZ ブラックホール

　一般相対論においては，低次元では適当な Newton 極限を取ることができないので，むしろトポロジカルに多様性をもち，かつ現実の時空次元である 4 次元系に興味がある．Maximo Bañados, Claudio Teitelboim and Jorge Zanelli の理論の特徴は，3 次元古典重力理論におけるブラックホール解の存在である[118–123,144]．これは BTZ ブラックホールとよばれる．Einstein 方程式は

$$R_{\mu\nu} - \frac{1}{2}g_{\mu\nu}R + \Lambda g_{\mu\nu} = 0, \quad \Lambda = -\frac{1}{l^2} \tag{7.297}$$

であり，平坦ではなく一定負曲率 $\Lambda = -1/l^2$ をもった時空を考える．その計量テンソルは

$$ds^2 = -(N^\perp)^2 dt^2 + \frac{1}{(N^\perp)^2} dr^2 + r^2 \left(N^\phi dt + d\phi\right)^2 \tag{7.298}$$

と表され，$N^\perp$ および N^ϕ は，M および J を定数として，

$$(N^\perp)^2 = -M + \frac{r^2}{l^2} + \frac{J^2}{4r^2} \tag{7.299}$$

$$N^\phi = -\frac{J}{2r^2} \tag{7.300}$$

で与えられる．パラメータの取りうる範囲は，それぞれ $-\infty < t < \infty$, $0 < r < \infty$, $0 \le \phi \le 2\pi$ である．次元が低いので，計量テンソルを Einstein 方程式に直接代入して確かめてみればよい．M および J は保存チャージであり，時間並進（質量）と回転（角運動量）のもとでの漸近的な不変性に関係して現れる．

　式 (7.298) の計量テンソルは $N^\perp = 0$, すなわち

$$r_\pm^2 = \frac{Ml^2}{2}\left\{1 \pm \sqrt{1 - \left(\frac{J}{Ml}\right)^2}\right\} \tag{7.301}$$

で特異的である．$r = r_+$ がブラックホールのホライズンを与える．M, J は $r_\pm$ を用いて

$$M = \frac{r_+^2 + r_-^2}{l^2}, \quad J = \frac{2r_+ r_-}{l} \tag{7.302}$$

と表せる．また，g_{00} が消失するのは，

$$r_{\text{erg}} = \sqrt{M}l = \sqrt{r_+^2 + r_-^2} \tag{7.303}$$

においてである．$r_\pm, r_{\text{erg}}$ は

$$r_- \le r_+ \le r_{\text{erg}} \tag{7.304}$$

という関係にあり，r_+ と r_{erg} の間の領域は，Kerr 時空（ここでは説明しなかったが，これも Einstein 方程式の回転しているブラックホール解で，質量と角運動量をもつ）でいうところのエルゴ領域に対応する．

ブラックホール解が存在するためには，
$$M > 0, \quad |J| < Ml \tag{7.305}$$
を満たす必要がある．極限的なケース $|J| = Ml$ では，
$$r_+ = r_- = \sqrt{\frac{M}{2}} l = \frac{r_{\text{erg}}}{\sqrt{2}} \tag{7.306}$$
となる．

ブラックホールが消失する条件は $M, J \to 0$ で，したがって，そのとき真空状態は
$$ds^2 \to -\left(\frac{r}{l}\right)^2 dt^2 + \left(\frac{l}{r}\right)^2 dr^2 + r^2 d\phi^2 \tag{7.307}$$
で与えられる．次の座標変換
$$r = \frac{l}{z}, \quad \frac{t}{l} = \tilde{t} \tag{7.308}$$
を施すと，
$$ds^2 = \frac{l^2}{z^2}\left(-d\tilde{t}^2 + dz^2 + d\phi^2\right) \tag{7.309}$$
が得られる．

素朴に考えると，2 次元双曲空間は 3 次元の Euclid 空間に埋め込みできるから，ブラックホールのような非自明なオブジェクトが解になるためには，Schwarzschid 時空の場合と同様に，平坦な時空の次元は最低限 4 次元必要だということを示唆しているように思われる．

BTZ ブラックホールは，1 次元量子系に対する有限温度 MERA ネットワークの連続極限になっていることが予想されている．そのことについては，章を改めて議論する．

7.7　ブラックホール熱力学

前節までで述べた準備のもとに，ブラックホール・エントロピーについて調べよう．ブラックホール・エントロピーが満たす法則は，有名な「面積則」とよばれるものである[35,36]．MPS あるいはテンソル積変分で現れる面積則は，もともと

ブラックホール物理の面積則に由来している．古典論（一般相対論）では，ブラックホールは何もその外側に出てこれない時空の穴である．しかし，量子論に進むと[*3]，ブラックホールには熱的放射があることが知られており，これは Hawking 輻射とよばれる[36]．この放射とエントロピーが満たす性質には深い関わりがある．Hawking 輻射の説明にはいろいろな方法があるが，以下では Wick 回転の方法を導入する．

7.7.1 Bekenstein–Hawking の法則

はじめに，有名なブラックホール・エントロピーの面積則について述べる．本項では Schwarzschild 計量から出発する（$c = \hbar = 1$）．

$$ds^2 = -\left(1 - \frac{2GM}{r}\right)dt^2 + \left(1 - \frac{2GM}{r}\right)^{-1}dr^2 + r^2 d\Omega_{d-1} \quad (7.310)$$

はじめに，時間成分を Wick 回転し，

$$t = i\tau \quad (7.311)$$

として Euclid 化する．ここで $\theta = \tau/4GM$, $\rho = \sqrt{8GM(r - 2GM)}$ と座標変換し，以下のように表す．

$$ds^2 = \rho^2 \left\{1 + \left(\frac{\rho}{4GM}\right)^2\right\}^{-1} d\theta^2 + \left\{1 + \left(\frac{\rho}{4GM}\right)^2\right\} d\rho^2$$
$$+ \frac{1}{4}(4GM)^2 \left\{1 + \left(\frac{\rho}{4GM}\right)^2\right\}^2 d\Omega_{d-1} \quad (7.312)$$

ここで，簡単のために $M \to \infty$ の場合を考えると，

$$ds^2 = \rho^2 d\theta^2 + d\rho^2 + \sum_{i=1}^{d-1} dy_i^2 \quad (7.313)$$

と表すことができる．

式 (7.313) は，θ 座標が周期 2π をもてば 2 次元部分が通常の極座標なので時空が正則であるが，そうでなけでは原点でコニカル特異点をもってしまう．コニカル特異点とは，円錐の先のような特異点で，測地線をそこから先に延ばすことができない状態である．特異点を避けるためには，虚時間の周期が

$$\tau = 8\pi GM \quad (7.314)$$

であることが要請される．より正確には，この時空上で定義された量子場の理論

[*3] 量子重力理論が現時点では完成していないので，これは「曲がった古典的時空上の量子場理論」という意味である．

が，τ 方向に周期的な境界条件をもつべきことを要請するという意味である．この状態は，統計力学的には

$$T = \frac{1}{8\pi GM} \tag{7.315}$$

という有限温度系であることを意味する．これを Hawking 温度とよぶ．

Newton 重力の式 $F = GMm/r^2$ より，ブラックホールのホライズンでの表面重力 a は

$$a = G\frac{M}{r^2} = G\frac{M}{(2GM)^2} = \frac{1}{4GM} \tag{7.316}$$

であることから，Hawking 温度は

$$T = \frac{a}{2\pi} \tag{7.317}$$

と表せる．熱力学の第 1 法則は $dU = TdS$ と表されるが，内部エネルギー U をブラックホールの静止エネルギー M と同一視し，Hawking 温度を代入すると

$$dS = 8\pi GMdM \tag{7.318}$$

となる．したがって，積分を実行すると

$$S = 4\pi GM^2 \tag{7.319}$$

が得られる．ブラックホールのホライズンにおいては Schwarzschild 半径が $r = 2GM$ であるから，

$$S = \frac{A}{4G} \tag{7.320}$$

となる．ただし，$A = 4\pi r^2$ はブラックホールのホライズン面積を表す．すなわち，ブラックホールのエントロピーは示量的ではなく面積に比例している．この関係式は Bekenstein–Hawking の法則，あるいは面積則とよばれている．単位系を省略せずに書くと $S = Ak_B c^3/4G\hbar$ となっており，基礎物理定数 $c, k_B, \hbar$ がすべて現れることがわかる．エントロピーの物理的理解のためには，重力の量子論的特性の解明が重要であることを示唆している．

7.7.2 Rindler 時空

Rindler 時空は，以下の線素によって定義される時空である．

$$ds^2 = -a^2\rho^2 dt^2 + d\rho^2 \tag{7.321}$$

ここでは簡単のため，2 次元の系を考える．この計量は明らかに $M \to \infty$ の Schwarzschild 計量に等しいので，ブラックホールと同様の性質を備えていると期待できる．コニカル特異点を除くために，再び虚時間 $\tau(= -it)$ 座標が特定の

周期 $\theta = a\tau = 2\pi$, すなわち $\tau = 2\pi/a$ をもつ必要があり, ここから有限温度の性質が出てくることが類推される.

Rindler 時空は Minkowski 時空
$$ds^2 = -dT^2 + dX^2 \tag{7.322}$$
の部分空間であるということもできる. たとえば, 右側 Rindler ウェッジを考えると (図 7.2(b) において $(u,v) \to (X,T)$ としたときの領域 I に対応),
$$T = \frac{1}{a} e^{a\xi} \sinh(at) \tag{7.323}$$
$$X = \frac{1}{a} e^{a\xi} \cosh(at) \tag{7.324}$$
で定義される新しい座標系 (t,ξ) がこの領域をカバーすることがわかる. これらのパラメータの取りうる範囲は $-\infty < t < \infty$ および $-\infty < \xi < \infty$ である. 逆に言うと, 一般座標変換によって, 時空のアクセスできる領域に制限を加えることが可能である. このとき
$$ds^2 = e^{2a\xi}\left(-dt^2 + d\xi^2\right) \tag{7.325}$$
が得られるが, さらに
$$\rho = \frac{1}{a} e^{a\xi} \tag{7.326}$$
と座標変換すると, 式 (7.321) が得られる.

同様にして, 左側 Rindler ウェッジも構成できる. この場合には
$$T = \frac{1}{a} e^{a\xi} \sinh(at) \tag{7.327}$$
$$X = -\frac{1}{a} e^{a\xi} \cosh(at) \tag{7.328}$$
と変換する. 定義から明らかなように, 左右のウェッジにいる観測者はたがいに情報をやり取りできない. すなわち, 古典系であっても量子エンタングルメントの理論における部分系の役割と同様の数理構造が隠れていることがわかる. このような状況で熱力学的なエントロピーを計算することに興味がもたれる.

一般座標変換によってこのような状況が生まれるということは, ある座標系において真空状態である物理現象が, 一般の加速度系では熱的な性質をもって観測されうることを示唆している. このことは Unruh 効果とよばれており[124, 125], ブラックホールの Hawking 輻射と密接な関係があることは, 計量の導入の経緯から想像に難くないであろう. その場合の温度を Unruh 温度とよぶが, 特に, 考えている加速度系が Rindler 座標系で表されている場合には, その温度を Rindler

温度とよぶ. Unruh 効果については文献 [3] に丁寧な解説があるので, そちらも参照されたい.

7.7.3 熱力学の第1法則と Einstein 方程式

先に述べたように, ブラックホール・エントロピーの本質は, 観測者にとっての因果的境界が存在し, 本来は純粋状態である全系の一部にしかアクセスできないことにより, 熱的な性質を観測するということであるように思われる. この性質は, これまで見てきたように, 特異値分解や熱場ダイナミクス理論などの手法にも共通して現れるものである. 逆に, 熱力学的な性質がどのぐらい時空の構造やダイナミクスを規定しているのだろうかということにも当然興味がもたれる. 本項では, 因果的境界近傍でのマクロな熱流を記述する熱力学の第1法則が, エントロピーの面積則の存在を仮定する条件下で, Einstein 方程式と等価であることを示す. このことは, Einstein 方程式が一種の状態方程式であることを示唆している. ただし, エンタングルメント理論において Einstein 方程式がどのような物理的意味をもつのかは最新の話題であり, まだ知られていないことも多い. 本項で議論できることはほんの入口に過ぎないが, ここから次の展開を見出していただきたい.

■ Einstein 方程式 ⇒ 熱力学の第1法則 [126, 127]

はじめに, Einstein 方程式から熱力学の第1法則を導出する方法について述べる. 次の球対称計量から出発する.

$$ds^2 = -f(r)dt^2 + \frac{1}{f(r)}dr^2 + r^2 d\Omega^2 \tag{7.329}$$

ここで, 関数 $f(r)$ は $r = a$ において見かけの特異点をもち, $f(a) = 0$ であると仮定する. これまでの議論と同様, コニカル特異点除去のために

$$T = \frac{1}{4\pi}\frac{df(a)}{dr} \tag{7.330}$$

という温度の熱輻射の存在を要請する. Schwarzschild 時空の場合には $f(r) = 1 - 2GM/r^2$ および $a = 2GM$ であることから, $T = GM/\pi a^3 = 1/8\pi GM$ である. ここで, Einstein 方程式は

$$R_{\mu\nu} - \frac{1}{2}g_{\mu\nu}R = 8\pi G T_{\mu\nu} \tag{7.331}$$

と表されるが, 両辺に $g^{\mu\nu}$ をかけて μ, ν で縮約すると,

$$R = -8\pi GP \tag{7.332}$$

となる. ただし, $P = T^\mu_\mu$ は radial pressure とよばれる. Riemann 曲率は一般に

$$R = \frac{1}{r^2}\left\{1 - f(r) - r\frac{df(r)}{dr}\right\} \tag{7.333}$$

と表されるので, $r = a$ では

$$\frac{1}{2G}\left\{a\frac{df(a)}{dr} - 1\right\} = 4\pi a^2 P \tag{7.334}$$

が成り立つ. そこで, 両辺に da をかけると

$$\frac{1}{2G}\left\{a\frac{df(a)}{dr} - 1\right\}da = 4\pi a^2 da P \tag{7.335}$$

より

$$T\frac{1}{4G}d\left(4\pi a^2\right) - \frac{da}{2G} = Pd\left(\frac{4}{3}\pi a^3\right) \tag{7.336}$$

となる. Bekenstein–Hawking の法則から $S = A/4G$, また, $a/2G = M = E$ より $V = 4\pi a^3/3$ とおけば, 熱力学の第 1 法則

$$TdS - E = PdV \tag{7.337}$$

が導出できる.

■ 熱力学の第 1 法則 ⇒ Einstein 方程式 [128, 129]

簡単のために 2 次元 Minkowski 時空 $ds^2 = -dt^2 + dx^2$ を考え, Rindler ウェッジに着目する. ライトコーン座標

$$u = t - x, \quad v = t + x \tag{7.338}$$

をとれば, ホライズンであるウェッジの境界 $u = v = 0$ がヌル測地線となる. 熱力学的法則の存在を議論するためには, (局所) エネルギー流 $P_\xi(\Sigma)$ を定義できる状況を設定する必要がある. このとき, Rindler ウェッジ内部で時間的な Killing ベクトルを取れるかどうかが問題である. このためには

$$\xi = (\xi^t, \xi^x) = \kappa(x, t) \tag{7.339}$$

と取ればよい. κ は適当な定数である. ここで, $\xi_a = \eta_{ab}\xi^b$ より $(\xi_t, \xi_x) = (-x, t)$ である. このベクトルは明らかに Killing 方程式 $\partial_t \xi_x + \partial_x \xi_t = 0$ および $\partial_t \xi_t + \partial_x \xi_x = 0$ を満たしている. ベクトルの長さを測ると

$$\xi^\mu \xi_\mu = \kappa^2\left(-x^2 + t^2\right) \tag{7.340}$$

となっており, 考える領域がウェッジ内部 $|x| > |t|$ に制限されていれば, ξ は確

かに時間的 $\xi^\mu \xi_\mu < 0$ であり，ホライズン上でヌルであることがわかる．Killing ベクトルがヌルである面を Killing ホライズンとよぶ．特に，ホライズン $u = 0$ 上で ξ はヌル測地線のアフィン・パラメータ λ を用いて

$$\xi = \kappa(\lambda, \lambda) = \kappa \lambda k \tag{7.341}$$

と表すことができる．ただし，ヌル測地線の接ベクトルを $k = (1, 1)$ と表した．

以降では上記の議論を 4 次元 (t, x, y, z) で考えることにして，ξ は Lorentz ブーストの生成子であるとする．時空の各点 P とそこでのヌル測地線が与えられたとき，この点を含む 2 次元的微小領域 B を導入して，測地線束が B を垂直に貫いている状況を考える（図 7.3）．ただし，この測地線束は膨張率 θ と剪断変形率 $\omega_{\mu\nu}$ をもたないようにとると仮定する．このとき，B から過去 $(-\epsilon < \lambda < 0)$ に少しだけ遡ってできる 3 次元的微小領域 $(-\epsilon, 0) \times B$ を，局所 Rindler ホライズンとよぶ．以降では，点 P において $\lambda = 0$ ととる．B はヌル・ベクトルに直交するからヌル超曲面の微小領域であるが，$k^\mu = \alpha g^{\mu\nu} \partial_\nu B$ と表すと $\alpha k^\mu \partial_\mu B = k^\mu k_\mu = 0$ であることより，k^μ は B の接ベクトルでもある．したがって，局所 Rindler ホライズン $(-\epsilon, 0) \times B$ を因果的境界と見なすと，境界面を横切るエネルギー流は k^μ の方向となることができる．

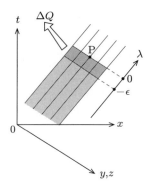

図 **7.3** 局所 Rindler ホライズン

ここで着目する物理量は，測地線束の断面積 $\mathcal{A}$ の膨張率

$$\theta = \frac{1}{\delta \mathcal{A}} \frac{d}{d\lambda} \delta \mathcal{A} \tag{7.342}$$

である．測地線の束が Raychaudhuri 方程式

$$\frac{d\theta}{d\lambda} = -\frac{1}{2} \theta^2 - \sigma_{\mu\nu} \sigma^{\mu\nu} + \omega_{\mu\nu} \omega^{\mu\nu} - R_{\mu\nu} k^\mu k^\nu \tag{7.343}$$

に従い，$\lambda = 0$ 近傍では $\theta = \sigma_{\mu\nu} = \omega_{\mu\nu} = 0$ としてよいことから（$\omega_{\mu\nu} = 0$ は k^μ がヌル超曲面直交であることによる）

$$\theta = -\lambda R_{\mu\nu} k^\mu k^\nu \tag{7.344}$$

が得られる．そこで，エントロピーが面積則に従うと仮定すると

$$\Delta S \propto \Delta A = \int_{-\epsilon}^{0} d\lambda \int_B dA\, \theta = -\int_{-\epsilon}^{0} d\lambda \int_B dA\, \lambda R_{\mu\nu} k^\mu k^\nu \tag{7.345}$$

となる．一方，局所 Rindler ホライズンにおけるエネルギーの流れは

$$\Delta Q = -\int_{-\epsilon}^{0} d\lambda \int_B dA\, T_{\mu\nu} \xi^\mu k^\nu = -\kappa \int_{-\epsilon}^{0} d\lambda \int_B dA\, T_{\mu\nu} \lambda k^\mu k^\nu \tag{7.346}$$

で表される．

以上のすべての過程が準静的に行われるものとして，熱力学の第 1 法則

$$\Delta Q = T_R \Delta S \tag{7.347}$$

が成り立つとすると（T_R は Rindler 温度），κ を比例定数として

$$(\kappa T_{\mu\nu} - R_{\mu\nu}) k^\mu k^\nu = 0 \tag{7.348}$$

が成り立つ必要がある．k^μ がヌル（$k_\mu k^\mu = 0$）であることから

$$R_{\mu\nu} - \kappa T_{\mu\nu} = \Phi g_{\mu\nu} \tag{7.349}$$

でなければならない．$\nabla^\mu T_{\mu\nu} = 0$ および Bianchi 恒等式から $\Phi = (R/2) - \Lambda$ でなければならないので，結果的に

$$R_{\mu\nu} - \frac{1}{2} R g_{\mu\nu} + \Lambda g_{\mu\nu} = \kappa T_{\mu\nu} \tag{7.350}$$

となることがわかる．これは Einstein 方程式そのものである．

7.7.4 Rindler 時空上の量子場の熱的性質

■ **Rindler ハミルトニアン**

ここまでは古典的な時空の幾何構造について調べてきた．次は，その上に定義された量子場の性質を見ていこう．2 次元 Minkowski 時空上の自由スカラー場を考える．計量 ds^2 と作用 I は

$$ds^2 = -dT^2 + dX^2 = dT_E^2 + dX^2 \tag{7.351}$$

および

$$I = \int dT dX \left\{ \frac{1}{2} (\partial_T \phi)^2 - \frac{1}{2} (\partial_X \phi)^2 \right\} \tag{7.352}$$

と表される．Rindler 時空の表現を得るために

$$T = \rho \sinh \kappa t \tag{7.353}$$

$$X = \rho \cosh \kappa t \tag{7.354}$$

と変換すると，計量は

$$ds^2 = -(\kappa\rho)^2 dt^2 + dx^2 = (\kappa\rho)^2 dt_E^2 + d\rho^2 \tag{7.355}$$

となる．ここで，$it = t_E$ である．$\kappa t_E = \theta$ とおけば，通常の極座標表示が得られる．

さて，経路積分表示において，スカラー場の時間発展は

$$\langle vac|\phi_L \phi_R\rangle = C \int_{T=0, \phi=(\phi_L, \phi_R)}^{T\to\infty, \phi=(0,0)} \mathcal{D}\phi e^{iI} \tag{7.356}$$

と表される．ここで，座標を T から θ に変換すると，経路積分の範囲が

$$\langle vac|\phi_L \phi_R\rangle = C \int_{\kappa\theta=0, \phi=\phi_R}^{\kappa\theta=\pi, \phi=\phi_L} \mathcal{D}\phi e^{iI} \tag{7.357}$$

となることがわかる．図 7.4 に示すように，変換後の積分の始状態と終状態がそれぞれ ϕ_R, ϕ_L となっていることに注意されたい．ここで，作用は

$$I = \int_{\rho>0} (\kappa\rho) d\rho dt \left\{ \frac{1}{2} \frac{1}{(\kappa\rho)^2} (\partial_t \phi)^2 - \frac{1}{2} (\partial_\rho \phi)^2 \right\} \tag{7.358}$$

と変換されているので，$\theta = i(\kappa t)$ より

$$iI = -\int_0^{\pi/\kappa} d\theta \int_{\rho>0} \rho d\rho \left\{ \frac{1}{2} \frac{1}{\rho^2} (\partial_\theta \phi)^2 + \frac{1}{2} (\partial_\rho \phi)^2 \right\} \tag{7.359}$$

となる．θ 積分の中身（H_R と表す）は Rindler ハミルトニアンとよばれる．これは Minkowski 時空におけるブースト生成子に対応する．この結果として，伝播関数を

$$\langle vac|\phi_L \phi_R\rangle = C \langle \phi_L | e^{-(\pi/\kappa) H_R} | \phi_R \rangle \tag{7.360}$$

と表すことができる．

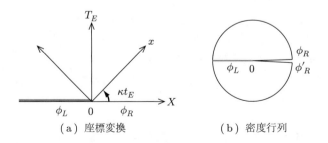

（a）座標変換　　　　（b）密度行列

図 **7.4**　座標変換と密度行列

7.7 ブラックホール熱力学

波動関数の規格化定数 C は

$$1 = \int \mathcal{D}\phi_L \mathcal{D}\phi_R \left|\langle vac|\phi_L, \phi_R\rangle\right|^2 = C^2 \text{Tr}\left\{e^{-(2\pi/\kappa)H_R}\right\} \quad (7.361)$$

より求められる。このとき、伝播関数は

$$\langle vac|\phi_L \phi_R \rangle = \frac{\langle \phi_L| e^{-(\pi/\kappa)H_R} |\phi_R\rangle}{\sqrt{\text{Tr}\left\{e^{-(2\pi/\kappa)H_R}\right\}}} \quad (7.362)$$

となり、状態 ϕ_L をトレースアウトした部分密度行列は

$$\begin{aligned}
\rho(\phi_R, \phi_R') &= \int \mathcal{D}\phi_L \langle vac|\phi_L, \phi_R\rangle \langle \phi_L, \phi_R'|vac\rangle \\
&= \int \mathcal{D}\phi_L \frac{\langle \phi_R| e^{-(\pi/\kappa)H_R} |\phi_L\rangle \langle \phi_L| e^{-(\pi/\kappa)H_R} |\phi_R'\rangle}{\text{Tr}\left\{e^{-(2\pi/\kappa)H_R}\right\}} \\
&= \frac{\langle \phi_R| e^{-(2\pi/\kappa)H_R} |\phi_R'\rangle}{\text{Tr}\left\{e^{-(2\pi/\kappa)H_R}\right\}}
\end{aligned} \quad (7.363)$$

となることがわかる。ここで

$$T = \frac{\kappa}{2\pi} \quad (7.364)$$

は Rindler 温度である。つまり、右側 Rindler ウェッジの中を伝播する量子場はこの温度の熱輻射に対応する。

以前議論したように、Minkowski 時空の対称性を特徴づけているのは式 (7.339) の Killing ベクトルであった。Lorentz ブーストの生成子は $\xi = T\partial_X + X\partial_T$ となっている。これを Rindler 座標で表せば、明らかに $\xi = \partial_\theta$ となっているので、新しい見方に変換した後の双曲回転の生成子であることがわかる。そこで、式 (7.248) より、もとの Minkowski 座標における $T=0$ の面 Σ 上で保存流を定義すると、Rindler ハミルトニアンが

$$H_R = \int_\Sigma T_{TT}\xi^T d\Sigma = \int_\Sigma T_{00} x d\Sigma \quad (7.365)$$

で与えられることになる。これは確かに式 (7.359) に対応している。

新しい座標系では、$T=0$ におけるオリジナル量子系の ϕ_L と ϕ_R の間の量子相関は、虚時間を通じて伝播している。MERA もホログラフィック方向の存在によって量子相関を記述しているので、その点での類似性があるのはおもしろい。

246　第7章　情報・エントロピーと重力の関わり

■ 熱力学的エントロピーのエンタングルメント・エントロピーへの変換

Rindler 温度における熱力学的エントロピーは，エンタングルメント・エントロピーと深い関わり合いがある．共形場理論の場合を考えると，1 次元のある空間領域 $[\xi_1, \xi_2]$ における熱力学的エントロピーは

$$S = \frac{\pi}{3} cT (\xi_2 - \xi_1) \tag{7.366}$$

と表される．ここで

$$\xi_i = \frac{1}{\kappa} \log (\kappa X_i) \tag{7.367}$$

と変換し，T に Rindler 温度 $T = \kappa/2\pi$ を代入すると，

$$S = \frac{\pi}{3} c \frac{\kappa}{2\pi} \frac{1}{\kappa} \log \left(\frac{X_2}{X_1}\right) = \frac{c}{6} \log \left(\frac{L}{\epsilon}\right) \tag{7.368}$$

となる．ただし，$X_1 = \epsilon$ および $X_2 = L$ とした．また，最終結果は κ に依存しない．これは Calabrese–Cardy の公式に一致していることがわかる．

変換式 (7.367) の意味を考えるために逆変換すると

$$X = \frac{1}{\kappa} e^{\kappa \xi} \tag{7.369}$$

となっている．つまり，式 (7.323) および式 (7.324) において，$\tau = T = 0$ および $a = \kappa$ の場合の座標変換に対応している．この例は確かに，「加速度系の Rindler 温度における熱的エントロピー」と「平坦な系のエンタングルメント・エントロピー」が一般座標変換で一対一対応するということを示している．

■ 熱力学的エントロピーに対するブラックホールのトレースアウト効果

ブラックホールの計量をあらわに取り入れて熱力学的エントロピーを計算することで，それによって部分系をトレースアウトするという効果を表すことができる[130]．このときに熱力学エントロピーの示量性が破れることがわかる．このことも前述の座標変換の方法と同様，エンタングルメント・エントロピーの面積則と関わり深い現象である．

再び Rindler 時空 $ds^2 = -\rho^2 d\theta^2 + d\rho^2 + dy_1^2 + dy_2^2$ を伝播するスカラー場の作用を考える[*4]．

$$I = \int d\theta d\rho d\vec{y} \sqrt{-g} \left\{ -\frac{1}{2} (\nabla \phi)^2 - \frac{1}{2} m^2 \phi^2 \right\} \tag{7.370}$$

---

*4　これは計算の簡単化のためで，本当は $M \to \infty$ の Schwarzschild ブラックホールを考えていると想定してほしい．

ここで $\vec{y} = (y_1, y_2)$, $\sqrt{-g} = \rho$ である。スカラー場は Klein–Gordon 方程式

$$(\nabla^2 - m^2)\phi = \left(-\frac{1}{\rho^2}\frac{\partial^2}{\partial \theta^2} + \frac{\partial^2}{\partial \rho^2} + \frac{1}{\rho}\frac{\partial}{\partial \rho} + \frac{\partial^2}{\partial y_1^2} + \frac{\partial^2}{\partial y_2^2} - m^2\right)\phi = 0 \tag{7.371}$$

を満たすが、ρ 座標だけ特殊なので

$$\phi = A(\rho)\exp(-i\omega\theta + i\vec{k}\cdot\vec{y}) \tag{7.372}$$

という解を仮定する。$\vec{k} = (2\pi n_1/L, 2\pi n_2/L)$ である。このとき、$A(\rho)$ が満たす方程式は

$$\left\{\frac{d}{d\rho}\left(\rho\frac{d}{d\rho}\right) + \frac{\omega^2}{\rho} - \xi^2\rho\right\}A(\rho) = 0 \tag{7.373}$$

で与えられる。ただし、$\xi = \sqrt{|\vec{k}|^2 + m^2}$ と定義した。ここで、$x = \log(\xi\rho)$, $E = \omega^2/2$ と座標変換すると、$A(x)$ が満たす方程式は 1 粒子の Schrödinger 方程式に帰着できて、

$$\left(-\frac{1}{2}\frac{d^2}{dx^2} + \frac{1}{2}e^{2x}\right)A(x) = EA(x) \tag{7.374}$$

が得られる。すなわち、ポテンシャル $V(x) = (1/2)e^{2x}$ 中を運動する質量 $m = 1$ の粒子の問題となる。これを WKB 法で解く。古典的運動の積分 $p = \sqrt{2m(E-V)}$ に対する Bohr–Sommerfeld の量子化条件を次のように導入する。

$$n\pi = \int_{\log(\xi\epsilon)}^{\log\omega} dx\sqrt{2\{E - V(x)\}} \tag{7.375}$$

この積分は実行することができて、次式

$$\frac{d}{dx}\left[\log\left\{\frac{1 + \sqrt{1 - (e^x/\omega)^2}}{1 - \sqrt{1 - (e^x/\omega)^2}}\right\} - 2\sqrt{1 - (e^x/\omega)^2}\right] = -2\sqrt{1 - (e^x/\omega)^2} \tag{7.376}$$

を考慮すれば、

$$n\pi = \frac{\omega}{2}\log\left\{\frac{1 + \sqrt{1 - (\xi\epsilon/\omega)^2}}{1 - \sqrt{1 - (\xi\epsilon/\omega)^2}}\right\} - \omega\sqrt{1 - (\xi\epsilon/\omega)^2} \tag{7.377}$$

が得られる。これを ω について陽に解くことはできないが、この解を $\omega_n(\vec{k})$ と書いておく。平方根の中が正定値となるために、$\omega \geq \xi\epsilon$ という条件がつく。

ここでは熱力学エントロピー $S = \beta^2 \partial F/\partial \beta$ を計算するが、ブラックホールの中にはアクセスできないので、気持ちとしては部分系を簡約したエントロピーを計算しているとイメージしていただきたい。自由エネルギーは、分配関数の対

数をとって以下のように計算できる.

$$\begin{aligned}
F &= -\frac{1}{\beta} \sum_{n,\vec{k}} \log \sum_{m=0}^{\infty} e^{-\beta m \omega_n(\vec{k})} \\
&\sim \frac{1}{\beta} L^2 \int \frac{d\vec{k}}{(2\pi)^2} \int_{\xi\epsilon}^{\infty} d\omega \frac{dn}{d\omega} \log(1 - e^{-\beta\omega}) \\
&= \frac{1}{\beta} \left(\frac{L}{2\pi}\right)^2 \int d\omega \log(1 - e^{-\beta\omega}) \\
&\quad \times \int_0^{\sqrt{(\omega/\epsilon)^2 - m^2}} dk k \log \left\{\frac{1 + \sqrt{1 - (\epsilon/\omega)^2(k^2 + m^2)}}{1 - \sqrt{1 - (\epsilon/\omega)^2(k^2 + m^2)}}\right\} \\
&= \frac{1}{\beta} \left(\frac{L}{2\pi}\right)^2 \int_{\epsilon m}^{\infty} d\omega \log(1 - e^{-\beta\omega}) \\
&\quad \times \left[(\omega/\epsilon)^2 \sqrt{1 - (\epsilon m/\omega)^2} + \frac{m^2}{2} \log\left\{\frac{1 + \sqrt{1 - (\epsilon m/\omega)^2}}{1 - \sqrt{1 - (\epsilon m/\omega)^2}}\right\}\right]
\end{aligned}$$
(7.378)

この結果から,エントロピーは明らかに面積則に従うことがわかる.

ここで,質量がゼロ($m = 0$)の場合,

$$F = \frac{1}{\beta} \left(\frac{L}{2\pi\epsilon}\right)^2 \int_0^{\infty} d\omega \omega^2 \log(1 - e^{-\beta\omega}) \tag{7.379}$$

となる.また,$m \neq 0$ の場合には

$$\begin{aligned}
F &\sim \frac{1}{\beta} \left(\frac{L}{2\pi\epsilon}\right)^2 \int_{\epsilon m}^{\infty} d\omega \omega^2 \log(1 - e^{-\beta\omega}) \\
&\quad - \frac{1}{2\beta}(\epsilon m)^2 \left(\frac{L}{2\pi\epsilon}\right)^2 \int_{\epsilon m}^{\infty} d\omega \log(1 - e^{-\beta\omega}) \cdots
\end{aligned}$$
(7.380)

となる.式 (7.380) 中の二つの積分はいずれも負の値となるので,m が大きくなるにつれて二つの項が打ち消し合う傾向がある.励起ギャップが開くと相関が指数関数的に減衰して,部分系を一定以上大きくしても S は飽和するということとコンシステントであるように見える.最終的な熱力学的エントロピーは,Rindler 温度 $\beta = 2\pi$ を代入して

$$S = -\left(\frac{L}{2\pi\epsilon}\right)^2 \int_{\epsilon m}^{\infty} d\omega \omega^2 \log\left(1 - e^{-2\pi\omega}\right) + \cdots \tag{7.381}$$

となる.もう一度まとめると,いまの場合は右側 Rindler ウェッジを $\vec{y}$ 方向に

延ばした領域がホライズンに相当するので，$(L/\epsilon)^2$ が確かにホライズンの面積を与えるということになる．

7.7.5　ホライズン近傍における粒子対の生成機構

　ブラックホール物理の本質は，Rindler 時空の片割れやブラックホール内部など，本来の最大拡張時空の中でアクセスできない領域がある場合に，そちらとの隠れたエンタングルメントがあることであると考えられる．もう一度丁寧に述べると，このような時空上で量子場の理論を定義したとき，アクセスできない領域が存在するという性質が，その量子場に対して部分系のトレースアウトと同様の性質をもたらすということである．本項では熱場ダイナミクスによる有効理論を例として，Hawking 輻射における励起モードの性質を見ていきたい．通常は Klein–Gordon 方程式から出発して Bogoliubov 変換する方法が議論されることが多いが，熱場ダイナミクスや量子トンネリングによる方法を用いるほうが直観的にわかりやすい．本項では，熱場ダイナミクスによる方法を紹介する．

　ブラックホールは Hawking 温度で特徴づけられる放射をもつが，これは事象の地平線近くで粒子–反粒子の対生成が起こることに関係している．このとき，対の片割れが Hawking 輻射として観測され，対の他方はブラックホールに落ち込む．技術的には，事象の地平線において，異なる Hilbert 空間の状態を接続することがキーポイントである．そこで熱場ダイナミクスでは，二重 Hilbert 空間をブラックホールの内外と見なし，以下のような Hawking 粒子対の生成子 G とその虚時間発展演算子 $U(\theta)$ を導入する．

$$G = \omega\left(a\tilde{a} - a^\dagger \tilde{a}^\dagger\right) \tag{7.382}$$

$$U(\theta) = e^{-\theta G} \tag{7.383}$$

ここで，$\theta = \beta/2 = 1/2T$ は逆温度，ω は励起モードのエネルギースケールである．熱場ダイナミクスにおいて，$G = \hat{H} = H - \tilde{H}$ はハットハミルトニアンとよばれる．フェルミオン a および $\tilde{a}$ はそれぞれもとの Hilbert 空間とチルダ空間で定義されており，以下の反交換関係に従う．

$$\{a, a^\dagger\} = \{\tilde{a}, \tilde{a}^\dagger\} = 1, \quad \{a, a\} = \{\tilde{a}, \tilde{a}\} = 0 \tag{7.384}$$

ただし，もとの Hilbert 空間とチルダ空間の演算子はたがいに反交換すると仮定する．

$$\{\tilde{a}, a\} = \{\tilde{a}, a^\dagger\} = 0 \tag{7.385}$$

以下では，真空状態を $|0\tilde{0}\rangle = |0\rangle \otimes |\tilde{0}\rangle$, $a|0\rangle = 0$, $\tilde{a}|\tilde{0}\rangle = 0$ と定義する．また，次の表記を用いる．

$$a^\dagger \left|0\tilde{0}\right\rangle = \left|1\tilde{0}\right\rangle \tag{7.386}$$

$$\tilde{a}^\dagger \left|0\tilde{0}\right\rangle = \left|0\tilde{1}\right\rangle \tag{7.387}$$

$$a^\dagger \tilde{a}^\dagger \left|0\tilde{0}\right\rangle = \left|1\tilde{1}\right\rangle \tag{7.388}$$

そこで，次の熱的状態を考えよう．

$$\left|O(\theta)\right\rangle = U(\theta)\left|0\tilde{0}\right\rangle = \left(u(\theta) + v(\theta)a^\dagger \tilde{a}^\dagger\right)\left|0\tilde{0}\right\rangle \tag{7.389}$$

ここで

$$u(\theta) = \cos(\omega\theta), \quad v(\theta) = \sin(\omega\theta) \tag{7.390}$$

である．状態 $\left|0\tilde{0}\right\rangle$ はセパラブルであるが，$\left|O(\theta)\right\rangle$ はエンタングルしている．これはなぜかというと，$U(\theta)$ が $a^\dagger$ と $\tilde{a}^\dagger$ の双方を含んでおり，二つの Hilbert 空間が混合するからである．このときに新しい真空に対して定義される励起モードは Bogoliubov 変換の後に得られる．したがって重要なことは，発展演算子 $U(\theta)$ によって二つの Hilbert 空間がどのように結合しているかを理解することである．数学的な表現は，以前に述べた超伝導の BCS 理論と等価である．

Hawking 温度を具体的に求めるために，まず部分密度行列 ρ を導入する．

$$\rho = \tilde{\mathrm{Tr}}\left|O(\theta)\right\rangle\left\langle O(\theta)\right| = u(\theta)^2 \left|0\right\rangle\left\langle 0\right| + v(\theta)^2 \left|1\right\rangle\left\langle 1\right| \tag{7.391}$$

ここで，$\tilde{\mathrm{Tr}}$ はチルダ空間の情報をトレースアウトする．すなわち，チルダ空間をブラックホールと見なす．密度行列 ρ は，もとの Hilbert 空間とチルダ空間の間のエンタングルメントの強さを表す．このとき，エンタングルメント・エントロピーは

$$S = -\mathrm{Tr}(\rho \log \rho) = -u(\theta)^2 \log u(\theta)^2 - v(\theta)^2 \log v(\theta)^2 \leq \log 2 \tag{7.392}$$

と表される．ここで，エンタングルメント・エントロピーの最大値は，状態が 2 状態しか取り得ないため，上限を $\log 2$ で抑えられる．エンタングルメント・エントロピーがこの最大値を取るとき，

$$u(\theta)^2 = v(\theta)^2 = \frac{1}{2} \tag{7.393}$$

より，$\omega\theta = \pi/4$ となるので，

$$T = \frac{2\omega}{\pi} \tag{7.394}$$

が得られる．すなわち，Hawking 粒子対が最大限エンタングルしているとき，われわれの Hilbert 空間に飛び出した対の片割れの放射温度が上記で特徴づけられることになる[*5]．この有効理論ではブラックホールによる時空の歪みの特徴があら

[*5] θ の周期性をどのように考えるべきかは，本来は検討事項である．

わに取り扱われているわけではないので，これと正しい Hawking 温度の比較を行うことは残念ながらできないが，少なくとも言えることは，二つの異なる Hilbert 空間をエンタングルさせたとき，そのもつれの度合いに放射温度が依存するということである．

第 8 章

共形場理論とエントロピー公式

　共形場理論（conformal field theory, CFT）およびその数理的側面である無限次元 Lie 代数は，統計力学の臨界現象や弦理論の基礎となるばかりでなく，数理的に非常に豊富な内容を含んでおり，汲めども尽きない魅力がある．量子エンタングルメントの観点からは，代数的アプローチと幾何学的アプローチをつなぐ要の理論でもある．一般相対論の知識があったほうが学びやすいと考えられるので，この段階で取り扱うことにした．有名なテキスト，使いやすいテキストとしては文献 [131–138] などが挙げられる（文献 [135] は初学者には難しいかもしれない）．D brane の発見者である Polchinski の超弦理論のテキスト上巻 [139] と，物性サイドの有名なテキスト [140] も参考文献として挙げておく．

　本章では，Virasoro 代数の初歩から始めて，エンタングルメント・エントロピーに対する Calabrese – Cardy の公式や Zamolodchikov の c 定理のエントロピー的解釈まで，実際にエントロピーの計算で必要となる技術を中心に学ぶ．エントロピーは大雑把にいうと相関関数の対数なので，CFT で精密に調べることができる．また，c 定理は，くりこみ群のフローにおけるセントラル・チャージの意味を理解するうえで重要である．Virasoro 代数や CFT の考え方は終盤の 2 章で頻繁に取り上げられるので，ここで計算法に十分慣れていただきたい．取り上げたトピックの計算は丁寧に説明したが，紙数の都合上，決して体系的とはいえないので，より広範な見方やそのほかのトピックについては，適宜参考文献で補っていただきたい．

8.1 Virasoro 代数の数理

第2章で見たように，相互作用系では一般に，Heisenberg の運動方程式から現れる演算子のセットは非常に複雑で，無限の階層構造をなしている．励起ギャップのある系では，少なくとも形式的には有限次で階層が閉じると期待されるが，臨界系ではそれすら不明である．たとえハミルトニアンを見かけ上は二次形式に変換できていても，それらの複合演算子を系統的に取り扱うことは難しい．ただし，運動方程式の展開はホッピングパラメータでの展開であったから，種々の空間スケールでの励起モードを取り扱っており，くりこみ群や臨界現象の視点とは実は相性がよい．そこで，量子臨界系の大域的な量子数を統制するような演算子の代数がほしいものである．Virasoro 代数は，本書ではそのような位置づけである．

8.1.1 Feigin–Fuchs 表示（自由ボソン表示）

具体的に共形場理論に進む前に，まずは Virasoro 代数の基本的な性質について議論する．Virasoro 代数の導入の仕方はいろいろあるが，Feigin–Fuchs 表示（自由ボソン表示）が計算上では非常に簡単である．本書ではこの表現を基礎とする．はじめに，ボソン演算子 b_m ($m \in \mathbb{Z}$) の交換関係を次のように表す．

$$[b_m, b_{m'}] = m\delta_{m+m',0} \tag{8.1}$$

通常の量子論では，$m > 0$ に対して

$$a_m = \frac{1}{\sqrt{m}} b_m, \quad a_m^\dagger = \frac{1}{\sqrt{m}} b_{-m}, \quad [a_m, a_{m'}^\dagger] = \delta_{m,m'} \tag{8.2}$$

とおくが，共形場理論やソリトン理論の慣例で，式 (8.1) のように表すことにする．ラベル m をボソンのモードとよぶ．正モードが波長 $1/m$ に対応する粒子を消滅する演算子，負モードが波長 $1/m$ に対応する粒子を生成する演算子を表す．

ポイントとなるのは，ボソン演算子の二次形式を考えることである．

$$L_m = \frac{1}{2} \sum_{j \in \mathbb{Z}} : b_{-j} b_{j+m} : \tag{8.3}$$

これを Feigin–Fuchs 表示とよぶ．正規積 $: b_{-j} b_{j+m} :$ は，正のモードである消滅演算子を右側にもっていくように定義した積である．たとえば，

$$L_0 = \frac{1}{2} \sum_{j \in \mathbb{Z}} : b_{-j} b_j := \frac{1}{2} b_0 b_0 + \sum_{j \in \mathbb{Z}_+} b_{-j} b_j \tag{8.4}$$

は自由ボソンのハミルトニアンに対応する．$\mathbb{Z}_+$ は正の整数を意味する．

ここで，以下の交換関係

$$[L_m, b_k] = \frac{1}{2} \sum_{j \in \mathbb{Z}} [b_{-j} b_{j+m}, b_k]$$

$$= \frac{1}{2} \sum_{j \in \mathbb{Z}} (b_{-j}[b_{j+m}, b_k] + [b_{-j}, b_k] b_{j+m})$$

$$= \frac{1}{2} \sum_{j \in \mathbb{Z}} (b_{-j}(j+m)\delta_{j+m+k,0} - j\delta_{-j+k,0} b_{j+m})$$

$$= -k b_{k+m} \tag{8.5}$$

をもとにして（交換関係の評価のときに定数項は消えるので，正規積は気にしなくてよい），L に関する交換関係を以下のように評価する．

$$[L_m, L_n] = \frac{1}{2} \sum_{j \in \mathbb{Z}} [L_m, b_{-j} b_{j+n}]$$

$$= \frac{1}{2} \sum_{j \in \mathbb{Z}} ([L_m, b_{-j}] b_{j+n} + b_{-j}[L_m, b_{j+n}])$$

$$= \frac{1}{2} \sum_{j \in \mathbb{Z}} \{j b_{-j+m} b_{j+n} - (j+n) b_{-j} b_{j+n+m}\} \tag{8.6}$$

ここで，L に対する代数を構成したいのであるが，無限和が一般には発散を含む可能性を考慮して，上式を正規積で書き直す．そのために，条件 θ が真なら 1 を，偽なら 0 を返す関数 $\Theta(\theta)$ を導入する．このとき

$$[L_m, L_n] = \frac{1}{2} \sum_{j \in \mathbb{Z}} \{j : b_{-j+m} b_{j+n} : + j(-j+m)\delta_{m+n,0} \Theta(-j+m > j+n)$$
$$\quad -(j+n) : b_{-j} b_{j+n+m} : -(j+n)(-j)\delta_{m+n,0} \Theta(-j > j+n+m)\}$$

$$= (m-n) L_{m+n}$$
$$\quad + \frac{1}{2} \delta_{m+n,0} \sum_{j \in \mathbb{Z}} \{j(m-j)\Theta(m > j) + j(j+n)\Theta(j < 0)\}$$

$$= (m-n) L_{m+n} + \frac{1}{2} \delta_{m+n,0} \sum_{j=0}^{m-1} j(m-j)$$

$$= (m-n) L_{m+n}$$
$$\quad + \frac{1}{2} \delta_{m+n,0} \left[m \frac{1}{2}(m-1)m - \frac{1}{6}(m-1)m\{2(m-1)+1\} \right]$$

$$= (m-n) L_{m+n} + \frac{1}{12} m(m^2-1) \delta_{m+n,0} \tag{8.7}$$

8.1 Virasoro 代数の数理

が得られる.

以上は，Virasoro 代数

$$[L_m, L_n] = (m-n)L_{m+n} + \frac{c}{12}(m^3 - m)\delta_{m+n,0} \tag{8.8}$$

で $c = 1$ の場合に相当している．したがって，ボソンの二次形式が Virasoro 代数の生成元 L_m であることがわかる．c は Virasoro 代数の中心あるいはセントラル・チャージ（中心電荷）とよばれており，大雑把にはボソンの成分数を表していると考えればよい．$c < 1$ に拡張するためには，Virasoro 代数の生成元を

$$L_m = \frac{1}{2}\sum_{j\in\mathbb{Z}} :b_{-j}b_{j+m}: -(m+1)\alpha_0 b_m \tag{8.9}$$

ととればよい．$\alpha_0 \in \mathbb{C}$ である．α_0 項の存在で現れる項は以下のとおりである．

$$\begin{aligned}
(\text{付加項}) &= \alpha_0^2(m+1)(n+1)m\delta_{m+n} \\
&\quad - \frac{1}{2}\alpha_0(n+1)\sum_{j\in\mathbb{Z}}[:b_{-j}b_{j+m}:, b_n] \\
&\quad - \frac{1}{2}\alpha_0(m+1)\sum_{j\in\mathbb{Z}}[b_m, :b_{-j}b_{j+n}:] \\
&= \alpha_0^2(m+1)(n+1)m\delta_{m+n} \\
&\quad - \frac{1}{2}\alpha_0(n+1)\sum_{j\in\mathbb{Z}}(b_{-j}[b_{j+m}, b_n] + [b_{-j}, b_n]b_{j+m}) \\
&\quad - \frac{1}{2}\alpha_0(m+1)\sum_{j\in\mathbb{Z}}(b_{-j}[b_m, b_{j+n}] + [b_m, b_{-j}]b_{j+n}) \\
&= \alpha_0^2(m+1)(n+1)m\delta_{m+n} \\
&\quad - \frac{1}{2}\alpha_0(n+1)\sum_{j\in\mathbb{Z}}\{b_{-j}(j+m)\delta_{j+m+n,0} - j\delta_{-j+n,0}b_{j+m}\} \\
&\quad - \frac{1}{2}\alpha_0(m+1)\sum_{j\in\mathbb{Z}}(b_{-j}m\delta_{m+j+n,0} + m\delta_{m-j,0}b_{j+n}) \\
&= \alpha_0^2(m+1)(1-m)m\delta_{m+n,0} \\
&\quad - \frac{1}{2}\alpha_0(n+1)(-nb_{m+n} - nb_{n+m}) \\
&\quad - \frac{1}{2}\alpha_0(m+1)(mb_{m+n} + mb_{m+n}) \\
&= -(m-n)\alpha_0(m+n+1)b_{m+n} - \alpha_0^2(m^3 - m)\delta_{m+n,0} \tag{8.10}
\end{aligned}$$

したがって，第 1 項は正しく L_{m+n} に取り込まれ，セントラル・チャージ c は第 2 項により

$$c = 1 - 12\alpha_0^2 \tag{8.11}$$

と変形される．これによって，$c = 1$ だけでなく $c \neq 1$ の領域もカバーすることができる．Ising 模型の場合には $c = 1/2$，Heisenberg 模型の場合には $c = 1$ であることがわかっている．次節できちんと議論するが，セントラル・チャージは系の臨界性を特徴づけるパラメータであり，エンタングルメント・エントロピーのスケール性に対しても鍵となる量である．

8.1.2 演算子積展開

■ カレントとストレス・テンソル

続いて，ボソン場 b_n の母関数を次のように Laurent 展開で定義する．

$$J(z) = \partial_z \phi(z) = \sum_{n \in \mathbb{Z}} b_n z^{-n-1} \tag{8.12}$$

ここで z は複素数で，∂_z は $\partial/\partial z$ の略である．$J(z)$ はカレントとよばれる．$J(z)$ は関数 $\phi(z)$ の z 微分という形で表すことにする．このとき $\phi(z)$ は自由スカラー（ボソン）場の演算子に対応することがわかる [1]．式 (8.12) を積分すると

$$\phi(z) = q + b_0 \log z - \sum_{n \neq 0} \frac{1}{n} b_n z^{-n} \tag{8.13}$$

と表される．逆に，自由ボソン場には対数分岐があるので，微分をしてその多価性を緩和して考えるということでもよい．次で出てくるバーテックス演算子は，指数の肩に乗せて分岐を緩和する．q, b_0 はそれぞれ，通常のバネの量子論における座標と運動量に対応する．$z = e^{ix}, x \in \mathbb{R}$ とおくと

$$zJ(z) = \sum_{k \in \mathbb{Z}} b_k e^{-ikx} \tag{8.14}$$

と Fourier 展開になるので，b_k は波数 k の振動の展開係数である．

Virasoro 生成元の母関数はカレントの積に対応していることが，次のようにして示せる．共形場理論では，ストレス・テンソルに対応することを後に示す．

$$T(z) = \frac{1}{2} : J(z)J(z) := \frac{1}{2} \sum_{k,l \in \mathbb{Z}} : b_k b_l : z^{-k-l-2} \tag{8.15}$$

---

[1] 物理の教科書では $J(z) = i\partial_z \phi(z)$ と定義するが，数学の教科書では $J(z) = \partial_z \phi(z)$ と定義することもあるので注意すること．

ここで，$l \to n-k$ と添え字をずらして，l の代わりに n で和を取ると，

$$T(z) = \sum_{n \in \mathbb{Z}} \left(\frac{1}{2} \sum_{k \in \mathbb{Z}} : b_k b_{n-k} : \right) z^{-k-(n-k)-2} = \sum_{n \in \mathbb{Z}} L_n z^{-n-2} \quad (8.16)$$

となる．この逆変換は，複素関数論の留数定理より

$$L_n = \oint \frac{dz}{2\pi i} z^{n+1} T(z) \quad (8.17)$$

となる．

カレントの 2 点相関関数 $\langle J(z)J(w) \rangle = \langle 0| J(z)J(w) |0 \rangle$（$|0\rangle$ はボソンの真空）は以下のように特徴的な関数形をしている．

$$\langle J(z)J(w) \rangle = \sum_{n=0}^{\infty} \langle b_n b_{-n} \rangle z^{-n-1} w^{n-1} = \frac{1}{z^2} \sum_{n=0}^{\infty} n \left(\frac{w}{z} \right)^{n-1}$$

$$= \frac{1}{z} \partial_w \sum_{n=1}^{\infty} \left(\frac{w}{z} \right)^n = \frac{1}{z} \partial_w \frac{w/z}{1-w/z} = \frac{1}{(z-w)^2} \quad (8.18)$$

ただし，$|z| > |w|$ と仮定した．これを積分すると，場の 2 点相関関数は

$$\langle \phi(z) \phi(w) \rangle = \log(z - w) \quad (8.19)$$

であることがわかる．式 (8.18) をもとに，二つの演算子 $T(z), T(w)$ の積

$$T(z)T(w) = \frac{1}{4} : J(z)J(z) :: J(w)J(w) : \quad (8.20)$$

の具体形を求める．Wick の定理より

$$AB = \langle AB \rangle + : AB : \quad (8.21)$$

および

$$ABCD = \langle AB \rangle \langle CD \rangle + \langle AC \rangle \langle BD \rangle + \langle AD \rangle \langle BC \rangle$$
$$+ \langle AB \rangle : CD : + \langle AC \rangle : BD : + \langle AD \rangle : BC :$$
$$+ \langle BC \rangle : AD : + \langle BD \rangle : AC : + \langle CD \rangle : AB :$$
$$+ : ABCD : \quad (8.22)$$

が成り立つことを考慮すると

$$: J(z)J(z) :: J(w)J(w) := 2 \langle J(z)J(w) \rangle^2 + 4 \langle J(z)J(w) \rangle : J(z)J(w) :$$
$$+ : J(z)J(z)J(w)J(w) : \quad (8.23)$$

が示せる．そこで，右辺第 2 項を $z = w$ の周りで

$$: J(z)J(w) := : J(w)J(w) : + (z-w) : \partial_w J(w) J(w) : + \cdots \quad (8.24)$$

と展開すれば，

$$T(z)T(w) = \frac{1/2}{(z-w)^4} + \frac{2}{(z-w)^2}T(w) + \frac{1}{z-w}\partial_w T(w) + \cdots \quad (8.25)$$

が得られる．これを演算子積展開（operator product expansion, OPE）とよぶ．すなわち，座標近傍の演算子積は，ある1点の演算子のセットで展開可能であることを示している．一般の c に対しては

$$T(z)T(w) = \frac{c/2}{(z-w)^4} + \frac{2}{(z-w)^2}T(w) + \frac{1}{z-w}\partial_w T(w) + \cdots \quad (8.26)$$

となる．これを導くためには，式 (8.11) に対応してストレス・テンソルを

$$T(z) = \frac{1}{2} : J(z)J(z): + \alpha_0 \partial_z J(z) \quad (8.27)$$

と拡張すればよい．このとき，ストレス・テンソルの OPE には，α_0^2 の補正項としてカレント相関関数の2階微分が追加され，$c = 1 - 12\alpha_0^2$ が得られることはすぐに確かめられる．

カレントとストレス・テンソルの OPE は以下のとおりである．

$$\begin{aligned}
T(z)J(w) &= \frac{1}{2} : J(z)J(z): J(w) \\
&= \frac{1}{2}\left(J(z)J(z) - \langle J(z)J(z)\rangle\right)J(w) \\
&= \langle J(z)J(w)\rangle J(z) + \frac{1}{2} : J(z)J(z)J(w): \\
&= \frac{1}{(z-w)^2}\left\{J(w) + (z-w)\partial_w J(w) + \cdots\right\} + \cdots \quad (8.28)
\end{aligned}$$

すなわち

$$T(z)J(w) = \frac{1}{(z-w)^2}J(w) + \frac{1}{z-w}\partial_w J(w) + \cdots \quad (8.29)$$

となる．$T(z)T(w)$ の展開と比べると，セントラル・チャージの項が現れていないのと，$J(w)$ の一次の項の係数が異なることがわかる．Wick の定理による分解から，$(z-w)^{-1}$ の項の係数は，カレント演算子の数に対応していると考えられる．後に見るように，OPE

$$T(z)\Phi(w) = \frac{h}{(z-w)^2}\Phi(w) + \frac{1}{z-w}\partial_w \Phi(w) + \cdots \quad (8.30)$$

をもつ場 $\Phi(w)$ を共形次元 h のプライマリー場とよび，これは CFT の Hilbert 空間を構成するうえで非常に重要な場である．

8.1 Virasoro 代数の数理　261

■ バーテックス演算子

Feigin – Fuch 表示で大事なプライマリー場に
$$V_\alpha(z) = : e^{\alpha\phi(z)} : \tag{8.31}$$
という形の場があり，バーテックス演算子（あるいは頂点演算子）とよばれている．エンタングルメント・エントロピーを一般的に計算するときにツイスト演算子というものが現れるが，それと関連しているのでここで説明しておく．正規積を具体的に表せば

$$V_\alpha(z) = : \exp\left(\alpha q + \alpha b_0 \log z - \alpha \sum_{n \neq 0} \frac{1}{n} b_n z^{-n}\right) :$$
$$= \exp\left(-\alpha \sum_{n<0} \frac{1}{n} b_n z^{-n}\right) \exp(\alpha q + \alpha b_0 \log z) \exp\left(-\alpha \sum_{n>0} \frac{1}{n} b_n z^{-n}\right) \tag{8.32}$$

となっている[*2]．以降の便宜のために，
$$V_\alpha(z) = e^{\alpha\phi^-(z)} e^{\alpha\phi^0(z)} e^{\alpha\phi^+(z)} \tag{8.33}$$
と表す．

バーテックス演算子の OPE は次のようにして導出できる．はじめに
$$V_\alpha(z)V_\beta(w) = e^{\alpha\phi^-(z)} e^{\alpha\phi^0(z)} e^{\alpha\phi^+(z)} e^{\beta\phi^-(w)} e^{\beta\phi^0(w)} e^{\beta\phi^+(w)}$$
$$= e^{\alpha\phi^-(z)} e^{\alpha\phi^0(z)} e^{[\alpha\phi^+(z),\beta\phi^-(w)]} e^{\beta\phi^-(w)} e^{\alpha\phi^+(z)} e^{\beta\phi^0(w)} e^{\beta\phi^+(w)} \tag{8.34}$$

と表そう．ここで，生成消滅のモードの並びかえを行う際に，$[A,B]$ が A,B と可換な場合の Hausdorff の公式 $e^A e^B = e^{[A,B]} e^B e^A$ を用いて，中の二つの指数関数を交換した．このとき，交換関係は

$$\left[\phi^+(z), \phi^-(w)\right] = \left[-\sum_{n>0} \frac{1}{n} b_n z^{-n}, -\sum_{m<0} \frac{1}{m} b_m w^{-m}\right] = -\sum_{n>0} \frac{1}{n}\left(\frac{w}{z}\right)^n \tag{8.35}$$

と c 数になるから，演算子積の外に出すことができる．さらに
$$\partial_w \sum_{n>0} \frac{1}{n}\left(\frac{w}{z}\right)^n = \frac{1}{z} \sum_{n>0} \left(\frac{w}{z}\right)^n = \frac{1}{z} \frac{1}{1-w/z} \tag{8.36}$$
であるから（ただし，$|w/z| < 1$）
$$\left[\phi^+(z), \phi^-(w)\right] = \log|z-w| \tag{8.37}$$

[*2] テキストによっては，$b_0 \log z$ と q をそれぞれ $\phi^+(z)$ と $\phi^-(z)$ に含ませる流儀もある．

となり,
$$V_\alpha(z)V_\beta(w) = |z-w|^{\alpha\beta} :V_\alpha(z)V_\beta(w): \tag{8.38}$$
が得られる. $V_\alpha(z)$ を $z=w$ の周りで展開すると,
$$\begin{aligned}V_\alpha(z)V_\beta(w) &= |z-w|^{\alpha\beta} :V_\alpha(w)V_\beta(w): \\ &\quad + |z-w|^{\alpha\beta+1} :\partial_w V_\alpha(w)V_\beta(w): + \cdots \\ &= |z-w|^{\alpha\beta} V_{\alpha+\beta}(w) + |z-w|^{\alpha\beta+1} :\partial_w V_\alpha(w)V_\beta(w): + \cdots\end{aligned} \tag{8.39}$$
となる. 特に, $\beta = -\alpha$ の場合を考えれば $V_0(w) = 1$ であり, 相関関数が
$$\langle V_\alpha(z)V_{-\alpha}(w)\rangle = |z-w|^{-\alpha^2} \tag{8.40}$$
と表されることがわかる. $\alpha=1$ のとき, 式 (8.40) は自由フェルミオンの 2 点相関関数と等価になる. 実際に, 空間 1 次元系では粒子の統計性はあまり意味がなく, ボソン化法でフェルミオンとボソンをたがいに入れ替えることができる. その場合にも, カレント演算子は重要なはたらきをする.

バーテックス演算子の共形次元を求めておこう. そのために, まずカレント演算子 $J(z)$ とバーテックス演算子 $V_\alpha(w)$ の OPE を計算する. $V_\alpha(w)$ を
$$V_\alpha(w) = :e^{\alpha\phi(w)}: = \sum_n \frac{\alpha^n}{n!} :\phi^n(w): \tag{8.41}$$
と展開し, $\langle\phi(z)\phi(w)\rangle = \log(z-w)$ を用いると
$$J(z):\phi^n(w): = \partial_z\phi(z):\phi^n(w): = \frac{n}{z-w} :\phi^{n-1}(w): + \cdots \tag{8.42}$$
が成り立つから,
$$J(z)V_\alpha(w) = \sum_{n=0}^\infty \frac{n}{z-w}\frac{\alpha^n}{n!} :\phi^{n-1}(w): + \cdots = \frac{\alpha}{z-w} V_\alpha(w) + \cdots \tag{8.43}$$
が得られる. したがって, $T(z)$ と $V_\alpha(w)$ の OPE は
$$T(z)V_\alpha(w) = \frac{\alpha^2/2}{(z-w)^2} V_\alpha(w) + \cdots \tag{8.44}$$
となる. すなわち, $V_\alpha(w)$ は共形次元 $h = \alpha^2/2$ のプライマリー場である.

■ OPE と Virasoro 代数の整合性

OPE と Virasoro 代数が整合的であることを見る. 交換関係を再度評価すると,
$$[L_m, L_n] = \oint_{C_1} \frac{dz}{2\pi i} \oint \frac{dw}{2\pi i} z^{m+1}w^{n+1} T(z)T(w)$$

$$
\begin{aligned}
&-\oint \frac{dw}{2\pi i}\oint_{C_2}\frac{dz}{2\pi i}z^{m+1}w^{n+1}T(w)T(z)\\
&=\oint_{C_3}\frac{dz}{2\pi i}\oint \frac{dw}{2\pi i}z^{m+1}w^{n+1}\\
&\quad\times\left\{\frac{c/2}{(z-w)^4}+\frac{2T(w)}{(z-w)^2}+\frac{\partial_w T(w)}{z-w}+\cdots\right\}
\end{aligned}
\tag{8.45}
$$

となるが，各項の z 積分を

$$\oint\frac{dz}{2\pi i}\frac{z^{m+1}}{(z-w)^4}=\frac{1}{3!}\frac{d^3}{dz^3}z^{m+1}\bigg|_{z=w}=\frac{1}{6}m(m^2-1)w^{m-2}\tag{8.46}$$

$$\oint\frac{dz}{2\pi i}\frac{z^{m+1}}{(z-w)^2}=\frac{d}{dz}z^{m+1}\bigg|_{z=w}=(m+1)w^m\tag{8.47}$$

$$\oint\frac{dz}{2\pi i}\frac{z^{m+1}}{z-w}=w^{m+1}\tag{8.48}$$

と評価すれば

$$
\begin{aligned}
[L_m,L_n]&=\oint\frac{dw}{2\pi i}w^{n+1}\Big\{\frac{c}{12}m(m^2-1)w^{m-2}\\
&\qquad+2(m+1)w^m T(w)+w^{m+1}\partial_w T(w)\Big\}\\
&=\frac{c}{12}m(m^2-1)\delta_{m+n,0}+2(m+1)L_{m+n}+K_{m,n}
\end{aligned}
\tag{8.49}
$$

となる．ここで

$$K_{m,n}=\oint\frac{dw}{2\pi i}w^{m+n+2}\partial_w T(w)=K_{n,m}\tag{8.50}$$

は m,n について対称な関数である．m と n の添え字を入れ替えて

$$[L_n,L_m]=\frac{c}{12}n(n^2-1)\delta_{n+m,0}+2(n+1)L_{n+m}+K_{n,m}\tag{8.51}$$

とし，

$$-[L_m,L_n]=-\frac{c}{12}m(m^2-1)\delta_{m+n,0}+2(n+1)L_{n+m}+K_{m,n}\tag{8.52}$$

と変形してから，式 (8.49) と式 (8.52) の全体の差をとれば，確かに Virasoro 代数に整合的であることがわかる．

8.1.3 Virasoro 代数の表現論

Virasoro 代数の元 L_{-1}, L_0, L_1 の組は閉じた代数をなす．

$$[L_1,L_{-1}]=2L_0\ ,\quad [L_1,L_0]=L_1\ ,\quad [L_0,L_{-1}]=L_{-1}\tag{8.53}$$

$L_0 \to S^z$, $L_{\pm 1} \to \sigma^{\pm}$ と対応させれば,上記の交換関係はスピンの交換関係と同一のものである.したがって,スピンの場合と同様に,最高ウェイト状態から量子数を順次下げて表現空間を構成すればよいと期待される.スピンの場合にはあくまで局所的な完全系であるが,Virasoro 代数の場合には無限次元代数であることを反映して,物理的空間がウェイトの違いで完全にブロック対角化される.Virasoro 代数の元には,上の三つに加えていろいろなレベルの添え字がついているので,量子数の下げ方にいくつかのパターンがある.そのために,各部分空間が既約表現になっているか調べる必要がある.ノルムがゼロとなるベクトル(特異ベクトル,ヌルベクトル)を除くために,線形代数で出てくる Gram 行列あるいは Kac 行列式の計算が重要な意味をもつ.

■ Verma 加群

さて,最高ウェイト状態 $|h\rangle$ を以下のように定義する.

$$L_0 |h\rangle = h |h\rangle, \quad h \in \mathbb{C} \tag{8.54}$$

$$L_n |h\rangle = 0, \quad n \in \mathbb{Z}_+ \tag{8.55}$$

L_0 の固有値を,共形次元あるいはウェイトとよぶ.定義より

$$L_0 L_n |h\rangle = L_n (L_0 - n) |h\rangle = (h - n) L_n |h\rangle \tag{8.56}$$

である.最高ウェイト状態の双対はブラベクトルで表し,Virasoro 代数の生成元の共役関係はユニタリー $L_n^\dagger = L_{-n}$ であるとする.また,最高ウェイト状態は規格化されているとする ($\langle h|h\rangle = 1$).負モードが生成演算子に対応していたので,いろいろな状態は

$$L_{-n_1} L_{-n_2} \cdots L_{-n_r} |h\rangle \tag{8.57}$$

で生成される(表 8.1).これらを descendant 状態とよぶ.これで張られるベクトル空間を最高ウェイト加群(highest weight module)とよぶが,それらが線形独立なとき,その組を Verma 加群(Verma module)とよぶ.そのベクトル空間を $M(c, h)$ と表す.

表 8.1 descendant 状態と分割数

レベル l	descendant 状態	$p(l)$
0	$|h\rangle$	1
1	$L_{-1} |h\rangle$	1
2	$L_{-2} |h\rangle, L_{-1} L_{-1} |h\rangle$	2
3	$L_{-3} |h\rangle, L_{-2} L_{-1} |h\rangle, L_{-1} L_{-1} L_{-1} |h\rangle$	3

表に示すように，最高ウェイト加群は，レベル $l = \sum_j n_j$ で分類される．これは数学で Poincaré–Birkhoff–Witt の定理とよばれるものに相当する．レベルの異なる状態はたがいに直交することが簡単に確かめられる．レベル l に属する状態 $|\phi\rangle$ は

$$L_0 |\phi\rangle = (l+h) |\phi\rangle \tag{8.58}$$

を満たす．表中の $p(l)$ はレベル l の分割数で，無限積

$$P(q) = \prod_{n=1}^{\infty} (1-q^n) \tag{8.59}$$

の逆数の Taylor 展開

$$P(q)^{-1} = \sum_{l=0}^{\infty} p(l) q^l = 1 + q + 2q^2 + 3q^3 + 5q^4 + 7q^5 + 11q^6 + \cdots \tag{8.60}$$

で表される．ただし，$|q| < 1$ である．Shur 関数の説明のところで出てきたことを思い出されたい．すなわち，$M(c,h) = \oplus_l V_h(l)$ と分解され，$p(l) = \dim V_h(l)$ である．上記の関数 $P(q)$ は，数論や複素解析で現れる Dedekind の η 関数と

$$\eta(q) = q^{1/24} \prod_{n=1}^{\infty} (1-q^n) = q^{1/24} P(q), \quad q = e^{2\pi i \tau} \tag{8.61}$$

の関係にある．τ はモジュラー・パラメータとよばれており，後の計算で必要になることを付記しておく．なぜ $1/24$ という不思議な冪が出てくるかは後に明らかになる．

以上の定義は，通常のスピンやボソンの空間と完全に並列的なものである（表 8.2 参照）．しかし，スピンの代数が局所的であるのに対して，Virasoro 代数の生成元は系全体の量子数を統制しており，非常に強力なものである．

表 8.2 Virasoro 代数の最高ウェイト加群

	ボソンの Fock 空間	Virasoro 代数の最高ウェイト加群
生成子	$b_n, n \in \mathbb{Z}$	$L_n, n \in \mathbb{Z}$
代数	$[b_m, b_n] = m \delta_{m+n,0}$	$[L_m, L_n] = (m-n) L_{m+n}$ $+ \frac{c}{12} m(m^2-1) \delta_{m+n,0}$
真空	$\begin{cases} b_n \|0\rangle = 0 & n > 0 \\ b_0 \|0\rangle = \alpha_0 \|0\rangle \end{cases}$	$\begin{cases} L_n \|h\rangle = 0 & n > 0 \\ L_0 \|h\rangle = h \|h\rangle \end{cases}$
基底ベクトル	$b_{-n_1} \cdots b_{-n_s} \|0\rangle$ $n_i \in \mathbb{Z}_+$ $B = \oplus_l B_l, l = \sum_i n_i$	$L_{-n_1} \cdots L_{-n_s} \|h\rangle$ $n_i \in \mathbb{Z}_+$ $V = \oplus_l V_l, l = \sum_i n_i$

■ 特異ベクトル（ヌルベクトル）と Kac 行列式

$M(c,h)$ の元で，ノルムがゼロになる状態 $|\chi\rangle$ を特異ベクトル（あるいはヌルベクトル）とよぶ．特異ベクトルからも最高ウェイト加群がつくられるが，そのベクトル空間を $J(c,h)$ と表す．物理的な空間は，$M(c,h)$ からヌルベクトルを差し引いた空間である．これを $V(c,h) = M(c,h)/J(c,h)$ と表す．特異ベクトルを探すために，各レベル l に属する descendant 状態の間の内積をつくり，$p(l) \times p(l)$ の行列的に並べる．これを Gram 行列とよび，$M^{(l)}$ と表す．この行列式 $|M^{(l)}|$ を Kac 行列式とよぶ．

レベル 1 の行列 $M^{(1)}$ から考えよう．Virasoro 代数を使って，正モードを右にもっていくように変形すると，

$$M^{(1)} = \langle h| L_1 L_{-1} |h\rangle = 2\langle h| L_0 |h\rangle = 2h \tag{8.62}$$

となる．次に，レベル 2 について考える．

$$M^{(2)} = \begin{pmatrix} \langle h| L_2 L_{-2} |h\rangle & \langle h| L_2 L_{-1} L_{-1} |h\rangle \\ \langle h| L_1 L_1 L_{-2} |h\rangle & \langle h| L_1 L_1 L_{-1} L_{-1} |h\rangle \end{pmatrix}$$

$$= \begin{pmatrix} 4h + c/2 & 6h \\ 6h & 4h(1+2h) \end{pmatrix} \tag{8.63}$$

同様に，レベル 3 については

$$M^{(3)} = \begin{pmatrix} M_{11} & M_{12} & M_{13} \\ M_{21} & M_{22} & M_{23} \\ M_{31} & M_{32} & M_{33} \end{pmatrix}$$

$$= \begin{pmatrix} 6h + c/2 & 10h & 24h \\ 10h & 8h^2 + 8h + ch & 12h(1+3h) \\ 24h & 12h(1+3h) & 24h(1+h)(1+2h) \end{pmatrix} \tag{8.64}$$

ただし，

$$M_{11} = \langle h| L_3 L_{-3} |h\rangle \tag{8.65}$$

$$M_{12} = \langle h| L_3 L_{-2} L_{-1} |h\rangle \tag{8.66}$$

$$M_{13} = \langle h| L_3 L_{-1} L_{-1} L_{-1} |h\rangle \tag{8.67}$$

$$M_{21} = \langle h| L_1 L_2 L_{-3} |h\rangle \tag{8.68}$$

$$M_{22} = \langle h| L_1 L_2 L_{-2} L_{-1} |h\rangle \tag{8.69}$$

$$M_{23} = \langle h| L_1 L_2 L_{-1} L_{-1} L_{-1} |h\rangle \tag{8.70}$$

$$M_{31} = \langle h| L_1 L_1 L_1 L_{-3} |h\rangle \tag{8.71}$$

$$M_{32} = \langle h| L_1 L_1 L_1 L_{-2} L_{-1} |h\rangle \tag{8.72}$$

$$M_{33} = \langle h| L_1 L_1 L_1 L_{-1} L_{-1} L_{-1} |h\rangle \tag{8.73}$$

となる．より高次の項も同様に，Virasoro 代数を使って計算できる．たとえば，$M^{(2)}$ を見てみると，Kac 行列式の零点とは，定数 c_1, c_2 に関する同次方程式

$$\begin{pmatrix} \langle h| L_2 L_{-2} |h\rangle & \langle h| L_2 L_{-1} L_{-1} |h\rangle \\ \langle h| L_1 L_1 L_{-2} |h\rangle & \langle h| L_1 L_1 L_{-1} L_{-1} |h\rangle \end{pmatrix} \begin{pmatrix} c_1 \\ c_2 \end{pmatrix} = \begin{pmatrix} 0 \\ 0 \end{pmatrix} \tag{8.74}$$

が，ゼロでない解をもつということである．このとき，

$$\langle h| L_2 (c_1 L_{-2} + c_2 L_{-1} L_{-1}) |h\rangle = 0 \tag{8.75}$$

$$\langle h| L_1 L_1 (c_1 L_{-2} + c_2 L_{-1} L_{-1}) |h\rangle = 0 \tag{8.76}$$

より

$$\langle h| (c_1^* L_2 + c_2^* L_1 L_1)(c_1 L_{-2} + c_2 L_{-1} L_{-1}) |h\rangle = 0 \tag{8.77}$$

となっているから，$|\chi\rangle = (c_1 L_{-2} + c_2 L_{-1} L_{-1}) |h\rangle$ が $l=2$ のヌルベクトルであることがわかる．係数は一般性を失うことなく，$c_1 = 1, c_2 = a$ としてよい．$l = 2$ の場合には

$$|\chi\rangle = \left\{ L_{-2} - \frac{3}{2(1+2h)} L_{-1} L_{-1} \right\} |h\rangle \tag{8.78}$$

がヌルベクトルである．

Virasoro 代数のヌルベクトルの積分表示は，Calogero–Sutherland 模型の固有状態である Jack 対称多項式と等価であることが知られている．Calogero–Sutherland 模型は典型的な可解模型であるから，Bethe 仮説法を通じて類似のエンタングルメント構造を内包しているということが期待される（残念ながら，ここでそれを直接的に議論することは難しい）．

■ ミニマル系列

先ほど述べた Kac 行列式を計算してみると，

$$|M^{(1)}| = 2h \tag{8.79}$$

$$|M^{(2)}| = 2h \left\{ 16h^2 - (10 - 2c)h + c \right\} \tag{8.80}$$

$$|M^{(3)}| = 48h^2 \left\{ 16h^2 - (10 - 2c)h + c \right\} \left\{ 3h^2 - (7 - c)h + 2 + c \right\} \tag{8.81}$$

などとなっており，すべて因数分解される．しかも，行列式の零点は

$$h = \frac{5 - c \pm \sqrt{(5-c)^2 - 16c}}{16} = \frac{5 - c \pm \sqrt{(c-25)(c-1)}}{16} \tag{8.82}$$

$$h = \frac{7 - c \pm \sqrt{(7-c)^2 - 12(2+c)}}{6} = \frac{7 - c \pm \sqrt{(c-25)(c-1)}}{6} \tag{8.83}$$

などとなっており,新しく付け加わる零点には,$\sqrt{(c-25)(c-1)}$ という因子が必ず含まれる.これが物理的に意味のある理論になるためには,Hilbert 空間が正定値確定で共形次元が複素数や負になってはいけない.したがって,セントラル・チャージの値の取りうる範囲は,$c \leq 1$ あるいは $25 \leq c$ となる.以降では,$c \leq 1$ の場合について考える.この場合,式 (8.11) において α_0 を

$$\alpha_0 = \frac{1}{\sqrt{2}}\left(\sqrt{t} - \frac{1}{\sqrt{t}}\right) \tag{8.84}$$

ととると都合がよい.このとき

$$c = 1 - 12\alpha_0^2 = 13 - 6\left(t + \frac{1}{t}\right) \tag{8.85}$$

となるので,h に現れるルートが

$$\sqrt{(c-1)(c-25)} = 6\left(t - \frac{1}{t}\right) \tag{8.86}$$

と簡単になる.そこで,具体的に特異ベクトルを書き下してみると,表 8.3 のようになっており,$t \in \mathbb{C}$,r,s を $rs > 0$ なる整数として,

$$h = h_{r,s} = \frac{(rt-s)^2 - (t-1)^2}{4t} \tag{8.87}$$

のときに,レベルに特異ベクトル $|\chi_{r,s}\rangle$ を生じることがわかる.特異ベクトルの分類を表に示す.

p,q を $1 < q < p$ でたがいに素な整数とする.最高ウェイトが

$$1 \leq r \leq q-1, \quad 1 \leq s \leq p-1, \quad qs < pr \tag{8.88}$$

表 8.3 特異ベクトルの系列

n	h	$|\chi\rangle$
1	$h_{1,1} = 0$	1
2	$h_{2,1} = \dfrac{3t-2}{4}$	$|\chi_{2,1}\rangle = (L_{-1}L_{-1} - tL_{-2})|h_{2,1}\rangle$
2	$h_{1,2} = \dfrac{3-2t}{4t}$	$|\chi_{1,2}\rangle = \left(L_{-1}L_{-1} - \dfrac{1}{t}L_{-2}\right)|h_{1,2}\rangle$
3	$h_{3,1} = 2t-1$	$|\chi_{3,1}\rangle = (L_{-1}L_{-1}L_{-1} - 4tL_{-2}L_{-1} + 2t(2t-1)L_{-3})|h_{3,1}\rangle$
3	$h_{1,3} = \dfrac{2-t}{t}$	$|\chi_{1,3}\rangle = \left\{L_{-1}L_{-1}L_{-1} - \dfrac{4}{t}L_{-2}L_{-1} - \dfrac{2(t-2)}{t^2}L_{-3}\right\}|h_{1,3}\rangle$

なる二つの整数の組 (r,s) を考える．上で定義した $h_{r,s}$ は，鏡映 ($h_{r,s} = h_{-r,-s}$)，反転 ($h_{r,s} = h_{q-r,p-s}$)，シフト ($h_{r,s} = h_{q+r,p+s}$) の性質をもつ．このように，セントラル・チャージと次元が指定される系列をミニマル系列，特に $p = q + 1$ の場合をユニタリー・ミニマル系列とよぶ．$q = 3, p = 4$ のとき $c = 1/2$ であり，これが Ising 模型の場合に対応する．

8.2 共形場理論

共形場理論の核である Virasoro 代数は，前節ですでに概観したとおりである．その代数構造が実際に時空 $2\ (=1+1)$ 次元場の理論に自然な形で現れることを見ていく．共形変換が Virasoro 代数と直結することをはじめに確認し，ストレス・テンソルと相関関数，Ward 恒等式の性質を調べる．

8.2.1 2次元共形変換

臨界点において系の状態を不変に保つ変換が共形変換（conformal transformation）であり，共形変換で不変な場の理論は共形場理論（confrmal fild theory, CFT）とよばれる．この変換は，一般には (1) 並進，(2) 回転，(3) スケール，および (4) 特殊共形変換から成り立っている．前章の Möbius 変換を思い出されたい．さらに，空間 2 次元では，複素関数論の等角写像に対応する変換すべてが共形変換となる．この強い制限により，相関関数の振舞いを理論の詳細によらずに精密に決定することができる．

はじめに，2 次元時空の線素

$$ds^2 = \eta_{\mu\nu}dx^\mu dx^\nu \tag{8.89}$$

に対する無限小座標変換 $x'^\mu = x^\mu + \epsilon^\mu(x)$ を考える．微小量の 2 次を無視すると

$$\begin{aligned}ds'^2 &= \eta_{\mu\nu}dx'^\mu dx'^\nu \\ &= \eta_{\mu\nu}\left(dx^\mu + dx^\rho \partial_\rho \epsilon^\mu\right)\left(dx^\nu + dx^\rho \partial_\rho \epsilon^\nu\right) \\ &= ds^2 + dx^\mu dx^\nu \left(\partial_\mu \epsilon_\nu + \partial_\nu \epsilon_\mu\right)\end{aligned} \tag{8.90}$$

となるが，無限小座標変換に対して，計量が局所的にスケール倍だけ変化して

$$ds'^2 = (1+f)ds^2 \tag{8.91}$$

となる場合を考える．すなわち

$$\partial_\mu \epsilon_\nu + \partial_\nu \epsilon_\mu = f\eta_{\mu\nu} \tag{8.92}$$

が成り立つ場合を考える．これを共形 Killing 方程式とよぶ．この変換は局所的な角度を保存する．この性質をもつ変換を Riemann 空間の共形変換とよぶ．因子 f の導出のために，両辺に $\eta^{\mu\nu}$ をかけて縮約を取ると，

$$2\partial_\mu \epsilon^\mu = df \tag{8.93}$$

となる．d は時空の次元（いまの場合 $d=2$）であり，これは $\eta^{\mu\nu}$ の符号の取り方（Euclid 空間か Minkowski 空間か）によらずに成り立つ．式 (8.93) を式 (8.92) に代入して f を消去すれば

$$\partial_\mu \epsilon_\nu + \partial_\mu \epsilon_\nu = \frac{2}{d} \partial_\rho \epsilon^\rho \eta_{\mu\nu} = \partial_\rho \epsilon^\rho \eta_{\mu\nu} \tag{8.94}$$

となる．

式 (8.94) に ∂^ν を作用させて，ν に関して縮約を取ると，

$$\partial_\mu \left(\partial^\nu \epsilon_\nu \right) + \left(\partial^\nu \partial_\nu \right) \epsilon_\mu = \partial_\mu \left(\partial_\rho \epsilon^\rho \right) = \partial_\mu \left(\partial^\nu \epsilon_\nu \right) \tag{8.95}$$

となるので，

$$\left(\partial^\nu \partial_\nu \right) \epsilon_\mu = 0 \tag{8.96}$$

となる．したがって，ϵ_μ はたかだか座標の 2 次関数であることがわかる．そこで

$$\epsilon_\mu = a_\mu + b_{\mu\nu} dx^\nu + c_{\mu\nu\rho} dx^\nu dx^\rho \tag{8.97}$$

とおくことができる．これは dx^ν の各次数に対して Killing 方程式を満たす．$a_\mu, b_{\mu\nu}, c_{\mu\nu\rho}$ が，並進・回転・特殊共形変換に対応する．

共形変換の性質を調べるためには，複素関数論に準じるのがよい．式 (8.94) を成分表示すると（ここでは Euclid 座標の符号の取り方に従う）

$$\partial_0 \epsilon_0 = \partial_1 \epsilon_1, \quad \partial_0 \epsilon_1 = -\partial_1 \epsilon_0 \tag{8.98}$$

となっているので，以下の複素座標をとる．

$$z = x^0 + ix^1, \quad \epsilon = \epsilon^0 + i\epsilon^1, \quad \partial_z = \frac{1}{2} \left(\partial_0 - i\partial_1 \right) \tag{8.99}$$

そのとき，式 (8.98) は Cauchy – Riemann の関係式にほかならないので，すなわち，$\epsilon(z)$ が正則関数でありさえすれば，理論は共形不変になることがわかる．

一般には，条件を少し緩めて，仮性特異点はあってもよくて，それを除く領域では正則である場合も考えるので，$\epsilon(z)$ を Laurent 展開で表す．

$$\epsilon(z) = -\sum_{n \in \mathbb{Z}} \epsilon_n z^{n+1} \tag{8.100}$$

反正則部分も同様である．この変換で，場 $\phi(z, \bar{z})$ は以下のように変換される．

$$\phi(z + \epsilon(z), \bar{z} + \bar{\epsilon}(\bar{z})) = \phi(z, \bar{z}) + \epsilon(z) \partial_z \phi(z, \bar{z}) + \bar{\epsilon}(\bar{z}) \partial_{\bar{z}} \phi(z, \bar{z}) \tag{8.101}$$

ここで，$\delta_{\epsilon, \bar{\epsilon}} \phi = \phi(z + \epsilon(z), \bar{z} + \bar{\epsilon}(\bar{z})) - \phi(z, \bar{z})$ とおくと，

$$\delta_{\epsilon,\bar{\epsilon}}\phi = -\sum_{n\in\mathbb{Z}}\left(\epsilon_n z^{n+1}\partial_z + \bar{\epsilon}_n \bar{z}^{n+1}\partial_{\bar{z}}\right)\phi(z,\bar{z}) \tag{8.102}$$

となるので，この変換の生成元は

$$l_n = -z^{n+1}\partial_z \ , \quad \bar{l}_n = -\bar{z}^{n+1}\partial_{\bar{z}} \tag{8.103}$$

と取ることができる．このとき，関数 $g(z)$ に対して

$$[l_m, l_n]g = z^{m+1}\partial_z\left(z^{n+1}\partial_z g\right) - z^{n+1}\partial_z\left(z^{m+1}\partial_z g\right) = (m-n)l_{m+n}g \tag{8.104}$$

が成り立つ．すなわち

$$[l_m, l_n] = (m-n)l_{m+n} \tag{8.105}$$

が成り立つ．これは $c=0$ の場合の Virasoro 代数にほかならない（ゼロでない中心は，量子補正の結果として現れる）．したがって，臨界現象を記述するために Virasoro 代数が活躍するわけである．

すべての L_m と可換な中心元 $c_{m,n}$ が一義的に決まることを調べておく．まず

$$[L_m, L_n] = (m-n)L_{m+n} + c_{m,n} \tag{8.106}$$

$$[L_n, L_m] = -(m-n)L_{m+n} + c_{n,m} \tag{8.107}$$

から出発する．二つの式から，$c_{m,n}$ は m,n の入れ替えに対して反対称

$$c_{m,n} = -c_{n,m} \tag{8.108}$$

である必要がある．ここで，Jacobi 恒等式

$$[L_l, [L_m, L_n]] + [L_m, [L_n, L_l]] + [L_n, [L_l, L_m]] = 0 \tag{8.109}$$

に代入すると，

$$(m-n)c_{l,m+n} + (n-l)c_{m,n+l} + (l-m)c_{n,l+m} = 0 \tag{8.110}$$

を得る．$l = -n+1, m = -1$ とおくと

$$(-1-n)c_{-n+1,-1+n} + 2nc_{-1,1} + (-n+2)c_{n,-n} = 0 \tag{8.111}$$

が得られる．さらに，$n=0$ を代入すると

$$-c_{1,-1} + 2c_{0,0} = 0 \tag{8.112}$$

であるが，Virasoro 代数より

$$[L_0, L_0] = c_{0,0} = 0 \tag{8.113}$$

であるため，$c_{1,-1} = 0$ であることがわかる．したがって，漸化式は

$$c_{n,-n} = \frac{n+1}{n-2}c_{n-1,-n+1} \tag{8.114}$$

となる．初期条件として

$$c_{2,-2} = \frac{c}{2} \tag{8.115}$$

とおくと，一般解は

$$c_{n,-n} = \frac{n+1}{n-2}\frac{n}{n-3}\frac{n-1}{n-4}\cdots\frac{4}{1}c_{2,-2} = \frac{(n+1)n(n-1)}{3\cdot 2\cdot 1}\frac{c}{2} = \frac{c}{12}\left(n^3 - n\right) \tag{8.116}$$

となることがわかる．また，Jacobi 恒等式に戻って $l = 0$ とおくと

$$(m-n)c_{0,m+n} + (n+m)c_{m,n} = 0 \tag{8.117}$$

であるが，$m+n=0$ でない限り $c_{m,n} = 0$ と取る必要がある．以上の結果は Feigin–Fuchs 表示で得られた代数と完全に一致している．Feigin–Fuchs 表示では，ボソン演算子の交換関係から中心項が現れるので，中心拡大はアノマリー（量子異常）の一種である．共形変換に付随する異常なので，共形アノマリーともよぶ．

8.2.2 ストレス・テンソルと Ward 恒等式

■ ストレス・テンソル

無限小変換 $x^\mu \to x^\mu + \epsilon^\mu$ に対して作用の変化を $S \to S + \delta S$ としたときに，ストレス・テンソル $T_{\mu\nu}$ は座標変換の生成子として

$$\delta S = \int d^2x\, T_{\mu\nu}\partial^\mu \epsilon^\nu = \frac{1}{2}\int d^2x\, T_{\mu\nu}\left(\partial^\mu \epsilon^\nu + \partial^\nu \epsilon^\mu\right) \tag{8.118}$$

で定義される．第 2 式の変形には，座標回転に対する不変性

$$T_{\mu\nu} = T_{\nu\mu} \tag{8.119}$$

を用いた．以降ではストレス・テンソルの基本的な性質をじっくり調べて，それが最終的に共形ウェイト 2 のモード展開をもつこと，その展開係数が Virasoro 生成子になることを見る．上式に共形不変性の式を代入すると

$$\delta S = \frac{1}{2}\int d^2x\, T^\mu{}_\mu \partial_\rho \epsilon^\rho \tag{8.120}$$

となる．作用が共形不変であるためには，トレースレス条件

$$T^\mu{}_\mu = 0 \tag{8.121}$$

が満たされる必要がある．また，部分積分を行うと

$$\delta S = -\int d^2x\, \left(\partial^\mu T_{\mu\nu}\right)\epsilon^\nu \tag{8.122}$$

であるが，並進対称性から

$$\partial^\mu T_{\mu\nu} = 0 \tag{8.123}$$

が成り立つ．

8.2 共形場理論

ここで，$T(z,\bar{z}), \bar{T}(z,\bar{z}), \Theta(z,\bar{z})$ を

$$T = \frac{1}{4}\left(T_{00} - T_{11} - 2iT_{01}\right) \tag{8.124}$$

$$\bar{T} = \frac{1}{4}\left(T_{00} - T_{11} + 2iT_{01}\right) \tag{8.125}$$

$$\Theta = -\frac{1}{4}\left(T_{00} + T_{11}\right) \tag{8.126}$$

と定義する．トレースレスの条件から $\Theta = 0$ であるが，一般の曲がった時空上の CFT では有限の値を取るので，一般論を展開するときには Θ を復活させる．並進対称性の式は

$$\begin{aligned}
\partial_{\bar{z}} T &= (\partial_0 + i\partial_1)\frac{1}{4}\left(T_{00} - T_{11} - 2iT_{01}\right) \\
&= (\partial_0 + i\partial_1)\frac{1}{4}\left(T_{00} - T_{11}\right) - \frac{1}{2}i\left(\partial_0 + i\partial_1\right)T_{01} \\
&= -(\partial_0 - i\partial_1)\frac{1}{4}\left(T_{00} + T_{11}\right) + \frac{1}{2}\partial_0 T_{00} - \frac{1}{2}i\partial_1 T_{11} - \frac{1}{2}i\left(\partial_0 + i\partial_1\right)T_{01} \\
&= \partial_z \Theta + \frac{1}{2}\left(\partial_0 T_{00} + \partial_1 T_{01}\right) - \frac{1}{2}i\left(\partial_1 T_{11} + \partial_0 T_{01}\right) \tag{8.127}
\end{aligned}$$

より

$$\partial_{\bar{z}} T(z,\bar{z}) = \partial_z \Theta(z,\bar{z}), \quad \partial_z \bar{T}(z,\bar{z}) = \partial_{\bar{z}} \Theta(z,\bar{z}) \tag{8.128}$$

と表される．特に，トレースレスの場合には $\partial_{\bar{z}} T = 0$ および $\partial_z \bar{T} = 0$ となり，ストレス・テンソルの独立な 2 成分はそれぞれ，正則関数 $T(z)$，反正則関数 $\bar{T}(\bar{z})$ であることがわかる．

後の計算のために，δS 自身も複素関数で表現しておく．具体的に

$$\delta S = \int d^2 x\, T_{\mu\nu}\partial^\mu \epsilon^\nu = \int d^2 x \left(T_{00}\partial^0 \epsilon^0 + T_{01}\partial^0 \epsilon^1 + T_{10}\partial^1 \epsilon^0 + T_{11}\partial^1 \epsilon^1\right) \tag{8.129}$$

に複素数表示を代入して丁寧に計算すると，

$$\delta S = \int d^2 x \left(T\bar{\partial}\epsilon + \bar{T}\partial\bar{\epsilon}\right) = \int_R d^2 x \left\{\bar{\partial}\left(T\epsilon\right) + \partial\left(\bar{T}\bar{\epsilon}\right)\right\} \tag{8.130}$$

となる．ここで，Green の定理から

$$\delta S = \oint_C \frac{dz}{2\pi i} T(z)\epsilon(z) - \oint_C \frac{d\bar{z}}{2\pi i} \bar{T}(\bar{z})\bar{\epsilon}(\bar{z}) \tag{8.131}$$

が得られる．なお，複素積分の経路 C は，2 次元の領域 R を反時計回りに囲む曲線である．

■ プライマリー場

はじめに，共形変換に対して素性のよい関数を導入しておく．プライマリー場とは，$z \to w(z)$ の変換のもとで

$$\phi'(w, \bar{w}) = \left(\frac{dw}{dz}\right)^{-h} \left(\frac{d\bar{w}}{d\bar{z}}\right)^{-\bar{h}} \phi(z, \bar{z}) \tag{8.132}$$

と変換する場である．ここで，$(h, \bar{h})$ は共形次元あるいは共形ウェイトとよばれる．プライマリー場が無限小変換 $w(z) = z + \epsilon(z)$ でどのように変換するかというと

$$\begin{aligned}\delta_{\epsilon, \bar{\epsilon}} \phi &= \phi'(w, \bar{w}) - \phi(w, \bar{w}) \\&= (1 - h\partial_z \epsilon)\left(1 - \bar{h}\partial_{\bar{z}}\bar{\epsilon}\right)\phi(z, \bar{z}) - (1 + \epsilon \partial_z + \bar{\epsilon}\partial_{\bar{z}})\phi(z, \bar{z}) \\&= -(h\partial_z \epsilon + \epsilon \partial_z)\phi - (\bar{h}\partial_{\bar{z}}\bar{\epsilon} + \bar{\epsilon}\partial_{\bar{z}})\phi \end{aligned} \tag{8.133}$$

と表される．上記の性質から，プライマリー場の 2 点関数は

$$\langle \phi_1(w_1, \bar{w}_1) \phi_2(w_2, \bar{w}_2) \rangle$$
$$= \prod_{i=1}^{2} \left(\frac{\partial w}{\partial z}\right)^{-h_i}\bigg|_{w=w_i} \left(\frac{\partial \bar{w}}{\partial \bar{z}}\right)^{-\bar{h}_i}\bigg|_{w=w_i} \langle \phi_1(z_1, \bar{z}_1) \phi_2(z_2, \bar{z}_2) \rangle \tag{8.134}$$

と変換される．特に，座標変換がスケール変換 $w = \lambda z$ の場合は

$$\langle \phi_1(z_1, \bar{z}_1) \phi_2(z_2, \bar{z}_2) \rangle = \lambda^{h_1 + \bar{h}_1 + h_2 + \bar{h}_2} \langle \phi_1(\lambda z_1, \lambda \bar{z}_1) \phi_2(\lambda z_2, \lambda \bar{z}_2) \rangle \tag{8.135}$$

なので，これを満たす関数形は冪関数

$$\langle \phi_1(z_1, \bar{z}_1) \phi_2(z_2, \bar{z}_2) \rangle = \frac{C_{12}}{(z_1 - z_2)^{h_1 + h_2} (\bar{z}_1 - \bar{z}_2)^{\bar{h}_1 + \bar{h}_2}} \tag{8.136}$$

であることがわかる．特に，この場合の共形次元はスケール次元とよばれる．また，特殊共形変換に対しても同様の議論ができる．

■ 共形 Ward 恒等式

OPE の性質を詳しく調べるために，Ward 恒等式を導出する．まず，2 点関数を経路積分で表す（N 点関数への拡張は容易である）．

$$\langle \phi_1(z_1, \bar{z}_1) \phi_2(z_2, \bar{z}_2) \rangle = \int D\varphi \phi_1(z_1, \bar{z}_1) \phi_2(z_2, \bar{z}_2) e^{-S(\varphi)} \tag{8.137}$$

ここで，φ はプライマリー場を構成しているより基本的なスカラー場であるとする．右辺の積分の中に現れる量を共形変換しても，左辺の最終的な相関関数を変えないと考えると（測度も不変であると仮定する），右辺の各量の無限小変換は

8.2 共形場理論

$$\langle \phi_1(z_1,\bar{z}_1)\phi_2(z_2,\bar{z}_2)\rangle = \int D\varphi'\,(\phi_1+\delta\phi_1)(\phi_2+\delta\phi_2)(1-\delta S)e^{-S(\varphi')}$$

$$= \int D\varphi'\phi_1\phi_2 e^{-S(\varphi')} + \int D\varphi'\delta\phi_1\phi_2 e^{-S(\varphi')}$$

$$+ \int D\varphi'\phi_1\delta\phi_2 e^{-S(\varphi')} - \int D\varphi'\phi_1\phi_2\delta S e^{-S(\varphi')}$$

$$\tag{8.138}$$

となる．ここで，δS の表式を代入すると，共形 Ward 恒等式が得られる．

$$\langle\delta\phi_1\phi_2\rangle + \langle\phi_1\delta\phi_2\rangle = \oint_C \frac{dz}{2\pi i}\epsilon(z)\langle T(z)\phi_1\phi_2\rangle - \oint_C \frac{d\bar{z}}{2\pi i}\bar{\epsilon}(\bar{z})\langle \bar{T}(\bar{z})\phi_1\phi_2\rangle \tag{8.139}$$

ϕ_1, ϕ_2 は z_1, z_2 の関数であるが，その点 z_1, z_2 以外の領域で被積分関数は正則だから，積分路 C を点 z_1, z_2 の周りの経路 C_1, C_2 の和に変換できる．このとき，プライマリー場の無限小変換は

$$\delta\phi_i(z_i,\bar{z}_i) = -\oint_{C_i}\frac{dz}{2\pi i}T(z)\epsilon(z)\phi_i(z_i,\bar{z}_i) - \oint_{C_i}\frac{d\bar{z}}{2\pi i}\bar{T}(\bar{z})\bar{\epsilon}(\bar{z})\phi_i(z_i,\bar{z}_i) \tag{8.140}$$

となることがわかる．式 (8.133) と式 (8.140) を比較することで，ストレス・テンソルとプライマリー場の OPE が得られる．

$$T(z)\phi_i(z_i,\bar{z}_i) = \frac{h_i}{(z-z_i)^2}\phi_i(z_i,\bar{z}_i) + \frac{1}{z-z_i}\partial_i\phi(z_i,z_i) + \cdots \tag{8.141}$$

これを用いると，Ward 恒等式は

$$\langle T(z)\phi_1(z_1,\bar{z}_1)\phi_2(z_2,\bar{z}_2)\rangle$$

$$= \sum_{i=1}^{2}\left\{\frac{h_i}{(z-z_i)^2} + \frac{1}{z-z_i}\partial_i\right\}\langle\phi_1(z_1,\bar{z}_1)\phi_2(z_2,\bar{z}_2)\rangle \tag{8.142}$$

と書き換えできる．

だいぶ間接的な議論が続いたが，これで Feigin–Fuchs 表示の $T(z)$ がストレス・テンソルの正則部分と同等のものであることがわかった．

■ Schwarz 微分

ストレス・テンソル自身の無限小変換は

$$\delta T(w) = \oint \frac{dz}{2\pi i}\epsilon(z)T(z)T(w)$$

$$= \oint \frac{dz}{2\pi i} \epsilon(z) \left\{ \frac{c/2}{(z-w)^4} + \frac{2}{(z-w)^2} T(w) + \frac{1}{z-w} \partial_w T(w) \right\}$$

$$= \frac{c}{12} \partial^3 \epsilon(w) + 2\partial \epsilon(w) T(w) + \epsilon(w) \partial T(w) \tag{8.143}$$

であり，プライマリー場の変換性と比較すると，アノマリーの分だけずれていることがわかる．

有限の変換に対しては

$$T'(w) = \left[T(z) - \frac{c}{12} \{w, z\} \right] \left(\frac{dw}{dz} \right)^{-2} \tag{8.144}$$

となる．$w = z + \epsilon(z)$ と変換してみれば，上の無限小変換の式が現れることはすぐに確認できる．ここで，$\{w, z\}$ は Schwarz 微分

$$\{w, z\} = \frac{\partial_z w \partial_z^3 w - (3/2)(\partial_z^2 w)^2}{(\partial_z w)^2} \tag{8.145}$$

である．

自由ボソンのカレントからつくったストレス・テンソルを例にとって，アノマリー項が現れる原因をもう少し考察しておこう．このことは，正規積

$$: J(z)J(z) := \lim_{w \to z} \left\{ J(z)J(w) - \frac{1}{(z-w)^2} \right\} \tag{8.146}$$

が座標系に依存していることに原因がある．それを見るために，共形変換 $\tilde{z} = f(z)$ のもとでの正規積の変換を調べる．この一形式としての変換で

$$: J(z)J(w) : + \frac{1}{(z-w)^2} = \partial_z \tilde{z} \partial_w \tilde{w} \left\{ : J(\tilde{z})J(\tilde{w}) : + \frac{1}{(\tilde{z}-\tilde{w})^2} \right\} \tag{8.147}$$

が示せるので，アノマリー項は

$$\lim_{z \to w} \left\{ \frac{\partial_z \tilde{z} \partial_w \tilde{w}}{(\tilde{z}-\tilde{w})^2} - \frac{1}{(z-w)^2} \right\} = \frac{1}{6} \left\{ \frac{\partial_z^3 \tilde{z}}{\partial_z \tilde{z}} - \frac{3}{2} \left(\frac{\partial_z^2 \tilde{z}}{\partial_z \tilde{z}} \right)^2 \right\} \tag{8.148}$$

となり（この極限は $z-w$ の 2 次まで Taylor 展開すれば直接示せるが，少し面倒である），確かに

$$T(z)dz^2 = T(\tilde{z})d\tilde{z}^2 + \frac{1}{12} \{\tilde{z}, z\} dz^2 \tag{8.149}$$

が得られ，式 (8.144) と一致することがわかる．

8.3 トーラス上の共形場理論

8.3.1 アノマリー

これまでは複素平面上で共形場理論を定式化してきた．これを一般の曲面（すなわち Riemann 面）に拡張することが可能であり，数学的にはジーナスの数で分類すると見通しがよい．特に，ジーナスが 1 の場合にはシステムがトーラスとなるが，これは複素平面の二つの方向にそれぞれ周期的境界条件をつけたものである．このとき，双曲平面の議論で現れた Möbius 変換に対する性質（モジュラー不変性）が，ミニマル模型の分配関数の性質を非常に強く規定していることがわかる．Riemann 面に穴が入るということは，双曲型の計量が入るということを暗示している．この定式化は実際の CFT の応用では非常に有用なものである．加えて，エンタングルメント・エントロピーの計算や次章で議論するバルク境界対応においても見通しのよい議論ができる．以下で，定式化の詳細を丁寧に見ていくことにする．

複素平面 z から円筒面 w への共形変換は

$$w = t + ix = \frac{L}{2\pi} \log z \tag{8.150}$$

で表される（図 8.1 参照）．円筒を回る方向が空間（周期的境界条件）座標で，筒の伸びる方向が時間発展を表す．L はシステムサイズである．数学のトポロジーでは，前者の方向は経線（meridian），後者の方向は緯線（longitude）とよぶ．まずは，ストレス・テンソル $T(z)$ を新しい座標系で書き直すことから始めよう．円筒座標系でのストレス・テンソルを $\mathcal{T}(z)$ と表すと，変換式は

$$\mathcal{T}(w) = \left[T(z) - \frac{c}{12} \{w, z\} \right] \left(\frac{dw}{dz} \right)^{-2} \tag{8.151}$$

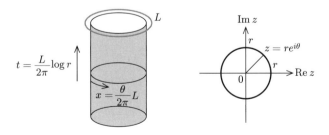

図 8.1　複素平面 z から円筒面 w への共形変換

であったが，Schwarz 微分が

$$\{w, z\} = \frac{1}{2z^2} \tag{8.152}$$

であることが確かめられるので，

$$\mathcal{T}(w) = \left\{T(z) - \frac{c}{24z^2}\right\} \left(\frac{L}{2\pi z}\right)^{-2} = \left(\frac{2\pi}{L}\right)^2 \left\{z^2 T(z) - \frac{c}{24}\right\} \tag{8.153}$$

となる．反正則部分も同様に

$$\bar{\mathcal{T}}(\bar{w}) = \left(\frac{2\pi}{L}\right)^2 \left\{\bar{z}^2 \bar{T}(\bar{z}) - \frac{c}{24}\right\} \tag{8.154}$$

と変換を受ける．これらを用いると，ハミルトニアンと運動量は

$$H = \frac{1}{2\pi} \int_0^L dx\, T_{tt}(t, x) = \frac{1}{2\pi} \int_0^L dx \left\{\mathcal{T}(w) + \bar{\mathcal{T}}(\bar{w})\right\} \tag{8.155}$$

$$P = \frac{1}{2\pi} \int_0^L dx\, \frac{1}{i} T_{tx}(t, x) = \frac{1}{2\pi} \int_0^L dx \left\{\mathcal{T}(w) - \bar{\mathcal{T}}(\bar{w})\right\} \tag{8.156}$$

となる．$T(z)$ および $\bar{T}(\bar{z})$ のモード展開の式を $\mathcal{T}(w)$ および $\bar{\mathcal{T}}(\bar{w})$ の式にそれぞれ代入すると，z の冪が二つずれて

$$\mathcal{T}(w) = \left(\frac{2\pi}{L}\right)^2 \left(\sum_{n\in\mathbb{Z}} L_n z^{-n} - \frac{c}{24}\right)$$
$$= \left(\frac{2\pi}{L}\right)^2 \left\{\sum_{n\in\mathbb{Z}} L_n e^{-\frac{2\pi n}{L}(t+ix)} - \frac{c}{24}\right\} \tag{8.157}$$

$$\bar{\mathcal{T}}(\bar{w}) = \left(\frac{2\pi}{L}\right)^2 \left(\sum_{n\in\mathbb{Z}} \bar{L}_n \bar{z}^{-n} - \frac{c}{24}\right)$$
$$= \left(\frac{2\pi}{L}\right)^2 \left\{\sum_{n\in\mathbb{Z}} \bar{L}_n e^{-\frac{2\pi n}{L}(t-ix)} - \frac{c}{24}\right\} \tag{8.158}$$

となる．これらを x で積分した後に残る項は，$n = 0$ の部分だけである．したがって

$$H = \frac{2\pi}{L}(L_0 + \bar{L}_0) - \frac{\pi c}{6L} \tag{8.159}$$

$$P = \frac{2\pi}{L}(L_0 - \bar{L}_0) \tag{8.160}$$

が得られる．

ここで，セントラル・チャージの意味を改めて確認しておこう．共形アノマリー項の存在は，システムに適当なスケールを導入したときに，もとの共形不変性が緩

やかに破れるということと関係している．たとえば，有限系で境界条件などを導入したときには，マクロな長さスケールに対する応答と考えてもよい．通常の複素平面では $\langle T(z) \rangle = 0$ であったので，円筒系の $\mathcal{T}(w)$ に対しては，式 (8.153) より

$$\langle \mathcal{T}(w) \rangle = -\frac{\pi^2 c}{6L^2} \tag{8.161}$$

となる．セントラル・チャージを伴った対称性の量子的破れは，共形場理論が 2 次元多様体上に定義されている場合には一般に現れる．それは一般に，曲がった時空上では曲率 R が長さのスケールを自然に導入するためである．このとき，

$$\langle T^\mu_\mu \rangle = \frac{c}{24\pi} R \tag{8.162}$$

となることが知られている．確かに，$R \to 0$ の極限でトレースレス条件を回復する．スケール不変性のこのような量子的破れは，トレース・アノマリーとよばれている．

8.3.2 分配関数と Virasoro 指標

■ 分配関数

続いて，分配関数を導入する．統計力学では，逆温度 β を用いて

$$Z = \text{Tr}\, e^{-\beta H} \tag{8.163}$$

と表すが，共形場理論や超弦理論では，Wick 回転 $\beta \to it$ をして

$$Z = \text{Tr}\, e^{-iHt} \tag{8.164}$$

も分配関数とよぶ．いまの時空配置では，β は円筒の伸びる方向の場の周期 M に対応するので，経路積分でいつも取り扱うように

$$Z(L, M) = \text{Tr}\, e^{-MH} = \text{Tr} \exp\left\{-\frac{2\pi M}{L}\left(L_0 + \bar{L}_0 - \frac{c}{12}\right)\right\} \tag{8.165}$$

となる．一般には境界条件のつけ方はいろいろあって，たとえば図 8.2 のように円筒を「ひねって」から両端を接合すると，空間方向の並進操作 e^{iPN} が加わる．一般的な座標を

$$\omega_1 = L, \quad \omega_2 = N + iM \tag{8.166}$$

と表すことにすれば，これらの比

$$\tau = \frac{\omega_2}{\omega_1} \tag{8.167}$$

はもとの座標系で見たとき，長方形のシステムをどれだけ平行四辺形に変形したかということを表す．これをモジュラー変数とよぶ．このとき，分配関数は

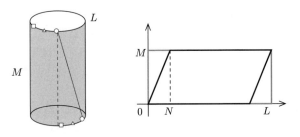

図 8.2 モジュラー変換

$$Z(\tau, \bar{\tau}) = \text{Tr}\exp\left(-MH + iNP\right)$$
$$= \text{Tr}\exp\left\{-\frac{2\pi M}{L}\left(L_0 + \bar{L}_0 - \frac{c}{12}\right) + 2\pi i \frac{N}{L}\left(L_0 - \bar{L}_0\right)\right\}$$
$$= \text{Tr}\exp\left(2\pi i \tau L_0 - 2\pi i \bar{\tau} \bar{L}_0 + 2\pi \frac{\tau - \bar{\tau}}{2i}\frac{c}{12}\right) \tag{8.168}$$

となる.さらに,座標変換

$$q = e^{2\pi i \tau}, \quad \bar{q} = e^{-2\pi i \bar{\tau}} \tag{8.169}$$

を行うと,分配関数は以下のようにまとめられる.

$$Z(\tau, \bar{\tau}) = \text{Tr}\left(q^{L_0 - c/24}\bar{q}^{\bar{L}_0 - c/24}\right) \tag{8.170}$$

通常の統計力学との対応から,L_0 はモジュラー・ハミルトニアンともよばれる.

この分配関数の表示を用いると,たとえば

$$q\frac{\partial}{\partial q}\log Z = \frac{1}{Z}\text{Tr}\left\{\left(L_0 - \frac{c}{24}\right)q^{L_0 - c/24}\bar{q}^{\bar{L}_0 - c/24}\right\} = \langle L_0\rangle - \frac{c}{24} \tag{8.171}$$

となって,統計力学と類似の方法で物理量の期待値を計算することができる.

■ Virasoro 指標

分配関数の形から,Virasoro 代数の共形次元 h をもつ既約表現 $M(c,h)$ の指標(Virasoro 指標とよばれる) $\chi_q(c,h)$ を

$$\chi_q(c,h) = \text{Tr}_{M(c,h)}\, q^{L_0 - c/24} \tag{8.172}$$

で定義する.トレースは $M(c,h)$ に対してとる.レベル l にある状態の数を $p(l)$ とすると,それらは同じ固有値 $l+h$ をもつので,指標は

$$\chi(c,h) = q^{h-c/24}\sum_{l=0}^{\infty}p(l)q^l = q^{h-c/24}P(q)^{-1} \tag{8.173}$$

と表される.ただし,これはヌルベクトルを含まない場合である.ヌルベクトル

を含む場合には，商空間の次元をカウントしなければならない．また，分配関数は

$$Z(\tau,\bar{\tau}) = \sum_{h,\bar{h}} N_{h,\bar{h}} \chi_q(c,h) \chi_{\bar{q}}(c,\bar{h}) \tag{8.174}$$

となる．ここで，$N_{h,\bar{h}}$ は Hilbert 空間の既約分解において $V_h \otimes \bar{V}_{\bar{h}}$ が現れる数である．

8.3.3 モジュラー不変性

双曲平面の項で導入した Möbius 変換は，モジュラー・パラメータによるシステムの変形を含んだ変換になっているので，分配関数のもつ不変性と密接に関わりをもっている．

モジュラー群とは，複素上半平面上の Möbius 変換で

$$ad - bc = 1, \quad a, b, c, d \in \mathbb{Z} \tag{8.175}$$

と表されるものの全体である．これを $\mathrm{SL}_2(\mathbb{Z})$ と表す．この変換は二つのモジュラー群の要素

$$S : \tau \to \frac{1}{\tau}, \quad T : \tau \to \tau + 1 \tag{8.176}$$

から成り立っており，その基本領域は

$$D = \left\{ \tau = x + iy \;\middle|\; -\frac{1}{2} \leq x \leq \frac{1}{2}, \; |\tau| \geq 1 \right\} \tag{8.177}$$

である．

上の変換において，τ をモジュラー変数だと考えると，式 (8.176) の T 変換に対しては

$$q = e^{2\pi i \tau} \to e^{2\pi i (\tau+1)} = e^{2\pi i \tau} = q \tag{8.178}$$

と不変であり，また，式 (8.176) の S 変換に対しては

$$\eta\left(-\frac{1}{\tau}\right) = \sqrt{-i\tau}\,\eta(\tau) \tag{8.179}$$

と変換する．これらの対称性は指標関数に強い制限を与える．

8.3.4 Cardy の公式

Cardy の公式とは，$L_0, \bar{L}_0$ の固有値 $h, \bar{h}$ に対して，$h, \bar{h} \gg 0$ の場合にはその状態数 $\rho(h,\bar{h})$ が漸近的に

$$\log \rho(h,\bar{h}) \sim 2\pi \sqrt{\frac{ch}{6}} + 2\pi \sqrt{\frac{\bar{c}\bar{h}}{6}} \tag{8.180}$$

に従うというものである.次節以降で,この公式が $(2+1)$ 次元の重力理論の立場からも導出できることを見る.すなわち,この公式はホログラフィー原理を強く支持する直接的な例としての重要な意味がある.

はじめに,分配関数を

$$Z(q,\bar{q}) = \text{Tr}\left(q^{L_0 - c/24}\bar{q}^{\bar{L}_0 - c/24}\right) = (q\bar{q})^{-c/24} Z'(q,\bar{q}) \quad (8.181)$$

$$Z'(q,\bar{q}) = \text{Tr}\left(q^{L_0}\bar{q}^{\bar{L}_0}\right) = \sum_{h,\bar{h}} \rho(h,\bar{h}) q^h \bar{q}^{\bar{h}} \quad (8.182)$$

と展開する.この逆変換は,複素積分を用いて

$$\rho(h,\bar{h}) = \frac{1}{(2\pi i)^2} \oint \frac{dq}{q^{h+1}} \frac{d\bar{q}}{\bar{q}^{\bar{h}+1}} Z'(q,\bar{q}) \quad (8.183)$$

と表される.分配関数のモジュラー不変性から

$$Z'(\tau) = e^{\frac{2\pi i c}{24}\tau} Z(\tau) = e^{\frac{2\pi i c}{24}\tau} Z\left(-\frac{1}{\tau}\right) = e^{\frac{2\pi i c}{24}\tau} e^{\frac{2\pi i c}{24}\frac{1}{\tau}} Z'\left(-\frac{1}{\tau}\right) \quad (8.184)$$

が成り立つので,状態数は

$$\rho(h) = \int d\tau e^{-2\pi i h \tau} e^{\frac{2\pi i c}{24}\left(\tau + \frac{1}{\tau}\right)} Z'\left(-\frac{1}{\tau}\right) \quad (8.185)$$

となっていることがわかる.$h \gg 0$ のときにこれを鞍点法で評価すると,

$$\frac{d}{d\tau}\left\{-h\tau + \frac{c}{24}\left(\tau + \frac{1}{\tau}\right)\right\} = 0 \quad (8.186)$$

より

$$\tau = i\sqrt{\frac{c}{24h}} \quad (8.187)$$

が主要な寄与であることがわかる.$\tau = i\epsilon$ とおくと,鞍点解は

$$\rho(h) \sim \exp\left(2\pi\sqrt{\frac{ch}{6}}\right) Z'\left(\frac{i}{\epsilon}\right) \quad (8.188)$$

となる.ここで,$Z'(i/\epsilon)$ の $\epsilon \ll 1$ での振舞いを見てみると

$$Z'\left(\frac{i}{\epsilon}\right) = \sum_h \rho(h) e^{-2\pi h/\epsilon} \sim \rho(h_0) \quad (8.189)$$

となっており,鞍点近傍では定数と見なしてよい(h_0 は h の最小値).したがって,反正則部分も合わせて,式 (8.180) が得られる.

8.4 Calabrese–Cardy の公式

8.4.1 レプリカ法

ようやく理論的な準備が整ったので，エンタングルメント・エントロピーの計算に移ろう．エントロピーを計算するには，スピングラスの計算で用いられるレプリカ法を用いると都合がよい．なぜかというと，場の量子論では対数関数を処理するのが難しいからである．このために，Tsallis エントロピーを導入する．

$$S_n = \frac{1 - \operatorname{Tr} \rho^n}{n-1} = \frac{1 - \sum_i \lambda_i^n}{n-1} \tag{8.190}$$

ここで，λ_i は部分系の密度行列 ρ の固有値である．この式は対数関数を含んでいない．すでに述べたように，$n \to 1$ の極限を取ると，Tsallis エントロピーはエンタングルメント・エントロピーに一致する．以前とは違う変形でもう一度確認しておこう．そのためには

$$\lambda_i^n = \lambda_i \lambda_i^{n-1} = \lambda_i e^{(n-1)\log \lambda_i} = \lambda_i \sum_{k=0}^{\infty} \frac{1}{k!} \{(n-1)\log \lambda_i\}^k \tag{8.191}$$

と展開してから式 (8.190) に代入すると

$$S_n = -\sum_{i=1}^{m} \lambda_i \sum_{k=1}^{\infty} \frac{1}{k!} (n-1)^{k-1} (\log \lambda_i)^k \tag{8.192}$$

が得られるので，$n \to 1$ の極限で $k = 1$ の項だけ残って

$$S_1 = -\sum_{i=1}^{m} \lambda_i \log \lambda_i = -\operatorname{Tr}(\rho \log \rho) \tag{8.193}$$

となる．n を整数として取り扱って最後に微分したり極限を取ったりしているので，本来は取扱いに十分注意が必要であるが，数値計算をしてみると関数 S_n は n に対して滑らかな関数なので，特殊な問題でない限り解析接続できると考えてよい．ここで，もとの式 (8.190) に l'Hôpital の定理を使うと

$$S_1 = -\lim_{n \to 1} \sum_{i=1}^{m} n\lambda_i^{n-1} = -\lim_{n \to 1} \frac{d}{dn} \operatorname{Tr} \rho^n = -\lim_{n \to 1} \frac{d}{dn} \log (\operatorname{Tr} \rho^n) \tag{8.194}$$

が得られる．最後の式では $\operatorname{Tr} \rho = 1$ を用いた．したがって，$\operatorname{Tr} \rho^n$ を計算すればよいということになる．ρ^n は，もとの系 ρ のレプリカを n 個用意してそれを結合した系の密度行列である．

8.4.2 モジュラー変数による方法

自由ボソン系に対するエントロピー公式は，この項で述べる方法に基づいて，C. Holzhey, F. Larsen, F. Wilczek によって最初に導かれた．次項の P. Calabrese, J. Cardy による方法が一般性・拡張性があるので Calabrese–Cardy の公式とよばれることが多いが，本質的には同等のものである．

図 8.3 のように，2 次元系において，ユニバースを $\mathcal{C} = (0, \Lambda)$，部分系を $\mathcal{R}_1 = (0, \Sigma)$，環境を $\mathcal{R}_2 = (\Sigma, \Lambda)$ と取る．領域境界の赤外カットオフを ϵ と表す．複素座標を $\zeta = \sigma + i\tau$ とし，はじめに

$$w = -\frac{\sin\left\{\frac{\pi}{\Lambda}(\zeta - \Sigma)\right\}}{\sin\left(\frac{\pi}{\Lambda}\zeta\right)} \tag{8.195}$$

と変換する．これは，部分系を正の領域の領域に制限する．$\Lambda \gg \Sigma$ の極限では，カットオフは $\pm \epsilon/\Sigma$ と $\pm \Sigma/\epsilon$ にマップされる．いま

$$z = \frac{1}{\kappa} \log w \tag{8.196}$$

と変換すると，これは部分系を，幅 π/κ 長さ $L = (2/\kappa)\log(\Sigma/\epsilon)$ の帯にマップするというはたらきがある（κ に物理的な意味はなくて，最終結果には影響しない）．この状況で密度行列を計算すると，2 枚の帯の接続条件から明らかに，有限の幅の効果が温度 $\beta = 2\pi/\kappa$ をもたらすことがわかる．これは，κ を表面重力と見なしたときの Rindler 温度と等価である．

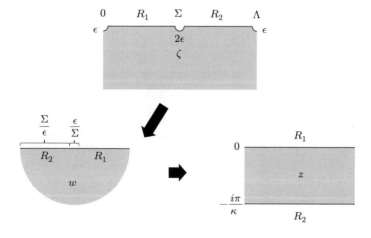

図 **8.3** 座標変換

ここでレプリカ法を導入し，幅が $2\pi n/\kappa$ に拡張された系を構成する．これは式 (8.166) において，
$$N = 0, \quad M = \frac{2\pi n}{\kappa} \tag{8.197}$$
としたことに対応する．このとき，エントロピーは以下のように表される．
$$S_1 = -\lim_{n\to 1}\frac{d}{dn}\frac{Z_n}{(Z_1)^n} = \lim_{n\to 1}\left(1 - n\frac{d}{dn}\right)\log Z_n \tag{8.198}$$
ここで，分配関数 $Z(n)$ は
$$Z(n) = \mathrm{Tr}\left(q^{L_0 - c/24}\,\bar{q}^{\bar{L}_0 - c/24}\right) \tag{8.199}$$
であったが，自由ボソン ($c=1$) では，η 関数を用いて
$$Z(n) = \frac{1}{\eta(q)\eta(\bar{q})} \tag{8.200}$$
となることを確認しておこう．無限積が
$$P(q)^{-1} = \prod_{m=1}^{\infty}(1-q^m)^{-1}$$
$$= \sum_{n_1=0}^{\infty} q^{n_1} \sum_{n_2=0}^{\infty} q^{2n_2} \sum_{n_3=0}^{\infty} q^{3n_3}\cdots$$
$$= \sum_{n_1,n_2,n_3,\ldots} q^{n_1+2n_2+3n_3+\cdots} \tag{8.201}$$
と変換できるので（和はトレースを意味する），モジュラー・ハミルトニアンを
$$L_0 = \sum_k k n_k \tag{8.202}$$
すなわち，分散を k とするボソン系を選べば，
$$P(q)^{-1} = \mathrm{Tr}\left(q^{L_0}\right) = q^{1/24}\eta(q)^{-1} \tag{8.203}$$
となるから，式 (8.200) が導かれる．

さて，分配関数を S 変換し
$$Z(n) \sim \frac{1}{\eta(-1/\tau)\,\eta(-1/\bar{\tau})} \tag{8.204}$$
について考える（後で主要項になる部分だけ残している）．このとき
$$\tau = \frac{iM}{L} = \frac{2\pi i n}{\kappa L} \tag{8.205}$$
より，パラメータ $s = e^{-\kappa L/n}$ を導入すれば

$$\eta\left(-\frac{1}{\tau}\right) = s^{1/24} \prod_m (1-s^m) \simeq s^{1/24} \tag{8.206}$$

と変形できる．これは，無限積の項が $q<1$ のとき 1 となることによった．これより

$$\log Z(n) \simeq -\frac{1}{12}\log s = \frac{\kappa L}{12n} = \frac{1}{6n}\log\frac{\Sigma}{\epsilon} \tag{8.207}$$

となることがわかる．したがって

$$S = \lim_{n\to 1}\left(1 - n\frac{d}{dn}\right)\frac{1}{6n}\log\frac{\Sigma}{\epsilon} = \frac{1}{3}\log\frac{\Sigma}{\epsilon} \tag{8.208}$$

を得る．

8.4.3 分岐点ツイスト場による方法

■ Riemann 面の構成

続いて，Calabrese–Cardy の方法を説明する（図 8.4）．まず，$n=1$ の場合から始めよう．場の演算子 $\phi(t,x)$ に対して，部分系 A と環境 B を区別する添え字を $\phi_A(t,x)$, $x\in[u,v]$ と書く．時刻 $t=0$ で系が基底状態にあるとき，波動関数は経路積分表示で以下のように表される．

$$\Psi[\phi(x)] = \frac{1}{\sqrt{Z_1}}\int \mathcal{D}\phi\, e^{-\int_{-\infty}^0 d\tau\int dx\mathcal{L}}\delta[\phi(0,x)-\phi(x)] \tag{8.209}$$

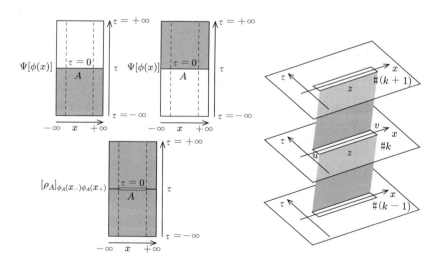

図 8.4 $\mathcal{R}_n$ の模式図

8.4 Calabrese–Cardy の公式　287

$$\Psi^*[\phi(x)] = \frac{1}{\sqrt{Z_1}} \int \mathcal{D}\phi \; e^{-\int_0^\infty d\tau \int dx \mathcal{L}} \delta[\phi(0,x) - \phi(x)] \quad (8.210)$$

ここで，時間は Euclid 化している．また，Z_1 は分配関数である．時刻 $t = 0$ での場を $\phi(x)$ と表した．経路積分の測度は省略して $\mathcal{D}\phi$ と書いているが，これは上の式 (8.209) の場合には

$$\mathcal{D}\phi = \prod_{-\infty < t < 0} \prod_x [D\phi(t,x)] \quad (8.211)$$

という意味である．このとき，系全体の密度行列は

$$\rho^{tot}_{\phi(x_1)\phi(x_2)} = \Psi[\phi(x_1)]\Psi^*[\phi(x_2)] \quad (8.212)$$

で与えられるが，環境 B を縮約した部分系 A の密度行列 ρ_A を求めるためには，部分系 A 上で定義された場の配位は変数として残して，環境領域 B 上で定義された場の配位の関数空間で積分を行う必要がある．それは次のように表される．

$$[\rho_A]_{\phi_A(x_-)\phi_A(x_+)} = \frac{1}{Z_1} \int D\phi \, \exp(-S) \exp\left(\int_{-\epsilon}^{+\epsilon} d\tau \int_u^v dx \mathcal{L} \right)$$
$$\times \prod_{x \in A} \delta[\phi_A(+\epsilon, x) - \phi_A(x_+)] \delta[\phi_A(-\epsilon, x) - \phi_A(x_-)]$$
$$(8.213)$$

ここで，ϵ は無限小の数である．時間と空間を $z = x + i\tau \in \mathbb{C}$ と表すと，部分系 A のところにスリットが入った複素平面を考えていることになる．

以上をもとに，$\mathrm{Tr}(\rho_A)^n$ は n 枚の複素平面をスリットのところで連結した Riemann 面 ($\mathcal{R}_n$ と表す) 上の分配関数によって与えられることになる (図 8.4)．k 番目のレプリカ上の ϕ_A を $\phi_A^{(k)}$ と表し，異なる面の接続条件を

$$\phi_A^{(k)}(\tau = -\epsilon, x) = \phi_A^{(k-1)}(\tau = +\epsilon, x) \quad (8.214)$$
$$\phi_A^{(1)}(\tau = -\epsilon, x) = \phi_A^{(n)}(\tau = +\epsilon, x) \quad (8.215)$$

で与える ($k = 2, 3, \ldots, n$)．これらの条件を模式的に表したものが図 8.4 である．このとき，$\mathrm{Tr}(\rho_A)^n$ は $[\rho_A]_{\phi_A(x_-)\phi_A(x_+)}$ を n 個接続して

$\mathrm{Tr}(\rho_A)^n$
$$= \prod_{k=1}^n \mathcal{D}\phi_A^{(k)} [\rho_A]_{\phi_A^{(1)}(x_-)\phi_A^{(1)}(x_+)} [\rho_A]_{\phi_A^{(2)}(x_-)\phi_A^{(2)}(x_+)} \cdots [\rho_A]_{\phi_A^{(n)}(x_-)\phi_A^{(n)}(x_+)}$$
$$= \prod_{k=1}^n \mathcal{D}\phi_A^{(k)} [\rho_A]_{\phi_A^{(1)}(x_-)\phi_A^{(2)}(x_-)} [\rho_A]_{\phi_A^{(2)}(x_-)\phi_A^{(3)}(x_-)} \cdots [\rho_A]_{\phi_A^{(n)}(x_-)\phi_A^{(1)}(x_-)}$$

$$= \frac{1}{(Z_1)^n} \int_{\mathcal{R}_n} \mathcal{D}\phi \, e^{-\int d\tau dx \, \mathcal{L}^{(n)}}$$
$$= \frac{Z_n}{(Z_1)^n} \tag{8.216}$$

と表すことができる．波動関数を規格化しておいたので，$n=1$ のときに $\mathrm{Tr}\,\rho_A = 1$ となるように規格化されている．ここで，$\mathcal{R}_n$ が非常にノントリビアルなので，ラグランジアン密度 $\mathcal{L}^{(n)}[\phi_1, \phi_2, \ldots, \phi_n](z)$ は平坦な $\mathbb{C}$ 上で定義された $\mathcal{L}[\phi_k](z)$ の和で表されるとして，$\mathcal{R}_n$ による時空の曲がりは陽に含まず，面の接続が拘束条件として導入されているほうが都合がよい．すなわち

$$\mathcal{L}^{(n)}[\phi_1, \phi_2, \ldots, \phi_n](z) = \sum_{k=1}^n \mathcal{L}[\phi_k](z) \tag{8.217}$$

と表したい．式 (8.217) のラグランジアン密度は任意のレプリカ交換に対して不変であるが，いま考えている接続条件 (8.214), (8.215) は面の並び順が固定されているので，レプリカのサイクリックな交換を表す以下の二つの対称性だけが残っている．ラグランジアン密度を用いて表すと

$$\mathcal{L}^{(n)}[\phi_1, \phi_2, \ldots, \phi_n](z) = \mathcal{L}^{(n)}[\phi_n, \phi_1, \ldots, \phi_{n-1}](z)$$
$$= \mathcal{L}^{(n)}[\phi_2, \ldots, \phi_n, \phi_1](z) \tag{8.218}$$

となる．分配関数もこの対称性をもたなくてはならない．

以降で触れるが，自由場の場合に面の接続条件をもう少し丁寧に書けば

$$\phi_A^{(k)}\left(e^{2\pi i}(w-u)\right) = \phi_A^{(k+1)}(w-u) \tag{8.219}$$
$$\phi_A^{(k)}\left(e^{2\pi i}(w-u)\right) = \phi_A^{(k-1)}(w-u) \tag{8.220}$$

となることがわかる．これも基本的には式 (8.214), (8.215) と同じで，単純に接続点で一周すると次の面に移動するということを表している．

■ 分岐点ツイスト場

拘束条件 (8.219), (8.220) を満足するような場は分岐点ツイスト場とよばれ，その演算子は $\mathcal{T}, \tilde{\mathcal{T}}$ である．ここで

$$\mathcal{T}\phi^{(j)} = \phi^{(j-1)}, \quad \tilde{\mathcal{T}}\phi^{(j)} = \phi^{(j+1)} \tag{8.221}$$

である（以降では，場の添え字 A を省略する）．分配関数に挿入すると

$$Z_n = \langle \mathcal{T}(u)\tilde{\mathcal{T}}(v) \rangle_{\mathcal{L}^{(n)}, \mathbb{C}} \tag{8.222}$$

と表すことができる．ここで，以下のような場の線形結合

8.4 Calabrese–Cardy の公式　289

$$\tilde{\phi}^{(k)} = \sum_{j=1}^{n} e^{2\pi i \frac{k}{n} j} \phi^{(j)} \tag{8.223}$$

が $\mathcal{T}, \tilde{\mathcal{T}}$ の固有状態であることがわかる ($k = 0, 1, \ldots, n-1$). 実際に

$$\mathcal{T}\tilde{\phi}^{(k)} = \sum_{j=1}^{n} e^{2\pi i \frac{k}{n} j} \phi^{(j-1)} = \sum_{j=0}^{n-1} e^{2\pi i \frac{k}{n}(j+1)} \phi^{(j)} = e^{2\pi i \frac{k}{n}} \sum_{j=0}^{n-1} e^{2\pi i \frac{k}{n} j} \phi^{(j)}$$
$$= e^{2\pi i \frac{k}{n}} \tilde{\phi}^{(k)} \tag{8.224}$$

が得られる. 同様にして, $\tilde{\mathcal{T}}$ については

$$\tilde{\mathcal{T}}\tilde{\phi}^{(k)} = e^{-2\pi i \frac{k}{n}} \tilde{\phi}^{(k)} \tag{8.225}$$

が成り立つ. この結果, 異なる k のモードは分離するので, 分配関数も異なる k の状態の直積で書けることになり, $\mathcal{T} = \prod_{k=0}^{n-1} \mathcal{T}_k$, $\tilde{\mathcal{T}} = \prod_{k=0}^{n-1} \tilde{\mathcal{T}}_k$ と書くと

$$Z_n = \prod_{k=0}^{n-1} \langle \mathcal{T}_k(u) \tilde{\mathcal{T}}_k(v) \rangle_{\mathcal{L}^{(n)}, \mathbb{C}} \tag{8.226}$$

が得られる.

■ 自由場模型におけるツイスト場の具体的な表現

式 (8.224) あるいは式 (8.225) で現れる位相因子 $e^{2\pi i k/n}$ は, 拘束条件 (8.219), (8.220) に従うと, 座標変換 $w \to e^{2\pi i} w$ に起因しているはずである. 自由場模型であれば, このような場を具体的に構成できる.

このためには, 先に述べたバーテックス演算子を用いるとよい (ここでは, 通常の物理のテキストに合わせて $\phi(z) \to i\phi(z)$ とする). たとえば $\phi(z)$ が Dirac フェルミオン $\phi(z) = \psi(z)$ の場合には, ボソン化法を念頭に置いて $\psi(z) = V_1(z)$ とし, 分岐点ツイスト場を

$$\mathcal{T}(z) = V_{\alpha = k/n}(z) \tag{8.227}$$

と決めればよい. バーテックス演算子どうしの OPE は

$$: e^{i\alpha\phi(z)} :: e^{i\beta\phi(w)} : = (z-w)^{\alpha\beta} : e^{i\alpha\phi(z) + i\beta\phi(w)} : \tag{8.228}$$

であったので, ここから

$$\psi(w)\mathcal{T}(0) = V_1(w) V_{k/n}(0) \sim w^{k/n} \tag{8.229}$$

が得られる. ここで, $w \to e^{2\pi i} w$ と座標変換すると, 確かに位相因子 $e^{2\pi i k/n}$ が現れる.

■ エンタングルメント・エントロピーの計算の一般論

以上の準備のもとに，エンタングルメント・エントロピーを一般的に計算しよう．エントロピーと場の曲率が関係あるので，空間の計量を反映する量から調べていく．一般相対論的にはストレス・テンソル $T^{\mu\nu} = 1/\sqrt{-g}(\delta S/\delta g_{\mu\nu})|_{g_{\mu\nu}=\eta_{\mu\nu}}$ がその定義どおり計量に依存するが，共形場理論の場合にはより重要なはたらきをする．ストレス・テンソルは準プライマリー場で，共形変換 $z \to w(z)$ に対する正則部分の変換式は

$$T(z) = \left(\frac{dw}{dz}\right)^2 T(w) + \frac{c}{12}\{w, z\} \tag{8.230}$$

となっており（反正則部分 $\bar{T}$ も同様），共形アノマリー項 $(c/12)\{w, z\}$ を含んでいる．Schwartz 微分は，一葉の平坦な $\mathbb{C}$ 上での Möbius 変換 $z = (aw+b)/(cw+d)$ ($\mathbb{C} \to \mathbb{C}$) ではゼロになるが，$\mathcal{R}_n$ 上では空間が歪んでいることを反映して，有限の値をもつ．いま，n 枚の複素平面を連結して Riemann 面をつくったので，

$$w = \left(\frac{z-u}{z-v}\right)^{1/n} \tag{8.231}$$

という変換を導入すると

$$\langle T(w) \rangle_{\mathbb{C}} = 0 \tag{8.232}$$

の関係を使うことができる．$(z-u)/(z-v)$ の部分は，領域 $x \in A = (u, v)$ を $(0, \infty)$ に拡大するファクターである．この結果，

$$\langle T(z) \rangle_{\mathcal{R}_n} = \frac{c}{12}\{w, z\} \tag{8.233}$$

が得られる．後は少し面倒であるが，具体的に Schwarz 微分を実行すると

$$\{w, z\} = \frac{1}{2}\left(1 - \frac{1}{n^2}\right)\frac{(u-v)^2}{(z-u)^2(z-v)^2} \tag{8.234}$$

となり，$n \neq 1$ の場合には，確かにこの項が有限になることがわかる．さらに部分分数に分解すると

$$\begin{aligned}&\langle T(z) \rangle_{\mathcal{R}_n} \\ &= \frac{c}{24}\left(1 - \frac{1}{n^2}\right)\left\{\frac{1}{(z-u)^2} - \frac{2}{u-v}\frac{1}{z-u} + \frac{1}{(z-v)^2} + \frac{2}{u-v}\frac{1}{z-v}\right\}\end{aligned} \tag{8.235}$$

が得られる．この式を共形 Ward 恒等式

$$\langle T^{(n)}(z)\mathcal{T}(u)\tilde{\mathcal{T}}(v) \rangle_{\mathcal{L}^{(n)}, \mathbb{C}}$$

$$= \sum_{j=1,2} \left\{ \frac{\Delta_j}{(z-z_j)^2} + \frac{1}{z-z_j} \frac{\partial}{\partial z_j} \right\} \langle \mathcal{T}(u) \tilde{\mathcal{T}}(v) \rangle_{\mathcal{L}^{(n)},\mathbb{C}} \quad (8.236)$$

と比較する.ただし,ツイスト演算子の定義から,$z_1 = (u,0), z_2 = (v,0)$ である.ここで,z はある複素平面上にあり,他の複素平面とは分離しているので

$$\frac{\langle T^{(n)}(z) \mathcal{T}(u) \tilde{\mathcal{T}}(v) \rangle_{\mathcal{L}^{(n)},\mathbb{C}}}{\langle \mathcal{T}(u) \tilde{\mathcal{T}}(v) \rangle_{\mathcal{L}^{(n)},\mathbb{C}}} = n \langle T(z) \rangle_{\mathcal{R}_n} \quad (8.237)$$

と仮定してよいと考えられる.このとき,2 点相関関数とスケール次元が

$$\langle \mathcal{T}(u) \tilde{\mathcal{T}}(v) \rangle_{\mathcal{L}^{(n)},\mathbb{C}} \propto \frac{1}{|z_1 - z_2|^{2\Delta_n} |\bar{z}_1 - \bar{z}_2|^{2\bar{\Delta}_n}} \quad (8.238)$$

$$\Delta_n = \bar{\Delta}_n = \frac{c}{24} \left(n - \frac{1}{n} \right) \quad (8.239)$$

で与えられることがわかる.

以上より,領域 A の長さを $|u-v| = L$ とすると,$\mathrm{Tr}(\rho_A)^n$ は

$$\mathrm{Tr}\,\rho^n = c_n L^{-4\Delta_n} \quad (8.240)$$

となることがわかる.c_n は規格化定数である.これを式 (8.194) に代入すると,最終的に

$$S_A = -\lim_{n \to 1} \frac{\partial}{\partial n} \left\{ -\frac{c}{6} \left(n - \frac{1}{n} \right) \log L + \log c_n \right\} = \frac{c}{3} \log L + c' \quad (8.241)$$

という形が得られる.$c' = -\lim_{n \to 1}(c'_n/c_n)$ である.したがって,1 次元臨界系ではエントロピーに対数補正が現れる.また,基底状態の波動関数から励起モードの情報であるセントラル・チャージを調べることができるという特徴をもっている.このことからも,エンタングルメント・エントロピーは相関関数と類似の性質を備えていることがわかる.

8.5 有限 χ スケーリング

Calabrese–Cardy の公式と同様に,有限 χ スケーリング(あるいは有限エンタングルメント・スケーリング)の式もまた CFT から基礎づけされる.この節ではその導出の詳細を見ていく.

8.5.1 縮約密度行列のモーメントの性質

出発点となるのは,縮約密度行列のモーメントである.

$$R_n = \text{Tr}\,\rho_A^n = \sum_i \lambda_i^n = c_n L_{eff}^{-(c/6)(n-1/n)} \tag{8.242}$$

すでに述べたように，L_{eff} は臨界系の場合には $L_{eff} = l/a$，非臨界系の場合には $L_{eff} = \xi/a$ であった（a は単位格子の長さ）．このほかにも，適切な共形変換を見つけることによってさまざまな系のエンタングルメント・エントロピーが計算できることが知られている．全系が有限サイズ L で部分系 A のサイズが l である場合，

$$L_{eff} = \frac{L}{\pi a} \sin\left(\frac{\pi l}{L}\right) \tag{8.243}$$

となる．また，有限温度 β において無限系の中のサイズ l の部分系 A に対しては，

$$L_{eff} = \frac{\beta}{\pi a} \sinh\left(\frac{\pi l}{\beta}\right) \tag{8.244}$$

となる．いずれも $L \to \infty$，$\beta \to \infty$ の極限で $L_{eff} = l/a$ に一致する．

以降では

$$b = \frac{c}{6} \log L_{eff} = \frac{S_A}{2} \tag{8.245}$$

というパラメータを導入し，縮約密度行列のモーメントを

$$R_n = c_n e^{-b(n-1/n)} \tag{8.246}$$

と変形しておく．

パラメータ b はエンタングルメント・エントロピーの半分の値であるが，縮約密度行列の固有値ともっと直接的な対応関係がある．はじめに，式 (8.242) および式 (8.246) を連立した式において，両辺の対数を取って

$$\log\left(\sum_i \lambda_i^n\right) = \log c_n - b\left(n - \frac{1}{n}\right) \tag{8.247}$$

と表す．左辺に関しては Lanczos 法の手続きと同様に，$n \to \infty$ の極限で最大固有値 λ_{max} のみが支配的になって $n \log \lambda_{max}$ となると考え，また，c_n の項の寄与が第 2 項に比べて弱いということを仮定すれば（これは具体的なモデルで確かめられている），

$$b = \frac{S_A}{2} = -\log \lambda_{max} \tag{8.248}$$

であることがわかる．

8.5.2 エンタングルメント・スペクトル ──────

■ 分布関数の導出

さて，有限 χ スケーリングの導出のためには，エンタングルメント・スペクトルを特徴づける必要がある．まずはじめに，縮約密度行列の固有値分布を

$$P(\lambda) = \sum_i \delta(\lambda - \lambda_i) \tag{8.249}$$

で定義する．ここで，R_n の母関数として

$$f(z) = \frac{1}{\pi} \sum_{n=1}^{\infty} R_n z^{-n} \tag{8.250}$$

を導入する．これは，以下の変形によって固有値分布 $P(\lambda)$ で表される．

$$f(z) = \frac{1}{\pi} \sum_{n=1}^{\infty} \sum_i \left(\frac{\lambda_i}{z}\right)^n = \frac{1}{\pi} \sum_i \frac{\lambda_i/z}{1 - \lambda_i/z} = \frac{1}{\pi} \int d\lambda \frac{\lambda P(\lambda)}{z - \lambda} \tag{8.251}$$

この結果は

$$\lim_{\epsilon \to 0} \mathrm{Im} f(\lambda - i\epsilon) = \lambda P(\lambda) \tag{8.252}$$

とも表すことができる．さて，R_n は（以降ではユニバーサルでない項 c_n は考えないことにする）

$$R_n = e^{-b(n-1/n)} = e^{b/n} e^{-nb} = \sum_{k=0}^{\infty} \frac{1}{k!} \left(\frac{b}{n}\right)^k e^{-nb} \tag{8.253}$$

と表されるので，関数 $f(z)$ は

$$f(z) = \frac{1}{\pi} \sum_{k=0}^{\infty} \frac{b^k}{k!} \sum_{n=1}^{\infty} \frac{(e^{-b}/z)^n}{n^k} = \frac{1}{\pi} \sum_{k=0}^{\infty} \frac{b^k}{k!} \sum_{n=1}^{\infty} \frac{(\lambda_{max}/z)^n}{n^k} \tag{8.254}$$

とまとめることができる．この式は多重対数関数（polylogarithm）

$$\mathrm{Li}_k(w) = \sum_{n=1}^{\infty} \frac{w^n}{n^k} \tag{8.255}$$

とよばれる特殊関数を含んでおり，

$$f(z) = \frac{1}{\pi} \sum_{k=0}^{\infty} \frac{b^k}{k!} \mathrm{Li}_k \left(\frac{\lambda_{max}}{z}\right) \tag{8.256}$$

と簡潔に表される．多重対数関数には

$$\frac{1}{\pi} \mathrm{Im}\, \mathrm{Li}_k (z + i\epsilon) = \frac{(\log z)^{k-1}}{\Gamma(k)} \tag{8.257}$$

という性質があるので，式 (8.256) と式 (8.257) を組み合わせれば，式 (8.252)

が導かれる．

以上の準備から ($k=0$ のところだけは注意が必要であることを念頭におくと)，固有値分布が

$$P(\lambda) = \frac{1}{\lambda}\lim_{\epsilon\to 0}\mathrm{Im}\frac{1}{\pi}\sum_{k=0}^{\infty}\frac{b^k}{k!}\mathrm{Li}_k\left(\frac{\lambda_{max}}{\lambda-i\epsilon}\right)$$

$$= \frac{1}{\lambda}\lim_{\epsilon\to 0}\mathrm{Im}\frac{1}{\pi}\sum_{k=1}^{\infty}\left(\frac{\lambda_{max}}{\lambda-i\epsilon}\right)^k + \frac{1}{\lambda}\sum_{k=1}^{\infty}\frac{b^k}{k!}\frac{\{\log(\lambda_{max}/\lambda)\}^{k-1}}{\Gamma(k)}$$

$$= \frac{1}{\lambda}\lim_{\epsilon\to 0}\frac{1}{\pi}\mathrm{Im}\frac{\frac{\lambda_{max}}{\lambda-i\epsilon}}{1-\frac{\lambda_{max}}{\lambda-i\epsilon}} + \frac{1}{\lambda}\sum_{k=1}^{\infty}\frac{b^k}{k!}\frac{\{\log(\lambda_{max}/\lambda)\}^{k-1}}{\Gamma(k)} \quad (8.258)$$

と表される．ここで，右辺第1項は $\delta(\lambda_{max}-\lambda)$ であることがすぐにわかる．一方，右辺第2項は Bessel 関数 $I_\alpha(x)$ で表すことができる．すなわち

$$I_\alpha(x) = \sum_{m=0}^{\infty}\frac{1}{m!\Gamma(m+\alpha+1)}\left(\frac{x}{2}\right)^{2m+\alpha} \quad (8.259)$$

に対して以下の量を計算すると，

$$I_1\left(2\sqrt{b\log\left(\frac{\lambda_{max}}{\lambda}\right)}\right) = \sum_{m=0}^{\infty}\frac{1}{m!\Gamma(m+2)}\left\{b\log\left(\frac{\lambda_{max}}{\lambda}\right)\right\}^{m+1/2}$$

$$= \sqrt{b\log\left(\frac{\lambda_{max}}{\lambda}\right)}\sum_{m=0}^{\infty}\frac{b^m}{m!}\frac{\{\log(\lambda_{max}/\lambda)\}^m}{(m+1)\Gamma(m+1)}$$

$$= \frac{\sqrt{b\log(\lambda_{max}/\lambda)}}{b}\sum_{k=1}^{\infty}\frac{b^k}{k!}\frac{\{\log(\lambda_{max}/\lambda)\}^{k-1}}{\Gamma(k)}$$

$$(8.260)$$

が得られ，最終的に

$$P(\lambda) = \delta(\lambda_{max}-\lambda) + \frac{b\theta(\lambda_{max}-\lambda)}{\lambda\sqrt{b\log(\lambda_{max}/\lambda)}}I_1\left(2\sqrt{b\log\left(\frac{\lambda_{max}}{\lambda}\right)}\right) \quad (8.261)$$

となる．

■ 分布関数の基本的性質（Calabrese–Lefevre の公式）

分布関数 $P(\lambda)$ の基本的な性質は以下の3点である．第一に，固有値が λ より大きな状態数 $n(\lambda)$ は

$$n(\lambda) = \int_\lambda^{\lambda_{max}} d\lambda P(\lambda) = I_0 \left(2\sqrt{b \log\left(\frac{\lambda_{max}}{\lambda}\right)} \right) \quad (8.262)$$

となる．これは，Bessel 関数の定義から直接導出できる．これが有限 χ スケーリングの証明に必要な式で，Calabrese – Lefevre の公式とよばれている．第二に，分布関数が規格化されていること，すなわち

$$\int \lambda P(\lambda) = 1 \quad (8.263)$$

である．さらに第三には，エンタングルメント・エントロピーが

$$S = -\int_0^{\lambda_{max}} \lambda \log \lambda P(\lambda) d\lambda = -2 \log \lambda_{max} \quad (8.264)$$

で与えられることである．

8.5.3 有限 χ スケーリング ──────
■ 共形場理論の変形と特異値分解のトランケーションの違い

さて，共形場理論で自由エネルギーは

$$F = E_\infty - \frac{\pi c T^2}{6v} \quad (8.265)$$

と表されるが（E_∞ は正確な基底状態エネルギー，v は励起モードの速度），熱力学の関係式より

$$E = F - T\left(\frac{\partial F}{\partial T}\right)_L = E_\infty + \frac{\pi c T^2}{6v} \quad (8.266)$$

であることがわかる．ここで，共形場理論では $T \sim 1/\xi$ であることから，

$$E = E_\infty + \frac{A}{\xi^2} \quad (8.267)$$

と表すことができる．

他方，波動関数を Schmidt 分解の有限個の状態数で記述しようとすると，これにさらに補正が加わる．その補正項について考えよう．まず，正確な波動関数は

$$|\psi_0\rangle = \sum_{n=1}^{\infty} \sqrt{\lambda_n} \, |\psi_n^L\rangle |\psi_n^R\rangle \quad (8.268)$$

と表され，係数は

$$\sum_{n=1}^{\infty} \lambda_n = 1 \quad (8.269)$$

と規格化されているとする．一方，状態数を χ 個の特異値で近似した場合には，規格化まで考慮すると

$$|\psi\rangle = \frac{\sum_{n=1}^{\chi} \sqrt{\lambda_n} |\psi_n^L\rangle |\psi_n^R\rangle}{\sqrt{\sum_{n=1}^{\chi} \lambda_n}} \tag{8.270}$$

となる．これを踏まえて，エネルギーは

$$E = E_0 |\langle \psi_0 | \psi \rangle|^2 + E_{ex} \left(1 - |\langle \psi_0 | \psi \rangle|^2\right)$$
$$= E_0 + \Delta \left(1 - |\langle \psi_0 | \psi \rangle|^2\right) \tag{8.271}$$

と表される．ただし

$$\Delta = E_{ex} - E_0 = \frac{B}{\xi} \tag{8.272}$$

とした．したがって

$$E = E_0 + \frac{B}{\xi}\left(1 - \sum_{n=1}^{\chi} \lambda_n\right) = E_0 + \frac{B}{\xi}\epsilon(\chi) \tag{8.273}$$

が得られる．$\epsilon(\chi)$ は DMRG で用いられる指標であるトランケーション誤差であり，

$$\epsilon(\chi) = \sum_{n=\chi+1}^{\infty} \lambda_n \tag{8.274}$$

である．以上より，正確な基底状態エネルギーからの誤差は

$$E = E_\infty + \frac{A}{\xi^2} + \frac{B}{\xi}\epsilon(\chi) \tag{8.275}$$

と評価される．

■ トランケーション誤差の χ 依存性

トランケーション誤差 $\epsilon(\chi)$ についてもう少し詳しく調べていく．連続極限では次のように表される．

$$\epsilon(b,\chi) = \int_\chi^\infty \lambda(b,n) dn \tag{8.276}$$

これは，Calabrese–Lefevre の公式を逆変換して計算できる．そのためには，Bessel 関数の漸近展開

$$I_\nu(z) \sim \frac{e^z}{\sqrt{2\pi z}} \left\{1 - \frac{4\nu^2 - 1^2}{1!(8z)} + \frac{(4\nu^2 - 1)(4\nu^2 - 3)}{2!(8z)^2} - \cdots\right\} \tag{8.277}$$

を考慮すると ($|z| \to \infty$)，$n(\lambda)$ が

8.5 有限 χ スケーリング

$$n(\lambda) = \frac{1}{\sqrt{4\pi\sqrt{-b^2 - b\log\lambda}}} e^{2\sqrt{-b^2 - \log\lambda}} \tag{8.278}$$

で与えられるが，両辺の対数を取ると，

$$\log n(\lambda) = 2\sqrt{-b^2 - b\log\lambda} + \frac{1}{2}\log\left(4\pi\sqrt{-b^2 - b\log\lambda}\right) \tag{8.279}$$

となる．右辺はスケーリング領域で第 1 項が支配的であることから，第 2 項を無視すると，対数正規分布

$$\lambda(b, n) = e^{-b} e^{-(\log n)^2/4b} \tag{8.280}$$

が得られる．この分布関数は Gauss 分布に非常に似ているが，確率変数が対数となっているところにその特徴がある．これを式 (8.276) に代入すると，

$$\epsilon(b, \chi) = e^{-b} \int_\chi^\infty e^{-(\log n)^2/4b} dn \tag{8.281}$$

であり，積分を実行すると，$(\log\chi - 2b)/2\sqrt{b}$ が大きければ

$$\epsilon(b, \chi) = \frac{2be^{-b}\chi}{\log\chi - 2b} e^{-(\log\chi)^2/4b} \tag{8.282}$$

が得られる．

■ スケーリング公式の導出

以上から，エネルギーの式 (8.275) を最小化しよう．最小化のための変数は b であり，条件 $\partial E/\partial b = 0$ を課す．ここで，式 (8.245) および $S_A = (c/6)\log\xi$ より，$\xi = e^{12b/c}$ が得られる．これと式 (8.282) を式 (8.275) に代入すると

$$E = E_\infty + Ae^{-24b/c} + Be^{-12b/c}\frac{2be^{-b}\chi}{\log\chi - 2b}e^{-(\log\chi)^2/4b} \tag{8.283}$$

となるので，これを b で微分すると

$$B\chi e^{-b(1+12/c)} e^{-(\log\chi)^2/4b} \left\{\left[\frac{(\log\chi)^2}{4b^2} - 1 - \frac{12}{c}\right]\frac{2b}{\log\chi - 2b} + \frac{2\log\chi}{(\log\chi - 2b)^2}\right\}$$

$$- \frac{24A}{c} e^{-24b/c} = 0 \tag{8.284}$$

が得られる．ここで，スケーリング極限 $\chi \to \infty$ では

$$b = \mu \log\chi \tag{8.285}$$

という解が存在すると仮定する．この極限では，波括弧内は第 1 項が主要項となり，第 2 項が無視できる．このとき，式 (8.284) の 1 行目と 2 行目の指数関数が相殺するためには

$$\frac{1}{\mu}\left(1+\frac{12}{c}\right)-\frac{1}{4\mu^2}=-\frac{24}{c} \tag{8.286}$$

が要請され，

$$\mu=\frac{1}{2\left(\sqrt{12/c}+1\right)} \tag{8.287}$$

を得る．以上から，エンタングルメント・エントロピーは

$$S=\frac{1}{\sqrt{12/c}+1}\log\chi \tag{8.288}$$

と表される．この関係式が有限 χ スケーリング（あるいは有限エンタングルメント・スケーリング）である．ここで

$$S=\frac{c\kappa}{6}\log\chi \tag{8.289}$$

とおいて指数 κ を導入する．すなわち

$$\kappa=\frac{6}{c\left(\sqrt{12/c}+1\right)} \tag{8.290}$$

である．これは有限エンタングルメント・スケーリング指数とよばれる．いまのセットアップでの Calabrese–Cardy の公式

$$S=\frac{c}{6}\log\xi \tag{8.291}$$

と比較すれば，

$$\xi=\chi^\kappa \tag{8.292}$$

であることがわかる．したがって，Schmidt 分解の状態数は系の相関長に直接関係する量であることがわかった．DMRG による数値計算においても，トランケーション誤差を減らせばより遠くの相関を精密に記述できたわけであるが，その背景にはこのようなスケーリングが隠れていることがわかる．

8.6 Zamolodchikov の c 定理とエンタングルメント・エントロピー

トーラス上の共形場理論のところで少し触れたように，セントラル・チャージ c は系の臨界点を特徴づけるだけでなく，共形不変性の緩やかな破れをピックアップするという機能ももっていた．したがって，対象とする統計模型が生の相互作用のレベルでは共形不変に見えなくても，低エネルギーで特定の臨界点に至る場

合，その軌跡はやはりセントラル・チャージに対応する量で記述されると期待される．セントラル・チャージに対応するという意味は，くりこみ群のフローの結果，固定点ではその模型の低エネルギー有効理論のもつセントラル・チャージに収束するような物理量が存在するということである．この性質について議論するのが，ZamolodchikovのC定理である．前節までで述べたように，1次元量子臨界系におけるエンタングルメント・エントロピーはセントラル・チャージで特徴づけられている．そこで，くりこみ群のフローをエントロピー的に解釈できるか調べる．

8.6.1 Zamolodchikovのc定理

まず，ストレス・テンソルについて，並進対称性の条件

$$\partial_\mu T_{\mu\nu} = 0 \tag{8.293}$$

から，複素座標表示で次の二つの条件が得られていた．

$$\partial_{\bar{z}} T = \partial_z \Theta, \quad \partial_z \bar{T} = \partial_{\bar{z}} \Theta \tag{8.294}$$

一般に，場の理論が多様体上に定義されているときには，トレースレス条件は成り立たないので，Θ は有限の値をとるものと考える．以前に述べたように，この有限値にはセントラル・チャージが含まれている．

ここで，次の関数を定義する．

$$\langle T(z,\bar{z})T(0,0)\rangle = \frac{F(z\bar{z})}{z^4} \tag{8.295}$$

$$\langle \Theta(z,\bar{z})T(0,0)\rangle = \langle T(z,\bar{z})\Theta(0,0)\rangle = \frac{G(z\bar{z})}{z^3 \bar{z}} \tag{8.296}$$

$$\langle \Theta(z,\bar{z})\Theta(0,0)\rangle = \frac{H(z\bar{z})}{z^2 \bar{z}^2} \tag{8.297}$$

並進対称性の条件 $\partial_{\bar{z}} T = \partial_z \Theta$ から，

$$\langle \partial_{\bar{z}} T(z,\bar{z}) T(0,0)\rangle = \langle \partial_z \Theta(z,\bar{z}) T(0,0)\rangle \tag{8.298}$$

が成り立つ．ここで

$$t = \log(z\bar{z}) \tag{8.299}$$

とおくと，

$$\partial_{\bar{z}} F(z\bar{z}) = \frac{z}{\bar{z}} \partial_z G(z\bar{z}) - 3\frac{G(z\bar{z})}{\bar{z}} \tag{8.300}$$

より，

$$\frac{d}{dt} F = \frac{d}{dt} G - 3G \tag{8.301}$$

が得られる．また同様に
$$\langle \partial_{\bar{z}} T(z,\bar{z})\Theta(0,0)\rangle = \langle \partial_z \Theta(z,\bar{z})\Theta(0,0)\rangle \tag{8.302}$$
が成り立つので，
$$\partial_{\bar{z}} G(z\bar{z}) - \frac{G(z\bar{z})}{\bar{z}} = \frac{z}{\bar{z}} H(z\bar{z}) - 2\frac{H(z\bar{z})}{\bar{z}} \tag{8.303}$$
となり，
$$\frac{d}{dt} G - G = \frac{d}{dt} H - 2H \tag{8.304}$$
が得られる．ここで，C 関数を
$$C = 2F + 4G - 6H \tag{8.305}$$
と定義すると，
$$\frac{d}{dt} C = -12H \le 0 \tag{8.306}$$
が成り立つ．したがって，くりこみのフローに沿って C 関数は単調に減少する．変数 t を大きくする極限が，相関関数の長距離での漸近挙動を調べることに相当する．関数 C が極小となるのは $H = 0$ すなわち $\Theta = 0$ の場合であり，このとき，理論は共形不変となる．関数 C の極小値が Virasoro 代数のセントラル・チャージ c を与える．この結果を，Zamolodchikov の c 定理とよぶ．

8.6.2 エントロピー的 c 関数

c 定理のエントロピー的解釈は非常に簡単かつ明快である．まず，系の長さを与える変数を $l = e^x$ と変換すると，固定点では
$$S(l) = \frac{c}{3} \log l = \frac{c}{3} x = S(x) \tag{8.307}$$
であった．さて，固定点から離れても成り立つエントロピーの一般的な性質として，凹性を考える．エントロピーの凹性の条件は
$$\frac{\partial^2}{\partial x^2} S(x) \le 0 \tag{8.308}$$
と表される．ここで，エントロピー的 c 関数を
$$c(x) = 3\frac{\partial}{\partial x} S(x) \tag{8.309}$$
と定義する．この定義はたしかに固定点で通常の共形場理論のセントラル・チャージに一致するものである．ここから直接的に
$$\frac{\partial}{\partial x} c(x) \le 0 \tag{8.310}$$

8.6 Zamolodchikov の c 定理とエンタングルメント・エントロピー

が示される．これは Zamolodchikov の c 定理そのものである．

興味深いことに，これに類似した性質は，特異値分解に基づいた画像エントロピーにも普遍的に見られる．画像処理の場合には古典 2 次元系であるが，鈴木－Trotter 変換を通じて 1 次元量子系と間接的なつながりがあると思えば，くりこみフローや逐次的データ圧縮の非常に基本的な性質が，エントロピーの諸性質によって支配されているように思われる．また，次章で述べるゲージ・重力対応においても，この性質はホログラフィックくりこみ群という形で現れる．

第9章

テンソル自由度から時空へ：
くりこみ群の現代的な視点

最後の2章では，この分野の最近の発展も踏まえて，次元拡大の方法を自由に使いこなすことを目的とする．量子古典変換やくりこみ群がどのように再定式化され，視点の深化をもたらしているかを見ていく．またその際に，物性物理・統計力学・超弦理論などの分野の最先端課題が，非常に密接に関わりあうことを見ていただきたい．

次元の縮約・拡大と量子古典変換に関する分類法としては，次のように考えることができる．時空には境界のあるものとないものがある．それらの時空構造と適切な境界条件から，一見異なる系の対応を示すことができる．そのような視点から大きく分類すると，「時空のコンパクト化による対応」と「バルク境界対応」ということになる．ここに，必然的に量子・古典の対応が乗ってくる．次元の低いほうが量子系で，高いほうが古典系に対応する．第4, 5章で議論したテンソル・ネットワークの構造には，PEPSのようにEuclid的なものと，MERAのように双曲的なものがあり，そのまま両者に対応する．以下では，それらに関する最近の話題について述べる．くりこみ群に関連する話題は，後者の双曲空間上の問題である．

幾何学は非常に明瞭にシステムの対称性を抽出する学問であるため，臨界量子系の幾何学的表現が得られれば，それは直接的にくりこみ群への新たな視点を提供する．この点がMERAとAdS/CFT対応に共通した数理構造の背景となっている．これらの問題においては，古典サイドの余剰次元がもとの量子模型のくりこみスケールに対応しており，近年ではホログラフィックくりこみ群とよばれている．

9.1 コンパクト化の手法：VBS/CFT 対応

VBS 状態のような励起ギャップのある量子 2 次元系をテンソル積状態として表し，そのテンソル・ネットワークにシリンダー的境界条件を与えてコンパクト化し，1 次元量子系を構成することができる[142,143]．励起ギャップのある系をテンソル積状態で表す場合，各サイト上に定義されたテンソル次元は比較的小さくてよい．一方，シリンダー的につないだときに「輪」一つを新たな行列と取り直すことができるのだが，そのとき，和の方向のサイト数が大きくなれば，その行列次元は非常に大きくなる．したがって，シリンダーを大局的に眺めて 1 次元系だと思うと，それは臨界系の行列積に似ている状況になる．1 次元量子臨界系は共形場理論で分類できるので，系をそちらにマップすることは大局的なものの見方として有効であると考えられる．

VBS/CFT 対応とよばれる変換原理はもう少し精密な構成法となっていて，コンパクト化した 2 次元 VBS 状態の縮約密度行列から定義したエンタングルメント・ハミルトニアンが，1 次元量子臨界系に対応するというものである．上記の素朴な見方とのつながりはまだ見出されていないが，超弦理論における開弦・閉弦のデュアリティーとの関係を予想させる．テンソル積の基底変換にはさまざまな表現の可能性が考えられる．

9.1.1 VBS（テンソル積状態）の MPS へのコンパクト化

以下で具体的に，テンソル積状態の変換法について述べる．2 次元量子系の状態を形式的に次のように表す．

$$|\psi\rangle = \sum_I c_I |I_1, I_2, \ldots, I_{N_h}\rangle \tag{9.1}$$

係数 c_I は 2 次元正方格子的テンソル積で

$$c_I = \sum_\Lambda L^{I_1}_{\Lambda_1} B^{I_2}_{\Lambda_1, \Lambda_2} \cdots B^{I_{N_h-1}}_{\Lambda_{N_h-2}, \Lambda_{N_h-1}} R^{I_{N_h}}_{\Lambda_{N_h-1}} \tag{9.2}$$

と表す．ここで，$I_1, I_2, \ldots, I_{N_h}$ は水平方向のサイトのインデックスである．水平方向 n 番目の状態の添え字 $I_n = (i_{1,n}, i_{2,n}, \ldots, i_{N_v,n})$ の各要素は，水平方向 n 番目のサイト列に対する垂直方向自由度である（図 9.1 参照）．すなわち，$N_h \times N_v$ サイトの系を考える．各サイトの状態は $i_{k,n} = -S, -S+1, \ldots, S$ の $2S+1$ 状態で表されるものとする．テンソルの内部自由度は，$\Lambda_n = (\alpha_{1,n}, \alpha_{2,n}, \ldots, \alpha_{N_v,n})$ と表すことにし，各自由度は $\alpha_{k,n} = 1, 2, \ldots, \chi$ と取ることにする．円筒の輪切

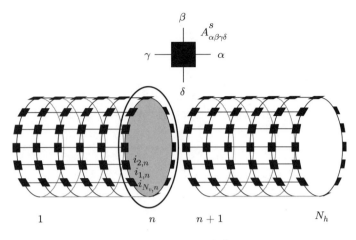

図 **9.1** コンパクト化

り方向にトレースされる $\chi \times \chi$ 行列を $A^{i_{k,n}}_{\alpha_{k,n-1},\alpha_{k,n}}$ と表すと，$B^{I_n}_{\Lambda_{n-1},\Lambda_n}$ は

$$B^{I_n}_{\Lambda_{n-1},\Lambda_n} = \text{Tr}\left(\prod_{k=1}^{N_v} A^{i_{k,n}}_{\alpha_{k,n-1},\alpha_{k,n}}\right) \tag{9.3}$$

で与えられる．円筒の境界に関しては，

$$L^{I_1}_{\Lambda_1} = \text{Tr}\left(\prod_{k=1}^{N_v} l^{i_{k,1}}_{\alpha_{k,1}}\right) \tag{9.4}$$

$$R^{I_{N_h}}_{\Lambda_{N_h-1}} = \text{Tr}\left(\prod_{k=1}^{N_v} r^{i_{k,N_h}}_{\alpha_{k,N_h-1}}\right) \tag{9.5}$$

と表す．ただし，l および r は $\chi \times \chi$ 行列である．全系を l 番目と $(l+1)$ 番目のところで分割し，

$$L^{I_a} = L^{I_1} B^{I_2} \cdots B^{I_l} \tag{9.6}$$

$$R^{I_b} = B^{I_{l+1}} \cdots B^{I_{N_h-1}} R^{I_{N_h}} \tag{9.7}$$

を定義する．物理的（スピン）自由度 I_a および I_b は，それぞれ $(2S+1)^l$ および $(2S+1)^{N-l+1}$ である．このとき，波動関数は Schmidt 分解の形

$$|\psi\rangle = \sum_{I_a,I_b} \sum_{\Lambda} L^{I_a}_{\Lambda} R^{I_b}_{\Lambda} |I_a, I_b\rangle \tag{9.8}$$

で表される．分割した境界の自由度は χ^{N_v} である（添え字 Λ の自由度）．全系の密度行列は $\rho = |\psi\rangle\langle\psi|$ と表される．

9.1.2 縮約密度行列とエンタングルメント・ハミルトニアン

式 (9.8) そのものは 1 次元量子臨界系の状態の具体的な表現といえるのであるが，ここで着目したい量は，I_b を縮約した部分密度行列 $\rho_l = \text{Tr}_{I_b} \rho$ である．加えて，エンタングルメント・ハミルトニアン H_l を

$$\rho_l = e^{-H_l} \tag{9.9}$$

と定義したとき，この臨界系としての具体的な性質がわかるとよい．もちろん，部分トレースは I_b に対してとるので，密度行列の次元は I_a である．ただし，ここでは仮想自由度 Λ の役割が重要なので，その空間へマップしたときの情報が知りたいところである．そのために，仮想空間の基底ベクトルを $|\Lambda)$ として（表記の混乱がないように，仮想空間の基底は丸括弧で表す）

$$|L^{I_a}) = \sum_\Lambda L^{I_a}_\Lambda |\Lambda) \tag{9.10}$$

$$|R^{I_b}) = \sum_\Lambda R^{I_b}_\Lambda |\Lambda) \tag{9.11}$$

を導入し，仮想空間とスピン空間のテンソル積を用いて，左右の状態を次のように拡大した空間で表す．

$$|\psi_L\rangle = \sum_{I_a} |L^{I_a}) \otimes |I_a\rangle = \sum_{I_a} \sum_\Lambda L^{I_a}_\Lambda |\Lambda) \otimes |I_a\rangle \tag{9.12}$$

$$|\psi_R\rangle = \sum_{I_b} |R^{I_b}) \otimes |I_b\rangle = \sum_{I_b} \sum_\Lambda R^{I_b}_\Lambda |\Lambda) \otimes |I_b\rangle \tag{9.13}$$

したがって，もとの状態 $|\psi\rangle$ は $|\psi_L\rangle$ と $|\psi_R\rangle$ から構成される．このとき，仮想空間に対する縮約密度行列は

$$\sigma_L = \sum_{I_a} |L^{I_a})(L^{I_a}| \tag{9.14}$$

$$\sigma_R = \sum_{I_b} |R^{I_b})(R^{I_b}| \tag{9.15}$$

と表される．以降では $\sigma_L^\dagger = \sigma_L$, $\sigma_R^\dagger = \sigma_R$ を仮定する．

以上の表記を用いて ρ_l を表すことを考える．まず，スピン空間において，特定の仮想状態 Γ に対する新たな基底 $|\chi_\Gamma\rangle$ を次のように表す．

$$|\chi_\Gamma\rangle = (\Gamma| \frac{1}{\sqrt{\sigma_L}} |\psi_L\rangle = \sum_I (\Gamma| \frac{1}{\sqrt{\sigma_L}} |L^I) |I\rangle \tag{9.16}$$

因子 $1/\sqrt{\sigma_L}$ の存在は，$|\chi_\Gamma\rangle$ が規格化されるようにとった．すなわち

$$\sum_\Gamma \langle \chi_\Gamma | \chi_\Gamma \rangle = \sum_\Gamma \langle \psi_L | \frac{1}{\sqrt{\sigma_L}} |\Gamma\rangle (\Gamma| \frac{1}{\sqrt{\sigma_L}} |\psi_L\rangle = \langle \psi_L | \sigma_L^{-1} | \psi_L \rangle = 1 \quad (9.17)$$

である．このとき，縮約密度行列は

$$\rho_l = \sum_{\Gamma,\Gamma'} |\chi_\Gamma\rangle \langle \chi_{\Gamma'}| (\Gamma'| \sqrt{\sigma_L} \sigma_R \sqrt{\sigma_L} |\Gamma\rangle \quad (9.18)$$

と表すことができる．実際に，以下の変形が可能である．

$$\rho_l = \sum_{\Gamma,\Gamma'} |\chi_\Gamma\rangle \langle \chi_{\Gamma'}| (\Gamma'| \sqrt{\sigma_L} \sigma_R \sqrt{\sigma_L} |\Gamma\rangle$$

$$= \sum_{\Gamma,\Gamma'} \sum_{I_a} \sum_\Lambda (\Gamma| \frac{1}{\sqrt{\sigma_L}} L_\Lambda^{I_a} |\Lambda\rangle |I_a\rangle$$

$$\times (\Gamma'| \sqrt{\sigma_L} \sigma_R \sqrt{\sigma_L} |\Gamma\rangle \times \sum_{I_a'} \sum_{\Lambda'} \langle I_a'| (\Lambda'| L_{\Lambda'}^{I_a'} \frac{1}{\sqrt{\sigma_L}} |\Gamma'\rangle$$

$$= \sum_{I_a,\Lambda} \sum_{I_a',\Lambda'} |I_a\rangle \langle I_a'| (\Lambda'| L_{\Lambda'}^{I_a'} \sigma_R L_\Lambda^{I_a} |\Lambda\rangle$$

$$= \sum_{I_a,\Lambda} \sum_{I_a',\Lambda'} \sum_{I_b} \sum_{\Gamma,\Gamma'} |I_a\rangle \langle I_a'| (\Lambda'| L_{\Lambda'}^{I_a'} R_{\Gamma'}^{I_b} |\Gamma'\rangle (\Gamma| R_\Gamma^{I_b} L_\Lambda^{I_a} |\Lambda\rangle$$

$$= \sum_{I_a,\Lambda} \sum_{I_a',\Lambda'} \sum_{I_b} |I_a\rangle \langle I_a'| L_{\Lambda'}^{I_a'} R_{\Lambda'}^{I_b} R_\Lambda^{I_b} L_\Lambda^{I_a}$$

$$= \sum_{I_b} \langle I_b|\psi\rangle \langle \psi|I_b\rangle$$

$$= \text{Tr}_{I_b} \rho \quad (9.19)$$

仮想空間からスピン空間への写像を

$$U = \sum_\Gamma |\chi_\Gamma\rangle (\Gamma| \quad (9.20)$$

と表すと，特に $\sigma_L = \sigma_R = \sigma_b$ の場合には，ρ_l は

$$\rho_l = U \sqrt{\sigma_L} \sigma_R \sqrt{\sigma_L} U^\dagger = U \sigma_b^2 U^\dagger \quad (9.21)$$

となる．したがって，エンタングルメント・ハミルトニアン H_b は

$$\sigma_b^2 = e^{-H_b} \quad (9.22)$$

で与えられる．すなわち，シリンダー状の 2 次元波動関数は，分割した境界の仮想自由度から構成される 1 次元的エンタングルメント・ハミルトニアン H_b に変換される．実際に，正方格子の VBS 状態に対するホログラフィック・スピン鎖は，反強磁性 Heisenberg 模型（$c=1$）のスペクトルと非常に類似していることが数

値計算で示されている．一方，蜂の巣格子上の VBS 状態は強磁性的 Heisenberg 鎖のスペクトルに対応することも示されている．双方の格子は bipartite であるが，系に分割を入れたときに，正方格子では最隣接の境界スピンが異なる副格子に属しており，他方，蜂の巣格子の場合には，すべての境界スピンが同じ副格子に属している．このような違いが，マップした先の状態の違いに現れていると考えられる．

　超弦理論においても類似の事情が知られている．閉弦の時間発展を考えたとき，その世界面がいまの問題の VBS 状態に対応している．この経路積分は，時間発展の始状態・終状態あるいは D brane の状態 $|B\rangle$ を用いて，$\langle B|\exp\{-s(L_0 + \bar{L}_0)\}|B\rangle$ と表される．VBS/CFT 対応では，切り口の 1 次元鎖に対応する．また，境界 CFT では石橋状態とよばれている．

9.2　バルク境界対応：AdS/CFT 対応

9.2.1　AdS 時空の境界

■ 共形 Killing 方程式

　この節では，境界をもつ多様体のバルクと境界に成り立つ関係を議論する．バルク AdS 空間の無限小座標変換から出発する．

$$ds'^2 = ds^2 + (\nabla_\mu \xi_\nu + \nabla_\nu \xi_\mu) dx^\mu dx^\nu \tag{9.23}$$

時空が曲がっているので，微分は共変微分で定義されている．添え字に関しては，動径部分を z，それ以外を i, j で表す．

$$ds^2 = g_{\mu\nu} dx^\mu dx^\nu = \frac{l^2}{z^2}\left(dz^2 + \eta_{ij} dx^i dx^j\right) = g_{zz} dz^2 + g_{ij} dx^i dx^j \tag{9.24}$$

共変微分を具体的に書き下すと

$$\nabla_\mu \xi_\nu + \nabla_\nu \xi_\mu = \partial_\mu \xi_\nu + \partial_\nu \xi_\mu - 2\Gamma^\lambda{}_{\mu\nu} \xi_\lambda \tag{9.25}$$

である．ここで，無限小座標変換に際して，境界は動径方向に変動しないという境界条件をつけることにして，

$$\xi_z(x, z) = z\zeta(x), \quad \xi_i(x, z) = \xi_i(x, 0) \tag{9.26}$$

とおく．ζ は x のみの関数である．このとき

$$(\nabla_\mu \xi_\nu + \nabla_\nu \xi_\mu) dx^\mu dx^\nu = (\partial_i \xi_j + \partial_j \xi_i) dx^i dx^j + 2\partial_z \xi_z dz^2$$
$$+ 2(\partial_z \xi_i + \partial_i \xi_z) dx^i dz - 2\Gamma^\lambda{}_{\mu\nu} \xi_\lambda dx^\mu dx^\nu \tag{9.27}$$

となり，ちょうど境界上 $z = 0$ では

$$(\nabla_\mu \xi_\nu + \nabla_\nu \xi_\mu) dx^\mu dx^\nu = (\partial_i \xi_j + \partial_j \xi_i) dx^i dx^j + 2\zeta dz^2 - 2\Gamma^\lambda_{\mu\nu} \xi_\lambda dx^\mu dx^\nu \tag{9.28}$$

となることがわかる.後は,Christoffel 記号がどのような値を取るのか具体的に計算をする必要がある.そのためには,計量およびその逆行列が

$$g_{zz} = \frac{l^2}{z^2}, \quad g_{ij} = \frac{l^2}{z^2}\eta_{ij}, \quad g^{zz} = \frac{z^2}{l^2}, \quad g^{ij} = \frac{z^2}{l^2}\eta^{ij} \tag{9.29}$$

などとなることを確認しておく.計量が z のみの関数であるため,Christoffel 記号のゼロでない成分は以下のみである.

$$\Gamma^z_{ij} = \frac{1}{2}g^{zz}(\partial_i g_{jz} + \partial_j g_{iz} - \partial_z g_{ij}) = -\frac{1}{2}g^{zz}\partial_z g_{ij} = \frac{1}{z}\eta_{ij} \tag{9.30}$$

$$\Gamma^z_{zz} = \frac{1}{2}g^{zz}(\partial_z g_{zz} + \partial_z g_{zz} - \partial_z g_{zz}) = \frac{1}{2}g^{zz}\partial_z g_{zz} = -\frac{1}{z} \tag{9.31}$$

これより

$$(\nabla_\mu \xi_\nu + \nabla_\nu \xi_\mu) dx^\mu dx^\nu = (\partial_i \xi_j + \partial_j \xi_i - 2\zeta\eta_{ij}) dx^i dx^j + 4\zeta dz^2 \tag{9.32}$$

が得られる.以上より,バルクで一般座標変換に対する不変性 $ds'^2 = ds^2$ を課すと(等長変換,isometry),境界 $z = 0$ において

$$\partial_i \xi_j + \partial_j \xi_i = 2\zeta\eta_{ij} \tag{9.33}$$

という条件が得られる.これはちょうど,共形 Killing 方程式になっている.したがって,AdS 時空の境界には,共形場理論が誘導されると期待される.

AdS_{d+2} 時空は,Einstein 方程式を満たす定負曲率空間である.これは $(d+3)$ 次元中の $(d+2)$ 次元的多様体として定義されており,もともと時間成分が二つ $(X_{-1}$ と $X_0)$ 入っている.したがって,この時空も $\text{SO}(2,d+1)$ の変換のもとで不変な理論である.一方,$d+1$ 次元場の理論は,Lorentz 対称性 $\text{SO}(1,d)$ と並進対称性をもっている.共形場理論になると,上で述べたようにスケール変換と特殊共形変換に対する不変性が増えるので,対称性は $\text{SO}(2,d+1)$ に格上げされる.したがって,群論的な視点からも,このバルクの境界に誘導される理論は共形場理論である可能性がある.ただし,この対称性の格上げは,あくまで境界条件の式 (9.26) の存在に起因するものであることに注意してほしい.

■ 境界項の特徴

具体的にバルクが 3 次元の場合について,境界項の特徴を調べよう.AdS_3 時空は極大対称時空なので,六つの独立な Killing ベクトルをもつ.一方,境界の共形場理論は,2 次元の場合には無限次元の Virasoro 対称性に格上げされている.六つの自由度はその部分群の生成子 $L_0, L_{\pm 1}, \bar{L}_0, \bar{L}_{\pm 1}$ に対応している.残りの

9.2 バルク境界対応：AdS/CFT 対応

Virasoro 生成子が自然に導入されるためには，境界項が Virasoro 代数の生成子の母関数，すなわちストレス・テンソルに対応していなければならない．以下ではその点について調べる．いまのように時空が境界をもつ場合には，バルク計量の変換不変性が破れる可能性がある．ここでは，境界条件を適切に選んでそれを回復させることを考える．そのときに，境界条件が Virasoro 代数とどのように整合的になるのかを理解することが目的である．

バルクが 3 次元の場合，負の宇宙定数をもった Einstein 方程式は BTZ 解をもっていることはすでに述べたとおりである．境界 $r \to \infty$ の近くでは

$$ds^2 = r^2 \left(-dt^2 + d\phi^2\right) + \frac{1}{r^2} dr^2 \tag{9.34}$$

と表される（長さは曲率半径を単位にして測る）．ここで

$$z = t + \phi, \quad \bar{z} = -t + \phi, \quad e^\rho = r \tag{9.35}$$

と座標変換すると

$$ds^2 = e^{2\rho} dz d\bar{z} + d\rho^2 \tag{9.36}$$

となるが，Virasoro 代数の中心拡大に対応する項（Brown–Henneaux 境界条件とよばれる）を

$$ds^2 = e^{2\rho} dz d\bar{z} + d\rho^2 + T(z) dz^2 + \bar{T}(\bar{z}) d\bar{z}^2 \tag{9.37}$$

として導入することができる．ここでは，簡単のためにカイラルな模型

$$ds^2 = e^{2\rho} dz d\bar{z} + d\rho^2 + \frac{1}{\alpha} T(z) dz^2 \tag{9.38}$$

を考える．以降の議論のために，係数 α^{-1} をあらわにした．このとき，計量は座標変換 $z = f(z')$ に対して

$$ds^2 = e^{2\rho} \partial_{z'} f dz' d\bar{z} + d\rho^2 + \frac{1}{\alpha} T(z) \left(\partial_{z'} f\right)^2 \left(dz'\right)^2 \tag{9.39}$$

と変換する．第 1 項のヤコビアンを除くためには

$$e^{2\rho} \partial_{z'} f = e^{2\rho'}, \quad \bar{z} = \bar{z}' - \frac{1}{2} e^{-2\rho'} \frac{\partial_{z'}^2 f}{\partial_{z'} f} \tag{9.40}$$

と変換すればよい（z と $\bar{z}$ はたがいに共役ではないので注意）．これらより

$$d\bar{z} = d\bar{z}' + e^{-2\rho'} \frac{\partial_{z'}^2 f}{\partial_{z'} f} d\rho' - \frac{1}{2} e^{-2\rho'} \{f, z'\} dz' \tag{9.41}$$

$$d\rho = d\rho' - \frac{1}{2} \frac{\partial_{z'}^2 f}{\partial_{z'} f} dz' \tag{9.42}$$

が示せるので（波括弧は Schwarz 微分），最終的に

$$ds^2 = e^{2\rho'} dz' d\bar{z}' + \left(d\rho'\right)^2 + \frac{1}{\alpha} T'(z') \left(dz'\right)^2 \tag{9.43}$$

と線素が不変な形にまとめることができる．このとき

$$T'(z') = T(z)\left(\partial_{z'}f\right)^2 - \frac{\alpha}{2}\{f, z'\} \tag{9.44}$$

が成り立っており，したがって，$T(z)$ は確かにストレス・テンソルと同じ変換性を示すことが確認できる．α は Virasoro 代数のセントラル・チャージ c を用いて

$$\alpha = -\frac{c}{6} \tag{9.45}$$

と表されることがわかる．

■ Brown–Henneaux セントラル・チャージ

AdS$_3$ 時空上の古典的な場の理論の Einstein–Hilbert 作用 $I = (16\pi G)^{-1}\int \sqrt{g}(R + 2\Lambda)$ は，ニュートン定数 G と曲率半径 l を含んでいるため，セントラル・チャージ c は G と l で表されることになる．具体的には

$$c = \frac{3l}{2G} \tag{9.46}$$

と表される．ヤコビアンが $\sqrt{g} = l^3/z^3$ であり，曲率と宇宙定数の次元が l^{-2} であることから，境界項の係数が l/G となることは想像できるだろう．通常，セントラル・チャージは量子アノマリーから出てくるので，ここでの中心拡大は物理的意味合いの異なるものである．この電荷は Brown–Henneaux セントラル・チャージとよばれる[144–146]．これは先ほどから述べているように，境界条件の処理の方法に起因することで，実際に保存チャージに対する Poisson 括弧式は，それを Dirac 括弧に量子化する前の段階ですでに拡大項をもっていることがその原因である．それらの違いは経路積分量子化の立場からも明らかで，通常の量子アノマリーは変数変換のヤコビアンから出てくるが（経路積分測度が不変ではないこと）[141]，Brown–Henneaux セントラル・チャージは経路積分の境界条件が不変ではないことに起因している．

Brown–Henneaux セントラル・チャージの導出はいろいろな方法で試みられているが（本書でもこの後に導出する），ここまでの議論と関連する方法としては，境界条件をあらわに取り込んだ作用から出発し，境界ストレス・テンソルと対応する共形場理論のトレース・アノマリーを比較する方法がある．あるいは，$T(z)$ を含んだ Killing ベクトルを具体的に書き下し，その Lie 代数を調べることである．

9.2.2 GKP – Witten 関係式

さて，AdS/CFT 対応が主張することは，AdS_{d+2} 時空における重力場の古典的作用が（赤外カットオフ z_0 をもつ），この時空の $(d+1)$ 次元的境界に「住んで」いる CFT（UV カットオフをもつ）の生成汎関数になるということである [41,42]．すなわち

$$\exp\left\{-\frac{1}{2\kappa^2}I(\phi(x))\right\}\bigg|_{\phi(z\to z_0)=\phi_0} = \left\langle \exp\left(\int d^{d+1}x\,\phi_0(x)\mathcal{O}(x)\right)\right\rangle_{CFT} \tag{9.47}$$

である．ここで，$I(\phi(x))$ は AdS_{d+2} の古典的作用，$\kappa^2 = 8\pi G_{d+2}^N$，$G_{d+2}^N$ は $(d+2)$ 次元 Newton 定数，$\mathcal{O}(x)$ は，AdS_{d+2} の境界での場 $\phi_0(x)$ と結合する CFT のスケーリング演算子である．この式は，GKP (Gubser – Klebanov – Polyakov) – Witten 関係式とよばれる [147,148]．ここから，CFT の相関関数は重力場の古典作用を用いて

$$\langle \mathcal{O}(x_1)\cdots\mathcal{O}(x_n)\rangle_{CFT} = \frac{\delta}{\delta\phi(x_1)}\cdots\frac{\delta}{\delta\phi(x_n)}\exp\left\{-\frac{1}{2\kappa^2}I(\phi(x))\right\}\bigg|_{\phi=\phi_0} \tag{9.48}$$

と書くことができる．したがって，重力場の古典解を求めて $z \to z_0 \sim 0$ の極限をとった結果，CFT の相関関数が出てくるかということが問題である．

簡単な例として，AdS 時空中を伝播する自由スカラー場を考える．作用は

$$\begin{aligned}I(\phi) &= \frac{1}{2}\int d^{d+2}X\sqrt{g}\,g^{\mu\nu}\partial_\mu\phi\partial_\nu\phi \\ &= \frac{1}{2}\int d^{d+1}\vec{x}\int dz\frac{1}{z^d}\left\{(\partial_z\phi)^2 + \eta^{\mu\nu}\partial_\mu\phi\partial_\nu\phi\right\}\end{aligned} \tag{9.49}$$

で与えられる．座標を $X = (z, x^\mu) = (z, \vec{x}), \mu = 0, 1, \ldots, d$ と表す．計量テンソル $g^{\mu\nu}$ の添え字は $g^{\mu\nu}g_{\nu\lambda} = \delta^\mu{}_\lambda$ と取り，g は $g_{\mu\lambda}$ の行列式を意味する．

はじめに，$I(\phi)$ を変分して $(\delta I = 0)$ Lagrange 方程式をつくると

$$\left(z^d\partial_z\frac{1}{z^d}\partial_z + \eta^{\mu\nu}\partial_\mu\partial_\nu\right)\phi = 0 \tag{9.50}$$

が得られる．これに対応して，$I(\phi)$ を以下のように変形する．

$$\begin{aligned}I(\phi) &= \frac{1}{2}\int d^{d+1}\vec{x}\int_{z_0}^\infty dz\frac{1}{z^d} \\ &\quad \times \left\{z^d\partial_z\left(\phi\frac{1}{z^d}\partial_z\phi\right) - \phi\left(z^d\partial_z\frac{1}{z^d}\partial_z + \eta^{\mu\nu}\partial_\mu\partial_\nu\right)\phi\right\} \\ &= \frac{1}{2}\int d^{d+1}\vec{x}\int_{z_0}^\infty dz\,\partial_z\left(\phi\frac{1}{z^d}\partial_z\phi\right)\end{aligned}$$

$$= \frac{1}{2}\int d^{d+1}\vec{x}\left[\phi\frac{1}{z^d}\partial_z\phi\right]_{z_0}^{\infty} \tag{9.51}$$

Lagrange 方程式を境界近傍 $z \to z_0$ において解きたいが，それはスカラー場 ϕ の境界値 ϕ_0 を導入して

$$\phi(z_0,\vec{x}) = c\int d\vec{x}'\frac{z_0^{d+1}}{(z_0^2+|\vec{x}-\vec{x}'|^2)^{d+1}}\phi_0(\vec{x}') \tag{9.52}$$

と表せばよいことがわかる．ここで，c は適当な定数である．$z_0 \to 0$ で分数の部分がデルタ関数となり，また，$\phi(z_0) \sim z_0^{d+1}\phi_0$ より $\partial_{z_0}z_0^{-d}\partial_{z_0}\phi(z_0) \sim 0$ が得られる．このとき

$$\partial_{z_0}\phi(z_0) \sim c(d+1)z_0^d\int d\vec{x}'\frac{\phi_0(\vec{x}')}{|\vec{x}-\vec{x}'|^{2(d+1)}} + \cdots \tag{9.53}$$

となるので，最終的に $I(\phi_0)$ は

$$I(\phi_0) = -\frac{1}{2}c(d+1)\int d\vec{x}d\vec{x}'\frac{\phi_0(\vec{x})\phi_0(\vec{x}')}{|\vec{x}-\vec{x}'|^{2(d+1)}} \tag{9.54}$$

のように振る舞うことがわかる．これを指数関数の肩に乗せて汎関数微分をとれば，2点相関関数が $|\vec{x}-\vec{x}'|^{-2(d+1)}$ に比例し，スケーリング次元が $\Delta = d+1$ で与えられる．massive スカラー場の場合も同様にして計算することができて，スケーリング次元は $\Delta = \{(d+1)+\sqrt{(d+1)^2+4m^2}\}/2$ で与えられる．

バルク境界対応・量子古典対応という観点から，AdS/CFT 対応は鈴木−Trotter 変換と類似しているように見える．普段重力を扱わない物性論者の立場でAdS/CFT 対応を眺めると，古典系の側に特別な計量を導入することによって，量子系側の対称性を制御できる点が非常に興味深い．逆に言うと，量子系を古典系に変換する場合には，まずは空間次元を一つ上げればよいのであるが，古典系はコントロールできる自由度が少ないので，対称性を入れ込む自由度は時空の幾何ぐらいしかないということでもある．鈴木−Trotter 変換の量子モンテカルロ法への応用において，古典側の分解法にさまざまなバリエーションが存在して計算精度に影響するが，それはもとの量子系の対称性と関係があるように思われる．

なお，関係式のさまざまな問題への応用は文献 [149] に見られるので参照されたい．

9.2.3 ホログラフィック・エンタングルメント・エントロピー

CFT 側のエンタングルメント・エントロピーに対応する AdS サイドの物理量が存在する．これを求めるのが笠−高柳の公式である．図 9.2 のように，CFT 側

9.2 バルク境界対応：AdS/CFT 対応 315

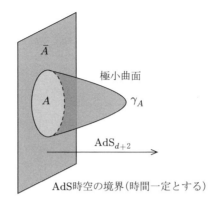

図 **9.2** エンタングルメント・エントロピーのホログラフィックな計算

の領域 A を囲む AdS 側の極小曲面 γ_A の面積を $\mathrm{Area}(\gamma_A)$ とする．また，重力側の Newton 定数を G とする．このとき，部分系 A におけるエンタングルメント・エントロピー S_A は，Bekenstein–Hawking の法則の類推から

$$S = \frac{\mathrm{Area}(\gamma_A)}{4G} \tag{9.55}$$

で与えられると考えられる．これは笠–高柳の公式とよばれている[43]．これまで数多くの系で検証されており，また，AdS/CFT 対応に基づいたかなり一般性の高い証明がごく最近になって与えられた[150,151]．

笠–高柳の公式では，もともとの量子データが 1 次元高い AdS 時空に格納されるが，それは境界で特定の部分系を取れば，そのデータが部分系を囲む極小曲面にメモリーされているということになる．部分系の形を変化させてもこの性質は保たれるため，古典サイドの時空は，もとの量子エンタングルメントのユニット・データで満たされているととらえることもできる．

ここで，第 2 章で述べたフラクタルの特異値分解が，笠–高柳の公式ときわめてよく似ていることをコメントしておきたい．特異値分解 $M(x,y) = \sum_{l=1}^{L} U_l(x) \sqrt{\lambda_l}\,\bar{V}_l(y)$ において，和の添え字 l は長さスケールの異なるデータに分解する軸であり，完全なフラクタルのように無限に異なるスケールのデータ列がある場合には，AdS の動径座標と同じ役割を果たす．

以降では AdS_3 の時間一定面に着目し，上半平面モデルの双曲計量を用いて，以前求めた測地距離を，実際に測地線の方程式を解くことで導出してみよう．座標と計量テンソルは

316   第9章 テンソル自由度から時空へ：くりこみ群の現代的な視点

$$(x^1, x^2) = (x, z) \ , \quad g_{11} = g_{22} = \frac{l^2}{z^2} \ , \quad g_{12} = g_{21} = 0 \tag{9.56}$$

で与えられる．また，測地線の微分方程式は

$$\frac{d^2 x^\lambda}{dt^2} + \Gamma^\lambda{}_{\mu\nu} \frac{dx^\mu}{dt} \frac{dx^\nu}{dt} = 0 \tag{9.57}$$

$$\Gamma^\lambda{}_{\mu\nu} = \frac{1}{2} g^{\lambda\tau} \left(\partial_\mu g_{\tau\nu} + \partial_\nu g_{\tau\mu} - \partial_\tau g_{\mu\nu} \right) \tag{9.58}$$

で与えられる．ゼロでない Christoffel 記号は

$$\Gamma^1{}_{12} = \Gamma^1{}_{21} = \frac{1}{2} g^{11} \partial_2 g_{11} = -\frac{1}{z} \tag{9.59}$$

$$\Gamma^2{}_{11} = \frac{1}{2} g^{22} (-\partial_2 g_{11}) = \frac{1}{z} \ , \quad \Gamma^1{}_{22} = \frac{1}{2} g^{22} \partial_2 g_{22} = -\frac{1}{z} \tag{9.60}$$

なので，測地線の方程式は具体的に (x, y) 表示で

$$\frac{d^2 x}{dt^2} - \frac{2}{z} \frac{dx}{dt} \frac{dz}{dt} = 0 \tag{9.61}$$

$$\frac{d^2 z}{dt^2} - \frac{1}{z} \left(\frac{dz}{dt} \frac{dz}{dt} - \frac{dx}{dt} \frac{dx}{dt} \right) = 0 \tag{9.62}$$

と表される．

上記の連立偏微分方程式を解くために

$$X = \frac{1}{z} \frac{dx}{dt} \ , \quad Z = \frac{1}{z} \frac{dz}{dt} \tag{9.63}$$

という変数を導入する．変数 X, Z を用いると，測地線の方程式は

$$\frac{dX}{dt} - XZ = 0 \tag{9.64}$$

$$\frac{dZ}{dt} + XX = 0 \tag{9.65}$$

と変換される．式 (9.64) を

$$\frac{1}{X} \frac{dX}{dt} = Z = \frac{1}{z} \frac{dz}{dt} \tag{9.66}$$

と表せば変数分離されていることがわかるので，これを積分すると

$$\int \frac{dX}{X} = \int \frac{dz}{z} \tag{9.67}$$

より

$$\log |X| = \log |z| + c = \log \left(|z| e^c \right) \to X = Az \tag{9.68}$$

を得る．ここで，パラメータ t は速度 1 になるように

9.2 バルク境界対応：AdS/CFT 対応

$$g_{\mu\nu}\frac{dx^\mu}{dt}\frac{dx^\nu}{dt}=1 \tag{9.69}$$

と取ることにすると，

$$X^2+Z^2=1 \tag{9.70}$$

であるから

$$A^2z^2+\left(\frac{1}{z}\frac{dz}{dt}\right)^2=1 \tag{9.71}$$

となり，

$$\frac{dz}{z\sqrt{1-A^2z^2}}=dt \tag{9.72}$$

を得る．ここで

$$z=\frac{1}{A}\sin\theta \tag{9.73}$$

とおくと，

$$\frac{dz}{z\sqrt{1-A^2z^2}}=\frac{d\theta}{\sin\theta}=dt \tag{9.74}$$

となる．これより

$$\frac{dz}{dt}=\frac{dz}{d\theta}\cdot\frac{d\theta}{dt}=\frac{1}{A}\cos\theta\sin\theta \tag{9.75}$$

となる．したがって，

$$Z=\frac{1}{z}\frac{dz}{dt}=\cos\theta \tag{9.76}$$

$$X=Az=\sin\theta \tag{9.77}$$

および

$$x=\int\frac{dx}{dt}dt=\int\frac{dx}{dt}\frac{dt}{d\theta}d\theta=\int\left(\frac{1}{z}\frac{dx}{dt}\right)z\frac{dt}{d\theta}d\theta=\int\sin\theta\frac{1}{A}\sin\theta\frac{1}{\sin\theta}d\theta \tag{9.78}$$

となり，最終的に，次の結果を得る．

$$(x,z)=\left(-\frac{1}{A}\cos\theta+a,\frac{1}{A}\sin\theta\right) \tag{9.79}$$

これは，円

$$(x-a)^2+z^2=A^2 \tag{9.80}$$

の軌跡の方程式の媒介変数表示である．

以上の準備のもとに，2 点間 $X=(x,z)=(-L/2,a), Y=(y,z)=(L/2,a)$ の測地距離 $d(X,Y)$ を計算する（図 9.3 参照）．パラメータの定義は $\epsilon\leq\theta\leq\pi-\epsilon$，

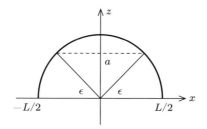

図 9.3 測地線

$(L/2)\sin\epsilon = a$ で,座標は

$$(x, z) = \left(\frac{L}{2}\cos\theta, \frac{L}{2}\sin\theta\right) \tag{9.81}$$

ととる.すなわち,$a \to 0$ の極限で,境界の 1 次元系の長さが $|x - y| = L$ となるようにパラメータを取る.このとき

$$\begin{aligned}
d(X, Y) &= 2\int_\epsilon^{\pi/2} \frac{l}{z}d\theta\sqrt{(\partial_\theta z)^2 + (\partial_\theta x)^2} \\
&= 2l\int_\epsilon^{\pi/2} \frac{d\theta}{\sin\theta} \\
&= 2l\int_\epsilon^{\pi/2} d\theta \frac{\sin\theta}{1 - \cos^2\theta} \\
&= l\log\left(\frac{1 + \cos\epsilon}{1 - \cos\epsilon}\right)
\end{aligned} \tag{9.82}$$

あるいは

$$d(X, Y) = l\log\left[\frac{\left\{L + \sqrt{L^2 - (2a)^2}\right\}^2}{(2a)^2}\right] \tag{9.83}$$

となるので,確かに上半平面の境界に向かって対数的に発散する距離となることがわかる.カットオフ(格子定数)a が十分小さいとき,これは $d(X, Y) = 2l\log(L/a)$ となる.ここで,Brown–Henneaux の式 $c = 3l/2G$ を代入すると

$$S_A = \frac{c}{3}\log\frac{L}{a} \tag{9.84}$$

が得られ,Carabrese–Cardy の公式が再現される.笠–高柳の公式が MERA ネットワークを用いたエントロピーの計算と非常に類似して見えることが最近の話題であり,その関連性が調べられている.

9.2.4 ブラックホール・エントロピーへの変換

エンタングルメント・エントロピーは，特殊なセットアップの場合にはブラックホール・エントロピーの計算に帰着することができる．すなわち，笠－高柳の公式が Bekenstein–Hawking の公式の拡張になっていることを直接見ることができる．以下では二つの具体例を見ていく．GKP–Witten 関係式に基づいた笠－高柳公式の一般的な証明は，文献 [150, 151] を参照されたい．

■ BTZ ブラックホール・エントロピーと Cardy の公式の対応

笠－高柳の公式では，量子臨界系の部分系を囲う極小曲面が古典側でのブラックホールのホライズンの役割を果たしている．ゆえに，実際にブラックホールが存在する時空でブラックホールの表面積と CFT の対応を調べることは非常に教訓的である．超弦理論の視点では，D brane が集まり重くなった状態がブラックホールであるが，brane に付随するストリングの量子状態をミクロにカウントし，それがブラックホール・エントロピーを説明できるか着目するということである．

そこで具体的な例として，AdS_3 時空における BTZ ブラックホールを考える．これは有限温度 MERA の議論において，二重 Hilbert 空間の境界のエントロピーが CFT のエンタングルメント・エントロピーに等価であると仮定したことを裏付けるものでもある．Bekenstein–Hawking の法則に従うと，このブラックホールのエントロピーは

$$S_{BH} = \frac{2\pi r_+}{4G} = \frac{2\pi}{4G}\sqrt{4GMl^2} = 2\pi\sqrt{\frac{l}{4G}|J|} \tag{9.85}$$

で与えられる．ここで，極限ブラックホール（$|J| = Ml$）の場合

$$r_\pm^2 = 4GMl^2\left\{1 \pm \sqrt{1 - \left(\frac{J}{Ml}\right)^2}\right\} = 4GMl^2 \tag{9.86}$$

を考えた．このブラックホール・エントロピーは，境界における共形場理論において，ミクロに勘定した状態数のエントロピーに由来するものと考えられる．$h = |J|$ および Brown–Henneaux の式 $c = 3l/2G$ を仮定すると，

$$S_{BH} = 2\pi\sqrt{\frac{l}{4G}|J|} = 2\pi\sqrt{\frac{ch}{6}} \tag{9.87}$$

となり，実際に Cardy の公式が再現される．この方法は，Strominger と Vafa によって，ある 5 次元の極限的ブラックホールについて証明された方法（1996 年）の BTZ バージョンである [152, 153]．

■ トポロジカル・ブラックホール

はじめに，Minkowski 時空上の CFT_{d+1} を考える．計量は
$$ds^2 = -dt^2 + dr^2 + r^2 d\Omega_{d-1}^2 \tag{9.88}$$
で与えられる．図 9.4 に示すように，$t=0$ で部分系 A をとり，エンタングルメント・エントロピーを計算することを考える．部分系の形は，半径 R の超球であるとする．図中の領域 $\mathcal{D}$ は光円錐である．このためには，A と $\bar{A}$ が Cauchy 面上で定義されていればよい．そうすれば，もともと因果的につながっていない面上の各点は，時間発展の後にたがいに混じるということはなく，境界面が一意的に定義可能である．いま，考えている領域 A には境界があるので，Rindler 座標系の導入の場合と同様に，適切な一般座標変換を施せば，ホライズンをもつ座標系に移ることができると期待される．このとき，ブラックホールの通常の熱エントロピーを計算したいので，ブラックホール内部を除けば，時空のすべての領域にアクセスできる座標系を探すことが望ましい．このためには，座標変換
$$t = R\frac{\sinh(\tau/R)}{\cosh u + \cosh(\tau/R)} \tag{9.89}$$
$$r = R\frac{\sinh u}{\cosh u + \cosh(\tau/R)} \tag{9.90}$$
を導入するのが便利である[154]．このとき，計量は
$$ds^2 = B^2 \left\{ -d\tau^2 + R^2 \left(du^2 + \sinh^2 u\, d\Omega_{d-1}^2 \right) \right\} \tag{9.91}$$
と変換される．ただし，
$$B = \frac{1}{\cosh u + \cosh(\tau/R)} \tag{9.92}$$

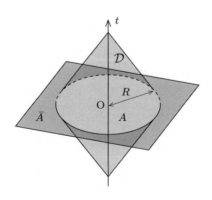

図 **9.4** Cauchy 面と光円錐

である．共形変換で因子 B^2 は取り除けるので，これは $H^d \times \mathbb{R}_\tau$，すなわち双曲的シリンダーとなる．$\tau \to \pm\infty$ では $(t, r) \to (\pm R, 0)$，$u \to \infty$ では $(t, r) \to (0, R)$ となり，もとの座標系における領域 $\mathcal{D}$ を再現する．また，時間を Euclid 化すると ($\tau_E = i\tau$)，双曲線関数が三角関数に変わるので，周期が $2\pi R$ となって，温度 $T = 1/2\pi R$ の Rindler 状態にマップされることがわかる．すなわち，Minkowski 時空上の CFT_{d+1} における部分密度行列は，$H^d \times \mathbb{R}_\tau$ における熱力学的エントロピーに対応することがわかる．

次に，CFT_{d+1} に双対な重力理論について調べる．このためには，1 次元高い AdS_{d+2} を準備する．

$$ds^2 = -dX_0^2 - dX_{d+2}^2 + \sum_{i=1}^{d+1} dX_i^2 \tag{9.93}$$

いくつかの表示を並列に用いるので，以前の章で述べた結果をまずは整理しておく．大域的 AdS 計量は，座標変換

$$X_0 = R \cosh\rho \cos t \tag{9.94}$$

$$X_{d+2} = R \cosh\rho \sin t \tag{9.95}$$

$$X_i = R \sinh\rho\, \Omega_i \tag{9.96}$$

により，

$$ds^2 = R^2 \left(-\cosh^2\rho\, dt^2 + d\rho^2 + \sinh^2\rho\, d\Omega_d^2\right) \tag{9.97}$$

で与えられる．ここから，Poincaré AdS 計量を構成するためには，

$$X_0 = \frac{z}{2}\left(1 + \frac{R^2 + \vec{x}^2 - x_0^2}{z^2}\right) \tag{9.98}$$

$$X_i = \frac{R x_i}{z} \tag{9.99}$$

$$X_{d+1} = \frac{z}{2}\left(1 - \frac{R^2 + \vec{x}^2 - x_0^2}{z^2}\right) \tag{9.100}$$

$$X_{d+2} = \frac{R x_0}{z} \tag{9.101}$$

と座標変換し，

$$ds^2 = R^2 \frac{dz^2 - dx_0^2 + \sum_{i=1}^d dx_i^2}{z^2} \tag{9.102}$$

を得る．

さて，トポロジカル・ブラックホールへの座標変換は

$$X_0 = \rho \cosh u \tag{9.103}$$

$$X_i = \rho \sinh u \Omega_i \tag{9.104}$$

$$X_{d+1} = -\sqrt{\rho^2 - R^2} \cosh\left(\frac{t}{R}\right) \tag{9.105}$$

$$X_{d+2} = \sqrt{\rho^2 - R^2} \sinh\left(\frac{t}{R}\right) \tag{9.106}$$

であり，結果として

$$ds^2 = -\left(\frac{\rho^2}{R^2} - 1\right) dt^2 + \frac{d\rho^2}{\rho^2/R^2 - 1} + \rho^2 \left(du^2 + \sinh^2 u d\Omega_d^2\right) \tag{9.107}$$

という計量が得られる．$\rho = R$ をホライズンとするようなブラックホールが形成されていることがわかる．これをトポロジカル・ブラックホールとよぶ[155]．この座標系では

$$X_{d+1} \pm X_{d+2} < 0 \tag{9.108}$$

が成り立っている．この条件を Poincaré 座標系の言葉で表すと，

$$X_{d+1} \pm X_{d+2} = \frac{z}{2}\left(1 - \frac{R^2 - \vec{x}^2 + x_0^2}{z^2}\right) \pm \frac{Rx_0}{z} < 0 \tag{9.109}$$

より，

$$z^2 + \vec{x}^2 - (R \pm x_0)^2 < 0 \tag{9.110}$$

となる．これは，$t = x_0 = 0$ における超球の上下に光円錐を被せた領域である．AdS の境界 $z = 0$ のところで見ると，これは CFT_{d+1} の領域 $\mathcal{D}$ そのものである．トポロジカル・ブラックホールのホライズンは $\rho = R$ であるが，これは

$$X_0 = R\cosh u \, , \quad X_i = R\sinh u \Omega_i \, , \quad X_{d+1} = X_{d+2} = 0 \tag{9.111}$$

と表される．Poincaré 座標系に移ると，これらの条件は

$$x_0 = 0 \, , \quad \sum_{i=1}^{d} x_i^2 + z^2 = R^2 \tag{9.112}$$

と書き換えられる．これは半径 R の半球面であり，いまの場合には確かに極小曲面になって，笠–高柳の公式と一致する．したがって，最初に述べたように，AdS_{d+2} ブラックホールの熱エントロピーを面積則に従って計算すると，それは CFT_{d+1} のエンタングルメント・エントロピーに対応し，ブラックホールのホライズンが，もとの部分系 A を囲む極小曲面であることがわかった．

9.2.5 MERA 再訪

■ 離散的双曲計量

これまでの議論からほとんど明らかなように，MERA の階層的テンソルネットワークにおいて重要な点は，離散的双曲計量が隠れていることであると思われる．それを理解するために，MERA のネットワークを図 9.5 のように表す．横軸に空間方向 x，縦軸にくりこみ方向 τ を取る．ここで isometry を有効サイトとしながらも，バックグラウンドのスケールの目安の□はわざと大きさを変えて，連続極限での全系の長さが保存するようにしてある．このように取ってよいのは，臨界系近傍ではスケール不変になるためである．くりこみ方向の座標値はくりこみの回数であり，$0, 1, 2, \ldots$ となる．$\tau = 0$ がオリジナル量子系に対応する．異なる τ の系を粗視化された τ 番目の層（layer）とよぶことにする．

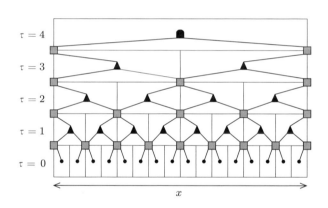

図 **9.5** 離散的双曲計量

上記の表示が双曲的であることを確かめるために，式 (7.256) の計量

$$ds^2 = \frac{L^2}{z^2}\left(dz^2 + dx^2\right) \tag{9.113}$$

から出発し，$z = a^{\tau/L} L$（ただし，a は任意の定数）と変換し，

$$ds^2 = \{d(\tau \log a)\}^2 + (a^{-\tau/L} dx)^2 \tag{9.114}$$

を導入する．この計量と図 9.5 を比較しよう．この場合は，$a = 2$ と取ることに対応する．まず式 (9.114) において，$\tau = 0$ の層から $\tau = 1$（τ 方向の長さのユニットは L）の層に進むと，$(a^{-\tau/L} dx)^2$ の項が $(dx)^2 \to (dx/2)^2$ となる．このことは，図 9.5 において $\tau = 0$ の層での 2 マス分の距離が $\tau = 1$ の層での 1 マス分に相当することに等価である．ちなみに，a の値はどのようにとってもかま

わない．$a = 3$ と取れば，くりこみに際して 3 サイトを一つの有効サイトに置き換えることを意味する．一方，■の τ 方向は何も影響を受けない．臨界点近傍のスケール不変がここでも役に立つ．以上から，どのような MERA ネットワークを構成しても，最終的には式 (9.113) で表されるもっとも基本形の双曲計量に変換することができる．したがって，境界に属しているオリジナル量子系 ($\tau = 0$) は，CFT の性質を備えることになる．

図 9.6 は周期的にオリジナル量子系のサイトを接続した MERA ネットワークである．この連続極限が Poincaré 円板になりそうであることがわかるであろう．ネットワークの接続が，2 サイトを結ぶ測地線に対応している．

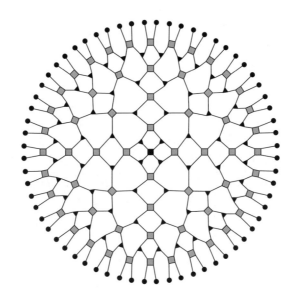

図 **9.6** Poincaré 円板の離散版

MERA と AdS/CFT 対応の出所はまったく異なるものの，非常に類似した物理を議論しているのではないかということが提案されており，きわめて興味深い [26]．ただし，MERA ネットワークはあくまで非可換なテンソル積であり，古典的な時空ではない．したがって，すぐに AdS/CFT 対応との類似性を述べることは早計である．上記の計量も，あくまでテンソルの並び方を議論しているに過ぎない．その一方で，テンソル積への分解は，各テンソルの自由度を下げるはたらきがあるとはいっても，有限の量子相関を残しているので，MERA が量子

重力の有効模型であるという見方もできる．テンソル積と時空がどのように関係するのかは次章で議論を進める．

■ 極大対称 BTZ 時空と有限温度 MERA ネットワーク

有限温度 MERA ネットワークは，熱場の量子論によって二重 Hilbert 空間で表された．第 5 章では，バルクと境界は不可分の存在であるということから，量子系のエンタングルメント・エントロピーと二重 Hilbert 空間境界でのエントロピーの等価性を仮定したが，それは背景としては，前章で述べた Cardy 公式と BTZ ブラックホールに対する Bekenstein–Hawking の法則の等価性があり，妥当な仮定であろうと考えられている．

MERA ネットワークと AdS 時空が対応しているとすれば，たとえば空間 1 次元量子系に対応する BTZ 時空も，もう一つのコピーの時空へ解析接続可能であると考えられる．実際にそのような解は構成可能であり，その大域的構造から，有限温度に対するテンソル積構造の妥当性を議論することができる．特に，第 5 章の議論は低温のときの近似がよくないので，二つの Hilbert 空間を架橋するトンネル部分の構造はもう少し精密な検討の余地がある．この方面の研究もされていることを付記しておく[156, 157]．

極大対称な BTZ 時空の構成は，以下のようにすればよい．まずは，計量を

$$ds^2 = \frac{1}{z^2}\left(-f(z)dt^2 + \frac{dz^2}{f(z)} + dx^2\right) \tag{9.115}$$

と表す．ここで，因子 $f(z)$ は

$$f(z) = 1 - \left(\frac{z}{z_H}\right)^2 \tag{9.116}$$

と定義されている．新しい座標 u を，

$$u = \int \frac{dz}{z\sqrt{f(z)}} = \log\left(\frac{z}{1+\sqrt{f(z)}}\right) + C \tag{9.117}$$

を念頭に置いて

$$u = \log\left(\frac{2z/\epsilon}{1+\sqrt{f(z)}}\right) \tag{9.118}$$

と定義する．ϵ は UV カットオフである．ここで，$z \to \epsilon$ の場合には $u \to 0$，$z = z_H$ の場合に u 座標でのホライズンは

326　第9章　テンソル自由度から時空へ：くりこみ群の現代的な視点

$$u_H = \log\left(\frac{2z_H}{\epsilon}\right) \tag{9.119}$$

となる．式 (9.118) を z について解くと

$$\frac{z}{\epsilon} = \frac{4e^u}{4 + \{(\epsilon/z_H)e^u\}^2} = \frac{e^u}{1 + e^{2(u-u_H)}} \tag{9.120}$$

となることがわかる．新しい座標系での計量は

$$ds^2 = -g(u)dt^2 + du^2 + h(u)dx^2 \tag{9.121}$$

であり，関数 $g(u)$ および $h(u)$ は次のように定義される．

$$g(u) = \frac{1}{z^2} = \frac{1}{\epsilon^2}\left\{\frac{1 + e^{2(u-u_H)}}{e^u}\right\}^2 \tag{9.122}$$

$$h(u) = \frac{f(z)}{z^2} = \frac{1}{\epsilon^2}\left\{\frac{1 - e^{2(u-u_H)}}{e^u}\right\}^2 \tag{9.123}$$

特に，$u_H \to \infty$ の極限（MERA では低温極限に対応する）では通常の AdS 計量

$$ds^2 = du^2 + \left(\frac{e^{-u}}{\epsilon}\right)^2(-dt^2 + dx^2) \tag{9.124}$$

を再現する．関数 $g(u)$ および $h(u)$ のホライズンをまたいでの対称性は

$$g(u_H + \alpha) = g(u_H - \alpha) \tag{9.125}$$

$$h(u_H + \alpha) = h(u_H - \alpha) \tag{9.126}$$

と表すことができ，これはちょうどホライズンのところで，もともとの時空がコピーの時空と対称的に接続していることを表している．このことは，最初の座標変換式 (9.118) でパラメータ空間が解析接続されていることによる．座標をホライズンから測り直すとして

$$u = u_H + \rho, \quad \theta = 2e^{-u_H}\frac{x}{\epsilon}, \quad \tau = 2e^{-u_H}\frac{t}{\epsilon} \tag{9.127}$$

とすれば，最終的に大域的 AdS 計量

$$ds^2 = -(\sinh^2\rho)d\tau^2 + d\rho^2 + (\cosh^2\rho)d\theta^2 \tag{9.128}$$

が得られる（通常の定義は，τ を Euclid 化して θ を虚時間的に見る）．

　二つの空間の接続部分を見てみると，UV カットオフ以上離れていれば，基本的には指数関数 e^ρ で表されるので，テンソルの数が指数的に変動する有限温度 MERA の状況設定に符合することがわかる．ちょうど継ぎ目の層だけは，双曲線関数の e^{-u} 項の混成効果があるので，補正が必要である可能性がある．少なくとも定性的には，通常の MERA の上部を切り取って，そのコピーと単純に接続することは悪くないと思われる．

9.2.6 Chern–Simons 理論との関わり

ここまで何度か出てきた 3 次元重力理論は，実は Chern–Simons 理論に等価であることがわかっている．適当な Newton 極限をもたず，バルクに固有のダイナミクスが存在しないので，境界の物理が重要になる．第 3 章で述べたトポロジカル量子系の物理におけるバルク境界対応は，AdS/CFT 対応の一つのトイ模型と考えることができる．トポロジカル量子系で境界にギャップレス励起が安定して現れるのもそのためである．また，この定式化から境界の場を適切に設定すると，Virasoro 代数を導くこともできる．AdS/CFT 対応で重要なことは，重力のある理論が重力のない理論に変換される非常に非自明なことであるので，多少語弊があるかもしれないが，さまざまな場面で現れるバルク境界対応の物理は，背景では共通の数理でつながっているように思われる．

■ 微分形式

テンソルを説明した節で，双対ベクトル空間 $T_p^*(M)$ の要素 ω は反変ベクトルのように変換し，その基底ベクトルを座標基底では，$\theta^i = dx^i$ と取って

$$w = w_i dx^i \tag{9.129}$$

のように展開することにしていた．これを 1 次微分形式，あるいは単に 1 形式 (1-form) とよぶ（ただの関数は 0 形式とよばれる）．

ここで，ウェッジ積（記号 $\wedge$）と外微分（記号 d）を定義すると便利である．ウェッジ積はベクトルの外積を n 次元ベクトルに対して拡張したような演算で，

$$dx^i \wedge dx^j = -dx^j \wedge dx^i \tag{9.130}$$

を満たす．つまり，ウェッジ積は反対称である．そして，式 (9.129) の外微分を

$$dw = dw_i \wedge dx^i = \frac{\partial w_i}{\partial x^j} dx^j \wedge dx^i \tag{9.131}$$

と定義する．これは 2 形式とよばれる．つまり，外微分は次数の高い微分形式を生成し，テンソル積と同様の性質をもっている．これらの定義から

$$dw = \sum_{i<j} \left(\frac{\partial w_j}{\partial x^i} - \frac{\partial w_i}{\partial x^j} \right) dx^i \wedge dx^j \tag{9.132}$$

が得られるから，たとえば 3 次元ベクトルの場合の向きつき外積の定義を簡潔に表現できることがわかるだろう．

一般には，p 形式の場 ξ と q 形式の場 η のウェッジ積に対して，外微分を

$$d(\xi \wedge \eta) = (d\xi) \wedge \eta + (-1)^p \xi \wedge (d\eta) \tag{9.133}$$

および

$$d(d\xi) = 0 \tag{9.134}$$

と定義する．

■ 四脚場表示

負曲率をもつ 3 次元の Einstein–Hilbert 作用を Chern–Simons 作用に書き換えするためには，四脚場表示を用いるのが便利である．それは，計量テンソルをある点まわりの接平面における正規直交基底 $e_a = \partial_a$ で次のように表すことである．

$$\eta_{ab} = g_{\mu\nu} e_a^\mu e_b^\nu, \quad g_{\mu\nu} = \eta_{ab} \theta^a_\mu \theta^b_\nu \tag{9.135}$$

ただし，$\theta^a = \theta^a_\mu dx^\mu$ は e_a の双対基底で

$$e_a \cdot e_b = \eta_{ab}, \quad \theta^a e_b = \theta^a_\mu e_b^\mu = \delta^a_b \tag{9.136}$$

を満たす．添え字に関しての注意であるが，ラテン文字が基底を区別するラベルであり，ギリシャ文字が座標系に関する成分表示である．これらを用いると，線素は

$$ds^2 = \eta_{ab} \theta^a \theta^b \tag{9.137}$$

と表される．正規直交基底の取り方には，Minkowski 座標の自由度に応じて，各点ごとの Lorentz 変換

$$e'_a = \Lambda_a^{\ b} e_b, \quad \theta'^a = \Lambda^a_{\ b} \theta^b \tag{9.138}$$

の自由度がある．e_a と θ^b のラテン添え字の上げ下げは，η_{ab} で行う．つまり

$$\eta_{ab} \theta^b = \theta_a = e_a \tag{9.139}$$

である．e_a と θ^b の間の変換は

$$e_a^\mu = \eta_{ab} g^{\mu\nu} \theta^b_\nu \tag{9.140}$$

であり，実際に

$$g_{\mu\nu} e_a^\mu e_b^\nu = g_{\mu\nu}(\eta_{ac} g^{\mu\lambda} \theta^c_\lambda) e_b^\nu = \eta_{ac} \theta^c_\nu e_b^\nu = \eta_{ab} \tag{9.141}$$

となることがわかる．また，$g_{\mu\nu} = \eta_{ab} \theta^a_\mu \theta^b_\nu$ において両辺の行列式をつくると

$$\theta = \det(\theta^\nu_a) = \sqrt{-g} \tag{9.142}$$

である（Minkowski か Euclid かで符号には注意する）．

四脚場の共変微分を次のように定義する．

$$\nabla_\nu \theta^a_\mu = \partial_\nu \theta^a_\mu + \omega_\nu{}^a{}_b \theta^b_\mu - \Gamma^\lambda_{\nu\mu} \theta^a_\lambda \tag{9.143}$$

ここで，$\omega_\nu{}^a{}_b$ はスピン接続とよばれる．このとき

$$\nabla_\lambda g_{\mu\nu} = \nabla_\lambda (\eta_{ab} \theta^a_\mu \theta^b_\nu)$$
$$= \partial_\lambda (\eta_{ab} \theta^a_\mu \theta^b_\nu) - \Gamma^\rho_{\lambda\mu} \eta_{ab} \theta^a_\rho \theta^b_\nu - \Gamma^\rho_{\lambda\nu} \eta_{ab} \theta^a_\mu \theta^b_\rho$$

$$= \eta_{ab}(\nabla_\lambda \theta^a_\mu)\theta^b_\nu + \eta_{ab}\theta^a_\mu \nabla_\lambda \theta^b_\nu - \omega^a_{\lambda\ c}\eta_{ab}\theta^c_\mu \theta^b_\nu - \omega^b_{\lambda\ c}\eta_{ab}\theta^a_\mu \theta^c_\nu$$
$$= \eta_{ab}(\nabla_\lambda \theta^a_\mu)\theta^b_\nu + \eta_{ab}\theta^a_\mu \nabla_\lambda \theta^b_\nu - \omega^a_{\lambda\ c}\theta^c_\mu e_{a\nu} - \omega^b_{\lambda\ c}e_{b\mu}\theta^c_\nu$$
$$= \eta_{ab}(\nabla_\lambda \theta^a_\mu)\theta^b_\nu + \eta_{ab}\theta^a_\mu \nabla_\lambda \theta^b_\nu - \omega^a_{\lambda\ b}\theta^b_\mu e_{a\nu} - \omega^b_{\lambda\ a}e_{b\mu}\theta^a_\nu \quad (9.144)$$

であり，ギリシャ添え字の対称性を考慮すると，計量条件より

$$\nabla_\lambda \theta^a_\mu = 0\ ,\quad \omega^a_{\lambda\ b} + \omega^b_{\lambda\ a} = 0 \quad (9.145)$$

であることがわかる．このとき，Riemann 曲率テンソルは，定義どおり表すと
$$[\nabla_\rho, \nabla_\sigma]\theta^a_\mu$$
$$= \nabla_\rho \nabla_\sigma \theta^a_\mu - \nabla_\sigma \nabla_\rho \theta^a_\mu$$
$$= \partial_\rho(\nabla_\sigma \theta^a_\mu) + \omega^a_{\rho\ b}(\nabla_\sigma \theta^b_\mu) - \Gamma^\lambda_{\rho\sigma}(\nabla_\lambda \theta^a_\mu) - \Gamma^\lambda_{\rho\mu}(\nabla_\sigma \theta^a_\lambda)$$
$$\quad - \partial_\sigma(\nabla_\rho \theta^a_\mu) - \omega^a_{\sigma\ b}(\nabla_\rho \theta^b_\mu) + \Gamma^\lambda_{\sigma\rho}(\nabla_\lambda \theta^a_\mu) + \Gamma^\lambda_{\sigma\mu}(\nabla_\rho \theta^a_\lambda)$$
$$= \partial_\rho(\nabla_\sigma \theta^a_\mu) - \partial_\sigma(\nabla_\rho \theta^a_\mu) - \Gamma^\lambda_{\rho\mu}(\nabla_\sigma \theta^a_\lambda) + \Gamma^\lambda_{\sigma\mu}(\nabla_\rho \theta^a_\lambda)$$
$$\quad + \omega^a_{\rho\ b}(\nabla_\sigma \theta^b_\mu) - \omega^a_{\sigma\ b}(\nabla_\rho \theta^b_\mu)$$
$$= \partial_\rho(\omega^a_{\sigma\ b}\theta^b_\mu - \Gamma^\lambda_{\sigma\mu}\theta^a_\lambda) - \partial_\sigma(\omega^a_{\rho\ b}\theta^b_\mu - \Gamma^\lambda_{\rho\mu}\theta^a_\lambda)$$
$$\quad - \Gamma^\lambda_{\rho\mu}(\partial_\sigma \theta^a_\lambda + \omega^a_{\sigma\ b}\theta^b_\lambda - \Gamma^\tau_{\sigma\lambda}\theta^a_\tau) + \Gamma^\lambda_{\sigma\mu}(\partial_\rho \theta^a_\lambda + \omega^a_{\rho\ b}\theta^b_\lambda - \Gamma^\tau_{\rho\lambda}\theta^a_\tau)$$
$$\quad + \omega^a_{\rho\ b}(\partial_\sigma \theta^b_\mu + \omega^b_{\sigma\ c}\theta^c_\mu - \Gamma^\lambda_{\sigma\mu}\theta^b_\lambda) - \omega^a_{\sigma\ b}(\partial_\rho \theta^b_\mu + \omega^b_{\rho\ c}\theta^c_\mu - \Gamma^\lambda_{\rho\mu}\theta^b_\lambda)$$
$$= \left(\partial_\rho \omega^a_{\sigma\ b} - \partial_\sigma \omega^a_{\rho\ b} + \omega^a_{\rho\ c}\omega^c_{\sigma\ b} - \omega^a_{\sigma\ c}\omega^c_{\rho\ b}\right)\theta^b_\mu - R^\lambda_{\mu,\rho\sigma}\theta^a_\lambda \quad (9.146)$$

であるが，$[\nabla_\rho, \nabla_\sigma]\theta^a_\mu = 0$ であることから，

$$R^a_{b,\rho\sigma} = \partial_\rho \omega^a_{\sigma\ b} - \partial_\sigma \omega^a_{\rho\ b} + \omega^a_{\rho\ c}\omega^c_{\sigma\ b} - \omega^a_{\sigma\ c}\omega^c_{\rho\ b} \quad (9.147)$$

となる．微分形式でまとめると

$$\mathfrak{R}^a_b = d\omega^a_b + \omega^a_c \wedge \omega^c_b = \frac{1}{2}R^a_{b,\rho\sigma}dx^\rho \wedge dx^\sigma \quad (9.148)$$

となる．以降では，通常の Ricci テンソルの成分表示と Riemann 曲率テンソルの微分形式を混乱しないように，後者は花文字で表すことにする．

■ Einstein–Hilbert 作用から Chern–Simons 作用への変換

3 次元重力理論の Einstein–Hilbert 作用は

$$I = \frac{1}{2\kappa}\int d^3x \sqrt{g}\left(R + \frac{2}{l^2}\right) \quad (9.149)$$

と表される．以下では，計量は Euclid で表す．これを四脚場の表示を用いて変形し，Chern–Simons 作用が導出されることを調べる．まず，曲率 2 形式は

$$\mathfrak{R}^{ab} = \frac{1}{2} R^{ab}{}_{\mu\nu} dx^\mu \wedge dx^\nu \tag{9.150}$$

であったが，θ^c とウェッジ積をとって，次の結果が得られる．

$$\epsilon_{abc} \mathfrak{R}^{ab} \wedge \theta^c = \frac{1}{2} \epsilon_{abc} R^{ab}{}_{\mu\nu} \theta^c{}_\lambda \left(dx^\mu \wedge dx^\nu \wedge dx^\lambda \right)$$

$$= \epsilon_{abc} \left(R^{ab}{}_{12} \theta^c{}_3 + R^{ab}{}_{23} \theta^c{}_1 + R^{ab}{}_{31} \theta^c{}_2 \right) dx^1 \wedge dx^2 \wedge dx^3$$

$$= R \theta dx^1 \wedge dx^2 \wedge dx^3 \tag{9.151}$$

ここで θ は $\theta^c{}_\lambda$ の行列式なので，積分のヤコビアン $\sqrt{g}$ である．したがって，この式は重力のラグランジアンに対応する．ここで，θ を展開すると

$$\theta \epsilon_{\mu\nu\lambda} = \epsilon_{abc} \theta^a{}_\mu \theta^b{}_\nu \theta^c{}_\lambda \tag{9.152}$$

であることがわかるから，

$$\epsilon_{abc} \theta^a \wedge \theta^b \wedge \theta^c = \theta \epsilon_{\mu\nu\lambda} dx^\mu \wedge dx^\nu \wedge dx^\lambda = \theta 3! dx^1 \wedge dx^2 \wedge dx^3 \tag{9.153}$$

が成り立つ．これを用いて，宇宙項も書き換えることができる．以上より，作用は

$$I = \frac{1}{2\kappa} \int \epsilon_{abc} \left(\mathfrak{R}^{ab} + \frac{1}{3l^2} \theta^a \wedge \theta^b \right) \wedge \theta^c \tag{9.154}$$

となることがわかる．

次の量を導入する．

$$\omega^a = -\frac{1}{2} \epsilon^a{}_{bc} \omega^{bc}, \quad \mathfrak{R}^a = -\frac{1}{2} \epsilon^a{}_{bc} \mathfrak{R}^{bc} \tag{9.155}$$

$\mathfrak{R}^a$ の式に曲率 2 形式 $\mathfrak{R}^{bc}$ を代入すると

$$\mathfrak{R}^a = d\omega^a + \frac{1}{2} \epsilon^a{}_{bc} \omega^b \wedge \omega^c \tag{9.156}$$

となる．新しい場として

$$A^a = \omega^a + \frac{i}{l} \theta^a, \quad \bar{A}^a = \omega^a - \frac{i}{l} \theta^a \tag{9.157}$$

ととれば，作用は

$$I = i \frac{l}{4\kappa} \int \left(A^a \wedge dA_a + \frac{1}{3} \epsilon_{abc} A^a \wedge A^b \wedge A^c \right)$$

$$- i \frac{l}{4\kappa} \int \left(\bar{A}^a \wedge d\bar{A}_a + \frac{1}{3} \epsilon_{abc} \bar{A}^a \wedge \bar{A}^b \wedge \bar{A}^c \right) \tag{9.158}$$

となることがわかる．ここで，反エルミートの SU(2) 生成子

$$J_1 = \frac{i}{2} \begin{pmatrix} 0 & 1 \\ 1 & 0 \end{pmatrix}, \quad J_2 = \frac{i}{2} \begin{pmatrix} 0 & -1 \\ 1 & 0 \end{pmatrix}, \quad J_3 = \frac{i}{2} \begin{pmatrix} 1 & 0 \\ 0 & -1 \end{pmatrix} \tag{9.159}$$

を導入する．これらは

9.2 バルク境界対応：AdS/CFT 対応   331

$$[J_a, J_b] = \epsilon_{ab}{}^c J_c, \quad \mathrm{Tr}(J_a J_b) = -\frac{1}{2}\delta_{ab} \tag{9.160}$$

という性質をもつ．これらから新しい場

$$A = A^a J_a, \quad \bar{A} = \bar{A}^a J_a \tag{9.161}$$

を定義すると，作用を $I = iI_A - iI_{\bar{A}}$ と分解したとき，

$$I_A = \frac{k}{4\pi}\int \mathrm{Tr}\left(A\wedge dA + \frac{2}{3}A\wedge A\wedge A\right) \tag{9.162}$$

となり，Chern–Simons 作用が得られる．ここで，レベル k は $\kappa = 8\pi G$ より

$$k = -\frac{l}{4G} \tag{9.163}$$

となることがわかる．

■ 境界の対称性に関する電荷

Chern–Simons 理論の境界自由度について調べておこう．それによって，Brown–Henneaux セントラル・チャージが $c = 3l/2G$ となることを示せる．はじめに，作用を時間成分と空間成分に分離するために，1 形式の場を

$$A^a = A_0^a dt + A_i^a dx^i \tag{9.164}$$

と表す．ウェッジ積のトレースは以下のように計算できる．

$$\mathrm{Tr}(A\wedge dA) = -\frac{1}{2}\delta_{ab}\left(A_0^a\partial_i A_j^b + A_i^b \partial_j A_0^a - A_i^a \dot{A}_j^b\right)dt\wedge dx^i\wedge dx^j \tag{9.165}$$

ただし，$\dot{A}_j^b$ は時間微分である．同様に

$$A\wedge A\wedge A = A_0^a\left(J_c J_b J_c\right)\left(A_i^b A_j^c\right)dt\wedge dx^i\wedge dx^j \tag{9.166}$$

となる．ここで

$$\mathrm{Tr}(J_a J_b J_c) = -\frac{i}{4}\epsilon_{abc} \tag{9.167}$$

であることから，作用の式 (9.162) は

$$I_A = \frac{k}{8\pi}\int dt\int_\Sigma dx^2 \epsilon^{ij}\delta_{ab}\left(A_i^a \dot{A}_j^b - A_0^a F_{ij}^b\right) + B \tag{9.168}$$

とまとめることができる．ただし，F_{ij}^a は

$$F_{ij}^a = \partial_i A_j^a - \partial_j A_i^a + f^a_{bc}A_i^b A_j^c \tag{9.169}$$

と定義され，構造定数 f^a_{bc} は

$$f^a_{bc} = \frac{i}{3}\epsilon^a_{bc} \tag{9.170}$$

である．また境界項 B は，式 (9.165) の積分において，$A_i^b\partial_j A_0^a$ の項を部分積分して $A_0^a \partial_j A_i^b$ と表す過程で現れた．A_0^a に対する運動方程式から拘束条件 $F_{ij}^a = 0$

が得られるので，A_0^a は補助場としてはたらいている．共変微分を

$$D_i\lambda^a = \partial_i\lambda^a + f_{bc}^a A_i^b \lambda^c \tag{9.171}$$

と定義すると，$\delta A_i^a = D_i\lambda^a$ なる変換に対して，理論は不変である．A_i^a が物理的な自由度となる．

そこで，Poisson 括弧を

$$\{G(A_i), H(A_j)\} = \frac{4\pi}{k}\int \frac{\delta G}{\delta A_i^a}\epsilon_{ij}\delta^{ab}\frac{\delta H}{\delta A_j^b} \tag{9.172}$$

と定義すると

$$\{A_i^a(x), A_j^b(y)\} = \frac{4\pi}{k}\epsilon_{ij}\delta^{ab}\delta(x-y) \tag{9.173}$$

と表せる．ここで

$$G_a = \frac{k}{8\pi}\delta_{ab}\epsilon^{ij}F_{ij}^b \tag{9.174}$$

を定義すると

$$\{G_a(x), G_b(y)\} = f_{ab}^c G_c(x)\delta(x-y) \tag{9.175}$$

が成り立つので，G_a はゲージ変換の生成子であることがわかる．

いま，境界が存在することで大域的なゲージ対称性が破れているので，その影響を調べたい．そのためには，以下の生成子

$$G[\eta] = \int_\Sigma \eta^a G_a + Q[\eta] \tag{9.176}$$

の満たす代数を調べればよい．ここで，$Q[\eta]$ は境界項である．パラメータ η は A_i に依存しないとして，$G[\eta]$ の変分をとると

$$\begin{aligned}
\delta G[\eta] &= \int_\Sigma \eta^a \delta G_a + \delta Q[\eta] \\
&= \int_\Sigma \eta_a \frac{k}{8\pi}\epsilon^{ij}\left\{\partial_i\delta A_j^a - \partial_j\delta A_i^a + f_{bc}^a\left(\delta A_i^b A_j^c + A_i^b \delta A_j^c\right)\right\} + \delta Q[\eta] \\
&= \frac{k}{4\pi}\int_\Sigma \epsilon^{ij}\eta_a D_i \delta A_j^a + \delta Q[\eta] \\
&= -\frac{k}{4\pi}\int_\Sigma \epsilon^{ij}(D_i\eta_a)\delta A_j^a + \frac{k}{4\pi}\int_{\partial\Sigma}\eta_a \delta A_i^a dx^i + \delta Q[\eta]
\end{aligned} \tag{9.177}$$

となる．電荷を

$$Q[\eta] = -\frac{k}{4\pi}\int_{\partial\Sigma}\eta_a A_i^a dx^i \tag{9.178}$$

と選べば，境界項がキャンセルし，$G[\eta]$ の汎関数微分が定義可能となり，

$$\frac{\delta G}{\delta A_i^a} = \frac{k}{4\pi}\epsilon^{ij}D_j\eta_a \tag{9.179}$$

となることがわかる．このとき，$D \wedge D\lambda^a = f^a_{bc}F^b\lambda^c$ より

$$\begin{aligned}
\{G[\eta], G[\lambda]\} &= \frac{k}{4\pi}\int_\Sigma D\eta_a \wedge D\lambda^a \\
&= -\frac{k}{4\pi}\int_\Sigma \eta_a f^a_{bc}F^b\lambda^c + \frac{k}{4\pi}\int_{\partial\Sigma}\eta_a D\lambda^a \\
&= G[\sigma] + \left(\frac{k}{4\pi}\int_{\partial\Sigma}\eta_a D\lambda^a - Q[\sigma]\right) \\
&= G[\sigma] + \frac{k}{4\pi}\int_{\partial\Sigma}\eta_a \partial_i \lambda^a dx^i
\end{aligned} \tag{9.180}$$

となる．ここで，$\sigma^a = [\eta,\lambda]^a = f^a_{bc}\eta^b\lambda^c$ である．これも Lie 代数の中心拡大に対する一つの表現である．具体的には，$G[\eta]$ と同様に電荷 $Q[\eta]$ に対する交換関係をつくって，A_i^a のモード展開を代入すれば，レベル k の SU(2) アフィン Lie 代数が得られる．この表示の場合の中心拡大は

$$\frac{c}{24\pi} = \frac{k}{4\pi} = \frac{l}{16\pi G} \tag{9.181}$$

であり，最終的にセントラル・チャージが $c = 3l/2G$ で与えられる．

9.3 いろいろな変形問題

9.3.1 物性論における格子変形の役割

物性物理では重力ということをことさら意識することはないが，昨今の幾何学方面の発展と呼応するように，さまざまな格子変形が数値シュミレーションでも試みられている．量子1次元系に対しては DMRG が非常に優れた方法であるが，すでに議論してきたように，臨界系の精密計算は励起ギャップのある系に比べて大変である．そこで，臨界系に対して適当なエネルギースケールを与える1パラメータ拡張を行うことに数値計算上は意味がある．そのパラメータが入っているときの系は厳密にいうと臨界からずれているから，計算は比較的容易に行えると期待される．パラメータを変化させてもとの臨界系に近づくときに，計算可能な範囲で本来の臨界的な振舞いが正しくとらえられるかが問題となる．この考え方のベースは，Wilson くりこみ群における格子の対数離散化にすでに含まれている．また，双曲変形という方法も関連する物理を含んでいる．さらに，1パラメー

タ拡張とは少し異なる概念であるが，サイン二乗変形という方法もある．DMRG においてすでに議論したように，開放端条件の計算精度が高いが，これを疑似的に周期境界条件に変換する格子変形がサイン 2 乗変形である．これは CFT の視点から理解が得られている．簡単に言うと，トーラス上の CFT にサイン二乗変形を表現し直すと，Virasoro 生成子 L_n が $n = 0$ だけでなく $n = \pm 1$ のものもハミルトニアンに現れて，大域的共形不変性を回復することがそのからくりである．そのときに，基底エネルギーは周期境界条件のものになるということも示せる．以上の問題はエンタングルメントやテンソル積という本書の主題からはやや離れているかもしれないが，局所⇔非局所の自在な変換を通じて，くりこみ群の深い理解を得るためのルートが見える重要な話題である．

9.3.2 サイン二乗変形

サイン二乗変形（sine square deformation, SSD）とは，空間 1 次元上に定義された電子系のホッピングをサイン二乗関数にしたがって変形すると，開放端をもつ系の基底状態が周期境界条件のものと一致するというものである[158-163]．以下では，その基本的な性質を見ていこう．自由電子（簡単のためにスピンは考えない）の SSD ハミルトニアンを

$$H_{SSD} = -\sum_{j=1}^{N} t_j \left(c_j^\dagger c_{j+1} + c_{j+1}^\dagger c_j \right) - \sum_{j=1}^{N} \mu_j c_j^\dagger c_j \tag{9.182}$$

と表す．ここで

$$t_j = t f\left(j + \frac{1}{2}\right) \tag{9.183}$$

および

$$\mu_j = \mu f(j) \tag{9.184}$$

であり，SSD を特徴づけるスケール関数 $f(j)$ は

$$f(j) = \sin^2\left\{\frac{\pi}{N}\left(j - \frac{1}{2}\right)\right\} \tag{9.185}$$

と定義される．このスケール関数は，系の中央 $j = (N+1)/2$ から離れるにつれてスムーズに減少する関数で，両端でゼロとなることがわかる．

空間一様な成分を

$$H_0 = -t\sum_{j=1}^{N} \left(c_j^\dagger c_{j+1} + c_{j+1}^\dagger c_j \right) - \mu \sum_{j=1}^{N} c_j^\dagger c_j \tag{9.186}$$

と表すと、H_{SSD} は以下のように変形することができる.

$$\begin{aligned}
H_{SSD} &= -t\sum_{j=1}^{N} f\left(j+\frac{1}{2}\right)\left(c_j^\dagger c_{j+1}+c_{j+1}^\dagger c_j\right) - \mu\sum_{j=1}^{N} f(j) c_j^\dagger c_j \\
&= -t\sum_{j=1}^{N} \sin^2\left(\frac{\pi}{N}j\right)\left(c_j^\dagger c_{j+1}+c_{j+1}^\dagger c_j\right) - \mu\sum_{j=1}^{N}\sin^2\left\{\frac{\pi}{N}\left(j-\frac{1}{2}\right)\right\} c_j^\dagger c_j \\
&= -\frac{1}{2}t\sum_{j=1}^{N}\left\{1-\cos\left(\frac{2\pi}{N}j\right)\right\}\left(c_j^\dagger c_{j+1}+c_{j+1}^\dagger c_j\right) \\
&\quad -\frac{1}{2}\mu\sum_{j=1}^{N}\left[1-\cos\left\{\frac{2\pi}{N}\left(j-\frac{1}{2}\right)\right\}\right] c_j^\dagger c_j \\
&= \frac{1}{2}H_0 + \frac{1}{4}t\sum_{j=1}^{N}\left(e^{i\delta j}+e^{-i\delta j}\right)\left(c_j^\dagger c_{j+1}+c_{j+1}^\dagger c_j\right) \\
&\quad +\frac{1}{4}\mu\sum_{j=1}^{N}\left(e^{i\delta j}e^{-i\delta/2}+e^{-i\delta j}e^{i\delta/2}\right) c_j^\dagger c_j \qquad (9.187)
\end{aligned}$$

ただし,
$$\delta = \frac{2\pi}{N} \qquad (9.188)$$

とした. ここでカイラル・ハミルトニアンを

$$H^{\pm} = -t\sum_{j=1}^{N} e^{\pm i\delta j}\left(c_j^\dagger c_{j+1}+c_{j+1}^\dagger c_j\right) - \mu\sum_{j=1}^{N} e^{\pm i\delta j} e^{\mp i\delta/2} c_j^\dagger c_j \qquad (9.189)$$

と定義すると, H_{SSD} は

$$H_{SSD} = \frac{1}{2}H_0 - \frac{1}{4}\left(H^{+}+H^{-}\right) \qquad (9.190)$$

と表される.

カイラル・ハミルトニアンを空間一様成分の固有モード

$$c_k = \frac{1}{\sqrt{N}}\sum_{k} e^{ikj} c_j \qquad (9.191)$$

および固有エネルギー

$$\epsilon(k) = -2t\cos k - \mu \qquad (9.192)$$

で表すと,

$$H^{\pm} = \sum_{k} e^{\mp i\delta/2} \epsilon\left(k\mp\frac{\delta}{2}\right) c_k^\dagger c_{k\mp\delta} \qquad (9.193)$$

となる．これは波数を 1 ユニット δ だけシフトさせる演算子である．このことから H_{SSD} の効果が見えてくる．H_{SSD} を一様周期系の基底状態 $|\Psi_G\rangle$ に作用することを考える．このとき，H_0 の項に対しては固有関数なので，単に固有値を返す．一方，$H^{\pm}$ の項を作用すると，フェルミ面の下に詰まっている電子はこの操作では基本的に動けないので，フェルミ面 $k = k_F$ での電子励起のみが重要である．

$$H \simeq e^{\mp i\delta/2} \epsilon \left(k_F \mp \frac{\delta}{2} \right) c_{k_F}^\dagger c_{k_F \mp \delta} \tag{9.194}$$

したがって

$$\epsilon \left(k_F \mp \frac{\delta}{2} \right) = 0 \tag{9.195}$$

となるように μ を選べば，$|\Psi_G\rangle$ が H_{SSD} の厳密な固有状態であることがわかる．共形場理論的には，上記で現れた $H_0, H_\pm$ が，Virasoro 代数の生成元 $L_0, L_{\pm 1}$ に対応していることは，それらの波数表示の形から容易に類推できるであろう．その詳細は最近の論文 [164] で議論されている．

9.3.3 指数変形：Wilson くりこみ群のスケールフリー性

格子変形の問題として有名なものは，近藤模型に対する Wilson のくりこみ群的アプローチである．近藤模型は金属電子と不純物スピンが相互作用する量子多体系である．そこでは，空間座標に対して指数関数的に変化する変形因子を導入することで，赤外発散の正則化を行うことが格子変形の主な機能である．つまり，格子変形が臨界系に対するくりこみ群におけるスケールフリー性を特徴づけていることが重要なことである．

指数変形された空間 1 次元自由フェルミオンのハミルトニアンは

$$H_\lambda = \sum_{n=1}^{N-1} e^{\lambda n} \left(c_{n+1}^\dagger c_n + c_n^\dagger c_{n+1} \right) \tag{9.196}$$

と表される．ここでは 1 粒子状態

$$|\psi\rangle = \sum_n \psi_n c_n^\dagger |0\rangle \tag{9.197}$$

を考えることとすると，波動方程式 $H_\lambda |\psi\rangle = E |\psi\rangle$ は

$$e^{-\lambda} \psi_{n-1} + \psi_{n+1} = E e^{-\lambda n} \psi_n \tag{9.198}$$

と表される．ここで

$$\psi_n = e^{-\lambda n/2} \phi_n \tag{9.199}$$

と変形すると，ϕ_n は
$$\phi_{n-1} + \phi_{n+1} = \bar{E}e^{-\lambda n}\phi_n \tag{9.200}$$
を満たす．ただし，
$$\bar{E} = Ee^{\lambda/2} \tag{9.201}$$
と定義した．

ここで，格子点を $n = i+j$ と表して
$$\phi_{i+j} \to \phi_i \tag{9.202}$$
とシフトすると，
$$\phi_{i-1} + \phi_{i+1} = \bar{E}e^{-\lambda(i+j)}\phi_i \tag{9.203}$$
となることがわかる．つまり，並進操作に対してエネルギー固有値を
$$\bar{E}e^{-\lambda j} \to \bar{E} \tag{9.204}$$
と置き換えれば，波動方程式は不変に保たれることがわかる．言い換えると，波動関数の並進操作は，その並進の量 j に応じて $e^{-\lambda j}$ だけスケールされたエネルギー固有値と一対一対応があるということである．したがって，波動方程式の解が一つ求まると，並進操作とエネルギーのリスケーリングで他の固有状態も構成することが可能である[165]．

波動方程式の $\lambda = 0$ の解はもちろん平面波であるが，それが $\lambda > 0$ に対してどのように変形されるかを見てみよう．そのために，式 (9.200) の連続極限をとる．$x = \lambda n$ とすると，
$$\frac{d^2}{dx^2}\phi(x) = \frac{d}{dx}\frac{\phi(x+\lambda)-\phi(x)}{\lambda} = \frac{\phi(x+\lambda)-2\phi(x)+\phi(x-\lambda)}{\lambda^2} \tag{9.205}$$
と表せるので，式 (9.200) の連続極限は
$$\lambda^2 \frac{d^2}{dx^2}\phi(x) + \left(2 - \bar{E}e^{-x}\right)\phi(x) = 0 \tag{9.206}$$
となる．$x \to x+a$ と並進して $\bar{E}e^{-a} \to \bar{E}$ とリスケールすれば，離散系の場合と同様に，波動方程式は不変である．これは Bessel の微分方程式であるので，解は（変形）Bessel 関数となる．したがって，有限の λ を導入することで波束が形成される．このことは，解が局在的になることで，有限サイズ効果が顕著に現れる境界の影響が非常に弱くなるということを示唆している．

第 *10* 章

量子情報幾何との融合に向けて

　情報はそれ自体の定量化という側面に加えて，メモリや伝送という側面をもつ．つまり，個々の情報量にだけ着目するのではなく，情報の族という観点から，異なる情報間に共通する性質を抽出しようとするものである．あるいは，それらの情報量が逆に適切なメモリ空間・情報空間の構造を規定すると考えてもよい．さらに，伝送といった場合には，情報空間の一つの座標軸が時間に対応し，情報の族のダイナミカルな発展を記述する．これは，そのまま情報空間における古典場の運動方程式を導くと期待される．以上の考え方は，一般相対論の抽象空間への拡張であるともいえる．情報がメモリ空間そのものを規定することはまさに Einstein 方程式の機能であり，情報の族のダイナミカルな発展は (3+1) 分解などの形式に対応する．情報の伝送やストレージという視点からは，それらを行う抽象データ空間のメッシュが非一様にカットされていれば，データの伝送速度やストレージの割合も自然に変化するはずである．本章ではメモリ空間の幾何構造を調べることで，ゲージ・重力対応の情報科学的理解を深めることを目的とする．この分野は統計力学の立場からも，また量子情報理論の立場からも，未解決の部分の多い領域である．本章を出発点として，より進んだトピックに挑戦されることを期待したい．

10.1 情報空間の幾何構造

情報の定量化ということに関して，前章までは情報の量的側面に関してまとめた．一方，二つの異なる情報の違いを定量的に測定することも必要となる．これはどのようなことかというと，対象によらない普遍的な性質を議論する場合，明らかに，理論を記述する情報一つひとつに対する絶対的な意味や表現形式そのものよりは，むしろ情報のシーケンスが重要な意味をもつためである．この目的のために，相対エントロピーとよばれる量を用いることができる．相対エントロピーは情報のメモリ空間に幾何構造を導入することに対応する[166,167]．以下では，相対エントロピーの基本的な性質についてまとめる．

10.1.1 相対エントロピーと Fisher 計量
■ 情報空間の位相構造

二つの異なる情報の違いを定量的に測定することは，すなわち，情報を元とする集合に位相構造を導入することである．ここでは簡単な例として，二つの情報の間に距離を定義する．情報空間の抽象的距離として，通常の距離空間の定義に従う．集合 M が距離空間 (M,d) であるとは，下記の四つの性質をもった距離関数 $d: M \times M \to \mathbb{R}_+ = [0,\infty)$ が定義されている空間である．

- 正値性：$d(x,y) \geq 0$
- 非退化性：$x = y \leftrightarrow d(x,y) = 0$
- 対称性：$d(x,y) = d(y,x)$
- 三角不等式：$d(x,y) + d(y,z) \geq d(x,z)$

これはわれわれが素朴な意味で「距離」という概念に最低限要求する性質である．2 番目の非退化性に関しては，$x = y \to d(x,y) = 0$ のみが成り立つ場合には，d は M 上の擬距離関数であるとよばれる．集合の元として密度行列などの物理量を用いる場合には，点列の収束という概念が対応する物理とどのように対応しているか注意しておく必要があるが，それはこの後注意することにする．

情報と幾何学を結びつけるには，相対エントロピーを定義するとよい．それにより，二つの物理系の確率分布 $p = \{p_1, p_2, \ldots, p_m\}$ および $q = \{q_1, q_2, \ldots, q_m\}$ で表される状態の違いに対する抽象的な距離を測定することができる．先に数学の準備をして，その後に量子古典変換の物理とどのように対応しているのかを説明する．距離の定義はいろいろあるが（f-ダイバージェンスとよばれるクラスの距離がよく調べられている），次の Kullback–Leibler ダイバージェンスが情報

理論ではもっともよく知られた距離である.

$$D_{KL}(p|q) = \sum_{n=1}^{m}(p_n \log p_n - p_n \log q_n) = \sum_{n=1}^{m} p_n \log \frac{p_n}{q_n} \quad (10.1)$$

われわれはこれまでエンタングルメント・エントロピーに着目してきたので，それとの接続性もよい．ただし，

$$\sum_{i=1}^{m} p_i = \sum_{i=1}^{m} q_i = 1 \quad (10.2)$$

とし，重要な状態数 m は形式的には同じであるとした．p か q のいずれかの状態数が多いときには（q のほうを多くとる），多いほうを m とし，形式的に増加した p をゼロとおくことにする．連続系の場合にも同様に

$$D_{KL}(p|q) = \int_X dx p(x) \log \frac{p(x)}{q(x)} \quad (10.3)$$

と定義する．

Kullback–Leibler ダイバージェンスにおいて，先に述べた「正値性」「非退化性」「対称性」「三角不等式」がすべて成り立っているわけではないことにまず注意する．明らかに，p,q に関する対称性は満たしていない．ただし，ある点近傍の情報を見ている限りは，距離としての性質をもっているようであることがわかる．たとえば，二つの確率分布 p および q の差を以下のように定義する．

$$q_n = p_n + \epsilon_n \quad (10.4)$$

ここで，ϵ は小さなパラメータであるとする．p,q 双方が確率分布であるので，

$$\sum_n q_n = \sum_n p_n = 1 \quad (10.5)$$

が成り立つ必要があるから，

$$\sum_{n=1}^{m} \epsilon_n = 0 \quad (10.6)$$

であることがわかる．通常は状態数 m が十分大きな極限でこの関係が成り立つと考えられる．さて，$D_{KL}(p|q)$ を ϵ で展開すると，

$$D_{KL}(p|q) = -\sum_n p_n \log\left(1 + \frac{\epsilon_n}{p_n}\right) = \frac{1}{2}\sum_n p_n \left(\frac{\epsilon_n}{p_n}\right)^2 + \cdots \quad (10.7)$$

となる．すなわち，$D_{KL}(p|q)$ は非負の値で，ϵ に関して単調増加関数である．

ここで鍵となる考え方は，確率分布関数が，d 個の連続な内部変数 $\theta = (\theta^1,\ldots,\theta^d)$ を含んでおり，その座標系で張られる空間に情報が格納されるということである．

10.1 情報空間の幾何構造

$$p_n = p_n(\theta^1, \ldots, \theta^d) \tag{10.8}$$

$$q_n = p_n(\theta^1 + d\theta^1, \ldots, \theta^d + d\theta^d) \tag{10.9}$$

ここで，$d\theta^\mu$ は無限小変化を意味する．q_n の対数を 2 次まで展開する．

$$\log q_n = \log p_n + \frac{\partial \log p_n}{\partial \theta^\mu} d\theta^\mu + \frac{1}{2}\frac{\partial^2 \log p_n}{\partial \theta^\mu \partial \theta^\nu} d\theta^\mu d\theta^\nu \tag{10.10}$$

式 (10.10) の両辺に p_n をかけて n で和をとると，

$$D_{KL}(p|q) = \sum_n p_n \log \frac{p_n}{q_n} = -\frac{1}{2}\sum_n p_n \frac{\partial^2 \log p_n}{\partial \theta^\mu \partial \theta^\nu} d\theta^\mu d\theta^\nu \tag{10.11}$$

を得る．ここで，以下の関係から 1 次の項が消えることを用いた．

$$\sum_n p_n \frac{\partial \log p_n}{\partial \theta^\mu} = \sum_n \frac{\partial p_n}{\partial \theta^\mu} = \frac{\partial}{\partial \theta^\mu} \sum_n p_n = \frac{\partial}{\partial \theta^\mu} 1 = 0 \tag{10.12}$$

関係式

$$\frac{\partial^2 \log p_n}{\partial \theta^\mu \partial \theta^\nu} = -\frac{\partial \log p_n}{\partial \theta^\mu}\frac{\partial \log p_n}{\partial \theta^\nu} + \frac{1}{p_n}\frac{\partial^2 p_n}{\partial \theta^\mu \partial \theta^\nu} \tag{10.13}$$

を用いると，次の結果が得られる．

$$D_{KL}(p|q) = \frac{1}{2} g_{\mu\nu}(\theta) d\theta^\mu d\theta^\nu \tag{10.14}$$

ここで，$g_{\mu\nu}(\theta)$ は Fisher 情報行列あるいは Fisher 計量とよばれていて，

$$g_{\mu\nu}(\theta) = \sum_{n=1}^m p_n \frac{\partial \log p_n}{\partial \theta^\mu}\frac{\partial \log p_n}{\partial \theta^\nu} = \sum_{n=1}^m p_n (\partial_\mu \gamma_n)(\partial_\nu \gamma_n)$$
$$= \langle \partial_\mu \gamma(\theta) \partial_\nu \gamma(\theta) \rangle \tag{10.15}$$

という式で与えられる．ここで

$$\gamma_n = -\log p_n \tag{10.16}$$

である．Fisher 計量は別表現も知られていて，その導出のためには，

$$\langle \partial_\mu \gamma(\theta) \rangle = 0 \tag{10.17}$$

を出発点として，これをさらに θ^ν で微分することを考える．すなわち

$$\sum_n \partial_\nu p_n \partial_\mu \gamma_n + \sum_n p_n \partial_\mu \partial_\nu \gamma_n = 0 \tag{10.18}$$

より，

$$g_{\mu\nu}(\theta) = -\sum_n \partial_\mu p_n \partial_\nu \gamma_n = \langle \partial_\mu \partial_\nu \gamma(\theta) \rangle \tag{10.19}$$

となる．式 (10.15) と式 (10.19) の間で γ_n の個数が変化しているので奇異に感じられるかもしれないが，それは γ_n が p_n に依存するためで，Fisher 計量の特

殊事情である．以上は連続変数の場合に

$$g_{\mu\nu}(\theta) = \int_X dx p(x) \partial_\mu \gamma(x) \partial_\nu \gamma(x) = \int_X dx p(x) \partial_\mu \partial_\nu \gamma(x) \quad (10.20)$$

と表される．一般相対論の視点から，$g_{\mu\nu}(\theta)$ は情報空間の計量テンソルに対応する．非常に重要であると思われるポイントは，この計量テンソルが確率分布の対数 $\gamma_n(\theta) = -\log p_n(\theta)$ から「定義」されていることである．通常の一般相対論では計量は Einstein 方程式の解であり，一般相対論の枠内で閉じた量であるが，いまの場合には一般相対論の背景にある $\gamma_n(\theta)$ を与えるような微視的統計模型が存在することを示唆している．したがって，量子古典変換の立場からは，その統計模型が量子系であれば，Fisher 情報行列は直接的に量子古典変換を表現するオブジェクトであるということになる．ここで，統計模型の内部変数は何かということが問題であるが，すでに述べたように，たとえばモデルの相互作用パラメータなどがこれに当たる．また以降で議論するように，Kullback–Leibler ダイバージェンスに替えていろいろな距離の定義を採用することができるが，古典論の範囲内ではいずれも Fisher 情報行列（の定数倍）に漸近することが知られている．これを Chentsov の定理という．したがって，Kullback–Leibler ダイバージェンスはある種の普遍性を記述していることが考えられる．これらの事実が背景にある統計模型の何らかの物理的普遍性と関係しているかは，目下の重要な課題である．

上記で Fisher 計量の背景にある量子統計模型の存在に言及したが，それはどのように導入したらよいであろうか．量子エンタングルメントとの接続性を考慮すると，背景にある量子状態 $|\psi\rangle$ の Schmidt 分解

$$|\psi\rangle = \sum_n \sqrt{\lambda_n} |U_n\rangle \otimes |V_n\rangle \quad (10.21)$$

を思い出し，

$$p_n = \lambda_n \quad (10.22)$$

と対応づけするのがよいだろう．すなわち，λ_n から導かれるエンタングルメント・エントロピー $S = -\sum_n \lambda_n \log \lambda_n$ やエンタングルメント・スペクトル $\gamma_n = -\log \lambda_n$ は，Fisher 計量 $g_{\mu\nu}$ と直接的な関係をもっていることがわかる．もう少し正確に述べると，この計量はモジュライ空間（量子模型のパラメータ空間）の計量であり，一般には現実の古典的時空の計量ではない．しかし，この方向性から AdS/CFT 対応の意味を考えることも興味深い課題である．

■ 量子系についての注意

ちなみに，相対エントロピーの量子版（梅垣エントロピーともよぶ）は次のように定義される．

$$D_U(\rho|\sigma) = \mathrm{Tr}\,(\rho \log \rho - \rho \log \sigma) \tag{10.23}$$

ただし，$s(\rho)$ を ρ のサポート（台）とすると，

$$s(\rho) \leq s(\sigma) \tag{10.24}$$

であることを要請する．これは $D_{KL}(p|q)$ の満たすべき条件に対応している．ρ, σ が同時対角化可能である場合には，$D_U(\rho|\sigma)$ は $D_{KL}(p|q)$ に一致するが，一般にはそうとは限らない．臨界点直近の二つの状態に対する ρ, σ に関しては，おそらく近似的には同時対角化されると期待される．このことは，臨界量子系対古典系の変換理論としてこの方法が有効かもしれないことを示唆している．

量子系の場合には，Fisher 計量ほどの普遍的な計量が定義しがたいので，さまざまな考え方がある．そこで，量子統計力学と接続のよい表現形式を導入しておこう．以下で導入される計量を BKM（Bogolivbov–Kudo–Mori）計量とよばれる．はじめに，情報量（量子系の場合には演算子となる）γ を

$$\gamma = -\log \rho \tag{10.25}$$

とする．これは，非平衡統計熱力学の分野では Zubarev のエントロピー演算子とよばれている．ここでは式 (10.19) を計量テンソルの定義と考え，その場合に式 (10.15) の表現が量子系でどのように拡張されるべきかを調べる．そのために，量子統計でよく知られた公式

$$\frac{d}{d\xi}e^{A(\xi)} = \int_0^1 d\lambda e^{(1-\lambda)A(\xi)}\frac{dA(\xi)}{d\xi}e^{\lambda A(\xi)} \tag{10.26}$$

から出発する．これより，$A = -\gamma = \log \rho$ および $\xi = x^\mu$ ととれば

$$\partial_\mu \rho = \int_0^1 d\lambda \rho^{1-\lambda}\,(\partial_\mu \log \rho)\,\rho^\lambda \tag{10.27}$$

および

$$\mathrm{Tr}\,\partial_\mu \rho = \mathrm{Tr}\int_0^1 d\lambda \rho\,(\partial_\mu \log \rho) = -\mathrm{Tr}\,(\rho \partial_\mu \gamma) \tag{10.28}$$

となり，左辺は $\partial_\mu(\mathrm{Tr}\,\rho) = \partial_\mu 1 = 0$ であることから，期待値 $\langle A \rangle$ を $\mathrm{Tr}(\rho A)$ と定義し直せば，$\langle \partial_\mu \gamma \rangle = 0$ が再現される．したがって，そこでさらに微分を実行すると，以下の変形が可能である．

$$\begin{aligned} g_{\mu\nu} &= \langle \partial_\mu \partial_\nu \gamma \rangle \\ &= -\mathrm{Tr}\,(\partial_\nu \rho \partial_\mu \gamma) \end{aligned}$$

$$= -\text{Tr} \int_0^1 d\lambda \rho^{1-\lambda} (\partial_\nu \log \rho) \rho^\lambda \partial_\mu \gamma$$

$$= \text{Tr} \int_0^1 d\lambda \rho e^{\lambda \beta H} \partial_\nu \gamma e^{-\lambda \beta H} \partial_\mu \gamma$$

$$= \frac{1}{\beta} \text{Tr} \int_0^\beta d\lambda \rho e^{\lambda H} \partial_\nu \gamma e^{-\lambda H} \partial_\mu \gamma$$

$$= \langle \partial_\nu \gamma ; \partial_\mu \gamma \rangle \tag{10.29}$$

これは,量子統計あるいは線形応答理論ではカノニカル相関とよばれている.カノニカル相関では $\langle \partial_\nu \gamma ; \partial_\mu \gamma \rangle = \langle \partial_\mu \gamma ; \partial_\nu \gamma \rangle$ が成り立つ.古典系の場合には H と $\partial_\nu \gamma$ が可換なので,これは確かに $\langle \partial_\nu \gamma \partial_\mu \gamma \rangle$ と等価である.量子系の非可換性が効く場合には,情報空間の2点間の微分相関を調べる場合に,その間の履歴の情報が取り込まれる表式となっていることに特徴がある.これはそのままエンタングルメントの時空間伝播の特徴を表しているともいえるが,MERA や AdS/CFT 対応との関連のなかからの詳しい理解は,これからの研究を待たなければならない.

10.1.2 Gauss 分布の幾何

具体的な確率分布に対して,分布関数が埋め込まれる情報空間の Fisher 計量を調べてみよう.ここでは Gauss 分布

$$p(x) = \frac{1}{\sqrt{2\pi}\sigma} \exp\left\{-\frac{(x-\mu)^2}{2\sigma^2}\right\} \tag{10.30}$$

を考える.μ はデータの平均,σ^2 はデータの分散を表す.情報空間は変数

$$\theta = (\theta^1, \theta^2) = (\mu, \sigma) \tag{10.31}$$

で張られる多様体であると考える.確率変数の対数 $\gamma(x) = -\log p(x)$ の微分が

$$\frac{\partial \gamma(x)}{\partial \mu} = -\frac{x-\mu}{\sigma^2} \tag{10.32}$$

$$\frac{\partial \gamma(x)}{\partial \sigma} = \frac{1}{\sigma} - \frac{(x-\mu)^2}{\sigma^3} \tag{10.33}$$

となるが,一般には偶数の n に対して

$$\langle (x-\mu)^n \rangle = \sigma^n \prod_{k=1}^{n/2} (2k-1) \tag{10.34}$$

であることを考慮すると,

$$g_{\mu\mu} = \int_{-\infty}^{\infty} dx p(x) \frac{\partial \gamma(x)}{\partial \mu} \frac{\partial \gamma(x)}{\partial \mu} = \frac{1}{\sigma^4} \left\langle (x-\mu)^2 \right\rangle = \frac{1}{\sigma^2} \quad (10.35)$$

および

$$g_{\sigma\sigma} = \int_{-\infty}^{\infty} dx p(x) \frac{\partial \gamma(x)}{\partial \sigma} \frac{\partial \gamma(x)}{\partial \sigma} = \frac{1}{\sigma^2} \left\langle \left\{ 1 - \frac{(x-\mu)^2}{\sigma^2} \right\}^2 \right\rangle = \frac{2}{\sigma^2} \quad (10.36)$$

となる.一方,$g_{\mu\sigma}$ は奇関数の積分なので消えることがわかる.以上より

$$ds^2 = \frac{d\mu^2 + 2d\sigma^2}{\sigma^2} \quad (10.37)$$

が成り立つ.したがって,情報空間に自然に導入される計量テンソルは,平坦ではなくて双曲的であることがわかる.この結果は,情報幾何学のテキストには最初の例題として必ず掲載されているものであるが,物理的背景はともかく,AdS/CFT 対応を勉強した後から見ると非常に興味をそそられる結論である.ここにも双曲幾何の何らかの重要な性質が含まれてるように思われる.なお,Gauss 分布から導かれるエントロピーの大きさは,

$$S = -\int_{-\infty}^{\infty} p(x) \log p(x) dx = \log\left(\sqrt{2\pi e}\sigma\right) \quad (10.38)$$

である.エントロピーを最大にするのが Gauss 分布であることは前述のとおりである.スケールフリーで,すなわちさまざまなスケールが混在する共形場理論の一つの特徴を表しているようにも思われる.有限 χ スケーリングのところで示したように,CFT における密度行列の固有値の漸近形が,n の大きなところで $\lambda(b,n) \sim e^{-b} \exp\left\{-(\log n)^2/4b\right\}$ という Gauss 分布類似の形で表された.このことは一つの傍証であると考えられるが,直接的な対応はいまのところはまだ見出されてはいない.

10.1.3 非加法的相対エントロピー ──────

非加法的相対エントロピーの例として,相対 Tsallis エントロピーを定義する.Chentsov の定理に関連して,相対 Tsallis エントロピーが Fisher 計量の定数倍になることを証明しておこう.まず定義は

$$V_q(\lambda, \Lambda) = \frac{1}{q-1} \left\{ \sum_{n=1}^{m} \lambda_n \left(\frac{\lambda_n}{\Lambda_n}\right)^{q-1} - 1 \right\}$$

$$= \sum_{n=1}^{m} \lambda_n \frac{1}{q-1} \left\{ \left(\frac{\lambda_n}{\Lambda_n} \right)^{q-1} - 1 \right\}$$

$$= \sum_{n=1}^{m} \lambda_n \ln_q \frac{\lambda_n}{\Lambda_n} \qquad (10.39)$$

で,$q \to 1$ の極限でこれは通常の対数関数に漸近する.したがって,相対 Tsallis エントロピーは,$V(\lambda, \Lambda)$ の直接的な拡張である.

はじめに,これが情報空間の距離概念として適切であるか調べる.そのために,$(\lambda_n/\Lambda_n)^{q-1}$ を次のように展開する.

$$\left(\frac{\lambda_n}{\Lambda_n} \right)^{q-1} = \left(1 + \frac{\epsilon_n}{\lambda_n} \right)^{1-q}$$

$$= 1 + (1-q) \left(\frac{\epsilon_n}{\lambda_n} \right) - \frac{1}{2} q(1-q) \left(\frac{\epsilon_n}{\lambda_n} \right)^2 + \cdots \quad (10.40)$$

したがって,正値性が保証されることがわかる.

$$V_q(\lambda, \Lambda) \simeq \frac{1}{2} q \sum_{n=1}^{m} \lambda_n \left(\frac{\epsilon_n}{\lambda_n} \right)^2 \geq 0 \qquad (10.41)$$

この結果は,D_{KL} の直接的な q-拡張である.

続いて,Λ_n^{1-q} を dx^μ で次のように展開する.

$$\Lambda_n^{1-q} = \lambda_n^{1-q} + \frac{\partial \lambda_n^{1-q}}{\partial x^\mu} dx^\mu + \frac{1}{2} \frac{\partial^2 \lambda_n^{1-q}}{\partial x^\mu \partial x^\nu} dx^\mu dx^\nu$$

$$= \lambda_n^{1-q} + (1-q) \lambda_n^{-q} \frac{\partial \lambda_n}{\partial x^\mu} dx^\mu$$

$$- \frac{1}{2} q(1-q) \lambda_n^{-1-q} \frac{\partial \lambda_n}{\partial x^\mu} \frac{\partial \lambda_n}{\partial x^\nu} dx^\mu dx^\nu$$

$$+ \frac{1}{2} (1-q) \lambda_n^{-q} \frac{\partial^2 \lambda_n}{\partial x^\mu \partial x^\nu} dx^\mu dx^\nu \qquad (10.42)$$

したがって,次の結果が得られる.

$$V_q(\lambda, \Lambda) = \frac{1}{q-1} \sum_{n=1}^{m} \left\{ (1-q) \frac{\partial \lambda_n}{\partial x^\mu} dx^\mu - \frac{1}{2} q(1-q) \lambda^{-1} \frac{\partial \lambda_n}{\partial x^\mu} \frac{\partial \lambda_n}{\partial x^\nu} dx^\mu dx^\nu \right.$$

$$\left. + \frac{1}{2} (1-q) \frac{\partial^2 \lambda_n}{\partial x^\mu \partial x^\nu} dx^\mu dx^\nu \right\}$$

$$= \frac{1}{2} q g_{\mu\nu} dx^\mu dx^\nu \qquad (10.43)$$

ここで,和 $\sum_{n=1}^{m}$ と微分 $\partial/\partial x^\mu$ の順序を入れ替え,$\sum_{n=1}^{m} \lambda_n = 1$ の微分が消

えることを用いた.

以上のことから，非加法性の因子は定数係数としてしか計量に現れないことがわかる．これは，Chentsov の定理を具体例で示したものになっており，Fisher 計量の唯一性を示唆している．以上の議論は，Rényi エントロピー

$$S_q^{Rényi} = \frac{\log \sum_{n=1}^m \lambda_n^q}{1-q} \tag{10.44}$$

に対しても同様に展開できて，やはり相対エントロピーは

$$V_q^{Rényi}(\lambda, \Lambda) = \frac{1}{q-1}\log \sum_{n=1}^m \lambda_n \left(\frac{\lambda_n}{\Lambda_n}\right)^{q-1} \simeq \frac{1}{2}q g_{\mu\nu}dx^\mu dx^\nu \tag{10.45}$$

と変形される．

10.1.4 量子距離と Berry 接続 ─────

二つの量子状態の違いを幾何学的な距離の差として表す方法としては，ほかにもいろいろな定義がある．その例として，下記のように量子系の状態を直接用いて定義される「量子距離」がある．

$$D_Q(\theta) = 1 - |\langle \psi(\theta)|\psi(\theta+d\theta)\rangle|^2 \tag{10.46}$$

ここで，$|\psi(\theta)\rangle$ は θ を内部変数にもつ状態である．状態は $\langle \psi(\theta)|\psi(\theta)\rangle = 1$ と規格化されているものとする．定義では絶対値の 2 乗を取る．波動関数は一般には複素数なので，$d\theta \to 0$ としたとき，$\langle \psi(\theta)|\psi(\theta+d\theta)\rangle$ が複素平面のどの方向から 1 に収束するかに応じて意味が変わってくるかもしれないからである．このような計量の定義は，数学では Bures 距離とよばれるクラスに属するものである．2 乗を取る前の量

$$F(\psi, \phi) = |\langle \psi|\phi\rangle| \tag{10.47}$$

は忠実度（fidelity）とよばれている．

密度行列と波動関数のどちらが得られやすいかは問題によって異なるが，一般的に言って，具体的な問題は量子距離のほうが取り扱いやすく，個々のモデルによらない普遍性を議論する場合には密度行列を用いるのが好ましい．なぜかというと，密度行列はエントロピーと直結した物理量なので，普遍的なスケーリング関係式との対応がわかりやすいためである．

量子距離がどのような計量テンソルを導くか調べるために，微小量 $d\theta^\mu$ の 2 次まで展開する．

$$\langle \psi(\theta)|\psi(\theta+d\theta)\rangle = 1 + \langle \psi(\theta)|\partial_\mu \psi(\theta)\rangle d\theta^\mu$$

$$+ \frac{1}{2}\langle\psi(\theta)|\partial_\mu\partial_\nu\psi(\theta)\rangle d\theta^\mu d\theta^\nu + \cdots \quad (10.48)$$

$$\langle\psi(\theta+d\theta)|\psi(\theta)\rangle = 1 + \langle\partial_\mu\psi(\theta)|\psi(\theta)\rangle d\theta^\mu$$
$$+ \frac{1}{2}\langle\partial_\mu\partial_\nu\psi(\theta)|\psi(\theta)\rangle d\theta^\mu d\theta^\nu + \cdots \quad (10.49)$$

これらを式 (10.46) に代入すると

$$D_Q(\theta) = -\left(\langle\psi(\theta)|\partial_\mu\psi(\theta)\rangle + \langle\partial_\mu\psi(\theta)|\psi(\theta)\rangle\right) d\theta^\mu$$
$$- \langle\partial_\mu\psi(\theta)|\psi(\theta)\rangle\langle\psi(\theta)|\partial_\nu\psi(\theta)\rangle d\theta^\mu d\theta^\nu$$
$$- \frac{1}{2}\left(\langle\psi(\theta)|\partial_\mu\partial_\nu\psi(\theta)\rangle + \langle\partial_\mu\partial_\nu\psi(\theta)|\psi(\theta)\rangle\right) d\theta^\mu d\theta^\nu \quad (10.50)$$

となるが，右辺第 1 項は規格化条件を微分したものなので，

$$\langle\psi(\theta)|\psi(\theta)\rangle = 1 \to \langle\psi(\theta)|\partial_\mu\psi(\theta)\rangle + \langle\partial_\mu\psi(\theta)|\psi(\theta)\rangle = 0 \quad (10.51)$$

となって消えることがわかる．右辺第 3 項はこの条件をさらに微分して

$$\langle\partial_\nu\psi(\theta)|\partial_\mu\psi(\theta)\rangle + \langle\psi(\theta)|\partial_\mu\partial_\nu\psi(\theta)\rangle + \langle\partial_\mu\partial_\nu\psi(\theta)|\psi(\theta)\rangle$$
$$+ \langle\partial_\mu\psi(\theta)|\partial_\nu\psi(\theta)\rangle = 0 \quad (10.52)$$

となる．以上より，量子距離を

$$D_Q(\theta) = \chi_{\mu\nu}(\theta) d\theta^\mu d\theta^\nu \quad (10.53)$$

と表すと，計量テンソル $\chi(\theta)$ は

$$\chi_{\mu\nu}(\theta) = \langle\partial_\mu\psi(\theta)|\partial_\nu\psi(\theta)\rangle - \langle\partial_\mu\psi(\theta)|\psi(\theta)\rangle\langle\psi(\theta)|\partial_\nu\psi(\theta)\rangle \quad (10.54)$$

で与えられる．結果的に，指数分布族の典型的な計量テンソルと同様の構造をしていることがわかる．なお，$D_Q(\theta)$ は実数であるが，$\chi(\theta)$ は一般には複素数で，

$$\bar{\chi}_{\mu\nu}(\theta) = \chi_{\nu\mu}(\theta) \quad (10.55)$$

を満たす．つまり，$\chi(\theta)$ は添え字 μ, ν に関してエルミート行列である．このことから，計量は $\chi(\theta)$ の実数部分のみで表され，

$$D_Q(\theta) = \frac{1}{2}\left(\chi_{\mu\nu} d\theta^\mu d\theta^\nu + \chi_{\nu\mu} d\theta^\nu d\theta^\mu\right) = g_{\mu\nu} d\theta^\mu d\theta^\nu \quad (10.56)$$

となる．ここで，$\chi_{\mu\nu}(\theta)$ の実数部分を

$$g_{\mu\nu} = \frac{\chi_{\mu\nu} + \chi_{\nu\mu}}{2} \quad (10.57)$$

と表した．

式 (10.54) の計量 $\chi_{\mu\nu}$ は，θ を含んだ任意の U(1) ゲージ変換に対して不変であることを確かめておこう．つまり，$\psi(\theta) \to e^{i\phi(\theta)}\psi(\theta)$ とするとき

$$\chi_{\mu\nu} \to \langle\partial_\mu e^{i\phi(\theta)}\psi(\theta)|\partial_\nu e^{i\phi(\theta)}\psi(\theta)\rangle$$

$$
\begin{aligned}
&-\langle\partial_\mu e^{i\phi(\theta)}\psi(\theta)|e^{i\phi(\theta)}\psi(\theta)\rangle\langle e^{i\phi(\theta)}\psi(\theta)|\partial_\nu e^{i\phi(\theta)}\psi(\theta)\rangle\\
&=\partial_\mu\phi(\theta)\partial_\nu\phi(\theta)+\langle\partial_\mu\psi(\theta)|\partial_\nu\psi(\theta)\rangle\\
&\quad-i\partial_\mu\phi(\theta)\langle\psi(\theta)|\partial_\nu\psi(\theta)\rangle+i\partial_\nu\phi(\theta)\langle\partial_\mu\psi(\theta)|\psi(\theta)\rangle\\
&\quad-(-i\partial_\mu\phi(\theta)+\langle\partial_\mu\psi(\theta)|\psi(\theta)\rangle)\,(i\partial_\nu\phi(\theta)+\langle\psi(\theta)|\partial_\nu\psi(\theta)\rangle)\\
&=\chi_{\mu\nu}
\end{aligned}
\tag{10.58}
$$

が得られる.

$\chi_{\mu\nu}$ を実数部分と虚数部分に分けて,それぞれ $g_{\mu\nu}$ および

$$F_{\mu\nu}=i\left(\chi_{\mu\nu}-\chi_{\nu\mu}\right)=\partial_\mu A_\nu-\partial_\nu A_\mu \tag{10.59}$$

と表す. $F_{\mu\nu}$ は Berry 曲率とよばれる.また

$$A_\mu=i\langle\psi(\theta)|\partial_\mu\psi(\theta)\rangle \tag{10.60}$$

と定義したが,これは Berry 接続とよばれる.さらに,トポロジー的な側面に着目するとして,Berry 位相を次の式で定義する.

$$\Phi=\oint_{\partial S}\vec{A}\cdot d\vec{\theta}=\int_S F_{\mu\nu}dS_{\mu\nu} \tag{10.61}$$

最後の変形では Stokes の定理を用いた. Chern ナンバーの定義は

$$\oint_M F_{\mu\nu}dS_{\mu\nu}=2\pi n \tag{10.62}$$

である.ここで,M はある閉じた 2 次元多様体である.

10.1.5 対称対数微分計量

古典的な Fisher 計量と量子距離の対応を知るには,以下に定義される対称対数微分 (symmetric logarithmic derivative, SLD) 計量を考えるとよい.

$$g_{\mu\nu}=\frac{1}{2}\mathrm{Tr}\left[\rho\left\{L_\mu,L_\nu\right\}\right] \tag{10.63}$$

ここで,L_μ は SLD 演算子とよばれ,

$$\partial_\mu\rho=\frac{1}{2}\left\{\rho,L_\mu\right\} \tag{10.64}$$

を満たすようにとる.一般に,各演算子は非可換である.これらが可換の場合には $L_\mu=\partial_\mu(\log\rho)$ となり,$g_{\mu\nu}$ は古典的な Fisher 計量になることがわかる.したがって,SLD 計量は Fisher 計量の量子版と見なすことができる.

純粋状態に対する密度行列は $\rho^2=\rho$ を満たす.これより

$$\partial_\mu\rho=\rho(\partial_\mu\rho)+(\partial_\mu\rho)\rho=\{\rho,\partial_\mu\rho\} \tag{10.65}$$

が成り立つから,

$$L_\mu = 2\partial_\mu \rho \tag{10.66}$$

となることがわかる．したがって，SLD 計量は

$$g_{\mu\nu} = 2\mathrm{Tr}\left[\rho\left\{\partial_\mu\rho, \partial_\nu\rho\right\}\right] \tag{10.67}$$

となる．ここで $\rho = |\psi\rangle\langle\psi|$ を代入すると，式 (10.54) の $\chi_{\mu\nu}$ に対応する項が現れる．したがって，確率分布と波動関数のいずれから出発しても，同様の幾何学的性質を解析することが可能である．

10.2 連続的 MERA からの創発的 AdS 計量

10.2.1 連続的 MERA

最新の研究課題として，連続的 MERA の Bures 計量に関する計算を紹介し，MERA と AdS/CFT 対応との接点や情報幾何のこの分野における重要性について議論する[168,169]．情報幾何学的な視点においては，1 次元高い空間に適切な計量を導入し，余剰の次元をエネルギースケールに関するくりこみのフローと解釈することで，もとの量子系のエネルギースケールの異なる情報を異なる領域に格納するということがポイントである．

MERA ネットワークと AdS/CFT 対応の類似性には何度か触れてきたが，ネットワークから AdS 計量が自然に導かれるかは調べておく必要のある問題である．これはほとんど自明なことのように思われるかもしれないが，ネットワークを構成するテンソルの並びは離散化された AdS 計量をしているように見えるものの，これはあくまで非可換なテンソル積であって古典的な時空ではないためである．MERA は波動関数なので，前節で導入した Bures 計量の定義から計量テンソルを導入することができる．スケール変換の次元を AdS 時空の動径方向と見立てたいので，ネットワークの連続極限を取る必要がある．したがって，以下の記述では，連続極限に対する MERA ネットワークを考察する．ここでは，余剰の次元を u ($u = 0, -1, -2, \ldots$) と表したときに，Bures 計量がこれまで何度か出てきたように

$$ds^2 = g_{uu}du^2 + \frac{e^{2u}}{\epsilon^2}\sum_i dx_i^2 + g_{tt}dt^2 \tag{10.68}$$

という形になることを期待する．ただし，g_{uu} は模型がギャップレスのときに定数になって，$z = \epsilon e^{-u}$ という座標変換のもとに AdS 時空を導くような関数である．以降では，質量ギャップがある場合への拡張も考察する．MERA が定常状

態を考えているので，ここでは g_{tt} の詳細に関しては議論しない．

はじめに，MERA の IR 極限および UV 極限を次のように表す．
$$|\Psi(u_{IR})\rangle = |\Omega\rangle, \quad |\Psi(u_{UV})\rangle = |\Psi\rangle \tag{10.69}$$
図 10.1 に従って，$u_{UV} = 0$ と定義する．一方，u_{IR} のほうはシステムサイズに依存するので，u_{IR} のままにしておく．熱力学極限では $u_{IR} = -\infty$ である．このとき，$\Psi(u_{IR})$ あるいは $\Psi(u_{UV})$ と途中の状態を接続する u 方向の発展演算子は
$$U(u_1, u_2) = P\exp\left[-i\int_{u_1}^{u_2}\{K(u) + L\}\,du\right] \tag{10.70}$$
と表される．$K(u)$ と L は，それぞれ entangler の連続極限版とスケール変換の演算子である．また，P は u 方向の順序積を意味する．ここで，u の発展は IR から UV に向かうとして，$K(u)$ は disentangler ではなく entangler とよぶことにする[*1]．

さて，明らかに IR 極限はスケール不変であるため
$$L|\Omega\rangle = 0 \tag{10.71}$$
という条件を課す．IR 状態から途中の状態をつくるためには，ユニタリー演算で
$$|\Psi(u)\rangle = U(u, u_{IR})|\Omega\rangle \tag{10.72}$$

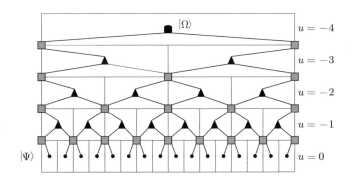

図 10.1 MERA ネットワークへのラベルづけ

[*1] ただし，この MERA の連続極限は，場の理論の手法を用いるために便宜的に導入されており，本来 MERA がもつ局所的なくりこみの性質は見えにくくなっている．ここではあくまで K と L が繰り返し階層的に現れるということを発展演算子で表しているということに注意が必要である．このような仮定が可能であるのは，式 (10.68) において，$dx_i{}^2$ の係数をすでに e^{2u}/ϵ^2 と仮定しており，くりこみの過程で有効サイト数が指数的に変化するということを手で入れていることによる．

と接続されると考え，逆に，ある状態を UV 極限に移行するには
$$|\Psi\rangle = U(0,u)|\Psi(u)\rangle \tag{10.73}$$
と発展させる．また，entangler $K(u)$ に関しては，
$$k \leq \Lambda e^u \tag{10.74}$$
の領域の波数をもつモードに対してエンタングルメントを生成する演算子であると考える．Λ は UV カットオフである．この表現はもちろん，座標変換 $z = \epsilon e^{-u}$ を念頭においている．

以降では，演算子 O のスケール u における Heisenberg 表示を
$$O(u) = U(0,u)^{-1} O U(0,u) \tag{10.75}$$
と定義する．ただし，演算子 O は UV 極限 $u_{UV} = 0$ において定義されているものとする．このとき，UV 極限での物理量の真空期待値は，u における状態を用いて
$$\langle \Psi | O | \Psi \rangle = \langle \Psi(u) | O(u) | \Psi(u) \rangle \tag{10.76}$$
と表される．

10.2.2 相互作用表示

スケール変換 L と entangler K の物理的な意味を考えれば，相互作用表示を取るためには，後者を相互作用項と考えればよい．相互作用表示の entangler を
$$K_I(u) = e^{iuL} K(u) e^{-iuL} \tag{10.77}$$
と表す．これを用いると，もとの表示における発展演算子 $U(u_1, u_2)$ は
$$U(u_1, u_2) = e^{-iu_1 L} P \exp\left\{-i \int_{u_2}^{u_1} K_I(s) ds\right\} e^{iu_2 L} \tag{10.78}$$
と書き直される．実際に発展演算子の微分をつくると
$$i\frac{d}{du} U(u, u_2) = e^{-iuL} \{L + K_I(u)\} P \exp\left\{-i \int_{u_2}^{u} K_I(s) ds\right\} e^{iu_2 L}$$
$$= \{L + K(u)\} U(u, u_2) \tag{10.79}$$
となっていることがわかる．したがって，この表示法で有限の u に対しては
$$|\Psi(u)\rangle = U(u, u_{IR})|\Omega\rangle = e^{-iuL} P \exp\left\{-i \int_{u_{IR}}^{u} K_I(s) ds\right\} |\Omega\rangle \tag{10.80}$$
が得られる．最後の式への移行には
$$e^{iu_{IR}L}|\Omega\rangle = (1 + iu_{IR}L + \cdots)|\Omega\rangle = |\Omega\rangle \tag{10.81}$$
となることを用いた．また，UV 状態は

$$|\Psi\rangle = |\Psi(0)\rangle = P\exp\left\{-i\int_{u_{IR}}^{0} K_I(u)du\right\}|\Omega\rangle \tag{10.82}$$

と表される．後の便宜のために

$$|\Phi(u)\rangle = e^{iuL}|\Psi(u)\rangle = P\exp\left\{-i\int_{u_{IR}}^{u} K_I(s)ds\right\}|\Omega\rangle \tag{10.83}$$

を導入しておく．状態 $|\Phi(u)\rangle$ は，u を $u_{IR} = -\infty$ から u まで変化させつつ，演算子 $K(u)$ によって各層においてエンタングルメントを加えていったことに相当する．u より高いスケールに対しては，UV 極限に至るまで単純にスケール変換 L を行う．

10.2.3　1次元自由スカラー場

■ 定式化

具体的な例として，空間 1 次元自由スカラー場を考える．ハミルトニアンは

$$H = \frac{1}{2}\int dk \left\{\pi(k)\pi(-k) + \epsilon_k^2 \phi(k)\phi(-k)\right\} \tag{10.84}$$

で与えられる．ただし，場の交換関係とエネルギー分散 ϵ_k は

$$[\phi(k), \pi(k')] = i\delta(k+k') \tag{10.85}$$

および

$$\epsilon_k = \sqrt{k^2 + m^2} \tag{10.86}$$

と表される．場 $\phi(k)$ および $\pi(k)$ をボソンの生成消滅演算子 $a_k^\dagger, a_k$ で表すと，

$$\phi(k) = \frac{a_k + a_{-k}^\dagger}{\sqrt{2\epsilon_k}}, \quad \pi(k) = \sqrt{2\epsilon_k}\left(\frac{a_k - a_{-k}^\dagger}{2i}\right) \tag{10.87}$$

となる．

まず，IR 状態を次の式で定義する．

$$\left(\sqrt{M}\phi(x) + \frac{i}{\sqrt{M}}\pi(x)\right)|\Omega\rangle = 0 \tag{10.88}$$

ここで，M は UV カットオフ Λ のオーダーの定数である．これに関しては，後に改めて考える．この式は任意の x に対してすべてのモードがたがいに分離していることを意味するから，エンタングルメントは生じないことは自明である．これより

$$\langle\Omega|\phi(k)\phi(k')|\Omega\rangle = \frac{1}{2M}\delta(k+k'), \quad \langle\Omega|\pi(k)\pi(k')|\Omega\rangle = \frac{M}{2}\delta(k+k') \tag{10.89}$$

が成り立つ．生成消滅演算子で表すと

となり、係数 α_k, β_k は

$$\alpha_k = \frac{1}{2}\left(\sqrt{\frac{M}{\epsilon_k}} + \sqrt{\frac{\epsilon_k}{M}}\right), \quad \beta_k = \frac{1}{2}\left(\sqrt{\frac{M}{\epsilon_k}} - \sqrt{\frac{\epsilon_k}{M}}\right) \quad (10.91)$$

となる。

IR 状態 $|\Omega\rangle$ はスケール不変であるが $(x \to \lambda x, \phi \to \lambda^{-\Delta}\phi)$、それは下記の変換に対する不変性を意味している[*2]。

$$e^{-iuL}\phi(x)e^{iuL} = e^{u/2}\phi(e^u x), \quad e^{-iuL}\phi(k)e^{iuL} = e^{-u/2}\phi(e^{-u}k) \quad (10.92)$$

$$e^{-iuL}\pi(x)e^{iuL} = e^{u/2}\pi(e^u x), \quad e^{-iuL}\pi(k)e^{iuL} = e^{-u/2}\pi(e^{-u}k) \quad (10.93)$$

ここで、entangler $K(u)$ が

$$K(u) = \frac{1}{2}\int dk g(k,u)\{\phi(k)\pi(-k) + \pi(k)\phi(-k)\} \quad (10.94)$$

と表されると仮定する。以降では $g(k,u)$ を変分パラメータとし、エネルギーが最小になるように最適化する。これは、場 $\phi(k)$ および $\pi(k)$ の混成を表すから、明らかにエンタングルメントを生成するが、これが正しい基底状態を与えることは後ほど証明する。このとき、$U(0,u)$ による発展は

$$U(0,u)^{-1}\phi(k)U(0,u) = e^{-f(k,u)}e^{-u/2}\phi(e^{-u}k) \quad (10.95)$$

$$U(0,u)^{-1}\pi(k)U(0,u) = e^{f(k,u)}e^{-u/2}\pi(e^{-u}k) \quad (10.96)$$

と表されると仮定する。ここで、関数 $f(k,u)$ は entangler の効果を表している。イメージとしては、entangler を挿入することで正しいスケール次元（あるいはエンタングルメントによるスケール次元への補正項）を求めるという気持ちをもっておけばよい。相互作用表示に移ると、

$$K_I(u) = e^{iuL}K(u)e^{-iuL}$$

$$= \frac{1}{2}\int dk g(k,u)e^u\{\phi(ke^u)\pi(-ke^u) + \pi(ke^u)\phi(-ke^u)\}$$

$$= \frac{1}{2}\int dk g(ke^{-u},u)\{\phi(k)\pi(-k) + \pi(k)\phi(-k)\} \quad (10.97)$$

であるが、関数 $f(k,u)$ は

$$\frac{\partial f(k,u)}{\partial u} = g(ke^{-u},u) \quad (10.98)$$

[*2] $z = \epsilon e^{-u}$ として z で表したほうがわかりやすいかもしれない。また、いまの場合には非相対論的なスケール変換を考えているので、スケーリング次元 Δ が $1/2$ ずれていることに注意されたい。

10.2 連続的 MERA からの創発的 AdS 計量

を満たす必要があり，すなわち

$$f(k,u) = \int_0^u ds g(ke^{-s}, s) \tag{10.99}$$

が成り立つ．ここで $g(k,u)$ の関数形は簡単のため波数に依存しないものとし，

$$g(k,u) = \chi(u)\theta(\Lambda - |k|) \tag{10.100}$$

と表す．以降では，$\chi(u)$ を実数関数であると仮定する．

最後にエネルギーを計算して，$\chi(u)$ で変分最適化することにより，$f(k,u)$ の形を求める．すなわち

$$\begin{aligned}
E &= \langle \Psi | H | \Psi \rangle \\
&= \langle \Omega | H(u_{IR}) | \Omega \rangle \\
&= \langle \Omega | \frac{1}{2} \int dk e^{2f(k,u_{IR})} e^{-u_{IR}} \pi(ke^{-u_{IR}}) \pi(-ke^{-u_{IR}}) | \Omega \rangle \\
&\quad + \langle \Omega | \frac{1}{2} \int dk \epsilon_k^2 e^{-2f(k,u_{IR})} e^{-u_{IR}} \phi(ke^{-u_{IR}}) \phi(-ke^{-u_{IR}}) | \Omega \rangle \\
&= \int dk \frac{1}{4} \left\{ e^{2f(k,u_{IR})} M + \frac{\epsilon_k^2}{M} e^{-2f(k,u_{IR})} \right\}
\end{aligned} \tag{10.101}$$

これより

$$\frac{\delta E}{\delta \chi(u)} = \int_{|k| \leq \Lambda e^u} dk \left\{ e^{2f(k,u_{IR})} M - \frac{\epsilon_k^2}{M} e^{-2f(k,u_{IR})} \right\} \tag{10.102}$$

となるから，

$$f(k, u_{IR}) = \frac{1}{2} \log \frac{\epsilon_k}{M} \tag{10.103}$$

でなければならない．さらに

$$f(k, u_{IR}) = \int_0^{u_{IR}} g(ke^{-s}, s) ds = \int_0^{-\log \Lambda/|k|} \chi(s) ds \tag{10.104}$$

であることから

$$\chi(u) = \frac{1}{2} \frac{e^{2u}}{e^{2u} + m^2/\Lambda^2} \tag{10.105}$$

が得られる．ただし

$$M = \sqrt{\Lambda^2 + m^2} \tag{10.106}$$

とした．このとき，$f(k,u)$ は

$$f(k,u) = \begin{cases} \dfrac{1}{4} \log \dfrac{m^2 + e^{2u}\Lambda^2}{m^2 + \Lambda^2} & (|k| < \Lambda e^u) \\[2mm] \dfrac{1}{4} \log \dfrac{k^2 + m^2}{m^2 + \Lambda^2} & (|k| > \Lambda e^u) \end{cases} \tag{10.107}$$

となる．CFT の場合には，$m=0$ で Dirac バンドであるので
$$\chi(u) = \frac{1}{2}, \quad f(k,u) = \frac{1}{2}u \quad (|k| < \Lambda e^u) \tag{10.108}$$
となる．この場合には，スケーリング次元が $e^{-f(k,u)}$ の項の存在により $1/2$ だけずれるので，確かに相対論的な意味でのスケール不変性も回復していることがわかる．

■ 基底状態

基底状態 $|\Psi_G\rangle$ は，UV 極限において
$$a_k |\Psi_G\rangle = 0 \tag{10.109}$$
を満たす状態である．これは，ゼロ固有値をもつ消滅演算子の固有状態が基底状態であることを示しているが，それは同時に，コヒーレント状態の定義でもある．いまの場合，entangler $K_I(u)$ が
$$K_I(u) = \frac{1}{2} \int dk g(ke^{-u}, u) \{\phi(k)\pi(-k) + \pi(k)\phi(-k)\}$$
$$= \frac{i}{2} \int_{|k|e^{-u} \leq \Lambda} dk \chi(u) \left(a_k^\dagger a_{-k}^\dagger - a_k a_{-k} \right) \tag{10.110}$$
となるので，コヒーレント状態を生成でき，基底状態（UV 状態）をエンタングルメントのない IR 状態 $|\Omega\rangle$ と以下のように対応づけることができる．
$$|\Psi_G\rangle = P \exp\left\{-i \int_{u_{IR}}^0 K_I(u) du\right\} |\Omega\rangle \tag{10.111}$$

続いて，式 (10.111) におけるユニタリー変換が生成消滅演算子にどのように作用するのか調べる．このために，IR 状態 $|\Omega\rangle$ の条件
$$\left(\alpha_k a_k + \beta_k a_{-k}^\dagger \right) |\Omega\rangle = 0 \tag{10.112}$$
を以下のように変形する．
$$0 = \begin{pmatrix} \alpha_k & \beta_k \end{pmatrix} \begin{pmatrix} a_k \\ a_{-k}^\dagger \end{pmatrix} |\Omega\rangle$$
$$= \begin{pmatrix} \alpha_k & \beta_k \end{pmatrix} \tilde{P} \exp\left\{ i \int_{u_{IR}}^u K_I(u) du \right\} M_k(u) \begin{pmatrix} a_k \\ a_{-k}^\dagger \end{pmatrix} |\Phi_G(u)\rangle \tag{10.113}$$

ここで，$M_k(u)$ および $|\Phi_G(u)\rangle$ は

10.2 連続的 MERA からの創発的 AdS 計量

$$P \exp\left\{-i \int_{u_{IR}}^{u} K_I(u) du\right\} \begin{pmatrix} a_k \\ a_{-k}^\dagger \end{pmatrix} \tilde{P} \exp\left\{i \int_{u_{IR}}^{u} K_I(u) du\right\}$$
$$= M_k(u) \begin{pmatrix} a_k \\ a_{-k}^\dagger \end{pmatrix} \tag{10.114}$$

および

$$|\Phi_G(u)\rangle = P \exp\left\{-i \int_{u_{IR}}^{u} K_I(u) du\right\} |\Omega\rangle \tag{10.115}$$

と定義されている. したがって

$$\left(A_k(u) a_k + B_k(u) a_{-k}^\dagger\right) |\Phi_G(u)\rangle = 0 \tag{10.116}$$

と表すと,

$$\begin{pmatrix} A_k(u) & B_k(u) \end{pmatrix} = \begin{pmatrix} \alpha_k & \beta_k \end{pmatrix} M_k(u) \tag{10.117}$$

が成り立つ. 特に, $|\Phi_G(0)\rangle = |\Psi_G\rangle$ より

$$\begin{pmatrix} A_k(0) & B_k(0) \end{pmatrix} = \begin{pmatrix} 1 & 0 \end{pmatrix} = \begin{pmatrix} \alpha_k & \beta_k \end{pmatrix} M_k(0) \tag{10.118}$$

であるから,

$$M_k(0) = \begin{pmatrix} \alpha_k & -\beta_k \\ -\beta_k & \alpha_k \end{pmatrix} \tag{10.119}$$

となる. ここで, 条件 $\alpha_k^2 - \beta_k^2 = 1$ を用いた.

具体的に, $M_k(u)$ は

$$M_k(u) = \tilde{P} \exp\left\{-\int_{u_{IR}}^{u} du G_k(u)\right\} \tag{10.120}$$

と表され, $G_k(u)$ は

$$G_k(u) = \theta(\Lambda - |k|e^{-u}) \chi(u) \begin{pmatrix} 0 & 1 \\ 1 & 0 \end{pmatrix} \tag{10.121}$$

で与えられる. また, $M_k(u)$ は

$$\frac{d}{du} M_k(u) = -M_k(u) G_k(u) \tag{10.122}$$

を満たす. ここから

$$M_k(u) = \begin{pmatrix} \cosh\left\{\int_{u_{IR}}^{u} du g_k(u)\right\} & -\sinh\left\{\int_{u_{IR}}^{u} du g_k(u)\right\} \\ -\sinh\left\{\int_{u_{IR}}^{u} du g_k(u)\right\} & \cosh\left\{\int_{u_{IR}}^{u} du g_k(u)\right\} \end{pmatrix} \tag{10.123}$$

と表すことができる. UV 極限を見てみると

$$\cosh\left(\int_{u_{IR}}^{0} du\, g_k(u)\right) = \frac{1}{2}\left(\sqrt{\frac{M}{\epsilon_k}} + \sqrt{\frac{\epsilon_k}{M}}\right) \quad (10.124)$$

となっているが，これは確かに

$$f(k, u_{IR}) = \frac{1}{2}\log\frac{\epsilon_k}{M} \quad (10.125)$$

の条件を与えることがわかる．

10.2.4 量子距離からの計量テンソルの導出

最後に，Bures 計量を計算する．$g_{uu}(u)$ は

$$g_{uu}(u) = \langle\Phi(u)|\, K_I(u)^2\, |\Phi(u)\rangle - \langle\Phi(u)|\, K_I(u)\, |\Phi(u)\rangle^2 \quad (10.126)$$

と表されるので

$$g_{uu}(u) = g(u)^2 = \frac{e^{4u}}{4\left(e^{2u} + m^2/\Lambda^2\right)^2} \quad (10.127)$$

となり，座標変換

$$e^{2u} = \frac{1}{\Lambda^2 z^2} - \frac{m^2}{\Lambda^2} \quad (10.128)$$

を施すと（ただし，$0 < z < m^{-1}$），最終的に計量は

$$ds^2 = \frac{dz^2}{4z^2} + \left(\frac{1}{\Lambda^2 z^2} - \frac{m^2}{\Lambda^2}\right)dx^2 + g_{tt}dt^2 \quad (10.129)$$

と表される．$z = m^{-1}$ で第 2 項が消滅するが，これは質量ギャップに等しい．ちょうど質量ゼロのときに，この計量は純粋な AdS となる．有限 z で時空にアクセスできない領域が出現するのは，有限温度の場合と同様の状況であるが，関数形は少し異なるようである．

10.3 エンタングルメントによる熱力学法則の拡張と重力理論の再構成

10.3.1 エンタングルメント熱力学の第 1 法則

前節の話題は「エンタングルメントからの重力理論の再構成」という非常に大胆な視点に基づいている．加えて，重力と熱力学の意外な関係が古くから知られていることもすでに述べた．これらの基礎物理学的に重要なテーマがどのように統一的に理解できるのかが最新の研究課題となっている[170-174]．その点について最後に触れておきたい．

10.3 エンタングルメントによる熱力学法則の拡張と重力理論の再構成

笠-高柳の公式の一つの見方として，AdS/CFT対応の古典サイドがエンタングルメント対の凝縮状態であるということを第9章で述べた．この時空が曲がっているということは，時空の各領域においてため込まれている量子データ1ビットのサイズが異なることを意味している．つまり，古典サイドの異なる時空領域の1ビットは，もともとの量子臨界系で見れば，エンタングルメント・エントロピーの大きさが異なる状態であるために，そのようなことが起こるといえる．これは通常の一般相対論において，重い天体が時空を曲げるのと同様の効果である．したがって，エンタングルメント・エントロピーの変分から古典サイドの時空ダイナミクス，すなわちEinstein方程式が導出できると期待される．以下ではその問題にも着目する．

$d+1$次元量子系におけるある状態$|\Psi\rangle$において，部分系Aとその環境$\bar{A}$に対して，部分密度行列ρ_Aとモジュラー・ハミルトニアンH_Aを次のように定義する．

$$\rho_A = \text{Tr}_{\bar{A}} |\Psi\rangle\langle\Psi| = e^{-H_A} \qquad (10.130)$$

ここからエンタングルメント・エントロピー$S_A = -\text{Tr}(\rho_A \log \rho_A)$を導入する．ここで，状態$\Psi$があるパラメータ$\lambda$の関数であるとして$\Psi(\lambda)$と表し，$\lambda$について変分することを考える．変分操作は，量子相対エントロピーを導入することと同等の意味をもっている．実際に変分を実行すると

$$\delta S_A = \text{Tr}(\delta\rho_A H_A) - \text{Tr}(\rho_A \rho_A^{-1} \delta\rho_A) = \text{Tr}(\delta\rho_A H_A) \qquad (10.131)$$

となる．ここで，$\text{Tr}(\delta\rho_A) = 0$であることを用いた．以上を

$$\delta S_A = \delta \langle H_A \rangle \qquad (10.132)$$

と表す．この式は熱力学の第1法則に類似している．ただし，残念ながらモジュラー・ハミルトニアンが具体的に決まるケースは限られている．というのは，モジュラー・ハミルトニアンは通常非局所的であるため，一般相対論的に局所的なエネルギー流というものが定義できないからである．しかし，トポロジカル・ブラックホールの説明で用いたセットアップの場合には，それが可能である．加えて，環境自由度がゼロの極限では，左辺は通常の熱力学エントロピーに移行するから，この式は熱力学の第1法則を包含した非常に広い条件で成り立つ式であるといえる．最近は，拡張された熱力学第1法則あるいはエンタングルメント熱力学の第1法則とよばれている．

トポロジカル・ブラックホールのセットアップでは，部分系Aを半径Rの超球とすると，CFT$_{d+1}$における部分密度行列が，双曲的シリンダー$H^d \times \mathbb{R}_\tau$に

おける熱的エントロピーに変換された．このとき，熱的密度行列 $e^{-\beta H_{hyp}}$ において，H_{hyp} は局所的なエネルギー流 T_{hyp}^{00} の積分で表される．

式 (9.90) において，$t=0$ すなわち $\tau=0$ の場合には，

$$r = R\frac{\sinh u}{\cosh u + 1} \tag{10.133}$$

となっているので，CFT_{d+1} と $H^d \times \mathbb{R}_\tau$ の間の座標変換に伴って，以下のようなヤコビアンが付随する．

$$dr = \frac{R}{\cosh u + 1}du = \frac{R^2 - r^2}{2R}du \tag{10.134}$$

最後の式への変形には，式 (10.133) を e^u について解いた結果を代入した．したがって，式 (10.132) は

$$\delta S_A = \delta \langle H_A \rangle = 2\pi \int_A d^d x \frac{R^2 - r^2}{2R} \delta T_{hyp}^{00} \tag{10.135}$$

と表すことができる．T_{hyp}^{00} は $H^d \times \mathbb{R}_\tau$ サイドで定義された局所エネルギー流をもとの座標系へ変換したものである．

式 (10.135) の重力的な解釈は以下のとおりである．左辺のエンタングルメント・エントロピーの変分 δS_A は，笠–高柳の公式から導くことができると考えられる．つまり，極小曲面の変化を計算することに帰着される（λ が極小曲面である）．これはもちろん，古典時空のダイナミクスを反映しているはずである．最右辺の双曲エネルギーに関しては，$z=0$ において Minkowski 時空を再現するような漸近的に AdS_{d+2} となるセットアップとして，Fefferman–Graham 計量

$$ds^2 = \frac{dz^2 - dt^2 + \sum_{i=1}^d dx_i^2 + H_{\mu\nu}(x,z)dx^\mu dx^\nu}{z^2} \tag{10.136}$$

を取り，ホログラフィック・ストレス・テンソルとして $H_{\mu\nu}$ で表すことができる．これらの結果として，計量摂動の最初のオーダーは線形化された Einstein 方程式となることがわかっている．

10.3.2 情報幾何的解釈に向けて ─────

エンタングルメント熱力学の第 1 法則は，情報幾何学の視点からは非常に明快である．それを最後に見ておこう．

任意の次元で一般的な証明はまだないが，空間 1 次元の離散的な格子上を運動する自由フェルミオン系では，基底状態波動関数の Schmidt 係数が，部分系のトランケーションに伴う混合状態化によって，拡張された Boltzmann 分布（指数

10.3 エンタングルメントによる熱力学法則の拡張と重力理論の再構成 363

分布)

$$\lambda_n(\theta) = \exp\left(\theta^\alpha F_{n\alpha} - \psi(\theta)\right) = \frac{1}{Z}\exp\left\{-(-\theta^\alpha F_{n\alpha})\right\} = \frac{1}{Z}e^{-E_n/T_{eff}} \tag{10.137}$$

に従うことが最近わかっている[*3][175]. ここで, 各変数の定義は $\psi = \log Z$, T_{eff} はエンタングルメント温度, $E_n/T_{eff} = -\theta^\alpha F_{n\alpha}$ である. 正準変数 θ は, たとえばエンタングルメント・ハミルトニアンのエネルギースケール $1/L^2$ (部分系の長さを L とする) を含んでいる.

ここから, Fisher 計量は

$$g_{\mu\nu}(\theta) = \partial_\mu \partial_\nu \psi(\theta) \tag{10.138}$$

と表され, また, エンタングルメント・エントロピーは

$$S(\theta) = \psi(\theta) - \theta^\alpha \sum_n \lambda_n F_{n\alpha} = \psi(\theta) - \theta^\alpha \partial_\alpha \psi(\theta) \tag{10.139}$$

と表される. つまり, ポテンシャル関数 $\psi(\theta)$ を通じて, Fisher 計量とエンタングルメント・エントロピーが直接結びついていることがわかる. 量子系が基底状態から励起してエントロピーが増加した場合, それは計量の動的変化として表される. 以前述べたように, 一般に Fisher 計量はモジュライ空間の計量であるため, これが現実の時空の幾何学とどのような対応にあるのかは今後の課題であるが, 前節の議論と同様の結果が導かれることは興味深く, エンタングルメントと重力の密接な関わり合いを示唆している.

指数分布の定義から明らかであるが, エンタングルメント・エントロピーの式は, $F = -T_{eff}\log Z$ および $E = \sum_n \lambda_n E_n$ を定義すると

$$F = E - T_{eff}S \tag{10.140}$$

と表され, これはまさに熱力学の第 1 法則の拡張である.

[*3] もう少し正確に言うと, このような形に形式的に変換した後に, 物理的に意味のある正準変数 θ を見出せるかということが問題である.

あとがき

　テキストの執筆を進めていくと，数理物理の方法や一般相対論のパワフルさ・深遠さを改めて認識するとともに，特に終盤の第9章，第10章はまだ開拓中の領域で，研究のさらなる進展が必要であると感じている．情報と幾何の関わり合いに関して現状で理解できていることといえば，双曲的時空はスケールの異なるデータを時空の異なる領域に分けて格納できる機能があるということ，MERA ネットワークにおけるテンソルの並びが双曲的であるという，結局は当たり前のことぐらいである．量子情報をメモリー空間に格納するときに，メモリー空間として単に1次元高い古典時空を設定すればよいという受動的な発想から，もっと時空の機能性までを織り込んで多様な変換が存在してよいと思われるのであるが，特にまだ数学の勉強が足りないようで，明確な記述ができていない部分が多い．この目的のために，個人的には量子情報幾何の専門家との接点を強めたいと考えているが，それは今後の重要な課題である．量子情報を量子の個性を活かしたまま理解するには，必然的に非可換幾何に進まなければならないなどと，またハードルが上がってしまいそうではあるが，これもまた図らずもストリングやループ重力などで求められるような時空概念と類似してくるようである．情報と物理の関わり合いには，エンタングルメントの理論だけではなく，現実的な応用まで含めて多様な発展が見込めそうなだけに，さまざまな視点からの研究が望まれる．本質的には筆者はそれらのどれもが本職ではないと思っていたのだが，いつの間にかこの融合領域の専門家ということになってしまったので，その勉強が進んだ暁には，またテキストの執筆ができればと考えている．ただし，このような融合領域はある意味解釈学であって，個々の物理的問題によらない普遍的部分を見ることにとらわれ過ぎてしまうと，all or nothing になってしまうという危険性もあるということを同時に強く感じている．個人的には，本職の物性物理・強相関電子系物理にどのような実際的な寄与が見込めるのか，変分最適化の応用的側面も研究を進める必要があると考えている．最初に挙げた堀田氏と高柳氏のテキスト[3,4]が本書と同等のレベルでかつ専門を異にする立場からのアプローチであり，読者の皆様にはこれらの比較のうえで，広い視点でこの分野の研究を進めていただきたい．

参考文献

[1] Claude E. Shannon, Warren Weaver, 植松友彦 (訳), 「通信の数学的理論」, 筑摩書房 (2009).
[2] 松枝宏明, 「エンタングルメントで見る時空の幾何学構造とテンソル積波動関数」, 物性研究 2011 年 7 月号.
[3] 堀田昌寛, 「量子情報と時空の物理学—量子情報物理学入門」, 数理科学 SGC ライブラリ **103**, サイエンス社 (2014).
[4] 高柳 匡, 「ホログラフィー原理と量子エンタングルメント」, 数理科学 SGC ライブラリ **106**, サイエンス社 (2014).
[5] 福間将文, 酒谷雄峰, 「重力とエントロピー—重力の熱力学的性質を理解するために」, 数理科学 SGC ライブラリ **112**, サイエンス社 (2014).
[6] Eduardo Fradkin, "*Field Theories of Condensed Matter Physics*" (2nd edition), Cambridge University Press (2013).
[7] Steven R. White, "Density matrix formulation for quantum renormalization groups", *Phys. Rev. Lett.* **69**, 2863 (1992).
[8] Steven R. White, "Density-matrix algorithms for quantum renormalization groups", *Phys. Rev. B* **48**, 10345 (1993).
[9] 西野友年, 日永田泰啓, 奥西巧一, 「密度行列繰り込み群」, 日本物理学会誌 **55**, 763 (2000).
[10] K. G. Wilson, "The renormalization group and critical phenomena", *Rev. Mod. Phys.* **55**, 583 (1983).
[11] Ingo Peschel, Xiaoqun Wang, Matthias Kaulke, Karen Hallberg (Eds.), "*Density-Matrix Renormalization: A New Numerical Method in Physics*", Workshop, Dresden, Germany 1998, Springer (2010).
[12] T. Nishimo, "Density Matrix Renormalization Group Method for 2D Classical Models", *J. Phys. Soc. Jpn.* **64**, 3598 (1995).
[13] F. Verstraete, D. Porras and J. I. Cirac, "Density Matrix Renormalization Group and Periodic Boundary Conditions: A Quantum Information Perspective", *Phys. Rev. Lett.* **93**, 227205 (2004).
[14] S. Östlund and S. Rommer, "Thermodynamic Limit of Density Matrix Renormalization", *Phys. Rev. Lett.* **75**, 3537 (1995).
[15] S. Rommer and S. Östlund, "Class of ansatz wave functions for one-dimensional spin systems and their relation to the density matrix

renormalization group", *Phys. Rev. B* **55**, 2164 (1997).
[16] F. Verstraete and J. I. Cirac, "Renormalization algorithms for Quantum-Many Body Systems in two and higher dimensions", arXiv:0407066 (2004).
[17] F. Verstraete, M. M. Wolf, D. Perez-Garcia and J. I. Cirac, "Criticality, the Area Law, and the Computational Power of Projected Entangled Pair States", *Phys. Rev. Lett.* **96**, 220601 (2006).
[18] V. Murg, F. Verstraete and J. I. Cirac, "Variational study of hard-core bosons in a two-dimensional optical lattice using Projected Entangled Pair States (PEPS)", *Phys. Rev. A* **75**, 033605 (2007).
[19] G. Vidal, "Entanglement Renormalization", *Phys. Rev. Lett.* **99**, 220405 (2007).
[20] Guifré Vidal, "Class of Quantum Many-Body States That Can Be Efficiently Simulated", *Phys. Rev. Lett.* **101**, 110501 (2008).
[21] G. Evenbly and G. Vidal, "Algorithms for entanglement renormalization", *Phys. Rev. B* **79**, 144108 (2009).
[22] G. Evenbly and G. Vidal, "Entanglement Renormalization in Two Spatial Dimensions", *Phys. Rev. Lett.* **102**, 180406 (2009).
[23] Robert N. C. Pfeifer, Glen Evenbly and Guifré Vidal, "Entanglement renormalization, scale invariance and quantum criticality", *Phys. Rev. A* **79**, 040301(R) (2009).
[24] Philippe Corboz and Guifré Vidal, "Fermionic multiscale entanglement renormalization ansatz", *Phys. Rev. B* **80**, 165129 (2009).
[25] G. Evenbly, R. N. C. Pfeifer, V. Picó, S. Iblisdir, L. Tagliacozzo, I. P. McCulloch and G. Vidal, "Boundary critical phenomena with entanglement renormalization", *Phys. Rev. B* **82**, 161107 (2010).
[26] Brian Swingle, "Entanglement renormalization and holography", *Phys. Rev. D* **86**, 065007 (2012).
[27] H. A. Kramers and G. H. Wannier, "Statistics of the Two-Dimensional Ferromagnet. Part I", *Phys. Rev.* **60**, 252 (1941).
[28] H. A. Kramers and G. H. Wannier, "Statistics of the Two-Dimensional Ferromagnet. Part II", *Phys. Rev.* **60**, 263 (1941).
[29] Rodney J. Baxter, *"Exactly Solved Models in Statistical Mechanics"*, Academic press (1982).
[30] Masuo Suzuki, "Relationship between d-Dimensional Quantal Spin Systems and $(d+1)$-Dimensional Ising Systems", *Prog. Theor. Phys.* **56**, 1454 (1976).
[31] Christoph Holzhey, Finn Larsen and Frank Wilczek, "Geometric and

renormalized entropy in conformal field theory", *Nucl. Phys.* B **424**, 443 (1994).

[32] Pasquale Calabrese and John Cardy, "Entanglement entropy and quantum field theory", *J. Stat. Mech.* P06002 (2004).

[33] Ian Affleck, Tom Kennedy, Elliott H. Lieb and Hal Tasaki, "Valence bond ground states in isotropic quantum antiferromagnets", *Comm. Math. Phys.* **115**, 477 (1988).

[34] Ian Affleck, Tom Kennedy, Elliott H. Lieb and Hal Tasaki, "Rigorous results on valence-bond ground states in antiferromagnets", *Phys. Rev. Lett.* **59**, 799 (1987).

[35] Jacob D. Bekenstein, "Black Holes and Entropy", *Phys. Rev. D* **7**, 2333 (1973).

[36] S. W. Hawking, "Black holes and thermodynamics", *Phys. Rev. D* **13**, 191 (1976).

[37] L. Bombelli, R. Koul, J. Lee and R. Sorkin, "Quantum source of entropy for black holes", *Phys. Rev. D* **34**, 373 (1986).

[38] Mark Srednicki, "Entropy and area", *Phys. Rev. Lett.* **71**, 666 (1993).

[39] G. 't Hooft, "Dimensional Reduction in Quantum Gravity", arXiv:gr-qc/9310026 (1993).

[40] L. Susskind, "The World as an Hologram", *J. Math. Phys.* **36**, 6377 (1995).

[41] Juan Maldacena, "The Large N limit of suercomformal field theories and supergravity", *Adv. Theor. Math. Phys.* **2**, 231 (1998).

[42] Ofer Aharony, Steven S. Gubser, Juan M. Maldacena, Hiroshi Ooguri and Yaron Oz, "Large N Field Theories, String Theory and Gravity", *Phys. Rept.* **323**,183 (2000).

[43] Shinsei Ryu and Tadashi Takayanagi, "Holographic Derivation of Entanglement Entropy from the anti-de Sitter Space/Conformal Field Theory Correspondence", *Phys. Rev. Lett.* **96**, 181602 (2006).

[44] Shinsei Ryu and Tadashi Takayanagi, "Aspects of Holographic Entanglement Entropy", *JHEP* **0608**, 45 (2006).

[45] Tatsuma Nishioka, Shinsei Ryu and Tadashi Takayanagi, "Holographic entanglement entropy: an overview", *J. Phys. A* **42**, 504008 (2009).

[46] Michael A. Nielsen, Issac L. Chuang, "*Quantum Computation and Quantum Information*", Cambridge University Press (2004).

[47] 梅垣壽春, 大矢雅則, 「確率論的エントロピー――情報理論の函数解析的基礎1」, 情報科学講座 A・2・6, 共立出版 (1983).

[48] 梅垣壽春, 大矢雅則, 「量子論的エントロピー――情報理論の函数解析的基礎2」,

情報科学講座 A・2・7, 共立出版 (1984).

[49] 石坂 智, 小川朋宏, 河内亮周, 木村 元, 林 正人,「量子情報科学入門」, 共立出版 (2012).

[50] 林 正人,「量子情報理論入門」, 数理科学 SGC ライブラリ **32**, サイエンス社 (2003).

[51] Ingemar Bengtsson and Karol Zyczkowski, "*Geometry of Quantum States: An Introduction of Quantum Entanglement*", Cambridge University Press (2008).

[52] 須鎗弘樹,「複雑系のための基礎数理—べき乗則とツァリスエントロピーの数理」, 数理情報科学シリーズ 23, 牧野書店 (2010).

[53] Victor Kac, Pokman Cheung, "*Quantum Calculus*", Springer (2000).

[54] 新井仁之,「線形代数—基礎と応用」, 日本評論社 (2006).

[55] Hiroaki Matsueda, "Holographic entanglement entropy in Suzuki-Trotter decomposition of spin systems", *Phys. Rev. E* **85**, 031101 (2012).

[56] Ching Hua Lee, Yuki Yamada, Tatsuya Kumamoto and Hiroaki Matsueda, "Exact Mapping from Singular-Value Spectrum of Fractal Images to Entanglement Spectrum of One-Dimensional Quantum Systems", *J. Phys. Soc. Jpn* **84**, 013001 (2015).

[57] M. Sasaki, H. Matsumoto and M. Tachiki, "Electronic states of high-T_c cuprate superconductors as studied by the use of the composite-operator approach", *Phys. Rev. B* **46**, 3022 (1992).

[58] Takashi Otaki, Yuta Yahagi and Hiroaki Matsueda, "Exact-Diagonalization Analysis of Composite Excitations in the t–J Model", arXiv:1503.08291 (2015).

[59] 白石潤一,「量子可積分系入門」, 数理科学 SGC ライブラリ **28**, サイエンス社 (2003).

[60] 鈴木淳史,「現代物理数学への招待—ランダムウォークからひろがる多彩な物理と数理」, 数理科学 SGC ライブラリ **47**, サイエンス社 (2006).

[61] G. Vidal, J. I. Latorre, E. Rico and A. Kitaev, "Entanglement in Quantum Critical Phenomena", *Phys. Rev. Lett.* **90**, 227902 (2003).

[62] M. B. Plenio, J. Eisert, J. Dreißig and M. Cramer, "Entropy, Entanglement, and Area: Analytical Results for Harmonic Lattice Systems", *Phys. Rev. Lett.* **94**, 060503 (2005).

[63] T. Barthel, M. -C. Chung and U. Schollwöck, "Entanglement scaling in critical two-dimensional fermionic and bosonic systems", *Phys. Rev. A* **74**, 022329 (2006).

[64] A. Riera and J. I. Latorre, "Area law and vacuum reordering in har-

monic networks", *Phys. Rev. A* **74**, 052326 (2006).

[65] Weifei Li, Letian Ding, Rong Yu, Tommaso Roscilde and Stephan Haas, "Scaling behavior of entanglement in two- and three-dimensional free-fermion systems", *Phys. Rev. B* **74**, 073103 (2006).

[66] Michael M. Wolf, "Violation of the Entropic Area Law for Fermions", *Phys. Rev. Lett.* **96**, 010404 (2006).

[67] Brian Swingle, "Entanglement Entropy and the Fermi Surface", *Phys. Rev. Lett.* **105**, 050502 (2010).

[68] Dimitri Gioev and Israel Klich, "Entanglement Entropy of Fermions in Any Dimension and the Widom Conjecture", *Phy. Rev. Lett.* **96**, 100503 (2006).

[69] Wenxin Ding and Kun Kang, "Entanglement entropy and mutual information in Bose-Einstein condensates", *Phys. Rev. A* **80**, 012329 (2009).

[70] J. Bardeen, L. N. Cooper and J. R. Schrieffer, "Theory of Superconductivity", *Phys. Rev.* **108**, 1175 (1957).

[71] H. Umezawa, N. Matsumoto and M. Tachiki, "*Thermo Field Dynamics and Condensed States*", North-Holland (1982).

[72] Yoichiro Hashizume and Masuo Suzuki, "Understanding quantum entanglement by thermo field dynamics", *Physica* A **392**, 3518 (2013).

[73] Xiao-Gang Wen, "*Quantum Field Theory of Many-Body Systems*", Oxford University Press (2004).

[74] Alexei Kitaev and John Preskill, "Topological Entanglement Entropy", *Phys. Rev. Lett.* **96**, 110404 (2006).

[75] Michael Levin and Xiao-Gang Wen, "Detecting Topological Order in a Ground State Wave Function", *Phys. Rev. Lett.* **96**, 110405 (2006).

[76] Román Orús, "Geometric entanglement in a one-dimensional valence-bond solid state", *Phys. Rev. A* **78**, 062332 (2008).

[77] Heng Fan, Vladimir Korepin and Vwani Roychowdhury, "Entanglement in a Valence-Bond Solid State", *Phys. Rev. Lett.* **93**, 227203 (2004).

[78] F. Verstraete and J. I. Cirac, "Matrix Product Density Operators: Simulation of finite-T and dissipative systems", *Phys. Rev. Lett.* **93**, 207204 (2004).

[79] F. Verstraete and J. I. Cirac, "Continuous Matrix Product States for Quantum Fields", *Phys. Rev. Lett.* **104**, 190405 (2010).

[80] Jutho Haegeman, J. Ignacio Cirac, Tobias Osborne and Frank Verstraete, "Calculus of continuous matrix product states", *Phys. Rev. B*

88, 085118 (2013).

[81] Martin Andersson, Magnus Boman and Stellan Östlund, "Density-matrix renormalization group for a gapless system of free fermons", *Phys. Rev. B* **59**, 10493 (1999).

[82] L. Tagliacozzo, Thiago. R. de Oliveira, S. Iblisdir and J. I. Latorre, "Scaling of entanglement support for matrix product states", *Phys. Rev. B* **78**, 024410 (2008).

[83] Frank Pollmann, Subroto Mukerjee, Ari Turner and Joel E. Moore, "Theory of Finite-Entanglement Scaling at One-Dimensional Quantum Critical Points", *Phys. Rev. Lett.* **102**, 255701 (2009).

[84] Ching-Yu Huang and Feng-Li Lin, "Multipartite entanglement measures and quantum criticality from matrix and tensor product states", *Phys. Rev. A* **81**, 032304 (2010).

[85] Tzu-Chieh Wei, "Entanglement under the renormalization-group transformations on quantum states and in quantum phase transitions", *Phys. Rev. A* **81**, 062313 (2010).

[86] Guifré Vidal, "Efficient Classical Simulation of Slightly Entangled Quantum Computations", *Phys. Rev. Lett.* **91**, 147902 (2003).

[87] Guifré Vidal, "Efficient Simulation of One-Dimensional Quantum Many-Body Systems", *Phys. Rev. Lett.* **93**, 040502 (2004).

[88] Guifré Vidal, "Classical Simulation of Infinite-Size Quantum Lattice Systems in One Spatial Dimension", *Phys. Rev. Lett.* **98**, 070201 (2007).

[89] Steven R. White and Adrian E. Feiguin, "Real-Time Evolution Using the Density Matrix Renormalization Group", *Phys. Rev. Lett.* **93**, 076401 (2004).

[90] Adrian E. Feiguin and Steven R. White, "Time-step targeting methods for real-time dynsmics using the density matrix renormalization group", *Phys. Rev. B* **72**, 020404(R) (2005).

[91] Adrian E. Feiguin and Steven R. White, "Finite-temperature density matrix renormalization using enlarged Hilbert space", *Phys. Rev. B* **72**, 220401(R) (2005).

[92] Javier Molina-Vilaplana, "Connecting Entanglement Renormalization and Gauge/Gravity dualities", arXiv:1109.5592 (2011).

[93] Hiroaki Matsueda, Masafumi Ishihara and Yoichiro Hashizume, "Tensor network and a black hole", *Phys. Rev. D* **87**, 066002 (2013).

[94] V. E. Korepin, N. M. Bogoliubov, A. G. Izergin, *Quantum Inverse Scattering Method and Correlation Functions*, Cambridge University

Press (1993).

[95] César Gómez, Martí Ruiz-Altaba, Germán Sierra, "*Quantum Groups in Two-dimensional Physics*", Cambridge University Press (1996).

[96] Giuseppe Mussardo, "*Statistical Field Theory: An Introduction to Exactly Solved Models in Statistical Physics*", Oxford University Press (2010).

[97] Ladislav Šamaj and Zoltán Bajnok, "*Introduction to the Statistical Physics of Integrable Many-Body Systems*", Cambridge University Press (2013).

[98] 村上 順, 「結び目と量子群」, 朝倉書店 (2000).

[99] 神保道夫, 「シュプリンガー現代数学シリーズ 量子群とヤン・バクスター方程式」, シュプリンガー・フェアラーク東京 (1990), 丸善出版 (2012)

[100] Fabio Franchini, "Notes on Bethe Ansatz Techniques", unpublished (2011).

[101] 南 和彦, 「格子模型の数理物理 — Free fermion系, Bethe仮説, Yang–Baxter方程式, 量子群」, 数理科学 SGC ライブラリ **108**, サイエンス社 (2014).

[102] 出口哲生, 「1次元量子系の厳密解とベーテ仮説の数理物理」, 物性研究 2000年6月号.

[103] Francisco C. Alcaraz and Matheus J. Lazo, "The Bethe ansatz as a matrix product ansatz", *J. Phys. A* **37**, L1 (2004).

[104] Francisco C. Alcaraz and Matheus J. Lazo, "Exact solutions of exactly integrable quantum chains by a matrix product ansatz", *J. Phys. A: Math. Gen.* **37**, 4149 (2004).

[105] Francisco C. Alcaraz and Matheus J. Lazo, "Generalization of the matrix product ansatz for integrable chains", *J. Phys. A* **39**, 11335 (2006).

[106] Hosho Katsura and Isao Maruyama, "Derivation of Matrix Product Ansatz for the Heisenberg Chain from Algebraic Bethe Ansatz", *J. Phys. A: Math. Theor.* **43**, 175003 (2010).

[107] V. Murg, V. E. Korepin, and F. Verstraete, "Algebraic Bethe ansatz and tensor networks", *Phys. Rev. B* **86**, 045125 (2012).

[108] Isao Maruyama and Hosho Katsura, "Continuous Matrix Product Ansatz for the One-Dimensional Bose Gas with Point Interaction", *J. Phys. Soc. Jpn.* **79**, 073002 (2010).

[109] 白水徹也, 「アインシュタイン方程式 — 一般相対性理論のよりよい理解のために」, 数理科学 SGC ライブラリ **90**, サイエンス社 (2012).

[110] 前田恵一, 「重力理論講義 — 相対性理論と時空物理学の進展」, 数理科学 SGC ライブラリ **63**, サイエンス社 (2008).

[111] 内山龍雄,「物理学選書 15　一般相対性理論」, 裳華房 (1978).
[112] 藤井保憲,「物理学の廻廊　時空と重力」, 産業図書 (1979).
[113] 佐藤文隆, 小玉英雄,「岩波講座現代の物理学 6　一般相対性理論」, 岩波書店 (1992).
[114] 佐々木節,「物理学教科書シリーズ　一般相対論」, 産業図書 (1996).
[115] 小玉英雄,「物理学基礎シリーズ 6　相対性理論」, 培風館 (1997).
[116] Robert M. Wald, *"General Relativity"*, The University of Chicago Press (1984).
[117] Wolfgang Rindler, *"Relativity: Special, General, and Cosmological"*, Oxford University Press (2006).
[118] J. D. Brown, M. Henneaux and C. Teitelboim, "Black holes in two spacetime dimensions", *Phys. Rev. D* **33**, 319 (1986).
[119] M. Bañados, C. Teitelboim and J. Zanelli, "Black hole in three-dimensional spacetime", *Phys. Rev. Lett.* **69**, 1849 (1992).
[120] M. Bañados, M. Henneaux, C. Teitelboim and J. Zanelli, "Geometry of the 2 + 1 black hole", *Phys. Rev. D* **48**, 1506 (1993).
[121] S. Carlip, "The (2+1)-dimensional black hole", *Class. Quantum Grav.* **12**, 2853 (1995).
[122] S. Carlip and C. Teitelboim, "Aspects of black hole quantum mechanics and thermodynamics in 2+1 dimensions", *Phys. Rev. D* **51**, 622 (1995).
[123] Steven Carlip, *"Quantum Gravity in 2+1 Dimensions"*, Cambridge University Press (1998).
[124] W. G. Unruh, "Notes on black-hole evaporation", *Phys. Rev. D* **14**, 870 (1976).
[125] William G. Unruh and Nathan Weiss, "Acceleration radiation in interacting field theories", *Phys. Rev. D* **29**, 1656 (1984).
[126] T. Padmanabhan, "Thermodynamical Aspects of Gravity: New insights", Rep. Prog. Phys. **73**, 046901 (2010).
[127] T. Padmanabhan, "Classical and quantum thermodynamics of horizons in spherically symmetric spacetimes", *Class. Quantum Grav.* **19**, 5387 (2002).
[128] Ted Jacobson, "Thermodynamics of Spacetime: The Einstein Equation of State", *Phys. Rev. Lett.* **75**, 1260 (1995).
[129] Christopher Eling, Raf Guedens and Ted Jacobson, "Nonequilibrium Thermodynamics of Spacetime", *Phys. Rev. Lett.* **96**, 121301 (2006).
[130] Leonard Susskind and John Uglum, "Black hole entropy in canonical quantum gravity and superstring theory", *Phys. Rev. D* **50**, 2700

(1994).

[131] Philippe Di Francesco, Pierre Mathieu, David Sénéchal, "*Conformal Field Theory*", Springer (1997).

[132] Ralph Blumenhagen, Erik Plauschinn, "*Introduction to Conformal Field Theory: With Applications to String Theory*", Springer (2009).

[133] 伊藤克司,「共形場理論—現代数理物理の基礎として」, 数理科学 SGC ライブラリ **83**, サイエンス社 (2011).

[134] 山田泰彦,「数理物理シリーズ 1　共形場理論入門」, 培風館 (2006).

[135] 川上則雄, 梁 成吉,「新物理学選書　共形場理論と 1 次元量子系」, 岩波書店 (1997).

[136] 小嶋 泉 (編),「数理物理への誘い 6　最新の動向をめぐって」, 遊星社 (2006).

[137] Paul Ginsparg, "*Applied Conformal Field Theory*", arXiv:hep-th/9108028 (1988).

[138] J. Jacobsen, S. Ouvry, V. Pasquier, D. Serban and L. F. Cugliandolo (ed.), "*Les Houches 2008 Session LXXXIX, Exact Methods in Low-Dimensional Statistical Physics and Quantum Computing*", Oxford University Press (2010).

[139] Joseph Polchinski, "*String Theory Volume I: An Introducting to Bosonic String*", Cambridge University Press (1998).

[140] 永長直人,「電子相関における場の量子論」, 岩波書店 (1998).

[141] Kazuo Fujikawa, Hiroshi Suzuki, "*Path Integrals and Quantum Anomalies*", Oxford University Press (2004).

[142] Jie Lou, Shu Tanaka, Hosho Katsura, Naoki Kawashima, "Entanglement spectra of the two-dimensional Affleck-Kennedy-Lieb-Tasaki model: Correspondence between the valence-bond-solid state and conformal field theory", *Phys. Rev. B* **84**, 245128 (2011).

[143] J. Ignacio Cirac, Didier Poilblanc, Norbert Schuch and Frank Verstraete, "Entanglement spectrum and boundary theories with projected entangled-pair states", *Phys. Rev. B* **83**, 245134 (2011).

[144] J. D. Brown and M. Henneaux, "Central Charges in the Canonical Realization of Asymptotic Symmetries: An Example from Three-Dimensional Gravity", *Comm. Math. Phys.* **104**, 207 (1986).

[145] Marc Henneaux and Claudio Teitelboim, "Asymptotically Anti-de Sitter Spaces", *Comm. Math. Phys.* **98**, 391 (1985).

[146] M. Bañados, "Global charges in Chern–Simons theory and the $2+1$ black hole", *Phys. Rev. D* **52**, 5816 (1995).

[147] S. S. Gubser, I. R. Klebanov and A. M. Polyakov, "Gauge Theory Correlators from Non-Critical String Theory", *Phys. Lett. B* **428**, 105

(1998).

[148] Edward Witten, "Anti De Sitter Space And Holography", *Adv. Theor. Math. Phys.* **2**, 253 (1998).

[149] 夏梅 誠,「超弦理論の応用—物理諸分野でのAdS/CFT双対性の使い方」, 数理科学SGCライブラリ **93**, サイエンス社 (2012).

[150] Aitor Lewkowycz and Juan Maldacena, "Generalized gravitational entropy", *JHEP* **08**, 090 (2013).

[151] Thomas Faulkner, Aitor Lewkowycz and Juan Maldacena, "Quantum corrections to holographic entanglement entropy", *JHEP* **11**, 074 (2013).

[152] A. Strominger and C. Vafa, "Microsscopic origin of the Bekenstein–Hawking entropy" *Phys. Lett. B* **379**, 99 (1996).

[153] Andrew Strominger, "Black Hole Entropy from Near-Horizon Microstates", *JHEP* **02**, 009 (1998).

[154] Horacio Casini, Marina Huerta and Robert C. Myers, "Towards a derivation of holographic entanglement entropy", arXiv:1102.0440 (2011).

[155] R. Emparan, "AdS/CFT Duals of Topological Black Holes and the Entropy of Zero-Energy States", *JHEP* **06**, 036 (1999).

[156] J. Molina-Vilaplana and J. Prior, "Entanglement, Tensor Networks and Black Hole Horizons", *Gen. Relativ. Gravit.* **46**, 1823, (2014).

[157] Javier Molina-Vilaplana, "Holographic Geometries of one-dimensional gapped quantum systems from Tensor Network States", *JHEP* **05**, 024 (2013).

[158] A. Gendiar, R. Krcmar and T. Nishino, "Spherical Deformation for One-Dimensional Quantum Systems", *Prog. Theor. Phys.* **122**, 953 (2009).

[159] A. Gendiar, R. Krcmar and T. Nishino, "Spherical Deformation for One-Dimensional Quantum Systems", *Prog. Theor. Phys.* **123**, 393 (2010).

[160] T. Hikihara and T. Nishino, "Connecting distant ends of one-dimensional critical systems by a sine-squared deformation", *Phys. Rev. B* **83**, 060414(R) (2011).

[161] Isao Maruyama, Hosho Katsura and Toshiya Hikihara, "Sine-square deformation of free fermion systems in one and higher dimensions", *Phys. Rev. B* **84**, 165132 (2011).

[162] Hosho Katsura, "Exact ground state of the sine-square deformed XY spin chain", *J. Phys. A: Math. Theor.* **44**, 252001 (2011).

[163] Hosho Katsura, "Sine-square deformation of solvable spin chains and conformal field theories", *J. Phys. A: Math. Theor.* **45**, 115003 (2012).

[164] Tsukasa Tada, "Sine-Square Deformation and its Relevance to String Theory", *Mod. Phys. Lett. A*, **30**, 1550092 (2015).

[165] K. Okunishi and T. Nishino, "Scale-free property and edge state of Wilson's numerical renormalization group", *Phys. Rev. B* **82**, 144409 (2010).

[166] 甘利俊一, 長岡浩司, 「岩波講座応用数学 21 [対象 12] 情報幾何の方法」, 岩波書店 (1998).

[167] V. Vedral, "The role of relative entropy in quantum information theory", *Rev. Mod. Phys.* **74**, 197 (2002).

[168] Masahiro Nozaki, Shinsei Ryu and Tadashi Takayanagi, "Holographic Geometry of Entanglement Renormalization in Quantum Field Theories", *JHEP* **10**, 193 (2012).

[169] Ali Mollabashi, Masahiro Nozaki, Shinsei Ryu and Tadashi Takayanagi, "Holographic Geometry of cMERA for Quantum Quenches and Finite Temperature", *JHEP* **03**, 1098 (2014).

[170] Robert C. Myers, Razieh Pourhasan and Michael Smolkin, "On Spacetime Entanglement", *JHEP* **06**, 013 (2013).

[171] David D. Blanco, Horacio Casini, Ling-Yan Hung and Robert C. Myers, "Relative Entropy and Holography", *JHEP* **08**, 060 (2013).

[172] Masahiro Nozaki, Tokiro Numasawa, Andrea Prudenziati and Tadashi Takayanagi, "Dynamics of Entanglement Entropy from Einstein Equation", *Phys. Rev. D* **88**, 26012 (2013).

[173] Nima Lashkari, Michael B. McDermott and Mark Van Raamsdonk, "Gravitational Dynamics From Entanglement "Thermodynamics"", *JHEP* **04**, 195 (2014).

[174] Thomas Faulkner, Monica Guica, Thomas Hartman, Robert C. Myers and Mark Van Raamsdonk, "Gravitation from entanglement in holographic CFTs", *JHEP* **03**, 051 (2014).

[175] Hiroaki Matsueda, "Geometry and Dynamics of Emergent Spacetime from Entanglement Spectrum", arXiv:1408.5589.

索引

英数

1 次元古典 Ising 模型　34
1 次元横磁場 Ising 模型　31
2 次元異方的古典 Ising 模型　33
2 次元双曲面　199
2 体散乱　153
AdS/CFT 対応　7, 309
AdS 時空　228
AdS 時空の境界　228
AKLT（Affleck–Kennedy–Lieb–Tasaki）模型　102
area law　6, 69
BCS 波動関数　43
Bekenstein–Hawking の法則　6, 238
Berry 位相　351
Berry 曲率　351
Berry 接続　351
Bethe 状態　179
Bethe 波動関数　152
Bethe 方程式　157
Bianchi 恒等式　214
BKM 計量　345
Bogoliubov 変換　73
Bose–Einstein 凝縮　71
Brown–Henneaux 境界条件　311
Brown–Henneaux セントラル・チャージ　312
BTZ ブラックホール　235
Bures 距離　349
Calabrese–Cardy の公式　69, 283, 284
Calabrese–Lefevre の公式　295
Cardy の公式　281, 319
Cauchy–Riemann の関係式　270
causal cone　141
CBD　36
CFT　5, 253
checkerboard decomposition　36
Chentsov の定理　344
Chern–Simons 理論　327
Chern ナンバー　351
Christoffel 記号　208
cMPS　108
concavity　18
conformal field theory　5, 253
continuous MPS　108
Cooper pair　73
Dedekind の η 関数　265
density matrix renormalization group　115
descendant 状態　264
Dirac フェルミオン　80
disentangular　139
DMRG　115
Einstein–Hilbert 作用　222
Einstein テンソル　215
Einstein 方程式　220
entangler　141
Fefferman–Graham 計量　362
Feigin–Fuchs 表現　255
fidelity　349
Fisher 計量　343
Fisher 情報行列　343
Gauss 分布　346
GKP–Witten 関係式　313
Gram 行列　266
Haldane 予想　101
Hausdorff の公式　30

Hawking 温度　238
Hawking 輻射　237
Heisenberg 模型　62
highest weight module　264
Hubbard 模型　38
identity 状態　77
isometry　204, 310
isometry テンソル　137
Jacobi 恒等式　214
Jordan–Wigner 変換　62
Kac 行列式　266
Killing 方程式　225
Killing ホライズン　242
Kitaev 模型　86
Kruskal 座標　233
Kruskal ダイヤグラム　233
Kullback–Leibler ダイバージェンス　341
Laurent 展開　258
Lax 演算子　166
Lax 方程式　167
Lieb–Liniger 模型　108
Lie 括弧積　226
Lie 微分　225
Majorana フェルミオン　86
matrix product ansatz　152
matrix product states　89
maximally entangled state　104
MERA　136
Minkowski 内積　199
Möbius 変換　204
MPA　152
MPS　89
multiscale entanglement renormalization ansatz　136
OPE　260
operator product expansion　260
particle partitioning エントロピー　74
PEPS　104
Poincaré–Birkhoff–Witt の定理　265

Poincaré 円板　201
Poincaré 座標　228
Poisson 括弧　332
positive semi-definite matrix　23
projected entangled-pair state　104
Raychaudhuri 方程式　216
Renyi エントロピー　22
Ricci スカラー　212
Ricci テンソル　212
Riemann 曲率テンソル　211
Riemann 面　277, 287
Rindler ウェッジ　239
Rindler 時空　238
Rindler ハミルトニアン　244
r 階反変 s 階共変テンソル　129
R 行列　168, 169
Schmidt 分解　64
Schur 対称多項式　58, 60
Schwarzschild 時空　232
Schwarzschild 半径　232
Schwarzschild ブラックホール　230
Schwarz 微分　276
Shannon エントロピー　16
sine square deformation　334
SLD　351
SLD 演算子　351
SSD　334
strong subaditivity　67
subaditivity　66
sweep　116
sweep アルゴリズム　118
symmetric logarithmic derivative　351
TEBD　123
tensor network state　94, 127
tensor product state　94, 127
TFD　77
thermofield dynamics　77
time evolving brock decimation　123

TNS　94, 127
TPS　94, 127
tree tensor network　137
Trotter 公式　30
Trotter 数　30
Tsallis エントロピー　21
TTN　137
Unruh 温度　239
Unruh 効果　239
valence bond solid　5
valence bond 固体　102
Vandermonde 行列式　59
VBS　5, 102
VBS/CFT 対応　305
Verma module　264
Verma 加群　264
Virasoro 指標　280
Virasoro 代数　255
Virasoro 代数の生成元　257
von Neumann エントロピー　18
Ward 恒等式　274
Wick 回転　237
Wilson くりこみ群　333, 336
Yang–Baxter 方程式　168
$\mathbb{Z}_2$ ゲージ模型　83
Zamolodchikov の c 定理　299
Zubarev のエントロピー演算子　345

あ 行

アノマリー　272, 276
一次分数変換　204
一様行列積　35
一般化固有値問題　114, 121
一般化表現定理　78
イベント・ホライズン　232
因果円錐　141
因果的境界　240
ウェイト　264
ウェッジ　233
ウェッジ積　327

宇宙定数　220
梅垣エントロピー　66, 345
運動方程式　37
エネルギー・運動量テンソル　218
演算子積展開　143, 258, 260
演算子の非可換性　29
エンタングルメント　43
エンタングルメント・エントロピー　14, 43, 64
エンタングルメントくりこみ群　4
エンタングルメント・スペクトル　83, 293
エンタングルメント熱力学の第 1 法則　361
エンタングルメント・ハミルトニアン　83, 307
エントロピー的 c 関数　300
エントロピー密度　197

か 行

階層　37
階層構造　25
階層的テンソルネットワーク　136
回転　270
外微分　327
可解模型　149
可換な演算子の 1 パラメータ族　176
隠れた次元　57
可積分系　149
可積分性　178
仮想空間　96, 307
仮想自由度　92, 104, 307
仮想状態　307
カノニカル相関　346
カレント　258
完全積分可能　167
擬運動量　152
幾何学的フラストレーション　134
逆散乱法　166
既約表現　280

ギャップレス表面状態　80
鏡映　269
境界演算子　95, 185
境界状態　94, 96
共形 Killing 方程式　270, 309
共形 Ward 恒等式　275
共形アノマリー　272
共形ウェイト　274
共形次元　260, 264, 274
共形場理論　5, 69, 253, 269
共形変換　269
強相関電子系　38
共変微分　212
強劣加法性　67
行列積演算子　107
行列積仮説解　152
行列積状態　4, 89
局所 Rindler ホライズン　242
極小曲面　315
局所慣性系　208
虚時間発展　123
空間的超曲面　227
組紐関係式　53
くりこみ群　303
くりこみ群的視点　12
くりこみ群のフロー　12, 299
グリーン関数行列　37
計量条件　214
計量テンソル　209
ゲージ・重力対応　4
コア・テンソル　134
高次特異値分解　134
格子変形　333
固定点　299
コニカル特異点　237
混合状態　65

さ 行

最高ウェイト加群　264
最高ウェイト状態　151, 264

最大限エンタングルした状態　77
サイン二乗変形　334
座標的 Bethe 仮説法　151
散乱行列　153, 155
時間的 Killing ベクトル　227
時空のコンパクト化　303
次元拡大　56
次元拡大の方法　13
事象の地平線　232
指数変形　336
実空間くりこみ　137
ジーナス　277
シフト　269
自由ボソン表示　255
重力定数　220
縮約密度行列の固有値分布　293
縮約密度行列のモーメント　291
純粋状態　18, 65
準正定値行列　23
準プライマリー場　290
状態方程式　240
上半平面モデル　204
情報エントロピー　14
数値最適化　119
スカラー曲率　212
スケーリング関係式　43, 68
スケーリング超演算子　143
スケール次元　14, 144
スケール不変 MERA　142
スケール分解　25
鈴木−Trotter 分解　31
鈴木−Trotter 変換　5, 31
ストリング演算子　62
ストリング・ネット模型　83
ストレス・テンソル　218, 258
スーパーブロック　45, 115
スピン接続　328
スペクトル・パラメータ　168
正規積　255
生成汎関数　168

接平面　207
接ベクトル　207
セパラブル　45
セントラル・チャージ　69, 257
掃引　116
相関関数　14
相関長　12, 68
相関の強い電子系　3
双曲幾何　199
双曲距離　201
双曲計量　204
双曲変形　333
相対 Tsallis エントロピー　347
相対エントロピー　341
測地線束　216
測地線の方程式　207, 220
粗視化　137
粗視化された情報エントロピー　24
ソリトン理論　166

た 行

大域的 AdS 座標　228
第一基本量　209
対称対数微分計量　351
代数的 Bethe 仮説法　166
対数離散化　333
第二基本量　210
断面曲率　227
チェス盤分割　36
置換　152
置換演算　49
置換演算子　53
置換行列　53
逐次最適化　120
忠実度　349
中心拡大　272
中心電荷　257
長距離相関　138
超弦理論　4
頂点演算子　261

直積状態　91
チルダ空間　77
ツリー・テンソル・ネットワーク　137
定曲率空間　227
転送行列　167
転送行列法　34
テンソル積　27, 46
テンソル積状態　4, 94, 127
テンソル・ネットワーク　125
テンソル・ネットワーク状態　94, 127
等角写像　269
等価原理　208
等長変換　204, 310
等長変換群　227
特異値　24
特異値分解　22
特異ベクトル　266
特殊共形変換　270
トポロジカル・エンタングルメント・エントロピー　82
トポロジカル絶縁体　80
トポロジカル秩序　80
トポロジカル・ブラックホール　320
トポロジカル量子系　4, 43
トーラス　277
トランケーション誤差　111
トレース・アノマリー　279
トレースレス条件　272

な 行

内部自由度　92
ヌル測地線　218
ヌルベクトル　266
熱的真空　77
熱場ダイナミクス　77
熱力学の第 1 法則　240

は 行

バーテックス演算子　261
バルク境界対応　80, 303

反 de Sitter 時空　227
反転　269
非加法エントロピー　20
非加法的相対エントロピー　347
非局所相関　92, 137
非局所変換　62
非局所励起　41, 167
微分形式　327
非臨界　12
非臨界系　68
フェルミ面　70
複合励起演算子　37
複比　206
負のエンタングルメント・エントロピー項　4
部分密度行列　26
プライマリー場　144, 260, 274
フラクタル画像　27
プラケット演算子　86
ブラックホール　6, 230, 232
ブラックホール熱力学　236
ブレイド極限　171
分割数　59, 265
分岐点ツイスト場　288
並進　270
冪乗則　12
変分パラメータ　110
補助空間　169, 173
補助的な線形問題　166
補助場　92, 93
ボーズ凝縮　71
ボソン化法　262
保存量　168, 179
ホライズン近傍極限　229
ホログラフィー原理　6, 13
ホログラフィック・エンタングルメント・エントロピー　314
ホログラフィックくりこみ群　136, 303
ホログラフィック・スピン鎖　308

ま 行

マルチスケール・エンタングルメントくりこみ群　136
密度行列　11
密度行列くりこみ群　115
ミニマル系列　269
結び目理論　49
メモリ空間　197
面積則　6, 69, 236
面積則の対数的破れ　68
モジュライ空間　344
モジュラー群　281
モジュラー・ハミルトニアン　83, 280, 285
モジュラー・パラメータ　265
モジュラー不変性　277, 281
モジュラー変数　279
モード展開　278
モノドロミー　167
モノドロミー行列　173

や 行

有限 χ スケーリング　112, 298
有限エンタングルメント・スケーリング　298
有限エンタングルメント・スケーリング指数　298
有限エンタングルメント臨界指数　112
有限温度 MERA　145
有限温度 MERA ネットワーク　325
ユニタリー・ミニマル系列　269
ユニバース　45
余剰次元　57, 92
余剰自由度　92
四脚場　328
四脚場表示　328

ら 行

ライトコーン　232
ラピディティ　165

離散的双曲計量　323
笠 – 高柳の公式　314
量子異常　272
量子エントロピーの凹性　18
量子可解模型　4
量子逆散乱法　166
量子距離　349
量子群　49, 173
量子古典変換　13, 303
量子古典変換理論　5
量子重力理論　6
量子情報幾何　339
量子相対エントロピー　66
量子相転移　4
量子もつれ　43
量子モンテカルロ法　31
臨界系　69
臨界現象　12, 253
臨界指数　12, 70
臨界性　14
臨界点　12
劣加法性　66
レプリカ法　283
レベル　265, 333
連続的 MERA　352

連続的 MPS　108

人　名

Baxter, Rodney J.　5
Belavin, Aleksander A.　5
Calabrese, Pasquale　284
Cardy, John　5, 284
Holzhey, Christoph　69, 284
Kitaev, Alexei　4
Kramers, Hendrik　4
Larsen, Finn　69, 284
Maldacena, Juan M.　7
Polchinski, Joseph　7
Polyakov, Alexander M.　5
Susskind, Leonard　6
Swingle, Brian　4
't Hooft, Gerard　6
Vidal, Guifré　4
Wannier, Gregory　4
Wilczek, Frank　69, 284
Zamolodchikov, Alexander B.　5
Zamolodchikov, Alexei B.　5
久保亮五　4
高柳　匡　7
笠　真生　7

著者略歴
松枝　宏明（まつえだ・ひろあき）
2003 年　東北大学大学院工学研究科応用物理学専攻　博士課程修了
　　　　　博士（工学）
2003 年　東北大学金属材料研究所（産学官連携研究員，金研機関研究員）
2005 年　東北大学大学院理学研究科物理学専攻　助手
2007 年　仙台電波工業高等専門学校　助教
2009 年　仙台高等専門学校（旧 仙台電波高専より改組）准教授
2015 年　同教授
　　　　　現在に至る

編集担当　藤原祐介（森北出版）
編集責任　富井　晃（森北出版）
組　　版　中央印刷
印　　刷　同
製　　本　ブックアート

量子系のエンタングルメントと幾何学
―ホログラフィー原理に基づく異分野横断の数理―　　© 松枝宏明　2016

2016 年 6 月 10 日　第 1 版第 1 刷発行　　【本書の無断転載を禁ず】
2017 年 10 月 20 日　第 1 版第 2 刷発行

著　　者　松枝宏明
発 行 者　森北博巳
発 行 所　森北出版株式会社
　　　　　東京都千代田区富士見 1-4-11（〒102-0071）
　　　　　電話 03-3265-8341／FAX 03-3264-8709
　　　　　http://www.morikita.co.jp/
　　　　　日本書籍出版協会・自然科学書協会　会員
　　　　　JCOPY ＜（社）出版者著作権管理機構　委託出版物＞

落丁・乱丁本はお取替えいたします．

Printed in Japan／ISBN978-4-627-15571-8